中級財務會計

（第四版）

主編●羅紹德

S 崧燁文化

前　言

　　受國內、國際會計環境劇烈變化的影響，會計教材與會計理論和實務嚴重脫節，教材普遍陳舊、老化，不能適應會計發展的新趨勢。為此，我們編寫了這套會計教材，以滿足各方面的需要。

　　中級財務會計是在初級財務會計基礎上的深化。它是會計專業的核心課程，是對初級財務會計中所涉及的會計要素的確認、計量、記錄、報告等方面相關理論、方法、程序的細化和深入，是對初級財務會計所建立的會計框架的充實。它所涉及的知識是財務會計中最主要的部分。

　　本書的作者大多身處改革開放的前沿陣地，從事會計教學、科研工作多年，與學術界和理論界聯繫密切，掌握了比較翔實、充分的資料，對中國會計理論、學術動態、會計規範體系、會計實務現狀有較準確的把握。在本書的編寫過程中，我們堅持理論與實務並舉，既著眼於提高理論，又致力於規範實務，不僅把最新會計法律規範滲透到整個教材體系中，突出一個「新」字，而且憑著自己多年的教學經驗和較強的實務能力，敏銳地捕捉學術領域的新動向，深化了對會計新情況、新問題的研究和探討。由於理論與實務的不斷發展，這套會計教材擬兩年修訂一次，以保持其與會計發展的同步性。

　　在結構安排上，本書從財務報表的會計要素主要項目依次展開，層層遞進，最后論述財務報告。全書脈絡清晰，給人以水到渠成之感；把整本書的各項內容融入主要財務報表中，有助於讀者清楚地瞭解財務會計各個要素間的內在聯繫，從而提高學習效率；注意篇幅控製，力求精練、簡潔，使讀者能更快地抓住本書要領。

這套教材主要是面向財經院校的本科學生,也可以作為從事財經工作和相關管理工作的在職人員的學習參考教材。由於社會的進步,財會理論與實務也在不斷發展,而作者學識有限,並且時間倉促,書中難免存在紕漏和錯誤,懇請讀者批評指正,以便重印或再版時修訂。

編者

目　錄

第一章　導　論 ··· (1)

　　第一節　會計與會計環境 ·· (1)
　　第二節　會計職業與會計規範 ··· (3)
　　第三節　財務會計基本理論框架 ·· (15)
　　第四節　財務會計信息質量特徵 ·· (23)

第二章　貨幣資金 ··· (29)

　　第一節　貨幣資金概述 ··· (29)
　　第二節　現金 ·· (30)
　　第三節　銀行存款 ·· (33)
　　第四節　其他貨幣資金 ··· (39)

第三章　應收帳項 ··· (42)

　　第一節　應收票據 ·· (42)
　　第二節　應收帳款 ·· (47)
　　第三節　其他應收及預付款 ··· (53)

第四章　存　貨 ··· (58)

　　第一節　存貨概述 ·· (58)
　　第二節　存貨的計價 ··· (60)
　　第三節　按實際成本計價的存貨核算 ································· (67)
　　第四節　按計劃成本計價的存貨核算 ································· (73)
　　第五節　存貨期末估價 ··· (77)
　　第六節　低值易耗品和包裝物的核算 ································· (80)
　　第七節　存貨清查的核算 ··· (85)

第五章　投　資 ··· (89)

　　第一節　投資的性質與分類 ··· (89)
　　第二節　交易性金融資產 ··· (92)

第三節　持有至到期投資 …………………………………………………（95）
　　　第四節　可供出售金融資產 …………………………………………………（100）
　　　第五節　長期股權投資 ………………………………………………………（102）

第六章　固定資產 ……………………………………………………………………（132）
　　　第一節　固定資產的確認與計量 ……………………………………………（132）
　　　第二節　固定資產增加的核算 ………………………………………………（137）
　　　第三節　固定資產折舊 ………………………………………………………（145）
　　　第四節　固定資產的后續支出 ………………………………………………（151）
　　　第五節　固定資產減值 ………………………………………………………（153）
　　　第六節　固定資產的處置 ……………………………………………………（155）
　　　第七節　投資性房地產 ………………………………………………………（158）

第七章　無形資產與其他資產 ………………………………………………………（167）
　　　第一節　無形資產 ……………………………………………………………（167）
　　　第二節　其他資產 ……………………………………………………………（176）

第八章　非貨幣性資產交換 …………………………………………………………（181）
　　　第一節　非貨幣性資產交換的基本概念 ……………………………………（181）
　　　第二節　非貨幣性資產交換的會計處理 ……………………………………（184）

第九章　流動負債 ……………………………………………………………………（197）
　　　第一節　流動負債的性質與分類 ……………………………………………（197）
　　　第二節　應付帳款與應付票據 ………………………………………………（198）
　　　第三節　應付職工薪酬 ………………………………………………………（201）
　　　第四節　應交稅費 ……………………………………………………………（205）
　　　第五節　其他流動負債 ………………………………………………………（216）
　　　第六節　或有負債與預計負債 ………………………………………………（217）

第十章　長期負債 ……………………………………………………………………（223）
　　　第一節　長期負債概述 ………………………………………………………（223）
　　　第二節　長期借款的核算 ……………………………………………………（225）
　　　第三節　應付債券的核算 ……………………………………………………（227）
　　　第四節　其他長期負債 ………………………………………………………（236）
　　　第五節　借款費用 ……………………………………………………………（238）
　　　第六節　債務重組 ……………………………………………………………（243）

第十一章　所有者權益 ……………………………………………… (251)

　　第一節　所有者權益概述 …………………………………………… (251)
　　第二節　股份有限公司 ……………………………………………… (253)
　　第三節　實收資本 …………………………………………………… (256)
　　第四節　資本公積 …………………………………………………… (262)
　　第五節　留存收益 …………………………………………………… (266)

第十二章　收　入 …………………………………………………… (271)

　　第一節　收入的概念、特徵和內容 ………………………………… (271)
　　第二節　收入的確認 ………………………………………………… (274)
　　第三節　收入的計量 ………………………………………………… (279)
　　第四節　收入的會計處理 …………………………………………… (281)
　　第五節　建造合同的會計核算 ……………………………………… (291)
　　第六節　政府補助 …………………………………………………… (298)

第十三章　費　用 …………………………………………………… (303)

　　第一節　費用的概念和特徵 ………………………………………… (303)
　　第二節　費用的內容 ………………………………………………… (305)
　　第三節　費用的確認與計量 ………………………………………… (308)
　　第四節　費用的會計處理 …………………………………………… (310)

第十四章　利潤及利潤分配 ………………………………………… (313)

　　第一節　利潤的意義及內容 ………………………………………… (313)
　　第二節　利潤的確定及會計處理 …………………………………… (314)
　　第三節　所得稅費用 ………………………………………………… (319)
　　第四節　利潤分配的會計處理 ……………………………………… (329)

第十五章　資產負債表 ……………………………………………… (334)

　　第一節　資產負債表的概念和作用 ………………………………… (334)
　　第二節　資產負債表的格式及編制 ………………………………… (337)
　　第三節　所有者權益變動表 ………………………………………… (355)

第十六章　利潤表 …………………………………………………… (362)

　　第一節　利潤表的概念和作用 ……………………………………… (362)
　　第二節　利潤表的格式及編制 ……………………………………… (363)
　　第三節　分部報表 …………………………………………………… (369)

第十七章　現金流量表 ……………………………………………………（376）

　　第一節　現金流量表的產生和作用 ……………………………………（376）
　　第二節　現金流量表的基本概念 ………………………………………（378）
　　第三節　現金流量表的格式和編制 ……………………………………（381）

第十八章　會計報表附註 …………………………………………………（395）

　　第一節　會計報表附註概述 ……………………………………………（395）
　　第二節　會計政策、會計估計變更和差錯更正 ………………………（396）
　　第三節　資產負債表日後事項 …………………………………………（403）
　　第四節　關聯方披露 ……………………………………………………（406）

第一章

導　論

　　初級財務會計主要介紹財務會計的基本記帳原理、記帳技術和記帳方法。中級財務會計主要闡述各會計要素的確認、計量、記錄、報告理論和方法。本章主要介紹財務會計與管理會計、財務會計的概念和環境、財務會計的信息使用者、財務會計法規和會計信息的質量要求。

第一節　會計與會計環境

一、會計及會計環境

　　會計是通過一定的程序，採用特定的方法，將會計主體發生的日常經濟業務數據進行一系列的確認(Recognition)、計量(Measurement)、記錄(Record)、報告(Reporting)過程后轉化為有用的會計信息(Useful Accounting Information)。

　　會計總是處於一定的社會經濟環境(Economic Environment)之中，不可避免地受所處的社會的政治、經濟、法律、文化等環境的影響和制約。這些影響和制約會計學科的形成、發展和完善的各種因素就稱為會計環境(Accounting Environment)。會計從無到有，從簡單到複雜，從低級到高級的發展，都與一定時期的社會環境有著密切的聯繫。

　　(一)會計本身是隨著社會環境的不斷變化而產生、發展並不斷完善的

　　隨著社會環境的發展變化，對會計也提出了更新更高的要求，使得會計方法逐步更新，會計理論(Accounting Theory)不斷豐富，會計服務領域不斷拓寬。會計最初表現為人類對經濟活動的計量與記錄行為。如結繩記事、簡單刻記的出現就是會計產生的萌芽階段。隨著社會過渡到商品經濟時代，為適應商品經濟發展的需要，會計核算內容、方法等也發生了很大的變化，會計技術獲得了較大的發展。在進入資本主義社會以後，商品經濟規模的進一步擴大，會計也逐步從簡單的記錄、計量，比較所得與所費的行為，發展成為一門包括有完整的方法體系的會計學科。會計目的也從僅僅是對財產記錄，為財產的分配服務，發展到對經濟活動的所得與所費進行比較，計算和反映經營活動的盈虧損益情況。進入20世紀以來，特別是第二次世界大戰之後，隨著市場競爭的加劇，會計又從對經濟活動的結果進行記錄、計量和報告，發展到對企業經濟活動的全過程進行控制和監督，參與企業的經營決策和長期決策，為企業內部強化經營管理服務。

　　隨著科學技術的進步，特別是電子技術的發展，會計核算手段也從手工操作，發展到機械化和電子化操作。會計電算化和會計網路的出現大大提高了會計核算的效率，加快

了提供會計信息的速度。

（二）社會環境影響和制約著會計，但會計也並不是被動的，會計對社會環境也起著反作用

會計通過自身的反映和監督活動，對其所處的社會環境產生一定的影響，在一定的程度上促進和推動社會環境的變化。會計為國民經濟管理部門提供會計信息，可以促進社會經濟資源的合理配置，提高社會經濟資源的利用效率，保證國民經濟穩定發展。會計為企業內部管理者提供會計信息，可促使管理當局改進工作，提高管理水平，增強企業競爭能力。會計為企業投資者、債權人及其他相關人員提供會計信息，便於他們作出正確的決策。會計通過提供會計信息，便於國家稅務機關徵收各種稅款確保財政收入的增加。

二、財務會計與管理會計

傳統的會計主要是以貨幣形式，運用復式記帳原理，按規定程序，對某一會計主體（企業）的經濟活動進行記錄、計量、分類整理，定期編制反映其一定期間的經營成果、財務狀況及其財務狀況變動情況的會計報告。隨著所有權與經營權的分離，企業日常經營活動的成敗得失主要取決於管理當局的經營決策。管理當局為了加強對經營活動的控製、預測，需要會計提供越來越多的與企業經營決策密切相關的會計信息。這些信息側重於管理當局的計劃、決策、預測和分析的信息需要。所以在20世紀初，傳統的會計逐步發展成為財務會計與管理會計的兩大分支。

（一）財務會計

財務會計（Financial Accounting）又稱為對外會計（External Accounting）。財務會計的首要目的是為企業外部相關利益者（投資者、債權人等）提供決策有用的信息。企業外部決策人通過財務會計提供的會計信息瞭解企業的盈利能力、財務狀況，判斷企業發展前景，從而做出自己的決策。財務會計要求企業定期對外公布企業的財務報告，通過財務報告向外部會計信息使用者報告企業的財務狀況和經營成果。因此，財務會計信息披露的內容、形式，都必須符合一定的標準——公認會計準則（Generally Accepted Accounting Principles, GAAP），以便保證會計信息的客觀公允，保證會計信息在不同行業、不同企業之間具有可比性。財務會計不得違背規定的會計程序和一般公認會計原則的要求，否則將達不到財務會計的目標。所以財務會計是以會計準則為依據，確認、計量、記錄、報告企業資產、負債、所有者權益的增減變動，反映企業收入的取得、費用的發生、利潤的形成及分配，並定期報告企業的財務狀況、經營成果。財務報告既可以滿足企業外部投資者、債權人等的需要，也可以滿足企業內部管理者的需要。

（二）管理會計

管理會計（Management Accounting）又稱對內會計（Internal Accounting）。管理會計的主要目的是為內部管理當局的經營決策（Operating Decision）提供信息支持。由於管理會計主要是幫助企業管理者制定長短期投資和經營規劃，指導和控製當前的生產經營活動，因而它所提供的會計信息視企業管理者的需要而定，其內容靈活多變，報告形式也不

拘一格,不受會計準則的限制或約束。所以,管理會計從傳統的會計系統中分離出來,與財務會計並列,針對企業管理上編制計劃、做出決策、控製經濟活動的需要而記錄和分析經濟業務,呈報管理信息,並直接參與決策過程。管理會計包括成本會計(Costing Accounting)、決策會計(Accounting for Decision-Making)、控制會計(Accounting for Management Control)和責任會計(Responsibility Accounting),其提供的會計信息一般屬於企業內部秘密,不對外公開,這也是它被稱為對內會計的緣故。

第二節 會計職業與會計規範

一、會計職業

會計職業(Accounting Professions)可分為私人會計師和公共會計師兩大類。

(一)私人會計師

私人會計師(Private Accountant)服務於某一具體會計主體。這一會計主體可能是營利組織,也可能是非營利組織;可能是各種企業,也可能是學校或政府部門。根據《中華人民共和國會計法》規定,從事會計工作的人員,必須取得會計從業資格證書。擔任單位會計機構負責人(會計主管人員)的,除取得會計從業資格證書外,還應當具備會計師以上專業職務資格或者從事會計工作三年以上經歷。會計人員從業資格管理辦法由國務院財政部門規定。在中國,私人會計分為會計員、助理會計師、會計師、高級會計師等級次。會計人員要取得各級會計資格需通過全國會計專業技術資格統一考試。在企業參與企業高層經營決策與控製,協調企業會計工作為主要職責的會計師稱為總會計師,其全國性的團體為中國總會計師工作研究會。在美國,企業會計主管可參加全國性的財務經理協會(Financial Executives Institutes,FEI),也可參加以成本管理會計師為主體的全國會計工作者協會(National Association of Accountants,NAA)。

私人會計人員的工作內容主要有:對本單位的各項經濟活動引起其資產、負債、權益、收入、費用、利潤增減變動時,按照規定的程序和方法進行確認、計量、記錄;定期清查財產,計算成本和費用,確定利潤;根據要求,定期編製會計報告;做好各項會計預測、決策、規劃、控製、核算和分析工作,加強資金和費用的預算管理。

(二)公共會計師

公共會計師(Public Accountant),也稱為註冊會計師(Certified Public Accountant,CPA),在英聯邦國家慣稱為特許會計師(Chartered Accountants,CA)。他們是具有一定的會計專業水平,經國家或特定組織考試合格,由政府指定的機構發給證書,可以接受當事人委託,從事會計、審計等各方面業務的會計執業人員。註冊會計師是一項超然獨立的專門性職業。註冊會計師和律師、醫師一樣,以向當事人提供專業性服務,收取報酬為業。要成為一名註冊會計師,各國的要求不同。在中國,要獲得註冊會計師資格,必須通過全國註冊會計師統一考試。幾名註冊會計師可以合夥成立會計師事務所。會計師事務所職員從最低的助理會計師做起,到註冊會計師、主任會計師直到合夥人。有些大的

會計師事務所在全球範圍內擁有合夥人,執業範圍和業務很大。美國最大的4家會計師事務所是:畢馬威(CPMG International)國際會計師事務所,德勤(Deloitte Touche Tohmatsu)國際會計公司,普華永道(Price Water House Coopers)會計財務諮詢公司,安永(Ernst & Young International)會計師事務所。

公共會計師的工作內容主要有:

1. 審計(Auditing)

審計是註冊會計師專業服務最重要的內容。註冊會計師審計被認為是最具獨立性的、最為客觀公正的審計。企業會計師(私人會計)對外報告和披露的會計信息,經獨立的註冊會計師審計,以保證其會計信息客觀公正、真實可信。為此,註冊會計師審核企業會計報告後,需發表專業性審計意見,並在審計意見書上簽名,表明企業會計業務的處理和會計報告的編制符合有關法規,會計處理前後一致,會計報告真實地反映了企業的財務狀況、經營成果和資金變動情況,即會計信息的處理和披露符合公認會計準則的要求。

2. 稅務諮詢(Tax Consulting)

稅務諮詢是為客戶提供專業性服務,保證客戶在遵守國家稅法的前提下盡可能減少稅費支出,或稱企業稅務籌劃(Tax Planning)。

3. 管理諮詢(Management Consulting)

由於註冊會計師經常從事企業審計業務,對企業的經營管理情況比較瞭解,為此,可就客戶內部經營管理中存在的問題,特別是企業內部控製、成本費用、資金使用、投資效益等方面存在的問題,提出建設性意見,以幫助客戶完善內部控製制度,提高經營管理水平。

各國註冊會計師往往組成地區或全國性的職業團體,負責制定審計工作規範、職業道德規範、組織專業技術培訓和專業資格考試等。中國全國性的註冊會計師團體為成立於1988年的中國註冊會計師協會(Chinese Institute of Certified Public Accountants, CICPA)。在美國,全國性的註冊會計師團體為成立於1887年的美國註冊會計師協會(American Institute of Certified Public Accountants, AICPA)。在英國,特許會計師團體有多個,主要是英格蘭和威爾士特許會計師公會(Institute of Chartered Accountants in England and Wales, ICAEW)、英國特許公認會計師公會(Association of Chartered Certified Accountants, ACCA)、蘇格蘭特許會計師公會(Institute of Chartered Accountants in Scotland, ICAS)。全球性的註冊會計師團體為國際會計師聯合會(International Federation of Accountants Committee, IFAC)。

二、會計規範

俗話說:無規矩不成方圓。會計工作也是一樣,會計工作也應遵循一定的規範。會計規範是規範會計人員行為的指南。各國的會計法規的核心一般是企業會計準則。它們有的是由政府制定,有的是由民間會計團體制定。

(一)中國的會計法規

中國的會計法規體系已基本上形成了以《中華人民共和國會計法》為中心、《企業財

務會計報告條例》和《企業會計準則》構成的相對比較完整的法規體系。中國的企業會計法規體系包括三個層次。第一個層次是會計法律——會計法(Accounting Law);第二個層次是會計行政法規——《企業財務會計報告條例》;第三個層次是會計部門規章——《企業會計準則》(Accounting Standard)和《企業會計制度》(Accounting System)。

1. 第一個層次:會計法律

會計法律是指由國家最高權力機構——全國人民代表大會及其常務委員會制定的會計法律規範。在會計領域中,只有《中華人民共和國會計法》屬於國家法律層次,它是會計法律體系中權威性最高、最具法律效力的法律規範,是制定其他各層次會計法規的依據,是會計工作的基本法。

現行的《中華人民共和國會計法》是於1985年1月21日第六屆全國人民代表大會常務委員會第九次會議通過,自同年5月1日起施行。1993年12月29日第八屆全國人民代表大會常務委員會第五次會議做出《關於修改〈中華人民共和國會計法〉的決定》,對會計法作了部分修改。1999年10月31日第九屆全國人民代表大會常務委員會第十二次會議再次修訂通過《中華人民共和國會計法》(以下簡稱《會計法》),修訂后的《會計法》於2000年7月1日起施行。該法共分為七章五十二條,主要對會計核算、會計監督、會計機構和會計人員、法律責任等進行了規定。

修改后的《會計法》,在内容上的重大變化有:

(1)突出了規範會計行為,保證會計資料質量的立法宗旨。

(2)強調了單位負責人(董事長及類似權力機構的人員)對本單位會計工作和會計資料真實性、完整性的責任。

(3)進一步完善了會計核算規則。

(4)對公司、企業會計核算做出了特別的規定。

(5)進一步加強了會計監督制度。

(6)規定國有大中型企業必須設置總會計師。

(7)對會計從業資格管理做出了規定。

(8)對法律責任作了較大修改。

2. 第二個層次:會計行政法規

會計行政法規是指由國家最高行政機關——國務院制定的會計法律法規。會計行政法規根據會計法律制定,是對會計法律的具體化或某個方面的補充。

在中國行政法規中,屬於會計行政法規的有《企業財務會計報告條例》《總會計師條例》等。

《企業財務會計報告條例》是國務院於2000年6月21日發布的,自2001年1月1日起施行。該條例共分為六章四十六條,主要對企業財務報告的構成、編制、對外提供和法律責任等做出了規定。

《總會計師條例》是國務院於1990年12月31日發布的。該條例共分為五章二十三條,主要對總會計師的職責、總會計師的權限、任免與獎懲做出了規定。

3. 第三個層次:會計部門規章

會計部門規章是指國家主管會計工作的行政部門——財政部以及其他相關部委制

定的會計方面的法律規範。制定會計部門規章必須依據會計法律和會計行政法規的規定。中國財政部制定的會計部門規章主要有《企業會計準則》《企業會計制度》和其他會計人員管理制度。

中國《企業會計準則》是由基本準則、具體準則和會計準則應用指南三部分構成的企業會計準則體系。《企業會計準則——基本準則》發布於1992年11月30日，於1993年7月1日起在全國所有企業施行。2006年2月15日《企業會計準則——基本準則》進行了修訂，於2007年1月1日起施行。《企業會計準則——基本準則》分為十一章五十條。《企業會計準則——基本準則》規定了會計核算的假設前提和一般原則、會計信息質量要求、會計要素、會計計量屬性、財務會計報告的基本要求。

具體準則是根據基本準則制定的，有關企業會計核算的具體要求。中國財政部於2006年2月15日發布了38項具體會計準則，主要規範企業發生的具體交易或事項的會計處理。按規範對象的不同，大體上可以分為三類：一是有關共同業務的具體準則，如收入、存貨、投資等；二是有關特別行業基本業務的具體準則，如金融保險業基本準則等；三是有關披露的具體準則，如關聯方關係及其交易、資產負債表日後事項等。

具體準則與基本準則一樣，都是針對所有企業的。但是，鑒於不同類型的企業在外部信息需求、企業管理水平、會計隊伍建設等方面的差異，除一部分具體準則在所有企業施行外，大多數具體準則都暫時在上市公司施行。2006年2月15日《財政部關於印發〈企業會計準則第1號——存貨〉等38項具體準則的通知》（財會〔2006〕3號）發布了一項基本準則和38項具體準則。2014年，財政部對《企業會計準則第2號——長期股權投資》《企業會計準則第9號——職工薪酬》《企業會計準則第30號——財務報表列報》《企業會計準則第33號——合併財務報表》進行了修訂，新發布了《企業會計準則第39號——公允價值計量》《企業會計準則第40號——合營安排》《企業會計準則第41號——在其他主體中權益的披露》3個準則。具體如表1-1所示。

表1-1　　　　　　　　　　企業會計準則

企業會計準則
企業會計準則第1號——存貨
企業會計準則第2號——長期股權投資
企業會計準則第3號——投資性房地產
企業會計準則第4號——固定資產
企業會計準則第5號——生物資產
企業會計準則第6號——無形資產
企業會計準則第7號——非貨幣性資產交換
企業會計準則第8號——資產減值
企業會計準則第9號——職工薪酬
企業會計準則第10號——企業年金基金
企業會計準則第11號——股份支付

表1-1(續)

企業會計準則第 12 號——債務重組
企業會計準則第 13 號——或有事項
企業會計準則第 14 號——收入
企業會計準則第 15 號——建造合同
企業會計準則第 16 號——政府補助
企業會計準則第 17 號——借款費用
企業會計準則第 18 號——所得稅
企業會計準則第 19 號——外幣折算
企業會計準則第 20 號——企業合併
企業會計準則第 21 號——租賃
企業會計準則第 22 號——金融工具確認和計量
企業會計準則第 23 號——金融資產轉移
企業會計準則第 24 號——套期保值
企業會計準則第 25 號——原保險合同
企業會計準則第 26 號——再保險合同
企業會計準則第 27 號——石油天然氣開採
企業會計準則第 28 號——會計政策、會計估計變更和差錯更正
企業會計準則第 29 號——資產負債表日後事項
企業會計準則第 30 號——財務報表列報
企業會計準則第 31 號——現金流量表
企業會計準則第 32 號——中期財務報告
企業會計準則第 33 號——合併財務報表
企業會計準則第 34 號——每股收益
企業會計準則第 35 號——分部報告
企業會計準則第 36 號——關聯方披露
企業會計準則第 37 號——金融工具列報
企業會計準則第 38 號——首次執行企業會計準則
企業會計準則第 39 號——公允價值計量
企業會計準則第 40 號——合營安排
企業會計準則第 41 號——在其他主體中權益的披露

自 2007 年 1 月 1 日起在上市公司範圍內執行以上的會計準則，鼓勵其他企業執行。執行 41 項具體會計準則的企業不再執行《企業會計制度》和《金融企業會計制度》。

會計準則應用指南主要包括具體準則解釋和會計科目、主要帳務處理等，為企業執行會計準則提供操作性規範。基本準則、具體準則和會計準則應用指南三項內容既相對獨立，又互為關聯，構成統一整體。

中國會計準則體系將理念基礎、指導思想、體系設計、內容安排、技術標準等融為一體，整個體系邏輯嚴密、首尾一致、實現了中國會計準則的如下創新：

一是著眼於提高社會經濟資源配置效率，在財務報告目標方面，強化了會計信息決策有用的要求。

二是著眼於促進企業長期可持續發展，在財務報表結構方面，確立了資產負債表觀的核心地位，避免發生企業短期行為。

三是著眼於向投資者提供更加真實可靠的信息，在會計信息質量的要求方面，強調了會計信息應當真實與公允兼備。

四是著眼於推動企業自主創新和技術升級，在會計政策選擇方面，引入了研發費用資本化制度。

五是著眼於保障經濟社會和諧發展，在成本核算方面，進一步完善了成本補償制度。

六是著眼於提高會計信息透明度、保護投資者和社會公眾利益，在信息披露方面的要求突出了充分披露原則。

(二)大陸法系國家的會計法規

法國、德國等國家的法律屬大陸法系，或成文法系。在大陸法系國家，財務會計實務明顯受各種政府法規的制約，民間會計團體可能也發布一些財務會計規範，但其影響力遠不如實行英美法系的國家。

在法國，會計主要受政府的控制。對公司會計有影響的主要立法是 1966 年頒發的「商務公司法」，其中對公開集資的股份有限公司規定了會計揭示的要求。在法國，稅法及有關的政令也對公司會計有重要的影響。

法國會計的一個重要特徵是實行統一的會計制度。系統表述統一會計制度的文件稱為「會計總方案」。儘管在西方國家中，統一制度並不是由法國首創的，但法國在這方面所做的努力和取得的經驗在國際上受到廣泛的重視。

法國在第二次世界大戰以前並不實行統一的會計制度。在第二次世界大戰中，法國經濟受到嚴重破壞，戰后面臨經濟恢復和重建的嚴峻形勢和要求。法國在經濟復興中強調計劃指導，再加上對面向宏觀的社會會計比較重視，因此，強烈要求對會計進行改進，以適應這些方面的需要。1945 年，法國財政經濟事務部建立了一個「會計合理化委員會」，負責對全國統一會計制度提出方案，並對其實施和運用提出建議。1947 年，法國制訂出了第一個會計總方案。這時，會計合理化委員會已被新建立的「高等會計委員會」所取代。該機構於 1957 年改名為「國家會計審議會」。會計總方案最初只是在公營企業中實施。經 1957 年修訂后，適用於法國全部公營及私營企業。

會計總方案於 1979 年再次進行了修訂。這次修訂一方面是為了適應 1957 年以來法國經濟環境發生的變化；另一個重要目的是為了貫徹歐洲共同體第 4 號指令對協調成員國會計所作的規定。這次修訂的會計總方案在 1982 年公布，要求在 1983 年 12 月 31 日

以后開始的會計年度中貫徹執行。新的會計總方案除引言外，共分三篇。第一篇為一般規定、用語及帳戶計劃；第二篇為一般會計；第三篇為經營分析會計。

在法國，會計管理機構和會計職業團體有：

（1）國家會計審議會。該機構除了人事會計總方案的制訂與修訂工作外，還對執行會計總方案所需要的一些具體指導原則提出建議。這種建議以文告的形式加以發布，涉及的內容相當廣泛，這些文告只具有建設性質，並不強制要求執行。具有強制性的會計準則已經在會計總方案中做出了規定。

（2）證券交易所交易委員會。該委員會建立於1968年。就會計方面來說，證券交易所交易委員會與國家會計審議會密切協作，在推動公司編制和公布合併財務報表方面曾經起到了很大的作用。

（3）會計職業團體。法國有兩個會計職業團體。一個是「職業會計師協會」，另一個是「國家註冊審計師協會」。

與法國相似，德國也沒有建立專門機構來制定會計準則，而是通過法律來規定會計準則。對財務報表和管理報告的形式和內容以及對估價規則等都有詳細的法律規定，稅法對企業會計也有著很強的影響力。此外，所有企業組織都必須符合商法典中對會計的要求。非公開上市公司要遵循有限責任公司法中的會計要求，公開上市公司要遵循股份公司法中對財務報告和信息披露的要求，大型公司則必須遵守公司法的規定。

德國會計職業界在會計準則制定方面沒有較大的直接影響。職業團體有一個專門委員會發布有關計量和披露方面的公報。這些公報沒有正式的約束力，但在一般情況下，被認為具有代表性，因而被法院解釋為統一會計準則的構成部分。

（三）英美法系國家的會計規範

在實行英美法系，即習慣法系的國家，會計規範一般由民間會計團體來制定。比較典型的是美國的機制。

就聯邦範圍來說，美國不像許多其他西方國家那樣以公司法作為公司組建和經營活動的法律規範。也就是說，美國不是以公司法的有關條款作為管理公司會計的法律依據。

20世紀20年代，美國在會計方面沒有建立制度，也沒有法律規範。會計只是為了加強內部經營管理和取得銀行貸款。

對公司會計約束和監督的法律與機構主要有1933年出拾的《證券法》和1934年出拾《證券交易法》以及1934年建立的證券交易委員會（Securities and Exchange Commission）。

證券交易委員會是美國政府的一個獨立機構，負責實施與證券發行和交易有關的法令。證券交易委員會所設的總會計師辦公室負責向證券交易委員會提出有關會計與審計方面的建議，並與會計職業團體——美國註冊會計師協會（American Institute of Certified Public Accountants, AICPA）和民間專門機構——財務會計準則委員會（Financial Accounting Standards Board, FASB）以及其他民間組織的代表保持聯繫。證券交易委員會在執行有關法令的過程中，對公司會計有權威性的影響。其一是對公司財務報告提出要

求；其二是影響會計準則的制定。證券交易委員會是依靠民間機構制定會計準則的，其權威性是由證券交易委員會賦予和確認的。與此同時，證券交易委員會還通過發布各種書面文告，對民間機構制定會計準則的活動進行引導。證券交易委員會可以對民間機構發布的會計原則、準則、慣例等進行說明、修訂，甚至宣布撤銷。

如前所述，美國會計準則的制定是在證券交易委員會的授權和監督下，由會計職業團體或其他民間機構主持的。從20世紀30年代開始至今，前后的三個機構承擔過這項工作。它們分別是：會計程序委員會（Committee on Accounting Procedure，CAP，1938—1958年），會計原則委員會（Accounting Principles Board，APB，1959—1973年）以及財務會計準則委員會（Financial Accounting Standards Board，FASB，1973年至今）。提到美國會計的特徵，給人印象較深的第一個特徵是民間機構在制定會計準則方面所做的大量工作和所起的重要作用；另一個特徵是美國會計存在著數量龐大的準則、公告和有關的解釋性文件。目前僅由財務會計準則委員會發布的正式財務會計準則為數已達100多個。除此之外，由會計程序委員會和會計原則委員會發布的有關會計準則性質的文告中，還有相當部分繼續有效。如果把這些算起來，則數量更為龐大。

英國以公司法作為國家對公司實施立法管理的依據。英國公司法包括了對公司會計的規範和要求。1948年，英國制定的公司法適用於公開招股公司（Public Companies）和不公開招股公司（Private Companies）。該法自頒布以來，經歷了幾次修訂和補充。除1948年制定的文本外，1967年、1976年、1980年和1981年歷次修訂的文本都作為單獨的立法存在，在執行和引用時，必須互相參照以決定增刪取舍，很不方便。這種情況直到1985年修訂公司法后才有了改變。英國在1973年加入歐洲共同體以后，其公司法就需要按照歐洲經濟共同體部長會議頒布「公司法指令」（Company Law Directives）進行修訂，以實現共同體成員國之間的協調，而公司會計是進行調整的一個重要方面。這樣，英國的公司會計就必然受到歐洲大陸的影響而向歐洲大陸靠攏。

英國公司會計的準則來自兩個方面。一方面是來自立法中的有關規定；另一方面是通過會計職業團體的活動，為公司會計制定規範，提出成文的會計準則。最早的職業會計師於1854年出現在英國。對會計準則研究較早的也是英國。英國於20世紀30年代中期由一個叫「會計研究會」的組織開始研究會計準則，但該研究會存在的時間太短，未能留下引起人們重視的成果。在此之後，關於會計準則的開拓性活動便由英格蘭和威爾士特許會計師協會這一會計職業團體承接了下來。該協會從1942年開始發表了一系列「會計準則建議書」，但未產生多大影響。1969年對英國會計準則的建立和發展來說是重要的一年。英格蘭和威爾士會計師協會發表了對20世紀70年代會計準則設想的聲明，並於1970年建立了「會計準則籌劃委員會」這一專門機構。蘇格蘭特許會計師協會與愛爾蘭特許會計師協會於同年參加。后來，英國另外三個會計專業團體，即「註冊會計師協會」「成本與管理會計師協會」以及「特許財政與會計協會」也陸續參加了該委員會的工作。1976年2月1日，「會計職業團體協商諮詢委員會」成立，該委員會是六個會計職業團體的聯合委員會。會計準則籌劃委員會隨之改名為「會計準則委員會」。該委員會制定和發布的會計準則為「標準會計慣例」。英國的標準會計慣例是通過各個會計職

業團體向其會員發布的,每個會計職業團體對其成員執行這些標準會計慣例具有約束力。

(四)國際會計規範

由於各國政治、法律、經濟、文化等背景的不同,其會計理論、會計實務和會計規範也有所不同,這成為日益發展的國際資本流動、跨國公司經營的重要障礙之一。為了促進國際經濟交往,過去的許多年中,各國會計團體在協調各國會計準則方面做了不懈的努力,並取得了一系列的成果。推動會計準則協調化的主要政府間國際組織有:聯合國、歐洲共同體及經濟合作與發展組織。民間會計職業組織對國際會計準則的制定做了大量的工作。

1. 國際會計準則委員會

1973年6月,來自澳大利亞、加拿大、法國、聯邦德國、日本、墨西哥、荷蘭、英國、美國等的16個職業會計師團體,在英國倫敦成立了國際會計準則委員會(IASC)。目前,國際會計準則委員會的成員已發展到包括104個國家的143個會計職業組織,迄今為止,國際會計準則委員會已發布了41號國際會計準則和13個國際財務報告準則,並公布了一系列「徵求意見稿」。經過國際會計準則委員會的努力,國際會計準則日益完善並得到各國會計界的支持與認可。根據國際會計準則委員會的章程,其基本戰略目標是:第一,按照公眾利益,制定和公布在編制財務報表時應遵循的同一會計準則,並促使其在世界範圍內被接受和執行。第二,為改進和協調與財務報表的表述有關的會計準則和會計程序而努力。其具體目標是制定強有力的準則以滿足國際資本市場與國際工商業界的需求;制定並幫助實施會計準則,以滿足發展中國家和新興的工業化國家對財務報告的需求;進一步提高國家會計要求與國際會計準則之間的兼容性。

國際會計準則委員會的發展過程大致可以分為以下三個階段:

(1)20世紀70年代,國際貿易和跨國公司的發展是經濟全球化的集中體現,但資本市場的國際化尚不明顯。許多人對國際會計準則是否能在世界範圍內被廣泛接受和遵守持懷疑態度。當時國際會計準則委員會的戰略是與銀行、國際會計師聯合會、國際經貿組織等聯繫和合作,協調各國現有的會計準則,但在國際會計準則的體系、國際會計準則與各國會計準則的關係、國際會計準則委員會的發展方向等戰略性問題上的思路仍不清晰。

(2)20世紀80~90年代中期,各國的資本市場逐步開放,各國會計準則之間的差異對不同國家財務報告編制者和使用者的影響也越來越大。各國會計準則制定機構開始關注國際會計準則的發展,產生了同國際會計準則委員會合作的意向,證券監管機構也開始重視國際會計準則的制定。此時,國際會計準則委員將戰略調整為引起更多的利益集團的注意,提高國際會計準則的地位,逐步形成規範現有會計實務的國際會計準則體系。

(3)20世紀90年代中期至今,資本市場國際化浪潮空前高漲,同時以亞洲金融危機為代表的區域性或全球性的金融危機敲響了警鐘——風險的波及範圍和影響也達到了全球化,只有增強資本市場的透明度,風險才可能得到控制。資本市場的透明度在很大

程度上取決於會計信息的質量。國際會計準則委員會立足於全球化的資本市場，旨在協調各國會計準則，增加會計信息可比性，這就適應了國際資本市場上財務報告的使用者對會計信息質量的要求。在這一發展的黃金時期，國際會計準則委員會提出了更為明確的戰略：第一，與各國會計準則制定機構進行直接、密切的聯繫和合作；第二，建立從基礎準則到核心準則的國際會計準則體系；第三，處理好國際會計準則和美國公認會計原則的關係；第四，在將來取得證券委員會國際組織（IOSCO）對核心準則的承認，促進準則與實務的銜接，研究信息技術對會計的影響，解決新問題，完善現有準則。

國際會計準則委員會的組織機構設置如下：

（1）理事會。理事會成立於1973年，成員既包括職業會計師團體，又包括其他利益集團。理事會作為最高執行機構，負責批准國際會計準則和徵求意見稿的發布。

（2）諮詢團。諮詢團成立於1981年，包括代表報告編制者和使用者的國際性組織、證券交易所、證券監管機構的代表以及來自發展研究機構、準則制定機構、政府間組織的代表或觀察員。諮詢團主要是與理事會討論國際會計準則的技術性問題、工作計劃和國際會計準則委員會的戰略，直接影響國際會計準則的制定。

（3）顧問委員會。顧問委員會成立於1995年，集中了來自會計職業界、企業界、其他財務報告使用者團體的高素質精英。其主要職責如下：第一，復核評價理事會的戰略和規劃是否滿足國際會計準則委員會成員的要求；第二，每年向理事會報告實現目標的運作過程的有效性；第三，促進會計職業團體、企業界、其他各集團參與國際會計準則委員會，並接受國際會計準則；第四，審閱國際會計準則委員會的預算和財務報告。

（4）戰略工作組。戰略工作組成立於1997年，負責研究國際會計準則委員會在完成核心準則以後的戰略和組織結構、國際會計準則委員會的運作程序、與各國會計準則制定者的關係以及國際會計準則委員會的教育培訓和資金籌集。

（5）常設解釋委員會。常設解釋委員會成立於1998年，其成員包括不同國家財務報告使用者、編制者、審計者的代表，來自理事會的聯絡員，來自證券委員會國際組織和原歐洲共同體的觀察員。常設解釋委員會相當於各國會計準則制定機構下設立的「緊急問題工作小組」，處理運用國際會計準則時出現的問題，同時該委員會將公布一系列解釋公告，來指導國際會計準則與實務的結合。

國際會計準則委員會是國際會計準則理事會（IASB）的前身。2001年8月1日，國際會計準則理事會宣布從其前身國際會計準則委員會接手會計準則制定的權利。這是國際會計準則機構改革的實質性改變。

國際會計準則理事會的母體國際會計準則委員會基金會主要有兩個部分：受託人（Trustees）和國際會計準則理事會。此外，其還有準則顧問理事會（Standards Advisory Council）和國際財務報告解釋委員會（International Financial Reporting Interpretations Committee）。受託人指定國際會計準則理事會成員，監管運作和提供資金。國際會計準則理事會在會計準則制定方面是獨立的。重組前，國際會計準則制定工作由國際會計準則委員會理事會（IASC Board）承擔。理事會由13個國家的會計職業團體的代表以及不超過4個在財務報告方面利益相關的其他組織的代表組成。除理事會外，國際會計準則委員

會還成立了諮詢團(Consultative Group)、顧問委員會(Advisory Council)和常設解釋委員會(Standing Interpretation Committee)三個機構。諮詢團定期開會,與理事會討論國際會計準則項目中的技術問題、國際會計準則委員會的工作計劃及戰略,在國際會計準則委員會制定國際會計準則的應循程序(Due Process)以及推動承認國際會計準則方面發揮重要作用。顧問委員會的作用是提高國際會計準則的可信度,推動國際會計準則得到廣泛承認。常設解釋委員會定期考慮因缺少權威指南而出現分歧或不可接受的處理方法的議題,起草解釋公告(建議稿),公開徵求意見后報經理事會批准。國際會計準則委員會重組是 1997 年提出來的,國際會計準則委員會為此專門成立了戰略工作組(Strategy Working Party)。1998 年年底,戰略工作組提出了重組方案,具體體現在《重塑國際會計準則委員會未來》這一研究報告中。該方案建議,新國際會計準則委員會設基金會、理事會和制定委員會三個層次,基金會任免理事會成員和制定委員會成員,理事會負責審議和投票表決,制定委員會負責研究起草準則。這個方案的結構與原結構的差別在於,會計準則制定工作由專職成員負責,而不是像以前那樣由指導委員會這樣的兼職人員負責;技術性討論落在制定委員會這個層次上,理事會更像一個表決機構。因為研究制定和表決通過由兩個機構分別負責,所以有人稱之為「兩院制」。上述方案受到美國等幾個英語國家的反對。1999 年 11 月,戰略工作組向國際會計準則委員會的理事會遞交了題為《關於重塑國際會計準則委員會未來的建議》的最終報告。根據這一方案,除了設立類似於基金會的管理委員會(Trustees)外,不再分設理事會和制定委員會,而是合二為一,稱為國際會計準則理事會,即 IASB。這個理事會由專職人士組成,對會計準則有最后的決定權。因為研究制定和表決通過由一個機構負責,所以有人稱之為「一院制」。國際會計準則理事會由 14 人組成(12 人為全職成員,2 人為兼職成員,對制定會計準則負完全責任)。理事會成員的首要條件是技術專長,並由受託人作出最佳判斷以確保理事會不被任何特定的團體或地區利益左右。公布準則、徵求意見稿或國際財務報告解釋委員會解釋公告要求理事會 14 位成員中的 8 位通過。

　　國際會計準則委員會及國際會計準則理事會在制定、發布國際會計準則時,採用了一套較完整的程序,稱為「充分程序」。其大致內容如下:建議新項目→列入計劃內→研究資料,撰寫大綱→公布規劃草案→提交最終草案→發布徵求意見稿→通過國際會計準則草案→公布國際會計準則。

　　國際財務報告準則和國際會計準則分別如表 1-2 和表 1-3 所示。

表 1-2　　　　　　　　　　　國際財務報告準則

國際財務報告準則第 1 號——首次採用國際財務報告準則
國際財務報告準則第 2 號——以股份為基礎的支付
國際財務報告準則第 3 號——業務合併
國際財務報告準則第 4 號——保險合同
國際財務報告準則第 5 號——持有待售非流動資產和終止經營

表1-2(續)

國際財務報告準則第 6 號——礦產資源的勘探和評價
國際財務報告準則第 7 號——金融工具：披露
國際財務報告準則第 8 號——經營分部
國際財務報告準則第 9 號——金融工具
國際財務報告準則第 10 號——合併財務報表
國際財務報告準則第 11 號——合營安排
國際財務報告準則第 12 號——其他主體中權益的披露
國際財務報告準則第 13 號——公允價值計量

表1-3　　　　　　　　　　　　國際會計準則

國際會計準則第 1 號——財務報表的列報
國際會計準則第 2 號——存貨
國際會計準則第 7 號——現金流量表
國際會計準則第 8 號——會計政策、會計估計變更和差錯更正
國際會計準則第 10 號——報告期後事項
國際會計準則第 11 號——建造合同
國際會計準則第 12 號——所得稅
國際會計準則第 16 號——不動產、廠房和設備
國際會計準則第 17 號——租賃
國際會計準則第 18 號——收入
國際會計準則第 19 號——雇員福利
國際會計準則第 20 號——政府補助會計和政府援助的披露
國際會計準則第 21 號——匯率變動的影響
國際會計準則第 23 號——借款費用
國際會計準則第 24 號——關聯方披露
國際會計準則第 26 號——退休福利計劃的會計處理和報告
國際會計準則第 27 號——單獨財務報表
國際會計準則第 28 號——聯營和合營中的投資
國際會計準則第 29 號——惡性通貨膨脹經濟中的財務報告
國際會計準則第 32 號——金融工具：列報
國際會計準則第 33 號——每股收益
國際會計準則第 34 號——中期財務報告

表1-3(續)

國際會計準則第 36 號——資產減值
國際會計準則第 37 號——準備、或有負債和或有資產
國際會計準則第 38 號——無形資產
國際會計準則第 39 號——金融工具：確認和計量
國際會計準則第 40 號——投資性房地產
國際會計準則第 41 號——農業

2. 國際會計師聯合會

國際會計師聯合會(International Federation of Accountants, IFA)是 1977 年成立的。1982 年，國際會計師聯合會在墨西哥城召開了第一次代表大會。會上對過去五年的活動經驗進行了探討，並對章程條款進行了修改。會議期間還討論了國際會計師聯合會與國際會計準則委員會之間的關係。國際會計師聯合會認為，國際會計準則委員會是一個負責發布國際會計準則的團體。國際會計準則委員會則承認，國際會計師聯合會是世界範圍會計職業的發言人。這兩個組織成立了一個專門的業務聯繫小組。該小組於 1981 年向國際會計準則委員會理事會和國際會計師聯合會理事會提出了一份報告。報告中有這樣的建議，即兩個組織結成一個相互承擔義務的系列，為此提出三點建議：

(1)在兩個組織間建立永久的關係。

(2)由國際會計師聯合會推選的人應全部作為國際會計準則制定者，並加入國際會計準則委員會。

(3)兩個組織之間應擴大相互吸收，並促進大家承認和採用他們的準則。

第三節　財務會計基本理論框架

財務會計理論是隨著會計實踐而產生和發展的，並逐步形成了一套比較完整的體系。財務會計理論(Financial Accounting Theory)是對會計實踐的合乎邏輯的概括，它由一系列概念、原則所構成，用以解釋、評估現存的會計實務，預測和指導未來的會計發展。財務會計理論的主要作用有：

第一，作為制定會計準則的依據。

第二，作為企業確定會計政策的依據。

第三，作為審計師評判會計信息質量好壞的依據。

財務會計理論及其結構如圖 1-1 所示。

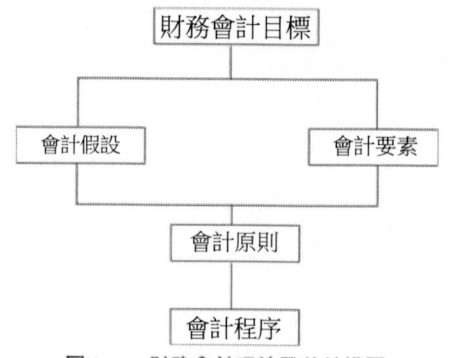

圖 1-1　財務會計理論及其結構圖

一、會計目標

會計理論體系以會計目標(Accounting Objective)為起點。任何學科的研究工作，都必須首先明確學科的研究範圍和目標。財務會計目標是會計理論體系的基礎，整個會計理論體系和會計實務都是建立在會計目標的基礎之上。會計目標主要明確為什麼要提供會計信息，向誰提供會計信息，提供哪些會計信息等問題。只有明確了會計目標，才能進一步明確會計應當收集哪些會計數據以及如何加工、採用何種方法進行加工和處理這些會計數據，從而為會計信息的使用者提供有用的會計信息。

各國會計理論研究機構和學者對財務會計目標的表述不一，但可歸納為以下幾個方面：

第一，提供對現在和潛在的投資者、債權人及其他會計信息使用者決策有用的信息。

第二，提供評估企業現金流量、變現能力和償債能力的信息。

第三，提供關於企業管理當局在使用業主委託給它的企業資源後，其受託責任完成情況。

第四，提供關於企業的經濟資源，對這資源的要求權以及使資源和對這些資源的要求權發生變動的信息。

中國《企業會計準則——基本準則》第四條規定，企業應當編制財務會計報告(又稱財務報告)。財務報告的目標是向財務報告使用者提供與企業財務狀況、經營成果和現金流量等有關的會計信息，反映企業管理層受託責任履行情況，有助於財務會計報告使用者作出經濟決策。其主要包括以下兩個內容：

（一）向財務報告使用者提供決策有用的信息

向財務報告使用者提供決策有用的信息是財務報告的基本目標。如果企業在財務報告中提供的會計信息與使用者的決策無關，沒有使用價值，那麼財務報告就失去了編制的意義。財務會計人員提供的會計信息應當如實反映企業所擁有或控制的資源，如實反映企業對資源的利用情況，從而有助於現在的或者潛在的投資者、債權人以及其他使用者正確、合理評價企業的經營能力和管理水平，從而做出理性的投資和信貸決策。

（二）反映企業管理層受託責任履行情況

在現代公司制下，企業所有權與經營權相分離，企業管理層是受委託人之委託經營

管理企業的各項資產，負有委託責任。委託人需要及時或者經常性地瞭解企業管理層保管、使用資產的情況，以便評價管理者受託責任履行結果，並決定是否需要更換管理層。因此，財務報告應當反映企業管理層受託責任的履行情況，以有助於評價企業的經營管理責任和資源的有效性。

二、會計假設

會計假設（Accounting Assumption）是會計核算的前提條件，如同數學上的公理一樣。會計是在一定的經濟環境下進行的，這一經濟環境中必然存在著某些不確定因素，會計假設就是對這些不確定因素做出較為合理的假設。只有在會計假設的基礎上，才能構築會計的理論大廈，並在會計假設的基礎上，進行會計核算過程。會計假設包括會計主體假設、持續經營假設、會計分期假設和貨幣計量假設。依據這些會計假設或前提，會計人員才能確定會計核算的範圍，確定收集和加工會計信息的方法和程序。

（一）會計主體假設

會計主體或會計實體（Accounting Entity）是指會計工作為其服務的特定單位和組織。會計主體假設的作用在於界定了不同會計主體會計核算的空間範圍。會計主體假設要求會計核算區分企業自身的經濟活動與其他單位的經濟活動；區分企業的經濟業務與業主個人的經濟業務。會計主體與法律主體並不是同一個概念。一般來說，法律主體必然是會計主體，但會計主體並不一定是法律主體。會計主體可能大於法律主體（如合併會計主體），也可能小於法律主體（企業內部獨立核算單位）。

（二）持續經營假設

持續經營（Going Concern）假設是指假設某一會計主體的生產經營活動將無限期地延續下去，在可以預見的未來，不會清算、解散倒閉。持續經營假設要求會計人員以會計主體持續、正常的經營活動為前提，選擇會計程序和會計方法，進行會計處理。沒有這一假設，一些公認的會計原則和會計處理方法將缺乏存在的基礎，企業會計核算無法正常進行，也就無法提供會計信息。

（三）會計分期假設

會計分期（Accounting Period）假設是指將會計主體持續不斷的經營活動分割成一定的期間，對其進行的期間劃分。會計分期的目的在於通過會計期間的劃分，據以結算帳目，編制會計報表，從而及時地向有關方面提供反映企業經營成果和財務狀況及其變動情況的會計信息。由於有了會計分期，才產生了本期與非本期之分，才產生了權責發生制和收付實現制，才有了配比原則的出現。

（四）貨幣計量假設

貨幣計量（Monetary Measurement）假設是指會計主體在會計核算過程中採用貨幣為主要的計量單位，記錄、反映會計主體的經營情況。有了這一假設，使會計核算的對象——企業的生產經營活動統一表現為貨幣形態的運動，從而能夠全面、綜合地反映企業的經營成果和財務狀況及其變動情況。貨幣計量是以貨幣的價值不變，幣值穩定為前提的。因為只有在幣值穩定或相對穩定的情況下，不同時點的資產價值才具有可比性，

不同時點的收入和費用才能進行比較，才能計算確定其經營成果，會計信息才能得以生成。

三、會計要素

會計要素(Accounting Elements)是會計的基本概念。會計要素是為實現會計目標，以會計假設為基礎，對會計對象進行的基本分類，是會計核算對象的具體化，是會計用於反映會計主體財務狀況，確定其經營成果的基本單位。

中國《企業會計準則——基本準則》中列示了資產、負債、所有者權益、收入、費用和利潤六大會計要素。這六大會計要素又可以劃分為兩大類：一類是反映財務狀況的會計要素(或靜態會計要素)，即資產、負債、所有者權益；另一類是反映經營成果的會計要素(或動態會計要素)，即收入、費用、利潤。另外加入了利得和損失兩個概念。

(一) 資產

資產(Assets)是指過去的交易或事項形成、由企業擁有或控製的、預期會給企業帶來經濟利益的資源。資產的這個定義主要包括以下幾個含義：

(1) 資產從本質上講是一種經濟資源，即可以作為生產要素投入到生產經營中去。這就把資產同一些已經不能再投入作為生產經營要素的耗費項目區分開來。

(2) 資產是由過去的交易、事項形成的。過去的交易或者事項包括購買、生產、建造行為或其他交易或事項。預期在未來發生的交易或事項不形成資產。

(3) 資產是由企業擁有和控製的。強調企業享有某項資源的所有權，或者雖然不享有某項資源的所有權，但該資源能被企業所控製。把企業雖不擁有，但行使控製權的資產納入會計核算的範疇反映了客觀的經濟實質，是實質重於形式原則的具體體現。

(4) 資產應該預期能給企業帶來經濟利益。它是指直接或間接導致現金或現金等價物流入企業的潛力。這就將企業的一些已經不能為企業帶來未來經濟利益流入的項目排除在企業會計報表之外，有利於客觀、真實地反映企業現有的經濟資源。

資產的確認條件有兩個：一個條件是與該資源有關的經濟利益很可能流入企業；另一個條件是該資源的成本或者價值能夠可靠地計量。符合資產定義和資產確認條件的項目，應當列入資產負債表；符合資產定義，但不符合資產確認條件的項目，不應當列入資產負債表。

(二) 負債

負債(Liabilities)是指過去的交易或事項形成的、預期會導致經濟利益流出企業的現時義務。負債的這個定義包含以下幾個含義：

(1) 負債是一項經濟責任或者說是一項義務，它需要企業進行償還。

(2) 清償負債會導致企業未來經濟利益的流出。

(3) 負債是企業過去的交易、事項的一種后果，未來發生的交易或事項形成的義務，不應當確認為負債。

負債的確認條件有兩個：一個條件是與該義務有關的經濟利益很可能流出企業；另一個條件是未來流出的經濟利益的金額能夠可靠地計量。符合負債定義和負債確認條

件的項目,應當列入資產負債表;符合負債定義,但不符合負債確認條件的項目不應當列入資產負債表。

(三)所有者權益

所有者權益(Owner's Equity)是指企業資產扣除負債後由所有者享有的剩餘權益。所有者權益包括所有者投入的資本(股本和資本溢價)、直接計入所有者權益的利得和損失、留存收益(盈餘公積和未分配利潤)等。企業的實收資本或股本是指投資者按照企業章程,或合同、協議的約定,實際投入企業的資本。中國實行的是註冊資本制,因而,在投資者足額繳納資本之後,企業的實收資本應該等於企業的註冊資本。

(四)收入

收入(Revenue)是指企業在日常活動中形成的、會導致所有者權益增加的、與所有者投入資本無關的經濟利益的總流入。收入包括銷售商品、提供勞務、讓渡資產使用權獲得的收入。收入不包括為第三方或者客戶代收的款項。收入有以下幾個特徵:

(1)收入是從企業的日常活動中產生的,而不是從偶發的交易或事項中產生的,如固定資產出售這種非日常活動產生的現金流入,不屬於收入。

(2)收入可能表現為企業資產的增加,也可能表現為企業負債的減少,或兩者兼而有之。

(3)收入能導致企業所有者權益的增加。

(4)收入只包括本企業經濟利益的流入,不包括為第三方或客戶代收的款項,如增值稅。

符合收入定義和確認條件的項目,應當列入利潤表。

(五)費用

費用(Expenses)是指企業在日常活動中發生的、會導致所有者權益減少的、與向所有者分配利潤無關的經濟利益的總流出。這裡的費用是廣義的費用概念,它包括應結轉的已售產品或勞務的成本。費用只有在經濟利益很可能流出從而導致企業資產減少或者負債增加,並且經濟利益的流出額能夠可靠計量時才能予以確認。企業為生產產品、提供勞務等發生的可歸屬於產品成本、勞務成本等的費用,應當在確認產品銷售收入、勞務收入等時,將已售產品、已提供勞務的成本計入當期損益。

企業發生的支出不產生經濟利益的,或者即使能夠產生經濟利益但不符合資產確認條件的,應當在發生時確認為費用,計入當期損益。

企業發生的交易或者事項導致其承擔了一項負債而又不確認為一項資產的,應當在發生時確認為費用,計入當期損益。符合費用定義和費用確認條件的項目應當列入利潤表。

(六)利潤

利潤(Profit or Income)是指企業在一定會計期間的經營成果。利潤包括收入減去費用後的淨額、直接計入當期利潤的利得和損失等。直接計入當期利潤的利得和損失是指應當計入當期損益、會導致所有者權益發生增減變動的、與所有者投入資本或者向所有者分配利潤無關的利得或者損失。

以上六個會計要素之間的關係是：

資產＝負債＋所有者權益

這一會計等式（Accounting Equation）表明某一會計主體在某一特定時點上擁有的各種資產，債權人和投資者對企業資產的要求權的基本狀況，它表明企業資產和負債與所有者權益之間的基本關係。

收入－費用＝利潤

這一會計等式表明企業一定期間所實現的財務成果與相應期間的收入和費用的關係。

資產＝負債＋所有者權益＋（收入－費用）

這一會計等式表明企業的財務狀況與經營成果之間的相互聯繫。財務狀況反映企業某一時期資產的存量情況，經營成果反映企業某一期間淨資產的增加或減少情況。企業的經營成果最終要影響到企業的財務狀況，企業實現利潤，將使企業資產增加或負債減少；企業虧損，將使企業資產減少，或負債增加。

以上諸要素中，最基本的要素是資產，其他要素均可用資產來定義。負債可用債權人對企業資產的請求權表示；所有者權益可用淨資產表示或所有者對企業淨資產的要求權；營業收入可用企業在一定期間因主要或中心業務所產生的資產流入來表示；費用可用企業在一定期間因主要或中心業務所產生的資產流出企業來表示。因此，資產的定義至關重要。

四、會計原則

會計原則（Accounting Principles）是會計工作的基本規範。會計原則是會計處理中為達到一定的會計目標所應採取的有效行動的指南，但不涉及行動的具體方法和步驟，具有一定的概括性和普遍適用性。根據《企業會計準則——基本準則》，中國會計核算的原則在基本會計準則中作為會計信息質量要求，具體包括：客觀性原則、相關性原則、明晰性原則、可比性原則、實質重於形式原則、重要性原則、謹慎性原則、及時性原則八項。中國將權責發生製作為會計的核算基礎。

五、會計程序

會計程序（Accounting Procedure）是會計核算的實務過程，指在會計核算中，將會計確認和計量、採用會計記帳方法、記錄於會計帳簿並編制報告等有機地結合起來的技術組織過程。

（一）會計確認

會計確認（Accounting Recognition）是交易或事項的發生，確定是否、何時和如何作為一項會計要素加以記錄並列入會計報表的過程。會計確認包括用文字和數字描述某個項目，確認了的項目應包括在報表之中。會計確認包括初始確認和再確認兩個環節。初始確認決定了哪些交易、事項應在會計系統中予以記錄和反映；再確認決定了它們如何列入財務會計報表之中。對於一筆資產或負債，確認不僅要記錄該項目的取得或發生，

還要記錄其后發生的變動等。對於一項收入,確認則指記錄該項目的取得或發生以及應將其反映在利潤表中。

要將某項目在財務報表中予以確認,除符合會計要素的定義以外,還必須符合確認的條件。由於資產、負債、收入、費用等要素的性質各不相同,因而其具體的確認條件不完全相同。但是,無論是何種要素,其確認都須遵循確認的基本條件。

國際會計準則概念框架指出,財務報表要素確認的基本條件是:第一,與該項目有關的未來經濟利益很可能流入或將會流出企業;第二,對該項目的成本或價值能夠可靠地加以計量。

其他國家的會計準則、概念框架也規定了財務報表要素確認的基本條件。雖然各概念框架所規定的確認基本條件,從形式或內容表達上,可能與國際會計準則概念框架的相關規定不完全相同,但其實質卻是一致的。

美國財務會計概念框架第5號指出:確認一個項目和有關的信息,要符合四個基本確認條件,同時還要遵循效益大於成本以及重要性這兩個前提。其中,四個基本確認條件是:第一,可定義性(Definability),即要符合財務報表某一要素的定義;第二,可計量性(Measurability),即具有一個相關的可計量屬性,足以可靠地予以計量;第三,相關性(Relevance),即有關信息在用戶的決策中有重要作用;第四,可靠性(Reliability),即信息是真實的、可核實的、無偏向的。

由於「有關未來經濟利益將會流入或流出企業」內含在美國財務會計概念框架中的要素定義中,而相關性和可靠性在國際會計準則概念框架中是作為會計信息質量的兩項重要特徵來規定的,對財務報表要素的確認也具有約束力,因而「有關未來經濟利益將會流入和流出企業」沒有作為美國財務會計概念框架中的基本確認條件之一,而相關性和可靠性也沒有作為國際會計準則概念框架中確認的基本條件。這說明,國際會計準則概念框架與美國財務會計概念框架對確認的基本條件的規定基本上一致。

(二)會計計量

會計計量(Accounting Measurement)以貨幣或其他度量單位衡量各經濟業務發生對企業資產、負債、所有者權益、收入、費用和利潤影響的過程。美國會計學會(AAA)在1966年發布的《基本會計理論說明書》中指出:會計就是要計量和傳遞一個經濟主體活動中的數量方面,雖然定性的信息是重要的,但會計職能強調通過數量表示有意義的定量信息來增進有用性。美國著名會計學家井尻雄士(Yuri Irji)教授在1979年發表的專著《會計計量理論》中對會計計量問題做了較系統的研究。他認為:會計計量是會計系統的核心職能,會計計量就是以數量關係確定物品或事項之間的內在數量關係,而把數額分配於具體事項的過程。會計工作過程很大程度上就是一個計量的過程。會計計量的兩個中心內容是資產計價(Asset Valuation)和收益確定(Income Determination)。反映財務狀況的資產、負債、所有者權益三個要素中,資產始終處於中心地位,負債和所有者權益的變化都可以用資產來表述。負債和所有者權益貨幣量的確定,在多數情況下取決於資產的計價。從這點來說,資產計價是會計計量的一個中心內容。企業在川流不息、周而復始的生產經營活動過程中,會不斷地取得收入,不斷地發生成本費用。為了確定企

業一定時期的經營業績(盈利或虧損情況),正確計量收入和費用並確定收益或利潤是會計計量的另一個中心內容。

會計計量應堅持三個基本的質量標準:第一,同質性(Identification),會計計量必須通過再現體(財務報表)來反映客體(財務狀況和經營成果),並在再現體和客體之間保持同質性;第二,可證實性(Verifiability),如果給定的條件相同,不同的會計人員對同一客體進行的計量應得出基本相同的結果,或者計量的結果可以互為證實;第三,一致性(Consistency),在會計上,對某一事項的計量可能同時並存幾種計量方法,在計量方法的運用上要強調前后的一致性,以免使用者對會計信息產生誤解。

會計計量的一個重要概念是計量屬性(Measurement Attributes),指被計量客體的特性或外表現形式。目前國際通用的有五種計量屬性可選用:第一、歷史成本(Historical Cost);第二、現行成本(Current Cost);第三、現行市價(Current Market Value);第四、可實現淨值(Net Realizable Value);第五、未來現金流量的現值(Present Value of Future Cash Flow)。

中國《企業會計準則——基本準則》第九章專門規定會計計量:企業在將符合確認條件的會計要素登記入帳並列報於報表及附註時,應當按照規定的會計計量屬性進行計量,確定其金額。會計計量屬性主要包括:歷史成本、重置成本、可變現淨額、現值和公允價值五個計量屬性。公允價值是指熟悉情況的交易雙方自願進行資產交換或者債務清償和金額。同時規定,企業在對會計要素進行計量時,一般應當採用歷史成本,採用重置成本、可變現淨值、現值、公允價值計量,應當保證所確定的會計要素餘額能夠取得並可靠計量。

(三) 會計記錄

會計記錄(Accounting Record)是根據會計確認和會計計量的要求,採用復式記帳原理,將經濟業務事項記錄於相關的帳簿之中的過程。會計記錄是對會計業務進行加工、分類整理的過程。會計記錄的正確與否直接影響會計信息質量——可靠性。因此,會計人員應該做好這一環節的工作,以便提供正確、真實、完整、可靠的會計信息給信息使用者,實現財務會計的目標。

(四) 會計報告

會計報告(Reporting)是以恰當的形式匯總日常確認、計量和記錄的結果,向使用者傳送企業財務狀況、經營成果、現金流量信息的過程。財務會計報告包括會計報表、會計報表附註、財務情況說明等內容。會計報表是財務會計報告的主要內容,由三個主表和若干個附表構成。資產負債表反映企業一定日期的資產、負債、所有者權益的占用或分佈的財務狀況。利潤表反映企業一定期間收入、費用的構成及利潤形成等的經營成果情況。現金流量表反映企業一定期間內現金流入、流出及其變動結果,它是資產負債表和利潤表的紐帶,把財務狀況和經營成果連接起來。

一個企業、一個單位在會計核算過程中,究竟應該使用哪些憑證,憑證如何填制和傳遞;應該設置哪些帳簿,帳頁格式如何設計,帳簿與帳簿之間如何配合;如何根據憑證登記各種帳簿;從憑證到帳簿,再到編制會計報告,應該依照何種程序、步驟進行。會計程序如果組織得合理,將會提高會計工作效率,提高會計信息質量。

第四節　財務會計信息質量特徵

1980年5月，美國財務會計準則委員會發布了第2號公告《會計概念公告——會計信息的質量特徵》。該公告認為，會計信息的質量特徵是使會計信息成為有用的各種特徵。考察會計信息的質量特徵的目的在於，保證會計信息的高質量，從而有利於及時正確地提供會計報告，為企業決策者提供有用的會計信息，以實現財務會計的目標。

會計信息的質量特徵(Qualitative Characteristics)是一個有層次性的等級結構。在這一等級結構中，居於核心地位的是決策有用性(Decision Usefulness)。如果會計信息不存在有用性，就不能從信息中得到利益補償其所耗的費用。我們用圖1-2來表明會計信息成為有用的各種質量特徵。

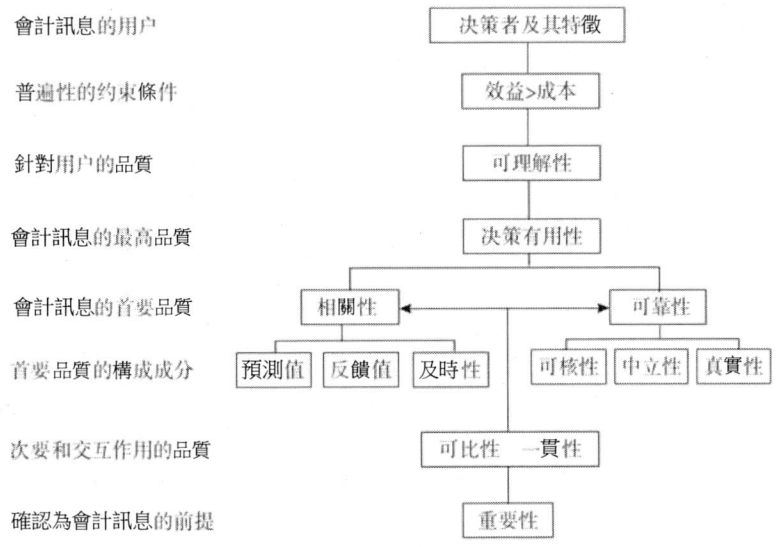

圖1-2　會計訊息質量的層次結構圖

要使會計信息成為對決策有用的信息，首要的質量特徵是具有相關性和可靠性。如果這兩者缺少其中的任何一個，會計信息就不會有用。相關性和可靠性還可以進一步分解為若干因素，凡屬相關的信息它必須是及時的，並且必須具有預測值和反饋值，或者兩者兼而有之。凡屬可靠的信息，它必須是反映真實的，並且必須具有可核性和中立性。可比性和一貫性是一種次要的質量。它與相關性和可靠性相互地起作用，有助於產生會計信息的有用性。效益大於成本和重要性是兩個約束條件。信息可能是有用的，但提供它們所花的費用太大，大於利用該信息可能帶來的效益，而不值得提供。既要保證信息有用，以值得提供，信息的效益應大於它的成本，這是決定會計信息是否應該提供的限制或約束條件。所有的信息質量都應當以重要性為基礎，這同樣是一個約束條件。

一、決策者及其特徵

什麼會計信息是有用的,要由每一位會計信息使用者來判斷。決策者(Decision Maker)的判斷又可能受各種因素的影響,諸如所要做出的決策、決策所用的方法、決策者已經從其他來源取得信息以及決策者單獨或在其他專業人員的協助之下加工信息的能力等。對於某一位用戶來說是最優的信息未必對另一位用戶也是最優的信息。

二、成本與效益的關係

會計信息也是一種商品,提供和使用會計信息需要花費成本。只有當會計信息所能產生的效益高於其成本時,才值得提供。提供會計信息的成本大部分由初始的編制者承擔,而效益則編制者和用戶都能得到。

提供會計信息的成本有好多種類,包括信息的收集、整理、編制報表、分析及解釋時所花的代價等;如果會計信息要經過審計的話,還包括審計費用;將會計信息分發給必須送達對象的成本;與涉訟危險有關的成本;因為揭露企業經營狀況而在同業競爭上所造成的不利可能帶來的損失。這些成本大部分由企業負擔,但亦可能轉嫁給財務報表使用者。

至於會計信息的效益,對企業而言,可能增加經營效率,獲得資金的融通或吸引投資,對投資者及債權人而言,可充分瞭解投資報酬及風險,使資金得以最佳運用,而社會經濟資源方能做到最有效的分配。這些效益一般來說都難以用貨幣量加以衡量。雖然如此,在提供會計信息時,仍應考慮其所引起的成本效益(Cost-Benefit)關係。只有當效益高於成本時,才能提供企業會計信息。

三、可理解性

如果信息不能為其使用者所理解,則信息的有用性將會大大下降,甚至變為無用的信息。能夠使信息更加易於理解,從而擴大其用戶的範圍,可以提高信息的效益。信息的可理解性(Understandability)受到兩個方面的制約:一方面是用戶的特徵;另一方面是信息本身固有的特性。這是為什麼可理解性成為決策者和決策有用性之間的聯結點的原因。會計人員應盡可能將編制的會計信息易於被人理解,而使用者也應設法提高自己理解會計信息的能力。

四、會計信息的首要質量特徵

會計信息的首要質量特徵包括相關性和可靠性。

(一)相關性

相關性(Relevance)是指保證會計信息「有用」的一個重要質量特徵,它是指同決策相聯繫,有助於提高決策能力的特徵。對於會計信息使用者來說,會計信息要成為相關的,必須能夠幫助用戶預測過去、現在、將來事項的結果,或者證實和糾正預期的情況,從

而具有影響決策的能力。會計信息的相關性具體包括信息的預測價值、反饋價值和及時性。

1. 預測價值

預測價值(Forecast Value)是指會計信息能夠幫助信息使用者預測未來事項的可能結果,便於決策者根據預測結果做出有關決策。因此,會計人員編制的財務信息應該有助於決策者預測企業未來的現金流轉、財務前景、經營能力。

2. 反饋價值

反饋價值(Feedback Value)是指會計信息能夠幫助信息使用者去證實或改變以前的預測結果。把過去決策所產生的實際結果反饋給決策者,使之與當初做決策時的預期的結果相比較,發現是否有偏差,便於提高決策者未來決策的正確性。信息的預測價值和反饋價值往往是同時發生的,因為取得的相關信息既可以用作證實或改變以前預期的結果,又可以作為將來決策的選擇方案。這兩種作用的實質在於導致決策時「差別」的產生。某企業提供的年度報告既可作為上年度的反饋資料,又可作為下年度的預測資料。

3. 及時性

及時性(Timeliness)是指為了保證會計信息的相關性,會計信息必須在使用者尚未作出決策之前及時獲得。如果在需要信息時得不到所需的信息,而得到信息時已在決策之後,其相關的信息也就變成了不相關了,因而信息的有用性大大減弱,甚至變得根本無用了。

(二)可靠性

會計信息對決策既要有用和相關,又要可靠。可靠性(Reliability)要求會計如實地反映意欲反映的情況,並且這種反映是以事實為依據,是公正的、不偏不倚的,同時還要能夠通過核實向信息使用者保證它具有這種如實反映情況的質量,任何歪曲事實的信息不僅不利於決策,反而會導致決策失誤。一項可靠的信息應該滿足真實性、可核對性和中立性。

1. 真實性

真實性(Faithfulness)是指一項計量的數值或敘述的文字,符合它意在反映的現象,在會計中,要反映的現象就是經濟資財和債務以及使這些資財和債務發生變動的業務和事項。會計信息如果不能客觀真實地反映企業的經濟事項,其會計信息自然不會是可靠的。

2. 可核對性

可核對性(Verifiability)是指由不同的會計人員,分別採用同一計量方法,對同一會計事項加以計量,能得出基本相同的結果。可核對性這一質量特徵可以增加會計信息的有用性,因為核實的目的在於高度保證會計數值反映它意在反映的東西。重複計量看看所得結果是否相同,可以用來發現並消除計量員的偏差。

3. 中立性

中立性(Neutrality)是指在制定或選用會計原則或政策時,主要應當關心所產生信息

的相關性和可靠性,而不是新規則會對特定利益者產生的影響。違背會計中立性的,首先就是預先定下需要結果,並為誘發這個結果而對會計信息作推論性的選擇。要做到中立,會計信息必須盡可能真實地報告經濟活動,對它所傳輸的形象不能妄加色彩,以求朝某些特定的方向來影響行為。

五、會計信息的次要質量特徵

會計信息的次要質量特徵是可比性和一貫性。可比性與一貫性是緊密相連的,並且一貫性包含在可比性之內。

(一)可比性

可比性(Comparability)是指類型相同的不同企業或同一企業的不同時期的會計信息具有一定共同特徵的質量或狀況。比較通常是共同特徵的定量評估。只要在所用的量度——數量或比率可靠地反映了要比較的主題特徵時,才能進行有效的比較。有關一家企業的信息,倘若能與另一家企業的類似信息相比較,倘若能與本企業其他期間或時點的類似信息相比較,其信息的有用性將會大大提高。信息的比較使用常常有直覺之效果。為了達到可比性,相同的經濟事項應採用相同的會計方法或會計原則處理。

(二)一貫性

一貫性(Consistency)包含在可比性之內。為了使同一企業不同時期的會計信息具有可比性,會計人員在確認和計量會計事項時,所採用的會計原則、會計方法和會計程序應當前后會計年度一貫使用,不能隨意變更。在一定跨年度的時間裡,應用會計方法的一貫性是使會計信息更為有用的重要保證。如果不堅持一貫性,隨意改變會計方法和程序,可能有操縱利潤現象,致使會計信息的可靠性受到很大影響,當然其有用性也會大打折扣。一貫性並不表示企業絕對不能改變會計方法,否則會計就不會發展了。一貫性要求企業應慎重選用會計原則和方法,一旦選定,除非有正當理由,不得隨意變動。如果有證明採用新的會計原則和方法更能公正客觀地計量和反映企業經濟狀況,則可以變更會計原則和方法,並應在報告中將變更的內容和理由以及對企業財務狀況和經營成果的影響加以揭示。

六、重要性

會計信息的重要性(Materiality)是指當一項會計信息被遺漏或錯誤表達時,可能使依賴該信息的人所做的判斷受到影響或改變。相關性和重要性有許多共同之處。兩者都要用對投資者或其他決策者產生什麼影響,或起什麼作用來定義。但是這兩個概念還是有區別的。相關性是一種質量上的要求,而重要性則為數量上的要求。在會計中,某些信息之所以不予揭示,是因為投資者對這種信息不感興趣(與決策不相關),或者是因為它涉及的金額太小,不足以影響決策(不重要)。

重要性是決定會計信息是否提供的關鍵。前述所有的會計信息質量都要以重要性為其前提,然后才考慮相關性和可靠性,才能單獨表達此項會計信息。

七、中國企業會計準則關於會計信息質量的要求

結合中國《企業會計準則——基本準則》第二章規定的會計信息客觀性、相關性、明晰性、可比性、實質重於形式、重要性、謹慎性和及時性的質量要求，全面理解會計信息質量要求的重要意義和具體內容。

（一）客觀性

客觀性也叫真實性。企業應當以實際發生的交易或者事項為依據進行會計確認、計量和報告，如實反映符合確認和計量要求的各項會計要素及其他相關信息，保證會計信息真實可靠、內容完整。

（二）相關性

企業提供的會計信息應當與財務會計報告使用者的經濟決策需要相關，有助於財務會計報告使用者對企業過去、現在或者未來的情況做出評價或者預測。

（三）可理解性

企業提供的會計信息應當清晰明了，便於財務會計報告使用者理解和使用。

（四）可比性

企業提供的會計信息應當具有可比性。

同一企業不同時期發生的相同或者相似的交易或者事項，應當採用一致的會計政策，不得隨意變更。確需變更的，應當在附註中說明。

不同企業發生的相同或者相似的交易或者事項，應當採用規定的會計政策，確保會計信息口徑一致、相互可比。

（五）實質重於形式

企業應當按照交易或者事項的經濟實質進行會計確認、計量和報告，不應僅以交易或者事項的法律形式為依據。

（六）重要性

企業提供的會計信息應當反映與企業財務狀況、經營成果和現金流量等有關的所有重要交易或者事項。

（七）穩健性或謹慎性

企業對交易或者事項進行會計確認、計量和報告應當保持應有的謹慎，不應高估資產或者收益、低估負債或者費用。

（八）及時性

企業對於已發生的交易或者事項，應當及時進行會計確認、計量和報告，不得提前或者延後。

思考題

1. 會計環境是如何影響會計理論與實務發展的？
2. 財務會計與管理會計的區別是什麼？
3. 什麼是私人會計？什麼是公共會計？兩者有何不同？
4. 什麼是會計規範？各國會計規範是否存在差別？
5. 中國會計規範體系是怎樣的？中國已經發布了哪些具體會計準則？
6. 會計基本理論框架是怎樣的？
7. 什麼是會計信息質量特徵？其層次結構如何？
8. 什麼是會計信息的最高質量特徵、首要質量特徵和次要質量特徵？
9. 怎樣理解會計信息質量的約束條件？
10. 怎樣理解財務會計目標？

第二章
貨幣資金

　　貨幣資金是企業資產的重要組成部分,是企業進行生產經營活動的基本條件。在企業的生產經營過程中,經常涉及大量的貨幣資金收付業務。加強貨幣資金的管理,組織好貨幣資金的收支核算,是會計核算中一項十分重要的工作。本章主要介紹現金、銀行存款和其他貨幣資金的核算。

第一節　貨幣資金概述

一、貨幣資金的性質與範圍

(一)貨幣資金的性質

　　貨幣資金(Money Fund)是指可以立即投入流通,用來購買商品或勞務,或用來償還債務的交換媒介。貨幣資金是企業經營過程中以貨幣形態存在的一種資產。貨幣資金是企業流動性(Liquidity)最強的流動資產,並且是唯一能夠直接轉化為其他任何資產形態的流動性資產,也是唯一能夠代表企業實現購買力水平的資產。貨幣資金作為支付手段,可用於支付各項費用、清償各種債務及購買其他資產,因而具有普遍的可接受性。為了確保生產經營活動的正常進行,企業必須擁有一定數量的貨幣資金,以便購買材料、繳納稅金、發放工資、支付利息及股利或進行投資等。企業所擁有的貨幣資金量是分析判斷企業償債能力與支付能力的重要指標。

　　由於貨幣資金的流動性強,是直接的流通貨幣,在企業經濟活動中,收支頻繁、容易發生差錯和意外損失,也是被不法人員挪用、貪污和盜竊的重要目標,因此加強貨幣資金的管理和內部控制制度是會計核算的重點。

(二)貨幣資金的內容

　　貨幣資金是廣義的現金,一般包括硬幣、紙幣、存放於銀行或其他金融機構的活期存款以及本票和匯票存款等可以立即支付使用的交換媒介物。凡是不能立即支付使用的(如銀行凍結存款等),均不能視為貨幣資金。貨幣資金按其存放地點和用途分類,分為庫存現金(狹義的現金)、銀行存款和其他貨幣資金。

二、貨幣資金內部控制制度

　　內部控制制度(Internal Control System)是企業重要的內部管理制度,指處理各種業務活動時,依照分工負責的原則在有關人員之間建立的相互聯繫、相互制約的管理體系。

貨幣資金的內部控製制度是企業最重要的內部控製制度,它要求貨幣資金收支與記錄的崗位分離、收支憑證經過有效復核或核準、收支及時入帳且收支分開處理、建立嚴密的清查和核對制度、做到帳實相符、制定嚴格的現金管理及檢查制度等。

企業建立的貨幣資金內部控製制度的具體內容因企業的規模大小和貨幣資金收支量多少而有所不同,但一般應包括以下幾項主要內容:

第一,貨幣資金收支業務的全過程應分工完成、各負其責;貨幣資金收支業務的會計處理程序應制度化。

第二,貨幣資金收支業務與會計記帳應分開處理。

第三,貨幣資金收入與貨幣資金支出應分開處理。

第四,內部稽核人員對貨幣資金的檢查應制度化。

第二節　現金

一、現金的定義、現金的管理與現金的收支範圍

(一)現金的定義

現金(Cash)是指流通中的貨幣,包括鑄幣和紙幣。中國企業會計核算上的現金,是狹義上的概念,不同於國外的現金概念,它僅指庫存現金(Cash on Hand),即企業財務部門為了支付企業日常零星開支而保管的庫存現鈔,包括各種本幣和外幣。

現金是流動性最強的一種貨幣資金,是企業可以立即投入流通的交換媒介。企業可以隨時動用現金購置所需財產物資、支付有關費用、清償各項債務,也可以隨時存入銀行。對現金詳細核算和管理,具有十分重要的意義。

(二)現金的管理

現金管理制度的主要規定如下:

(1)庫存現金的收支,必須由專門負責辦理現金收支和銀行結算業務的出納人員(Casher)收管和支付,非出納人員不得經管現金。出納人員在收付現金時,必須以符合規定、手續齊全的合法憑證為依據。

(2)收入的現金應當在收款當日送存開戶銀行,最遲也應在收款次日上午送存開戶銀行。農村地區企業遠離銀行或其他原因,經開戶銀行同意,可以放寬送存時間。

(3)對於企業收入的現金未經銀行同意,不得坐支挪用。企業從自己收入的現金中直接用於支付的行為稱為坐支。根據國家規定,企業收入現金必須送存銀行,支出現金必須向銀行提取,以便銀行能及時瞭解企業的現金來源和去向,加強管理。

(4)企業應由開戶銀行核定庫存現金限額,以備日常支付。超過限額以上的現金應及時存入銀行,需要補充時,可以向銀行支取。

(5)企業間經濟往來業務,凡超過1,000元的款項,一律通過銀行辦理轉帳結算。當企業因採購地點不固定或交通條件限制以及其他特殊情況下必須使用現金時,應向開戶行提出申請,經企業開戶銀行審核同意后,可以支付現金。

(三)現金收支範圍

現金結算是指企業直接用現金支付或收入的貨幣結算。凡是通過銀行劃撥轉帳的稱非現金結算或轉帳結算。在現金收支範圍內的款項,企業可以用現金進行收付,否則,均應辦理轉帳結算。

1. 現金支出範圍

現金支出範圍包括如下內容:

(1)職工工資和各種工資性津貼。

(2)個人勞動報酬,包括稿費和講課費及其他專門工作報酬。

(3)支付給個人的獎金,包括根據國家規定頒發給個人的科學技術、文化藝術、體育等各種獎金。

(4)各種勞保、福利費用以及國家規定的對個人的其他現金支出。

(5)收購單位向個人收購農副產品和其他物資支付的價款。

(6)出差人員必須隨身攜帶的差旅費。

(7)結算起點(現行規定為1,000元)以下的零星支出。

(8)中國人民銀行確定需要用現金支付的其他支出。

企業在日常資金結算工作中,應按上述範圍嚴把現金使用關,不屬於上述現金結算範圍的款項支付,一律通過銀行進行轉帳結算,不得支付現金。

2. 現金收入範圍

現金收入範圍包括如下內容:

(1)剩餘差旅費和歸還備用金等個人的交款。

(2)對個人或不能轉帳的集體單位的銷售收入。

(3)不足轉帳結算起點的小額收款,如小額銷售收入等。

上述範圍以外的收入款項,一律通過銀行辦理轉帳結算,不得收入現金。對於每一筆現金的收付業務,都必須根據有關原始憑證,由會計主管人員或指定的人員審核,並根據審核無誤的原始憑證,編制現金收款憑證或付款憑證,送交出納員收付現金。對於從銀行提取現金或現金送存銀行的業務,只編制付款憑證,不再編制收款憑證,以免重複過帳。

二、現金收支的核算

企業為了反映現金收付情況,在總分類核算中,應設置「庫存現金」帳戶。「庫存現金」帳戶用以核算企業庫存現金的收付變動及結存情況,屬於資產類帳戶。收入現金時,記入借方;支付現金時,記入貸方;餘額在借方,表示庫存現金實存數額。有外幣業務的企業,還應按幣種分別設置明細帳戶進行明細核算。

企業應當設置現金日記帳,現金日記帳由出納人員按業務發生的先后順序,根據審核無誤的收、付憑證,逐日逐項登記,計算當日現金收入、支出及餘額,並將帳面餘額同現金實存額進行核對,做到帳實相符。月末應將現金日記帳餘額同總分類帳餘額核對相符,做到日清月結。有外幣現金的企業,還應分別設置人民幣現金、外幣現金的現金日記帳以進行明細核算。現金日記帳一般採用三欄式,也可以根據需要設置多欄式。

【例2-1】3月5日,湘友股份有限公司(以下簡稱湘友公司)簽發現金支票一張,從銀行提取現金15,000元備用。

借:庫存現金　　　　　　　　　　　　　　　　　　　　　　　15,000
　　貸:銀行存款　　　　　　　　　　　　　　　　　　　　　　15,000

【例2-2】3月12日,職工楊帆因出差向企業暫借2,000元。

借:其他應收款——楊帆　　　　　　　　　　　　　　　　　　 2,000
　　貸:庫存現金　　　　　　　　　　　　　　　　　　　　　　 2,000

【例2-3】3月22日,楊帆回單位后報銷差旅費用1,400元,並將餘款600元繳還。

借:庫存現金　　　　　　　　　　　　　　　　　　　　　　　　 600
　　管理費用　　　　　　　　　　　　　　　　　　　　　　　 1,400
　　貸:其他應收款——楊帆　　　　　　　　　　　　　　　　　 2,000

【例2-4】3月25日,將現金3,000元存入銀行。

借:銀行存款　　　　　　　　　　　　　　　　　　　　　　　 3,000
　　貸:庫存現金　　　　　　　　　　　　　　　　　　　　　　 3,000

三、現金清查

為了確保現金安全、完整,除實行錢帳分管,正確組織現金憑證傳遞和審核外,還應定期對現金進行清查,現金清查的方法採用帳實核對法。現金清查包括出納人員每日進行的日清日結和組織清查小組定期對現金的清查,即將現金的實存數與帳面數進行核對,保證帳實一致。對現金實存額進行盤點,必須以現金管理的有關規定為依據,不得以白條抵庫,不得超限額保管現金。清查小組清查后,根據清查結果編制現金盤點報告單,填寫現金實存數、帳存數和盈虧情況。如果發現帳實不一致,除應及時查明原因外,還需進行相應的會計處理。不得以今日長款彌補他日短款。

每日終了結算現金收支、財產清查等發現的有待查明原因的現金短缺或溢餘,應通過「待處理財產損溢」帳戶核算。屬於現金短缺,應按實際短缺的金額,借記「待處理財產損溢——待處理流動資產損溢」科目,貸記「庫存現金」科目;屬於現金溢餘,按實際溢餘的金額,借記「庫存現金」科目,貸記「待處理財產損溢——待處理流動資產損溢」科目。待查明原因后進行如下處理:

(1)如為現金短缺,屬於應由責任人賠償的部分,借記「其他應收款——應收現金短缺(××個人)」或「庫存現金」等科目,貸記「待處理財產損溢——待處理流動資產損溢」科目;屬於應由保險公司賠償的部分,借記「其他應收款——應收保險賠償」科目,貸記「待處理財產損溢——待處理流動資產損溢」科目;屬於無法查明原因的,根據管理權限,經批准后處理,借記「管理費用——現金短缺」科目,貸記「待處理財產損溢——待處理流動資產損溢」科目。

(2)如為現金溢餘,屬於應支付給有關人員或單位的,應借記「待處理財產損溢——待處理流動資產損溢」科目,貸記「其他應付款——應付現金溢餘(××個人或單位)」科目;屬於無法查明原因的現金溢餘,經批准后,借記「待處理財產損溢——待處理流動資

產損溢」科目,貸記「營業外收入——現金溢餘」科目。

【例2-5】3月17日,湘友公司清查小組清查現金時,發現短款1,600元。3月19日,經細查後發現該企業出納員朱文在付給外單位款項時多付了900元,其餘700元無法查明原因,作為管理費用處理。

(1)3月17日,發現現金短款時。

借:待處理財產損溢——待處理流動資產損溢　　　　　　　　1,600
　　貸:庫存現金　　　　　　　　　　　　　　　　　　　　　1,600

(2)3月19日,查清原因處理時。

借:其他應收款——應收現金短缺款(朱文)　　　　　　　　　900
　　管理費用——現金短缺　　　　　　　　　　　　　　　　　700
　　貸:待處理財產損溢——待處理流動資產損溢　　　　　　　1,600

【例2-6】3月22日,湘友公司清查小組清查現金時,發現溢餘900元。3月23日,經細查發現該企業出納在支付工資時少付給李雪600元,其餘300元無法查明原因。

(1) 3月22日,發現現金溢餘時。

借:庫存現金　　　　　　　　　　　　　　　　　　　　　　900
　　貸:待處理財產損溢——待處理流動資產損溢　　　　　　　　900

(2) 3月23日,查清原因處理時。

借:待處理財產損溢——待處理流動資產損溢　　　　　　　　　900
　　貸:其他應付款——應付現金溢餘(李雪)　　　　　　　　　600
　　　　營業外收入——現金溢餘　　　　　　　　　　　　　　300

第三節　銀行存款

一、銀行存款概述

銀行存款(Deposit at Bank)是企業存放在銀行或其他金融機構的貨幣資金。按照國家有關規定,凡是獨立核算的企業,都應在當地銀行開立帳戶,並遵循銀行結算的有關規定,如數按規定的限額保留庫存現金,超過限額部分必須存入銀行;除了在規定的範圍內可以使用現金收付外,其經營過程中發生的一切貨幣收支業務,都應通過銀行進行轉帳結算,嚴格執行《中國人民銀行結算辦法》規定的結算制度,加強對銀行存款的管理。企業通過銀行辦理支付結算時,應認真執行國家各項管理辦法和結算制度,並遵守以下規定:

(1)合法使用銀行帳戶,不得轉借其他單位或個人使用。
(2)不得用銀行帳戶進行非法活動。
(3)不得簽發沒有資金保證的票據和空頭(Bad Check)支票,套取銀行信用。
(4)不得簽發、取得和轉讓沒有真實交易和債權債務的票據,套取銀行和他人資金。
(5)不準無理拒絕付款,任意占用他人資金。
(6)不準違反規定開立和使用帳戶。

二、銀行轉帳結算

結算是指結清收付雙方之間的債權債務的行為。結算分為現金結算和轉帳結算兩種。現金結算是以貨幣款項結清單位或個人之間的債權債務。轉帳結算是收付雙方通過銀行從帳戶上劃轉款項的辦法進行的結算。

一項轉帳經濟業務不僅涉及收付款雙方的利益,而且需要通過收方、付方及銀行三方共同完成。收付款雙方在結算中必須遵守國家的法律、法規和雙方經濟合同及協議,銀行在辦理結算業務時,必須維護收付款雙方的正當權益。凡收入的款項,必須及時記入結算憑證指定收款人的銀行存款帳戶。對收款人銀行帳戶的存款,銀行要保證收款人的支配權。銀行在辦理轉帳結算的過程中,只負責將結算款項從付款人的銀行存款帳戶劃轉到收款人的銀行存款帳戶中;付款人帳戶存款額不足時,銀行不負墊款的責任。

根據中國人民銀行有關結算辦法規定,目前企業發生的收付業務可以採用的結算方式有銀行匯票結算方式、銀行本票結算方式、商業匯票結算方式、委託收款結算方式、支票結算方式、匯兌結算方式、托收承付結算方式、信用證結算方式等。

(一) 銀行匯票

銀行匯票(Bank Draft or Bill)是指匯款人將款項交存當地銀行,由當地銀行簽發給匯款人持往異地辦理轉帳或支取現金的票據。銀行匯票具有使用靈活、票隨人到、兌現性強等特點,適用於先收款后發貨或錢貨兩清的商品交易。銀行匯票可用於轉帳,填寫「現金」字樣的銀行匯票也可以用於支取現金。銀行匯票的付款期限為自出票日起1個月內。

付款單位應在收到銀行簽發的銀行匯票后,根據「銀行匯票申請書(存根聯)」編制付款憑證,借記「其他貨幣資金——銀行匯票」科目,貸記「銀行存款」科目。申請人取得銀行匯票后,即可持銀行匯票向填明的收款單位辦理結算。借記有關科目,貸記「其他貨幣資金——銀行匯票」科目。收款企業在收到付款單位送來的銀行匯票時,應在出票金額以內,根據實際需要的款項辦理結算,並將實際結算金額和多餘金額準確、清晰地填入銀行匯票和解訖通知的有關欄內,銀行匯票的實際結算金額低於出票金額的,其多餘金額由出票銀行退交申請人。收款企業還應填寫進帳單並在匯票背面「持票人向銀行提示付款簽章」處簽章,簽章應與預留銀行的印鑒相同,然后,將銀行匯票和解訖通知、進帳單一併交開戶銀行辦理結算,銀行審核無誤后,辦理轉帳。銀行匯票的收款人可以將銀行匯票背書轉讓給他人。背書轉讓以不超過出票金額的實際結算金額為限,未填寫實際結算金額或實際結算金額超過出票金額的銀行匯票不得背書轉讓。

(二) 銀行本票

銀行本票(Casher's Check)是銀行簽發的,承諾銀行在見票時無條件支付確定的金額給收款人或者持票人的票據。銀行本票由銀行簽發並保證兌付,而且見票即付,具有信譽高、支付功能強等特點。在同一票據交換區域支付各種款項,都可以使用銀行本票。

銀行本票分定額本票和不定額本票;定額本票面值分別為1,000元、5,000元、10,000元和50,000元。在票面劃去轉帳字樣的,為現金本票。

銀行本票的付款期限為自出票日起最長不超過2個月。付款單位應在收到銀行簽

發的銀行本票后,根據「銀行本票申請書(存根聯)」編制付款憑證,借記「其他貨幣資金——銀行本票」科目,貸記「銀行存款」科目。申請人取得銀行匯票后,即可持銀行匯票向填明的收款單位辦理結算,借記有關科目,貸記「其他貨幣資金——銀行本票」科目。

收款單位在收到銀行本票時,應該在提示付款時,在本票背面「持票面人向銀行提示付款簽章」處加蓋章預留銀行印章,同時填寫進帳單,連同銀行本票一併交開戶銀行轉帳。收款單位可以根據需要在票據交換區域內背書轉讓銀行本票。

(三)商業匯票

商業匯票(Commercial Paper)指由收款人或付款人(或承兌申請人)簽發,經承兌人承兌,於到期日無條件向收款人或被背書人支付款項的票據。在銀行開立存款帳戶的法人以及其他組織之間必須具有真實的交易關係或債權債務關係,才能使用商業匯票。商業匯票可以背書轉讓。商業匯票的持有人可持未到期的商業匯票到銀行申請貼現。

商業匯票按承兌人的不同,分為商業承兌匯票和銀行承兌匯票兩種。

1. 商業承兌匯票

商業承兌匯票是由銀行以外的付款人承兌。採用商業承兌匯票方式的,購銷雙方同意簽發商業承兌匯票后,各自按規定發貨或收貨,發貨單位根據該匯票和其他有關憑證,借記「應收票據」科目,貸記相關會計科目;收貨單位根據該匯票及有關憑證,借記相關會計科目,貸記「應付票據」科目。

收款單位將要到期的商業承兌匯票連同填制的郵劃或電劃委託收款憑證,一併送交銀行辦理轉帳,根據銀行的收帳通知,據以編制收款憑證,借記「銀行存款」科目,貸記「應收票據」科目;付款單位在收到銀行的付款通知時,據以編制付款憑證,借記「應付票據」科目,貸記「銀行存款」科目。商業匯票到期時,如果購貨企業的存款不足支付票款,開戶銀行應將匯票退還給銷貨企業,銀行不負責付款,由購銷雙方自行處理。

2. 銀行承兌匯票

銀行承兌匯票由銀行承兌。承兌銀行按票面金額向出票人收取萬分之五的手續費。採用銀行承兌匯票(Banker's Acceptance)方式的,收款單位將要到期的銀行承兌匯票連同填制的郵劃或電劃委託收款憑證,一併送交銀行辦理轉帳,根據銀行的收帳通知,據以編制收款憑證。承兌銀行憑匯票應將承兌款項無條件轉交給收款人。如果購貨企業於匯票到期日未能足額交存票款時,承兌銀行除憑票向持票人無條件付款外,對出票人尚未支付的匯票金額按照每天萬分之五計收罰息。

付款單位在收到銀行的付款通知時,據以編制付款憑證。收款單位將未到期的商業匯票向銀行申請貼現時,應按規定填制貼現憑證,連同匯票一併送交銀行,根據銀行的收帳通知編制收款憑證。

(四)支票

支票(Check)是出票人簽發的,委託辦理支票存款業務的銀行或者其他金融機構在見票時無條件支付確定的金額給收款人或者持票人的票據。

支票結算方式是同城結算中應用比較廣泛的一種結算方式。單位和個人在同一票據交換區域的各種款項結算,均可以使用支票。支票由銀行統一印製,支票上印有「現

金」字樣的為現金支票。支票上印有「轉帳」字樣的轉帳支票。轉帳支票只能用於轉帳，不能支取現金。現在所用的支票，支票上既沒有「現金」字樣，也沒有「轉帳」字樣，這稱為普通支票。在普通支票左上角劃兩條平行線的，為劃線支票或轉帳支票。劃線或轉帳支票只能用於轉帳，不得支取現金。普通支票左上角沒有劃線的支票為現金支票，該種支票既可支取現金，也可以用於轉帳。

支票的提示付款期限為自出票日起 10 天內，中國人民銀行另有規定除外。轉帳支票可以根據需要在票據交換區域內背書轉讓。企業不得簽發超過銀行存款餘額的空頭支票。簽發支票時，應使用藍黑墨水或碳素墨水，將支票上的各要素填寫齊全，並在支票上加蓋其預留銀行印章。

(五) 匯兌

匯兌(Postal Money Order)是匯款人委託銀行將款項匯給外地收款人的結算方式。

匯兌分為信匯和電匯兩種。信匯是指匯款人委託銀行通過郵寄方式將款項劃轉給收款人。電匯是指匯款人委託銀行通過電報將款項劃給收款人。匯兌結算方式適用於異地之間的各種款項結算。這種結算方式劃撥款項簡便、靈活。

收款單位對於匯入的款項，應在收到銀行的收帳通知時，據以編制收款憑證；付款單位對於匯出的款項，應在向銀行辦理匯款后，根據匯款回單編制付款憑證，借記「其他貨幣資金——外埠存款」科目，貸記「銀行存款」科目。

(六) 委託收款

委託收款(Mandatory Collection)是收款人向銀行提供收款依據，委託銀行向付款人收取款項的結算方式。無論是單位還是個人都可以憑已承兌商業匯票、債券等付款人債務證明辦理款項收取同城或異地款項。委託收款還適用於收取電費、電話費等付款人眾多、分散的公用事業費等的有關款項。委託收款結算款項劃回的方式分為郵寄和電報兩種。

企業的開戶銀行受理委託收款后，將委託收款憑證寄交付款單位開戶銀行，由付款單位開戶銀行審核，並通知付款單位。付款單位收到銀行交給的委託收款憑證及債務證明，應簽收並在 3 天內審查債務證明是否真實，是否是本單位的債務，確認之后通知銀行付款。

收款單位發貨后委託銀行收款，在銀行受理之后，根據有關憑證編制，借記「應收帳款」科目，貸記有關科目。托收款項收到后，根據銀行的收帳通知編制收款憑證。

付款單位在收到銀行轉來的委託收款憑證后，根據委託收款憑證的付款通知和有關的原始憑證編制付款憑證。如在付款期滿前提前付款，應於通知銀行付款之日，編制付款憑證。

(七) 托收承付

托收承付結算方式是指根據購銷合同，由收款人發貨后委託銀行向付款人收取款項，由付款人向銀行承認付款的結算方式。辦理托收承付結算的款項，必須是商品交易以及因商品交易而產生的勞務供應的款項。收款單位辦理托收承付，必須有商品發出的證件或其他證明。

採用托收承付結算方式時，購銷雙方必須簽有符合《中華人民共和國經濟合同法》的購銷合同，並在合同上註明使用托收承付結算方式。銷貨企業按照購銷合同發貨后，填

寫托收承付憑證，蓋章后連同發運證件（包括鐵路、航運、公路等運輸部門簽發運單、運單副本和郵局包裹回執）或其他符合托收承付結算的有關證明和交易單證送交開戶銀行辦理托收手續。

銷貨企業開戶銀行接受委託后，將托收結算憑證回聯退給企業，作為企業進行帳務處理的依據，並將其他結算憑證寄往購貨單位開戶銀行，由購貨單位開戶銀行通知購貨單位承認付款。

購貨企業收到托收承付結算憑證和所附單據后，應立即審核是否符合訂貨合同的規定。按照中國人民銀行發布的《支付結算辦法》的規定，承付貨款分為驗單付款與驗貨付款兩種。結算辦法規定驗單承付的承付期為 3 天，驗貨承付的承付期為 10 天。承付期內付款單位未表示拒絕付款的，銀行視為同意付款，於承付期的次日，將款項劃給收款單位。付款單位如果在承付期內拒絕付款，應填寫「拒絕付款理由書」。

銷貨企業發貨並辦理托收手續后，根據銀行退回的有關憑證，借記「應收帳款」科目，貸記有關科目。收到銀行的收款通知時，借記「銀行存款」科目，貸記「應收帳款」科目。

（八）信用證

信用證結算方式是國際結算的一種主要方式。經中國人民銀行批准經營結算業務的商業銀行總行以及經商業銀行總行批准開辦信用證結算業務的分支機構，也可以辦理國內企業之間商品交易的信用證結算業務。

採用信用證結算方式的。收款單位收到信用證后，即備貨裝運，簽發有關發票帳單，連同運輸單據和信用證，送交銀行。根據退還的信用證等有關憑證編制收款憑證。企業申請開出信用證時，應根據有關憑證，借記「其他貨幣資金——信用證保證金」科目，貸記「銀行存款」科目。付款單位在接到開證行的通知時，根據付款的有關單據，借記有關科目，貸記「其他貨幣資金——信用證保證金」科目。

上述各種結算方式的運用，必須以加強結算紀律為保證。《支付結算辦法》中規定了銀行結算紀律，即不準簽發沒有資金保證的票據或遠期支票，套取銀行信用；不準簽發、取得和轉讓沒有真實交易和債權債務的票據，套取銀行和他人資金；不準無理拒絕付款，任意占用他人資金；不準違反規定開立和使用帳戶等。企業必須嚴格遵守銀行支付結算辦法規定的結算紀律，保證結算業務的正常進行。

三、銀行存款的核算

（一）帳戶的設置

為了記錄銀行存款的情況，需要設置「銀行存款」帳戶，該帳戶用於核算銀行存款收、付變動和結存情況，屬於資產類帳戶。借方登記銀行存款的收入數額；貸方登記銀行存款的付出數額；借方餘額表示銀行存款的實存數額。有外幣業務的企業，還應按幣種分別設置明細帳戶進行明細核算。該帳戶核算的內容是企業存入銀行的各種存款。企業如有存入其他金融機構的存款，也在本帳戶核算。企業的外埠存款、銀行本票存款、銀行匯票存款、信用卡存款、信用證保證金存款等在「其他貨幣資金」帳戶核算，不在本帳戶核算。

(二)人民幣存款業務的帳務處理

為了加強對銀行存款的管理,及時掌握銀行存款收、付的動態和結存情況,企業應設置「銀行存款日記帳」,按照銀行存款收、付業務的先後順序逐筆序時登記,每日營業終了應結出餘額。有外幣業務的企業,應在「銀行存款」科目下分別以人民幣和各種外幣設置「銀行存款日記帳」進行核算。

【例2-7】5月15日,W公司以銀行存款支付以前欠A公司的購貨款150,000元。

借:應付帳款——A公司　　　　　　　　　　　　　　150,000
　　貸:銀行存款　　　　　　　　　　　　　　　　　　　　150,000

【例2-8】5月18日,W公司購入不需安裝的固定資產,以銀行存款支付貨款200,000元及增值稅34,000元。

借:固定資產　　　　　　　　　　　　　　　　　　　200,000
　　應交稅費——應交增值稅(進項稅額)　　　　　　　　34,000
　　貸:銀行存款　　　　　　　　　　　　　　　　　　　　234,000

【例2-9】5月25日,W公司開出現金支票500,000元,提取現金備發工資。

借:庫存現金　　　　　　　　　　　　　　　　　　　500,000
　　貸:銀行存款　　　　　　　　　　　　　　　　　　　　500,000

(三)外幣存款的帳務處理

企業發生外幣(Foreign Currency)業務時,應將有關外幣金額折合為人民幣記帳。除另有規定外,所有與外幣業務有關的帳戶,應採用業務發生時的匯率,也可以採用業務發生當月期初的匯率折合。期末各種外幣帳戶(包括外幣現金以及以外幣結算的債權和債務)的期末餘額,應按期末匯率折合為人民幣金額。按照期末匯率折合的人民幣金額與原帳面人民幣金額之間的差額,作為匯兌損益分別處理。其中外幣銀行存款的匯率差作為匯兌損益記入「財務費用」科目。因銀行結售、購入外匯或不同外幣兌換而產生的銀行買入價、賣出價與折合匯率之間的差額,也計入當期財務費用。

【例2-10】W公司5月8日將100,000美元到銀行兌換為人民幣,該公司實際收到人民幣620,000元,當日的銀行美元買入價為1美元=6.20元人民幣,該日的市場匯率為1美元=6.25元人民幣。

借:銀行存款(人民幣戶)(100,000×6.20)　　　　　　620,000
　　財務費用　　　　　　　　　　　　　　　　　　　　5,000
　　貸:銀行存款(美元戶)(100,000×6.25)　　　　　　　625,000

【例2-11】因業務需要,湘友公司於3月18日從銀行購入50,000美元,當日銀行美元賣出價為1美元=6.22元人民幣,該日的市場匯率為1美元=6.20元人民幣。

借:銀行存款(美元戶)(50,000×6.20)　　　　　　　　310,000
　　財務費用　　　　　　　　　　　　　　　　　　　　1,000
　　貸:銀行存款(人民幣戶)(50,000×6.22)　　　　　　　311,000

四、銀行存款的清查

為了確保銀行存款核算資料的正確、無誤,及時校正差錯,企業銀行存款日記帳應與

銀行轉來的對帳單相互核對,每月至少核對一次。企業銀行存款日記帳上的月末餘額若與銀行對帳單上的月末餘額不一致,除雙方帳務處理可能出現差錯外,可能存在未達帳項。企業與銀行之間的未達帳項是指對於同一經濟業務,由於企業與開戶銀行的記帳時間不同,一方已登記入帳,而另一方尚未登記入帳的會計事項。具體來說有四種情況:第一,企業已收款入帳,銀行尚未入帳;第二,企業已付款入帳,銀行尚未入帳;第三,銀行已收款入帳,企業尚未入帳;第四,銀行已付款入帳,企業尚未入帳。通常需要編制「銀行存款餘額調節表」,以列示並調節企業與銀行存款餘額記錄上由於未達帳款引起的差異。銀行存款調節表的編制在《初級財務會計學》中已進行了介紹。

第四節 其他貨幣資金

一、其他貨幣資金概述

其他貨幣資金是指除現金、銀行存款以外的各種貨幣資金,主要包括外埠存款、銀行匯票存款、銀行本票存款、信用卡存款、信用證保證金存款、存出投資款等。為了記錄其他貨幣資金的情況,需要設置「其他貨幣資金」帳戶。「其他貨幣資金」帳戶用以核算其他貨幣資金的開立、支付、結存等的情況,屬於資產類帳戶。該帳戶結構與「銀行存款」帳戶的結構基本相同。企業在「其他貨幣資金」帳戶下設置「外埠存款」「銀行匯票」「銀行本票」「信用卡」「信用證保證金」「存出投資款」等明細帳戶,並按外埠存款的開戶銀行,銀行匯票或本票、信用證的收款單位等設置明細帳。有信用卡業務的企業應當在「信用卡」明細帳戶中按開出信用卡種類設置明細帳。

二、外埠存款

外埠存款是企業到外地進行臨時或零星採購時,匯往採購地銀行開立採購專戶的款項。企業將款項委託當地銀行匯往採購地開立專戶時,借記「其他貨幣資金」科目,貸記「銀行存款」科目。收到供應單位的發票帳單時,借記「材料採購」或「原材料」「庫存商品」「應交稅費——應交增值稅(進項稅額)」等科目,貸記「其他貨幣資金」科目。將多餘的外埠存款轉回當地銀行時,根據銀行的收帳通知,借記「銀行存款」科目,貸記「其他貨幣資金」科目。

【例2-12】W企業從銀行匯一筆款150,000元到上海用於購買材料。

借:其他貨幣資金——外埠存款　　　　　　　　　　　　150,000
　　貸:銀行存款　　　　　　　　　　　　　　　　　　　150,000

W企業用此款購入材料120,000元,增值稅款20,400元,餘額匯回銀行。

借:原材料　　　　　　　　　　　　　　　　　　　　　120,000
　　應交稅費——應交增值稅(進項稅額)　　　　　　　　　20,400
　　銀行存款　　　　　　　　　　　　　　　　　　　　　9,600
　　貸:其他貨幣資金——外埠存款　　　　　　　　　　　150,000

三、銀行匯票存款

銀行匯票存款是企業為取得銀行匯票按規定存入銀行的款項。企業在填送「銀行匯票申請書」並將款項交存銀行，取得銀行匯票后，根據銀行蓋章退回的申請書存根聯，借記「其他貨幣資金」科目，貸記「銀行存款」科目。企業使用銀行匯票后，根據發票帳單等有關憑證，借記「材料採購」或「原材料」「庫存商品」「應交稅費——應交增值稅(進項稅額)」等科目，貸記「其他貨幣資金」科目；如有多餘款或因匯票第四聯(多餘款收帳通知)，借記「銀行存款」科目，貸記「其他貨幣資金」科目。

【例2-13】W企業向銀行申請開一張150,000元的銀行匯票，由採購員持往北京購買材料。

借：其他貨幣資金——銀行匯票　　　　　　　　　　　　　　150,000
　貸：銀行存款　　　　　　　　　　　　　　　　　　　　　　150,000

採購員用此匯票購入材料120,000元，增值稅款20,400元，餘額匯回銀行。

借：原材料　　　　　　　　　　　　　　　　　　　　　　　120,000
　　應交稅費——應交增值稅(進項稅額)　　　　　　　　　　　20,400
　　銀行存款　　　　　　　　　　　　　　　　　　　　　　　9,600
　貸：其他貨幣資金——銀行匯票　　　　　　　　　　　　　150,000

四、銀行本票存款

銀行本票存款是企業為取得銀行本票按規定存入銀行的款項。企業向銀行提交「銀行本票申請書」並將款項交存銀行，取得銀行本票后，根據銀行蓋章退回的申請書存根聯，借記「其他貨幣資金」科目，貸記「銀行存款」科目。企業使用銀行本票后，根據發票帳單等有關憑證，借記「材料採購」或「原材料」「庫存商品」「應交稅費——應交增值稅(進項稅額)」等科目，貸記「其他貨幣資金」科目。因本票超過付款期等原因而要求退款時，應當填制進帳單一式兩聯，連同本票一併送交銀行，根據銀行蓋章退回的進帳單第一聯，借記「銀行存款」科目，貸記「其他貨幣資金」科目。

【例2-14】W企業向銀行申請開一張150,000元的銀行本票，由採購員持往規定的附近城市購買材料。

借：其他貨幣資金——銀行本票　　　　　　　　　　　　　　150,000
　貸：銀行存款　　　　　　　　　　　　　　　　　　　　　　150,000

採購員用此本票購入材料120,000元，增值稅款20,400元，餘額匯回銀行。

借：原材料　　　　　　　　　　　　　　　　　　　　　　　120,000
　　應交稅費——應交增值稅(進項稅額)　　　　　　　　　　　20,400
　　銀行存款　　　　　　　　　　　　　　　　　　　　　　　9,600
　貸：其他貨幣資金——銀行本票　　　　　　　　　　　　　150,000

五、信用卡存款

信用卡存款是企業為取得信用卡按照規定存入銀行的款項。企業應按規定填制申

請表,連同支票和有關資料一併送交發卡銀行,根據銀行蓋章退回的進帳單第一聯,借記「其他貨幣資金」科目,貸記「銀行存款」科目。企業用信用卡購物或支付有關費用,借記有關科目,貸記「其他貨幣資金」科目。信用卡在使用過程中,需要向其帳戶續存資金的,借記「其他貨幣資金」科目,貸記「銀行存款」科目。

六、信用證保證金存款

信用證保證金存款是企業為取得信用證按規定存入銀行的保證金。企業向銀行申請開立信用證,應按規定向銀行提交開證申請書、信用證申請人承諾書和購銷合同。企業向銀行繳納保證金,根據銀行退回的進帳單第一聯,借記「其他貨幣資金」科目,貸記「銀行存款」科目。根據開證行交來的信用證來單通知書及有關單據列明的金額,借記「材料採購」或「原材料」「庫存商品」「應交稅費——應交增值稅(進項稅額)」等科目,貸記「其他貨幣資金」科目和「銀行存款」科目。

思考題

1. 什麼是貨幣資金?其內容包括哪些?
2. 現金的管理規定有哪些?其內部控制制度是怎樣的?
3. 什麼是現金結算?什麼是轉帳結算?
4. 銀行轉帳結算有哪些方式?哪些屬於同城結算?哪些屬於異地結算?
5. 其他貨幣資金包括哪些內容?
6. 什麼是坐支?為什麼企業不能坐支?
7. 什麼是票據的背書轉讓?哪些票據可以背書轉讓?
8. 商業匯票與銀行匯票有何不同?
9. 商業匯票是如何分類的?
10. 什麼是信用證?信用證結算方式的適用範圍是什麼?

練習題

根據以下業務編制會計分錄:
(1)企業到銀行申請開出銀行匯票一張 50,000 元到外地購買材料。
(2)企業用銀行匯票購回材料 40,000 元,增值稅 6,800 元,餘款轉回存入銀行。
(3)企業以轉帳支票購買辦公用品 1,500 元及增值稅進項稅額 255 元。
(4)企業開出一張轉帳支票 25,000 元,償還以前欠款。
(5)企業銷售商品一批給 N 公司,並收到 N 公司一張銀行匯票 35,000 元未送存銀行,通過背書償還所欠 A 企業的貨款。
(6)企業申請開出信用證 200,000 元,用於進口貨物。
(7)企業進行現金清查發現短款 3,000 元,原因待查。
(8)企業以匯兌方式匯出 23,000 元到上海購買材料。

第三章
應收帳項

應收帳項(Receivables)是指企業在正常生產經營過程中,因銷售商品、產品、提供勞務,進行股權投資、債權投資等,應向有關單位收取的款項,包括應收票據、應收帳款、應收股利、應收利息、其他應收款等。預付款項是指企業為取得生產經營所需要的原材料、物品等而按照購貨合同規定預付給供應單位的款項。應收及預付款項是企業的重要流動資產,加強對應收及預付款項的管理具有十分重要的意義。本章重點介紹應收票據、應收帳款、其他應收及預付款和壞帳準備。

第一節　應收票據

一、應收票據的概念及種類

應收票據(Bills Receivable)是指企業因銷售商品、產品、提供勞務等而收到的商業匯票,包括銀行承兌匯票和商業承兌匯票。在中國,除商業匯票外,大部分商業票據(銀行本票、銀行匯票)都是即期票據,可以錢隨票到,不必作應收票據處理。應收票據是企業未來收取貨款的權利,這種權利和將來應收取的貨款金額以書面文件形式約定下來,因此它受到法律的保護,具有法律上的約束力。應收票據是由於採用商業匯票結算方式而形成的。

商業匯票按承兌人分類,可分為銀行承兌匯票和商業承兌匯票。

銀行承兌匯票(Banker's Acceptance)是由收款人或承兌人簽發,並向其開戶銀行申請,經銀行審查同意承兌的票據。購貨企業應於匯票到期前將票款足額交存開戶銀行,以備由承兌銀行在匯票到期日或到期日后見票當日付款。銷貨企業應在匯票到期時將匯票連同進帳單送交開戶銀行以便轉帳收款。

商業承兌匯票(Trade Acceptance)是由收款人開出,經付款人承兌,或者由付款人開出並承兌的匯票。匯票到期時,購貨企業的開戶銀行憑票將票款劃給銷貨企業或貼現銀行。銷貨企業應在提示付款期限內通過開戶銀行委託收款或直接向付款人提示付款。如果到期時購貨企業的存款不足支付票款,其開戶銀行將匯票退還銷貨企業,銀行不負責付款,由購銷雙方自行處理。

商業匯票按是否計息分類,分為不帶息商業匯票(Noninterest-Bearing Note)和帶息商業匯票(Interest-Bearing Note)。不帶息商業匯票是指承兌人在商業匯票到期時只按票面金額向收款人或被背書人支付款項的匯票。帶息票據是指承兌人在商業匯票到期時按

票面金額加上應計利息向收款人或被背書人支付票款的票據,帶息票據應註明利率,除另有說明外,票據利率均為年利率。商業匯票的承兌期限一般不超過 6 個月,到期一律通過銀行轉帳結算;商業匯票可以向銀行申請貼現,也可以背書轉讓;商業匯票不僅可用於同城結算,也可以用於異地結算。

二、應收票據的確認

(一)應收票據的確認

一般情況下,企業應在收到開出承兌的商業匯票時,按應收票據的票面價值入帳。對於帶息的應收票據,應在期末計提利息,計提的利息增加應收票據的帳面餘額,也就是說其利息應逐期計入應收票據的帳面餘額。不帶息票據期末不需作會計處理。

(二)應收票據的到期日與到期值的確定

應收票據的期限有按日表示和按月表示兩種。按日計算的票據,應從出票日起按實際經歷天數計算。通常出票日和到期日只能算一天。例如,4 月 13 日出票 60 天到期的票據,4 月份算 17 天,5 月份算 31 天,尚有 12 天,所以到期日為 6 月 12 日。與此同時,要將計算利息使用的年利率換算成日利率(年利率÷360)。按月計算的票據,以到期月份中與出票日相同的那一天為到期日。例如,6 月 18 日出票的 6 個月票據,到期日為 12 月 18 日。月末出票的票據,不論月份大小,以到期月份的月末一天為到期日。例如,3 月 31 日出票的 1 個月票據,到期日為 4 月 30 日。與此同時,計算利息使用的年利率要換算成月利率(年利率÷12)。

不帶息票據的到期值,也就是票據的面值;帶息票據的到期值應該是面值加上利息,其計算公式如下:

帶息票據到期價值＝面值 ＋利息
　　　　　　　　＝面值 ＋面值×利率×票據期限

三、應收票據的帳戶設置

為了進行應收票據的核算,企業應設置「應收票據」帳戶,該帳戶用於核算因銷售商品、產品、提供勞務等收到的商業匯票金額,該帳戶屬於資產類帳戶。借方登記因銷售商品、產品、提供勞務等收到的商業匯票的票面金額及其應計利息;貸方登記到期收回、背書轉讓、到期承兌人拒付以及未到期向銀行貼現的票額和應計利息;期末借方餘額反映企業持有的商業匯票的票面價值和應計利息。

在「應收票據」帳戶下,應按不同的單位分別設置明細帳戶,進行明細核算。同時,企業應設置「應收票據備查簿」,逐筆登記每一筆應收票據的種類、號數和出票日期、票面金額、票面利率、交易合同號和付款人、承兌人;背書人的姓名或單位名稱、到期日、背書轉讓日、貼現日期、貼現率和貼現淨額以及收款日期和收回金額、退票情況等資料;應收票據到期結清票款或退票等,都應在備查簿內逐筆註銷。

四、應收票據的會計處理

(一)取得應收票據

取得的應收票據,不論是帶息票據還是不帶息票據,其會計處理基本相同。

【例3-1】4月1日,湘友公司採用商業匯票結算方式向市五金交電公司銷售甲產品500件,每件售價800元,銷項增值稅68,000元,五金交電公司簽發為期6個月、年利率為5.1%的商業承兌匯票468,000元。

借:應收票據——市五金交電公司　　　　　　　　　　468,000
　貸:主營業務收入　　　　　　　　　　　　　　　　　400,000
　　　應交稅費——應交增值稅(銷項稅額)　　　　　　　68,000

(二)會計期末的處理

對於帶息應收票據,應於期末時按應收票據的票面價值和確定的利率計提利息。計提的利息增加應收票據的帳面餘額。

【例3-2】承例3-1,湘友公司持有市五金交電公司的商業匯票期間,於6月30日計提票據利息。

6月30日,湘友公司應計提利息。

應計提的利息=468,000×5.1%×3÷12=5,967(元)

借:應收票據——市五金交電公司　　　　　　　　　　5,967
　貸:財務費用　　　　　　　　　　　　　　　　　　　5,967

(三)應收票據到期

1. 票據到期收回

收回到期不帶息應收票據,則按收到的應收票據票面金額入帳;收回到期帶息應收票據,則按收回的本息入帳。

【例3-3】承例3-1和例3-2,10月1日,商業匯票到期,湘友公司收到該批商品價款。

可收回的商品價款=468,000(1+5.1%×6÷12)=479,934(元)

借:銀行存款　　　　　　　　　　　　　　　　　　　479,934
　貸:應收票據——市五金交電公司　　　　　　　　　　473,967
　　　財務費用　　　　　　　　　　　　　　　　　　　5,967

2. 票據到期遭拒付

由於銀行承兌匯票是由銀行到期無條件支付,所以不存在遭拒付的問題,但是商業承兌匯票有遭拒付的可能。如果到期的應收票據因付款人無力支付票款而無法按期收回,則當收到銀行退回的商業承兌匯票、委託收款憑證、未付票據通知書或拒絕付款證明等時,按應收票據的帳面餘額進行帳務處理。

【例3-4】承例3-1,10月1日,假設上述應收票據為商業承兌匯票,到期沒能收回款項。

借:應收帳款——市五金交電公司　　　　　　　　　　479,934
　貸:應收票據——市五金交電公司　　　　　　　　　　479,934

(四)應收票據的貼現

1. 票據貼現值的計算

票據貼現值是指企業持票據到銀行申請貼現而實際收到的貼現所得。其計算公式如下：

票據貼現值＝票據到期價值－貼現息

貼現息＝票據到期價值×貼現率×貼現期

票據到期價值＝票據面值×(1＋票面利率×票據期限)

按照中國人民銀行《支付結算辦法》的規定，實付貼現金額按票面金額扣除貼現日至票據到期前一日的利息計算。承兌人在異地的，貼現利息的計算應另加 3 天的劃款日期。

【例 3-5】承例 3-1，湘友公司 5 月 10 日持票到銀行申請貼現，為同城貼現，銀行年貼現率為 7.8%。

貼現天數＝22＋30＋31＋31＋30＝144(天)

貼現息＝468,000(1＋5.1%×6÷12)×7.8%×144÷360＝14,973.94(元)

貼現淨額＝479,934－14,973.94＝464,960.06(元)

2. 票據貼現的會計處理

應收票據貼現(Discount)一般可以採用「無追索權」和「有追索權」兩種方式。銀行承兌匯票貼現為無追索權的。商業承兌匯票貼現為有追索權的，即當付款人到期無力支付票據款項，背書人或貼現人在法律上要承擔連帶清償責任，即貼現企業必須向貼現銀行償還這一債務，會計上稱其為或有負債。

(1)收到貼現款時。企業持未到期票據向銀行貼現時，應根據銀行蓋章退回的貼現憑證入帳。

【例 3-6】根據例 3-5 的貼現計算編制會計分錄如下：

借：銀行存款　　　　　　　　　　　　　　　464,960.06

　　財務費用　　　　　　　　　　　　　　　　3,039.94

　　貸：應收票據——五金交電公司　　　　　　　　　468,000

5 月 10 日票據尚未計提利息，「應收票據」帳面餘額為 468,000 元全數轉銷。有息票據貼現，計算出的貼現息小於票據尚未計提的利息，則貼現金額大於票面額，貼現息小於票據尚未計提的利息的差額記入「財務費用」科目的貸方；貼現息大於票據尚未計提的利息的差額記入「財務費用」科目的借方。該例貼現息為 14,973.94 元，票據尚未計提利息為 468,000×5.1%×6÷12＝11,934(元)，其差額為 14,973.94－11,934＝3,039.94(元)應記入「財務費用」科目的借方。

【例 3-7】如果 6 月 30 日未確認應收利息，該企業於 9 月 1 日到銀行申請貼現，計算貼現息，並編制會計分錄。

貼現息＝468,000×(1＋5.1%×6÷12)×7.8%×30÷360＝3,120(元)，小於票據尚未計提利息 11,934 元，其差額為 11,934－3,120＝8,814(元)應記入「財務費用」科目的貸方。

借：銀行存款　　　　　　　　　　　　　　　476,814

　　貸：應收票據——五金交電公司　　　　　　　　　468,000

　　　　財務費用　　　　　　　　　　　　　　　　　8,814

(2)貼現票據到期。假設票據到期時，因承兌人的銀行帳戶不足支付，申請貼現的企業收到銀行退回的應收票據、付款通知和拒付理由書或付款人未付票款通知書時，按所付本息入帳。假設申請貼現企業銀行存款帳戶餘額不足，銀行作逾期貸款處理時，應按轉作貸款的本息(票據到期值)入帳。銀行承兌匯票不存在此類問題。

【例3-8】承例3-7,假設票據到期時,付款人五金交電公司無力償還票款。票據款應由湘友公司向銀行償付到期值479,934元,而不是貼現金額476,814元。

借:應收帳款——五金交電公司　　　　　　　　　　　479,934
　貸:銀行存款　　　　　　　　　　　　　　　　　　　479,934

假設票據到期時,湘友公司銀行存款亦不足,作短期借款處理。

借:應收帳款——五金交電公司　　　　　　　　　　　479,934
　貸:短期借款　　　　　　　　　　　　　　　　　　　479,934

(五)應收票據背書轉讓

企業將持有的應收票據背書轉讓,以取得所需物資時,按應計入取得物資成本的價值與增值稅借記有關科目,貸記「應收票據」科目,如有差額借記或貸記「銀行存款」等科目。如為帶息應收票據尚未計提的利息,貸記「財務費用」科目。

【例3-9】承例3-1,假設湘友公司於5月1日背書轉讓取得了一批原材料,其發票上註明貨款420,000元,增值稅額71,400元,合計491,400元,差額款通過銀行轉帳補付。

計算應收票據的帳面餘額=票面價值+已計利息(4月份)

$$= 468,000(1+5.1\% \times 1 \div 12)$$
$$= 469,989(元)$$

應計利息=468,000×5.1%×1÷12=1,989(元)

企業應補付金額=491,400-(468,000+1,989)=21,411(元)

借:原材料　　　　　　　　　　　　　　　　　　　　420,000
　應交稅費——應交增值稅(進項稅額)　　　　　　　　71,400
　貸:應收票據　　　　　　　　　　　　　　　　　　　468,000
　　財務費用　　　　　　　　　　　　　　　　　　　　1,989
　　銀行存款　　　　　　　　　　　　　　　　　　　　21,411

企業可以設置「應收票據貼現」科目核算已貼現的應收票據。該科目為「應收票據」備抵科目,貸方記錄企業已申請貼現的應收票據;借方記錄票據到期轉銷的應收票據貼現;餘額在貸方表示已貼現尚未到期的應收票據。該信息需要在財務報表附註中加以披露。企業到銀行申請貼現時,借記「銀行存款」「財務費用」等科目,貸記「應收票據貼現」科目;票據到期時借記「應收票據貼現」科目,貸記「應收票據」科目。

第二節　應收帳款

一、應收帳款的概念

應收帳款(Account Receivable)是指企業在日常經營過程中,因銷售商品、產品、提供勞務、辦理工程結算等,應向購貨單位或接受勞務單位收取的款項。應收帳款是公司在一定時期內可以收回的一種經營債權,故又稱應收銷貨款,主要包括企業出售商品、產品、材料、提供勞務、辦理工程結算等應向債務人收取的價款及代購貨方墊付的運雜費等。應收帳款表示企業未來能獲得的現金流入。

企業應加強對應收帳款的管理,根據企業生產的經營狀況,控製應收帳款的限額和回收時間,採取有效的措施,積極組織催收,避免企業資金被其他單位長期占用,以及時彌補企業生產經營過程中的資金耗費,確保企業的持續經營和擴大再生產。對於長期難以收回的應收帳款,企業應認真分析,查明原因,積極催收,以便加速流動資金的週轉。對於確實無法收回的,按規定程序報批后,作壞帳損失處理。

二、應收帳款的確認

應收帳款是在商業信用條件下由於賒銷業務而產生的,因而在銷售成立時既確認了主營業務收入,又確認了應收帳款。也就是說,一般情況下,主營業務收入的確認時間,也是應收帳款的入帳時間。而主營業務收入的確認則依據五條原則:一是企業已將所有權上的主要風險和報酬轉移給購貨方;二是企業既沒有保留通常與所有權相聯繫的繼續管理權,也沒有對已售出的商品實施控製;三是收入的金額能夠可靠地計量;四是與交易相關的經濟利益很可能流入企業;五是相關的已發生或將發生的成本能夠可靠地計量。總之,應收帳款的確認和收入的確認密切相關,在賒銷業務中,企業在確認收入的同時,也確認了應收帳款。應收帳款的入帳時間應依據收入確認原則,利用會計人員的職業判斷來做出判定。

三、應收帳款的計量

企業會計制度規定,當企業發生應收帳款時,按實際發生額入帳。在一般情況下,應根據買賣雙方在成交時的實際金額記帳,它包括發票金額和代購貨單位墊付的運雜費兩個部分。在有折扣(包括商業折扣和現金折扣)的情況下,還要考慮折扣因素。

所謂商業折扣(Trade Discount),就是在實際銷售商品或提供勞務時,為鼓勵購貨方批量購買,從價目單的報價中給予對方的優惠。商業折扣與企業收入和應收帳款無關。

所謂現金折扣(Cash Discount),就是企業為了鼓勵顧客在一定期限內及早償還貨款而從發票價格中讓渡給顧客的一定數額的優惠。現金折扣的條件通常用一定形式的「術語」來表示,如「2/10,n/30」(如果在10天內付款可享受2%的現金折扣,30天內付款,無折扣按全額付款)。在這種情況下,當應收帳款入帳時,客戶是否能享受到現金折扣還是

個未知數,故應收帳款的入帳金額就是發票的實際金額,即現金折扣條件下的應收帳款入帳金額應按尚未享受現金折扣前的金額入帳,即總額法確認收入和應收帳款。還有一種方法稱為淨額法,以扣除現金折扣後的淨額作為收入和應收帳款的入帳價值。中國《企業會計制度》規定採用總額法確認應收帳款入帳價值。

四、應收帳款的會計處理

(一)應收帳款核算應設置的帳戶

為了核算企業應收帳款的增減情況,需要設置「應收帳款」帳戶,該帳戶用於核算因銷售商品、產品、提供勞務、辦理工程結算等,應向購貨單位或接受勞務單位收取的款項,屬於資產類帳戶。借方登記企業應收的款項,包括應收取的貨款、增值稅額、代購貨單位墊付的包裝費和運雜費、未能按期收回的商業承兌匯票結算款等;貸方登記已收回的款項、改用商業匯票結算的應收帳款、已轉為壞帳損失的應收款項、以債務重組方式收回的債權等;期末借方餘額反映尚未收回的各種應收帳款。本帳戶應按不同的購貨單位或接受勞務的單位設置明細帳戶,進行明細核算。

不單獨設置「預收帳款」帳戶的企業,預收的帳款也在本帳戶反映。此時,「應收帳款」帳戶期末明細帳如為貸方餘額,則反映企業預收的帳款。

(二)應收帳款的會計處理

應收帳款的會計處理主要包括一般經營中應收帳款的形成和收回、應收帳款與應收票據間的轉換以及債務重組方式下債權的收回等。

【例3-10】4月1日,湘友公司採用委託收款結算方式向豫興股份有限公司銷售產品一批,貨款30,000元,增值稅額5,100元,以銀行存款代墊運雜費600元,貨已發出,已辦理委託銀行收款手續。4月26日,湘友接到銀行收款通知,該筆款項已收回入帳。

(1)4月1日,委託銀行收款。

借:應收帳款——豫興公司　　　　　　　　　　　　　　　35,700
　　貸:主營業務收入　　　　　　　　　　　　　　　　　　30,000
　　　　應交稅費——應交增值稅(銷項稅額)　　　　　　　　5,100
　　　　銀行存款　　　　　　　　　　　　　　　　　　　　600

(2)4月26日,收款入帳。

借:銀行存款　　　　　　　　　　　　　　　　　　　　　35,700
　　貸:應收帳款——豫興公司　　　　　　　　　　　　　　35,700

在有現金折扣的情況下,企業發生的應收帳款應按發票中的貨款、稅額以及代墊的運雜費等借記「應收帳款」科目。實際發生現金折扣時,將其記入「財務費用」。

【例3-11】4月6日,湘友公司向彩虹股份有限公司銷售產品,銷售額為80,000元,增值稅銷項稅額為13,600元,規定的現金折扣條件為「2/10,n/30」,產品已發出,各有關托收手續已辦妥。

4月6日,發出產品,辦妥托收手續,編制會計分錄如下:

借:應收帳款——彩虹公司　　　　　　　　　　　　　　　93,600

貸:主營業務收入		80,000
應交稅費——應交增值稅(銷項稅額)		13,600

若彩虹公司在 10 天內交付貨款。

借:銀行存款		91,728
財務費用		1,872
貸:應收帳款——彩虹公司		93,600

若彩虹公司第 20 天交付貨款。

借:銀行存款		93,600
貸:應收帳款——彩虹公司		93,600

企業因銷售商品、產品或提供勞務而發生的應收帳款,后來由於某些原因又改用商業匯票結算方式時,應在收到承兌的商業匯票時,借記「應收票據」科目,貸記「應收帳款」科目。

【例 3-12】承例 3-10,若上述銷售后來又改為商業承兌匯票結算,則應按商業承兌匯票票面金額 35,700 元。編制如下會計分錄:

借:應收票據		35,700
貸:應收帳款——彩虹公司		35,700

五、壞帳及壞帳損失

壞帳(Bad Debt)是指無法收回的或收回的可能性極小的應收款項。由於發生壞帳而使企業遭受的損失,稱為壞帳損失。

(一)壞帳損失的確認

企業會計制度規定對不能收回的應收款項(包括應收帳款和其他應收款),根據企業的管理權限,經股東大會或董事會,或廠長(經理)辦公會或類似機構批准作為壞帳損失時予以確認。在以下情況下,企業應當確認壞帳損失:

(1)有確鑿證據表明該應收款項不能收回,如債務單位已撤銷、破產。

(2)有證據表明該項應收款項收回的可能性不大,如債務單位資不抵債、現金流量嚴重不足、發生嚴重的自然災害等導致停產而在短時間內無法償付債務的。

(3)應收款項逾期 3 年以上債務人仍沒履行償債義務的。

(二)壞帳損失的會計處理

壞帳的核算有兩種方法:直接轉銷法和備抵法。

1. 直接轉銷法

直接轉銷法(Direct Write-off Method)是指在實際發生壞帳時,確認壞帳損失,計入期間費用,同時註銷該筆應收帳款。

【例 3-13】甲公司欠乙公司應收帳款 40,000 元已超過 3 年,多次催收無效,估計無法收回,則應對該客戶的應收帳款做壞帳損失處理。

借:資產減值損失		40,000
貸:應收帳款——甲公司		40,000

如果已衝銷的應收帳款確定又能收回。

借：應收帳款——甲公司　　　　　　　　　　　　　　　　40,000
　　貸：資產減值損失　　　　　　　　　　　　　　　　　　　　40,000
收回款項時。
借：銀行存款　　　　　　　　　　　　　　　　　　　　　40,000
　　貸：應收帳款——甲公司　　　　　　　　　　　　　　　　40,000

　　直接轉銷法的優點是帳務處理簡單,但是這種方法忽視了壞帳損失與賒銷業務的聯繫,在轉銷壞帳損失的前期,對於壞帳的情況不做任何處理,顯然不符合權責發生制及收入與費用相配比的會計原則,而且核銷手續較複雜。如果不及時核銷,會導致企業發生大量陳帳、呆帳、長年掛帳得不到處理,虛增前期利潤,也誇大了前期資產負債表上應收帳款的可實現價值。

2. 備抵法

備抵法(Allowance Method)是按期估計壞帳損失,形成壞帳準備,當某一應收帳款全部或者部分被確認為壞帳時,應根據其金額衝減壞帳準備,同時轉銷相應的應收帳款金額。

採用備抵法,一方面企業應按期估計壞帳損失記入資產減值損失;另一方面應設置應收帳款的備抵帳戶「壞帳準備」,待實際發生壞帳時衝銷壞帳準備和應收帳款金額,使資產負債表上的應收帳款反映其可實現價值。

備抵法的優點一是預計不能收回的應收帳款作為壞帳損失及時計入費用,避免企業虛增利潤;二是在財務報表上列示應收帳款淨額使報表閱讀者更能瞭解企業真實的財務情況;三是使應收帳款占用資金接近實際,消除了虛列的應收帳款,有利於加快企業資金週轉,提高企業經濟效益。

備抵法首先要按期估計壞帳損失。估計壞帳損失的方法主要有兩種,即應收帳款餘額百分比法和賒銷收入百分比法。應收帳款餘額百分比法下又分為綜合百分比法和帳齡百分比法。

(1)應收帳款餘額綜合百分比法。採用應收帳款餘額百分比法(Percentage of Ending Account Receivable),是根據會計期末應收帳款的餘額乘以一個估計的綜合壞帳率即為當期期末累計應估計的壞帳損失準備,然后計算出本期應計提的壞帳準備。估計綜合壞帳率可以按照以往的數據資料加以確定,也可根據規定的百分率計算。理論上講,這一比例應按壞帳占應收帳款的概率計算,企業發生的壞帳多,比例相應就高些;反之則低些。會計期末,企業計算的應提取壞帳準備大於此時「壞帳準備」帳面餘額時,其差額為本期應計提(補提)的壞帳準備;企業計算的應提取壞帳準備小於此時「壞帳準備」帳面餘額時,其差額為多計提的壞帳準備,應衝回多計提的壞帳準備。

【例3-14】湘友公司2015年年末應收款項餘額為400萬元,「壞帳準備」帳戶貸方餘額為20萬元,2016年發生壞帳損失10萬元,年末應收款項餘額為440萬元。2017年已收回上年已註銷的壞帳10萬元,年末應收帳款餘額為480萬元。該企業按應收款項餘額的5%計提壞帳準備。

① 2016 年發生壞帳。

借:壞帳準備　　　　　　　　　　　　　　　　　　　　　　100,000
　　貸:應收帳款——××　　　　　　　　　　　　　　　　　100,000

此時「壞帳準備」為貸方餘額為 100,000 元。

② 2016 年應提壞帳準備＝440×5%－10＝12(萬元),應補提壞帳準備。

借:資產減值損失　　　　　　　　　　　　　　　　　　　　120,000
　　貸:壞帳準備　　　　　　　　　　　　　　　　　　　　　120,000

③ 2017 年收回上期已註銷的壞帳。

先確認應收債權:

借:應收帳款——××　　　　　　　　　　　　　　　　　　100,000
　　貸:壞帳準備　　　　　　　　　　　　　　　　　　　　　100,000

收回款項:

借:銀行存款　　　　　　　　　　　　　　　　　　　　　　100,000
　　貸:應收帳款　　　　　　　　　　　　　　　　　　　　　100,000

④ 2017 年年末計提壞帳準備。

此時「壞帳準備」貸方餘額為 32 萬元。

應計提壞帳準備＝480×5%－32＝－8(萬元),為應衝銷多計提的壞帳準備。

借:壞帳準備　　　　　　　　　　　　　　　　　　　　　　80,000
　　貸:資產減值損失　　　　　　　　　　　　　　　　　　　80,000

採用應收帳款餘額百分比法估計損失,能使年末調整后「壞帳準備」科目餘額直接體現為應收帳款年末餘額按預定比例提取的壞帳損失數額,從而可以恰當地反映應收帳款預期可變現淨值。這種方法的缺點是未能很好地解決收入與費用的配比問題,壞帳損失的發生與企業賒銷金額的多少有關,按應收帳款餘額的一定比例計提壞帳準備,與當期賒銷額的大小並無直接關係,特別是在實際壞帳損失發生很不均衡的年份,企業計入當期的壞帳損失與當期的賒銷收入更無關係。

(2)帳齡分析法。帳齡分析法(Aging of Account Receivable)也是應收帳款餘額百分比法,只是根據每筆應收帳款帳齡的長短來估計壞帳損失比率,計提壞帳準備的方法。帳齡是指客戶所欠帳款超過結算期的時間,一般來說,帳齡越長,帳款不能收回的可能性也就越大,因此,計提壞帳準備額的比例值也就越高。

帳齡分析法實際上是應收帳款餘額百分比法的一種更為精確的估計壞帳的方法。採用這一方法,首先要對應收款項按帳齡的長短進行分析,然後對各類應收款項確定不同的估計壞帳的百分比,據以確定各類應收款項中無法收回的壞帳金額,最後將各類應收款項中估計壞帳金額加總,求得全部應收款項中的壞帳金額。帳齡分析法是以帳款被拖欠的期限越長,發生壞帳的可能性越大為前提的。儘管應收帳款能否收回不完全取決於欠帳時間的長短,但就一般而言,這一前提是可以成立的。

【例 3-15】興豫公司 2016 年年末應收帳款餘額為 5,000,000 元,該企業將應收帳款的帳齡劃分為未過信用期限和過期 1 個月、過期 2 個月、過期 3 個月、過期 3 個月以上五

類。2016 年年末的應收帳款帳齡與計提壞帳準備的比例及數額如表 3-1 所示。

表 3-1　　　　　　興豫公司 2016 年年末的應收帳款帳齡與
計提壞帳準備的比例及數額表

應收帳款帳齡	應收帳款金額(元)	估計損失率(%)	估計損失金額(元)
未到信用期	1,800,000	1	18,000
過期 1 個月	1,700,000	2	34,000
過期 2 個月	600,000	3	18,000
過期 3 個月	500,000	4	20,000
過期 3 個月以上	400,000	6	24,000
合計	5,000,000		114,000

根據表 3-1 計算結果及「壞帳準備」科目年末調整前餘額,做如下調整分錄:
①假定調整前「壞帳準備」科目的貸方餘額 50,000 元。
應計提的壞帳準備=114,000-50,000=64,000(元)
借:資產減值損失　　　　　　　　　　　　　　　　　64,000
　貸:壞帳準備　　　　　　　　　　　　　　　　　　　　　64,000
②假定年末調整前「壞帳準備」科目為貸方餘額 120,000 元。
應計提的壞帳準備=114,000-120,000=-6,000(元)
借:壞帳準備　　　　　　　　　　　　　　　　　　　6,000
　貸:減產減值損失　　　　　　　　　　　　　　　　　　　6,000

前面兩種方法都屬於應收帳款餘額百分比法,由於應收帳款是一個靜態會計要素,此時的應收帳款餘額可能與前期有關,屬於各年的連續計算的結果。按應收帳款餘額和規定的壞帳計提比率計算出來的是累計應計提的壞帳準備,考慮此前「壞帳準備」的餘額,即已計提的壞帳準備,用兩者的差額得出本期應計提(補提)的或應衝銷已計提的壞帳準備。

(3)賒銷百分比法(Percentage Credit Sales)。賒銷百分比法是按當期賒銷金額的一定百分比估計壞帳損失的一種方法。運用這種方法的理由是:壞帳損失的產生與賒銷業務直接相關,當期賒銷業務越多,產生壞帳損失的可能性就越大。因此,可以根據過去的經驗和當期的有關資料,估計壞帳損失與賒銷金額之間的比率,再用這一比率乘以當期的賒銷淨額,計算壞帳損失的估計數。賒銷淨額一般應扣除銷貨退回和折讓。

【例3-16】八一公司根據以往的經驗估計壞帳損失占賒銷額的 2%,本期期初「壞帳準備」貸方餘額為 15,000 元,本期賒銷額為 1,500,000 元。
本期計提壞帳準備=1,500,000×2%=30,000(元)
借:資產減值損失　　　　　　　　　　　　　　　　　30,000
　貸:壞帳準備　　　　　　　　　　　　　　　　　　　　　30,000
賒銷百分比法是以銷售收入為計算基礎,由於銷售收入是一個動態會計要素,其銷

售金額為本期實現數，與前期無關，所以計算出來的應計提壞帳準備就是本期應計提的壞帳準備，與前期壞帳準備科目餘額無關。

當經濟狀況發生變化，從而使企業放寬或緊縮原來的信用政策時，就有必要修正以前年的壞帳提取率。採用賒銷百分比法時，「壞帳準備」科目可能會出現借方餘額。如果出現借方餘額，應調整下期的壞帳準備提取比例。由於賒銷百分比法可根據本年度實際的銷貨情況、信用政策隨時修正壞帳提取率，因此本年確定的壞帳與本年的銷售收入相配合，從而使以前年度「壞帳準備」餘額不受本年壞帳計提數的影響。

(三) 壞帳的收回

作為壞帳被註銷的應收款項，有可能重新收回。如果已列為壞帳的款項又重新收回，應先做一筆與原來註銷應收款項分錄相反的分錄，然後，再按正常的方式記錄帳款的收回。

【例3-17】湘友公司2016年註銷(確認為壞帳)的摩爾公司應收帳款18,000元，於2017年又全部收回。

(1) 確定債權。

借：應收帳款——摩爾公司　　　　　　　　　　　18,000
　貸：壞帳準備　　　　　　　　　　　　　　　　　18,000

(2) 收回債款。

借：銀行存款　　　　　　　　　　　　　　　　　　18,000
　貸：應收帳款——摩爾公司　　　　　　　　　　　18,000

一定要按上述處理做兩筆會計分錄，不能合併做一筆會計分錄借記「銀行存款」，貸記「壞帳準備」。

按規定企業應在會計報表附註中披露有關壞帳準備的內容，主要包括：本年計提壞帳準備的比率，本年計提壞帳準備的數額，計提壞帳準備比率變動的理由，本年度實際沖銷的應收帳項及理由，本年收回以前年度已註銷的壞帳數額等。

第三節　其他應收及預付款

一、預付帳款

預付帳款(Pay in Advance)是指企業按照購貨合同規定，預付給供應單位的貨款。預付帳款是商業信用的一種形式，它所代表的是企業在將來從供應單位取得材料、物品等的債權。

(一) 預付帳款帳戶的設置

為了反映和監督預付帳款的支出和結算情況，需要設置「預付帳款」帳戶，該帳戶總括地反映企業按照購貨合同規定預付給供應單位的款項，屬於資產類帳戶，借方登記企業向供應單位預付、補付的款項，貸方登記企業收到所購物資的應付金額及退回多付款項，期末借方餘額反映企業實際預付的款項，期末如為貸方餘額，反映企業尚未補付的款

項。企業應按供應單位設置明細帳,進行明細核算。

預付款項不多的企業,也可將預付的款項並入「應付帳款」科目核算,不設「預付帳款」科目。

(二)預付帳款的帳務處理

預付帳款的帳務處理包括預付款項、收回貨物以及無法收到貨物等方面的帳務處理。

【例3-18】湘友公司訂購甲材料,根據購貨合同規定預付給宏達公司貨款34,000元。待湘友公司收到貨物時,所列物品的發票價款為30,000元,稅款5,100元,湘友公司按發票金額又補付了1,100元。

(1)預付宏達公司貨款時。

借:預付帳款——宏達公司　　　　　　　　　　　　　　　34,000
　　貸:銀行存款　　　　　　　　　　　　　　　　　　　　34,000

(2)收到宏達公司發來的物品,並按發票金額補付款項時。

借:材料採購——甲材料　　　　　　　　　　　　　　　　30,000
　　應交稅費——應交增值稅(進項稅額)　　　　　　　　　5,100
　　貸:預付帳款——宏達公司　　　　　　　　　　　　　34,000
　　　　銀行存款　　　　　　　　　　　　　　　　　　　1,100

二、應收股利

為了記錄企業應收股利的收取情況,需要設置「應收股利」帳戶。該帳戶用於核算企業因股權投資(或向其他單位投資)而應收取的現金股利(或利潤),屬於資產類帳戶,借方登記應領取的現金股利(或分得的利潤),貸方登記收到的現金股利(或利潤),期末借方餘額反映尚未收回的現金股利(或利潤)。本帳戶應按被投資單位設置明細帳,進行明細核算。

應收股利(Dividend Receivable)一般涉及兩種情況:一種情況是,當企業購入股票時,實際支付的價款中就已經包括已宣告而尚未領取的現金股利,此時應對該部分尚未領取的現金股利從實際支付的價款中剝離出來,單獨計入「應收股利」科目;另一種情況是,在股票持有期按所持股份(或投資)的比例在規定的時間應分得的股利(或利潤),收到現金股利(或利潤)時,應根據有關憑證按照收到的現金股利(或利潤),借記「銀行存款」等科目,貸記「應收股利」科目。

三、應收利息

應收利息(Interest Receivable)是企業因債券投資業務而獲得的利息收入。為反映企業因債權投資而應收取的利息,需要設置「應收利息」帳戶,該帳戶核算企業進行短期債權投資及長期債權投資且分期付息而應收取的利息,屬於資產類帳戶。「應收利息」科目的借方登記兩方面內容:一方面是購入債券實際支付的價款中包含已到期而尚未領取的債券利息;另一方面是購入分期付息、到期還本的債券以及取得的分期付息的其他長期債券投資,已到付息期而應收未收的利息。「應收利息」科目的貸方登記企業實際收到的

利息。期末借方餘額,反映企業尚未收回的債券投資利息。「應收利息」科目應按債券種類設置明細帳,進行明細核算。

對於到期還本付息的長期債券應收的利息,屬於長期資產,在「長期債權投資」科目核算,不在「應收利息」科目內核算。

四、其他應收款

(一)帳戶設置

其他應收款是指企業除應收票據、應收帳款、預付帳款等以外的其他各種應收、暫付款項,包括不設置「備用金」科目的企業撥出的備用金、應收的各種賠款、罰款、應向職工收取的各種墊付款項以及已不符合預付帳款性質而按規定轉入的預付帳款等。

其他應收、暫付款主要包括:應收的各種賠款、罰款;應收的出租包裝物收入;應向職工收取的各種墊付款項;備用金(向企業各科室、車間等撥出的備用金);存出保證金,如租入包裝物支付的押金;預付帳款轉入;其他各種應收、暫付款項。

為了核算上述內容,需要設置「其他應收款」帳戶,該帳戶屬於資產類帳戶,借方登記發生的其他各種應收款項,貸方登記收回的各種款項,期末借方餘額反映企業尚未收回的其他應收款。該帳戶應按其他應收款的項目分類,並按不同的債務人設置明細帳,進行明細核算。

(二)其他應收款的帳務處理

1. 備用金的帳務處理

備用金是指為了滿足企業內部各部門和職工生產經營活動的需要,而暫付給有關部門和個人使用的現金。根據備用金的管理制度,備用金的核算分為定額管理和非定額管理兩種情況。

(1)定額管理。實行定額備用金制度的企業,對於領用的備用金應定期向財務部門報銷。財務部門根據報銷數直接用現金補足備用金定額,報銷數和撥補數都不再通過「其他應收款」科目核算。

【例3-19】湘友公司為供應科核定的備用金定額為10,000元,以現金撥付。

借:其他應收款——供應科　　　　　　　　　　　　　10,000
　貸:庫存現金　　　　　　　　　　　　　　　　　　　　10,000

供應科報銷日常管理支出2,000元及增值稅進項稅額340元。

借:管理費用　　　　　　　　　　　　　　　　　　　　2,000
　應交稅費——應交增值稅(進項稅額)　　　　　　　　　340
　貸:庫存現金　　　　　　　　　　　　　　　　　　　　2,340

(2)非定額管理是指為了滿足臨時性需要而暫付給有關部門和個人的現金,使用后實報實銷。

【例3-20】湘友公司推銷員李強出差,預借款5,000元,以現金付訖。

借:其他應收款——李強　　　　　　　　　　　　　　5,000
　貸:庫存現金　　　　　　　　　　　　　　　　　　　　5,000

李強出差歸來,報銷3,510元,退回現金1,490元。

借:銷售費用　　　　　　　　　　　　　　　　　　　　　　　3,000
　　應交稅費——應交增值稅(進項稅額)　　　　　　　　　　　510
　　庫存現金　　　　　　　　　　　　　　　　　　　　　　　1,490
　　貸:其他應收款——李強　　　　　　　　　　　　　　　　　5,000

為了反映和監督備用金的領用和使用情況,可通過「其他應收款」帳戶核算,也可設置「備用金」一級帳戶核算。

2. 備用金以外的其他應收款的會計處理

【例3-21】湘友公司在財產清查時發現,由於職工楊過失職造成一批價值為1,000元的產品變質報廢,按企業有關制度規定,楊過應按損失金額的60%賠償。

借:其他應收款——楊過　　　　　　　　　　　　　　　　　　600
　　管理費用　　　　　　　　　　　　　　　　　　　　　　　400
　　貸:待處理財產損溢——待處理流動資產損溢　　　　　　　1,000

【例3-22】湘友公司以通過銀行轉帳代職工歐陽峰墊付應由其負擔的住院費1,800元,擬從工資中扣回。

(1)付款。

借:其他應收款——歐陽峰　　　　　　　　　　　　　　　　　1,800
　　貸:銀行存款　　　　　　　　　　　　　　　　　　　　　1,800

(2)扣款。

借:應付職工薪酬　　　　　　　　　　　　　　　　　　　　　1,800
　　貸:其他應收款——歐陽峰　　　　　　　　　　　　　　　　1,800

【例3-23】湘友公司租入包裝物一批,通過銀行轉帳向出租方支付押金10,000元。

借:其他應收款——存出包裝物押金　　　　　　　　　　　　　10,000
　　貸:銀行存款　　　　　　　　　　　　　　　　　　　　　10,000

思考題

1. 什麼是應收帳項?它包括哪些內容?
2. 什麼是商業折扣?它對確認應收帳款的價值有何影響?
3. 什麼是現金折扣?它對確認應收帳款的價值有何影響?
4. 什麼是現金折扣期?什麼是信用期?
5. 什麼是應收票據?它是如何分類的?
6. 區分應收票據的票據期限、持有期限和貼現期限?
7. 簡述應收票據貼現的概念及特點,為什麼說貼現的帶有追索權的應收票據是一種或有負債?
8. 什麼是壞帳?如何認定壞帳?
9. 處理壞帳損失的直接註銷法與備抵法有何不同?
10. 採用應收帳款餘額百分比法與銷售百分比法計提壞帳準備有何優缺點?你認為

哪種方法更合理？

練習題

1. 某企業銷售產品一批給 B 企業，貨款 250,000 元，增值稅稅率 17%，付款條件為「2/10，n/30」，假設 B 企業在第 5 天付款或第 15 天付款。採用總額法編制相關的會計分錄。

2. 某企業 2015 年年末應收帳款餘額為 960,000 元，該公司規定，對於壞帳損失的核算採用備抵法，對於壞帳準備的計提採用應收帳款餘額綜合百分比法，估計壞帳提取率為 6%，2015 年該公司「壞帳準備」帳戶有年初貸方餘額 27,000 元。

2016 年，確認有 30,000 元的壞帳損失，年末「應收帳款」餘額為 1,000,000 元。

2017 年，上年確認的 30,000 元壞帳損失中有 20,000 元又重新收回，本年度「應收帳款」期末餘額為 800,000 元。

根據上述資料，編制 2015 年、2016 年、2017 年度計提壞帳準備、確認壞帳損失、收回前期已註銷的壞帳的會計分錄。

3. W 公司 2017 年 3 月 1 日銷售產品一批給 N 公司，貨已發出，貸款及稅款共計 58,500 元，不分期計息。

（1）假設 N 公司簽發一張面值 58,500 元，期限 6 個月的無息商業承兌票據給 W 企業結算，試編制銷貨方票據簽發日、票據到期日收到款項、票據到期日 N 公司無款支付的會計分錄。

（2）假設 N 公司簽發票面利率為 9.6% 的有息商業票據進行結算，票面金額為 58,500 元，期限為 6 個月。試編制銷貨方票據簽發日、票據到期日收到款項、票據到期日 N 公司無款支付的會計分錄。

（3）假設 W 企業將上述不帶息票據持票 2 個月後，向銀行申請貼現，貼現率為 12%。計算貼現息和貼現金額。編制貼現時的會計分錄，票據到期兌付、票據到期不能兌付的會計分錄。

（4）假設 W 企業將上述帶息票據持票 2 個月後，向銀行申請貼現，貼現率為 12%。編制貼現時的會計分錄，票據到期兌付、票據到期不能兌付的會計分錄。

第四章

存 貨

存貨是企業的一項重要流動資產,往往占用企業較多的資金,常常成為企業陷入困境的元凶。企業管理水平的好壞,關係到企業成敗,加強對存貨的管理具有十分重要的意義。本章主要介紹存貨核算的基本理論、存貨的計價、按實際成本與計劃成本計價存貨的核算和存貨清查的核算。

第一節 存貨概述

一、存貨的定義與意義

《企業會計準則第1號——存貨》對存貨的定義是,存貨(Inventory)是指企業在日常活動中持有以備出售的產成品或商品、處在生產過程中的在產品、在生產或提供勞務過程中將消耗的材料或物料等。存貨具體包括各類原材料(Raw Materials)、商品(Merchandise)、在產品(Work in Process)、半成品(Unfinished Goods)、產成品(Finished Goods)等。存貨是企業一項重要的流動資產,其金額通常在流動資產中占很大的比重,占用企業較多的資金。存貨問題常常是使企業陷入經營困境的「罪魁禍首」。在會計中,存貨的確認和計量直接關係到資產負債表中資產價值的多少和利潤表中收益的確定,因此,加強存貨管理,對於正確反映企業資產、確定企業經營業績、控製企業存貨占用資金、保證企業健康發展有著至關重要的作用。

二、存貨的確認

存貨範圍的確定,應以企業對存貨是否具有法定所有權為標準,凡是在盤存之日法定所有權屬於企業的存貨,無論其存放地點在何處或處於何種狀態,都應納入本企業存貨的範圍。例如,貨物已經運離企業,而其所有權尚未轉移給對方的物品,應該包括在「存貨」之內;已經購入,但貨物尚在運輸途中或尚未驗收入庫的物品,應屬於本企業「存貨」;委託其他單位代銷的物品,在未售出前,仍屬本企業「存貨」。反之,凡法定所有權不屬於本企業的存貨,即使存放在本企業,也不應納入本企業存貨範圍。例如,依照銷售合同已經售出,其所有權已經轉移的物品,即使物品尚未運離企業,也不應包括在「存貨」之中;已經運達或已驗收入庫,但所有權尚不屬本企業所有的物品,不屬於本企業「存貨」;接受其他單位委託代為銷售的物品,在未售出前,屬寄銷人所有,不屬於本企業「存貨」。

法定所有權是判斷企業存貨的唯一標準。存貨實體所在空間位置不能說明存貨所

有權的轉移和歸屬。按照這個標準,企業的存貨主要包括以下各項:

(1)庫存待售的存貨,即產成品、庫存商品等。

(2)庫存待消耗的存貨,即原材料、燃料等。

(3)生產經營過程中使用以及處在加工過程中的存貨,主要指在產品及低值易耗品、包裝物等。

(4)購入的正在運輸途中的存貨和已運到但尚未辦理入庫手續的存貨,主要指在途的材料、商品。

(5)委託其他單位加工、寄銷的存貨,即委託加工材料、委託代銷商品等。

(6)已經發出,暫未實現銷售的存貨,如發出商品、分期收款發出商品等。

需要注意的是,企業為在建工程購入的各種材料物質,不屬於企業存貨範圍,而屬於工程物質。

三、存貨的分類

(一)按存放地點分類

存貨按存放地點劃分,可以劃分為庫存存貨、在途存貨和委託加工存貨。

庫存存貨(Goods in Stock)是指法定所有權屬於企業且存放在本企業倉庫的全部存貨。

在途存貨(Goods in Transit)是指已支付貨款取得其所有權,但物品尚未運達,處於運輸途中的外購存貨以及在銷售產品過程中,企業按合同規定已經發運,但其所有權尚未轉移,銷售收入尚未實現的發出存貨。

委託加工存貨是指委託外單位加工尚未完工收回的各種存貨。

(二)按經濟用途分類

存貨按經濟用途可以分為原材料、在產品和自製半成品、產成品、包裝物、低值易耗品和庫存商品。

原材料是指直接用於製造產品並構成產品實體而取得的存貨,或從自然資源採掘而得的存貨。原材料包括原料及主要材料、輔助材料、外購半成品(外購件)、修理用備件(備品備件)、包裝材料、燃料等。

在產品和自製半成品是指已經過一定的生產過程,尚未全部完工,需要進一步加工的中間產品和正在加工的產品。

產成品是指企業已經完成全部生產過程,並已驗收入庫,合乎標準規格和技術條件,可以按照合同規定的條件送交訂貨單位,或者可以作為商品對外銷售的產品。接受外單位委託和原材料代為加工製造的代製品、代修品,在製造和修理完成並驗收入庫後,視同企業的產成品。已發出未實現銷售的委託代銷、分期收款發出商品等也屬於企業的產成品。

包裝物是指為了包裝企業產品而儲備的各種包裝容器,如桶、箱、瓶、壇、袋等。

低值易耗品是指單項價值在規定的限額之內或使用期限不滿一年,能多次使用而基本上保持其原有實物形態的勞動資料,如工具、管理用具、玻璃器皿等。

庫存商品是指商業企業購入的不需要經過任何加工即可對外銷售的商品。

四、存貨盤存制度

存貨核算的關鍵是如何正確確定存貨的數量和合理選擇存貨的計價方法。確定存貨的數量主要有以下兩種方法。

(一)實地盤存制

實地盤存制(The Periodic Inventory System)又稱定期盤存制,平時只記錄存貨的增加,不記錄存貨的發出,在每一個會計期間結束時,對存貨進行實地盤點以取得存貨數量,再乘以其單位價格,計算出期末存貨價值的方法。在實地盤存制下,平時只記錄存貨購進的數量和金額,不記錄減少的數量和金額,期末通過實地盤點,確定存貨的實際結存數量並據以計算期末存貨成本。再以「期初結存+本期購入-期末結存=本期發出」的公式倒擠出本期該項存貨耗用或銷售數量及成本。這種盤存制度的優點是核算工作比較簡單,但由於企業銷售或耗用成本是倒算出來的,容易把在計量、收發、保管中產生的差錯,甚至任意揮霍浪費,非法盜用等全部計入銷售成本或耗用成本,同時,不便於隨時掌握庫存存貨的數量和占用的資金,不便於對存貨進行隨時控製。定期盤存制更多地適用於那些單位價值低、收發頻繁的存貨,如建築施工單位的磚、瓦、灰、沙、石等。

(二)永續盤存制

永續盤存制(The Perpetual Inventory System)又稱帳面盤存制,是對存貨的收入、發出按種類、品名等在平時逐筆或逐日在明細帳中進行連續登記,並隨時結出結存數量的方法。在永續盤存制下要以帳面記錄為依據,計算本期發出成本和期末結存成本。這種盤存制度能夠通過帳面記錄及時反映存貨的增減變動及結存情況,並有利於對存貨的控製,其缺點是核算工作量較大。在永續盤存制下,也需要對存貨進行定期或不定期的實地盤存,以保證帳實相符。中國企業對存貨數量核算,一般應採用永續盤存制。與實地盤存制比較,永續盤存制為存貨設置了一整套完整的明細分類科目,因而,可以隨時反映存貨的收入、發出、結存情況,有利於反映計量、收發、保管中產生的差錯,有利於揭示任意揮霍浪費、非法盜用等情況,能如實反映存貨的數量和金額,為正確計算生產成本和銷售成本提供了保證。

第二節　存貨的計價

存貨的計價包括存貨取得的計價、存貨發出的計價與期末存貨的計價。

一、存貨取得的計價

《企業會計準則第1號——存貨》規定,存貨應當按照成本進行初始計量。存貨成本包括採購成本、加工成本和其他成本。

(一)購入的存貨

購入的存貨,按買價加運輸費、裝卸費、保險費、包裝費、倉儲費等費用、運輸途中的

合理損耗、入庫前的挑選整理費用和按規定應計入成本的稅金以及其他費用,作為實際成本。

商品流通企業購入的商品,按照進價和按規定應計入商品成本的稅金,作為實際成本,採購過程中發生的運輸費、裝卸費、保險費、包裝費、倉儲費等費用、運輸途中的合理損耗、入庫前的挑選整理費用等,直接計入銷售費用。

(二)自製存貨

自製存貨或加工存貨,按製造過程中的各項實際支出,作為實際成本,包括自製存貨過程中耗用的材料和加工成本。加工成本包括直接人工以及按一定方法分配的製造費用。

注意,應當計入當期損益,不能計入存貨成本的有:

(1)非正常消耗的直接材料、直接人工和製造費用(屬於非正常損失)。

(2)倉儲費用(不包括在生產過程中為達到下一個生產階段所必需的費用)。

(3)不能歸屬於使存貨達到目前場所和狀態的其他支出。

(三)委託外單位加工的存貨

委託外單位加工完成的存貨,以實際耗用的原材料或者半成品以及加工費、運輸費、裝卸費和保險費等費用以及按規定應計入成本的稅金,作為實際成本。

商品流通企業加工的商品,以商品的進貨原價、加工費用和按規定應計入成本的稅金,作為實際成本。

(四)接受投資者投入的存貨

接受投資者投入的存貨應該按投資合同或雙方確定的協議價格作為存貨的成本入帳,但合同或協議約定的價值不公允的除外。

(五)債務重組取得存貨

企業接受的債務人以非現金資產抵償債務方式取得的存貨,按公允價值,作為實際成本。

(六)非貨幣性資產交換取得存貨

非貨幣性資產交換同時滿足下列條件的,應當以公允價值和應支付的相關稅費作為換入資產的成本:

(1)該項交換具有商業實質。

(2)換入資產或換出資產的公允價值能夠可靠地計量。

換入資產和換出資產公允價值均能可靠計量的,應當以換出資產的公允價值作為確定換入資產成本的基礎,但有確鑿證據表明換入資產的公允價值更加可靠的除外。

非貨幣性資產交換不能同時滿足上述條件,應當以換出資產的帳面價值和應支付的相關稅費作為換入資產的成本,不確認損益。

(七)盤盈的存貨

盤盈的存貨按照同類或類似存貨的市場經濟作為實際成本。

二、存貨發出的計價

存貨是一種不斷流動的資產,期初存貨加當期流入和流出相抵後的結存便是期末存

貨。存貨的流轉包括實物流轉和成本流轉。在理論上，存貨的實物流轉和成本流轉是一致的。但在實際工作中，由於存貨的品種繁多、單位成本多變、進出量變化大等原因，各種存貨的成本流轉與實物流轉通常是相分離的。採用某種成本流轉假設，將期初結存及一定時期所取得的存貨成本在期末存貨和發出存貨之間進行分配，就產生了不同的存貨計價方法。存貨計價方法具體包括個別計價法、先進先出法、全月一次加權平均法、移動加權平均法、后進先出法、計劃成本法、零售價法、毛利率法等。

中國《企業會計準則第 1 號——存貨》規定，企業應當採用先進先出法、加權平均法或者個別計價法確定出存貨的成本。規定不得採用后進先出法。在物價上漲的情況下，后進先出法雖然符合穩健性原則，但期末存貨的價值與存貨的現行價格相差太大。中國新的企業會計準則是以資產負債表為基礎，強調資產負債表的相關性。

對於性質和用途相似的存貨，應當採用相同的成本計算方法確定發出存貨的成本。對於不能替代使用的存貨、為特定項目專門購入或製造的存貨以及提供的勞務，通常採用個別計價法確定發出存貨的成本。

(一)個別計價法

個別計價法(Specific Identification)又稱具體辨認法、分批實際法，這種方法是假設存貨的實物流轉與成本流轉相一致，以每一批次存貨的實際成本(採購成本或生產成本)作為該批次存貨發出成本計價依據的方法。

【例 4-1】湘友公司 2014 年 5 月初結存 A 材料 1,200 千克，單位成本為 45 元，本月收發資料如表 4-1 所示。

表 4-1　　　　　　　　　　　　A 材料明細帳　　　　　　　　　　　單位:元

年		摘要	收入			發出			結存		
月	日		數量(千克)	單價	金額	數量(千克)	單價	金額	數量(千克)	單價	金額
5	1	期初							1,200	45	54,000
	2	購入	800	48	38,400				2,000		
	3	發出				1,500			500		
	18	購入	1,000	50	50,000				1,500		
	23	發出				1,200			300		
	28	購入	1,400	51	71,400				1,700		
	31	期末	3,200		159,800	2,700			1,700		

假設經具體確認，確定發出材料的批次如下：

(1)5 月 3 日發出的 1,500 千克材料中，有 1,000 千克為期初存貨，有 500 千克為 5 月 2 日購入的存貨。

發出存貨成本＝1,000×45+500×48＝69,000(元)

(2)5 月 23 日發出的 1,200 千克材料中，有 200 千克為期初存貨，有 100 千克為 5 月 2 日購入的存貨，有 900 千克為 5 月 18 日購入的存貨。

發出存貨成本＝200×45＋100×48＋900×50＝58,800(元)

(3)期末結存的存貨1,700千克為5月2日購入的200千克,5月18日購入的100千克,5月28日購入的1,400千克。

期末存貨成本＝200×48＋100×50＋1,400×51＝86,000(元)

個別計價法確定的發出存貨成本與期末存貨成本如表4-2所示。

表4-2　　　　　　　　　　　A材料明細帳　　　　　　　　　　　單位:元

年		摘要	收入			發出			結存		
月	日		數量(千克)	單價	金額	數量(千克)	單價	金額	數量(千克)	單價	金額
5	1	期初							1,200	45	54,000
	2	購入	800	48	38,400				2,000		92,400
	3	發出				1,500		69,000	500		23,400
	18	購入	1,000	50	50,000				1,500		73,400
	23	發出				1,200		58,800	300		14,600
	28	購入	1,400	51	71,400				1,700		86,000
	31	合計	3,200		159,800	2,700		127,800	1,700		86,000

個別計價法反映發出存貨的實際成本最為準確,且可以隨時結轉發出材料的成本,在理論上是最為可取的。但其缺陷也顯而易見,其應用的條件是必須正確認定存貨的批次、單價。因而,核算的工作量比較大,應用成本高,在一些材料種類多,存貨量大,收發較頻繁的企業,很難適用。這種方法適用於品種數量不多、單位價值較高、容易識別的存貨或一般不能互換使用以及為特定的項目專門購入或製造,並單獨存放的存貨。

(二)先進先出法

先進先出法(First in First out,FIFO)指依照「先入庫的存貨先發出」的假定確定成本流轉順序,並據以對發出存貨和期末存貨計價的方法。這種方法要求,在收入存貨時,必須按照收入存貨的先后順序,逐筆登記存貨的數量、單價、金額;發出存貨時,則必須按先后順序,依次確定發出存貨的實際成本。

【例4-2】承例4-1,採用先進先出法計算該企業當月發出材料和期末結存材料實際成本,如表4-3所示。

5月3日發出存貨成本＝1,200×45＋300×48＝68,400(元)

5月23日發出存貨成本＝500×48＋700×50＝59,000(元)

期末存貨成本＝300×50＋1,400×51＝86,400(元)

表 4-3　　　　　　　　　　　　A 材料明細帳　　　　　　　　　單位:元

年		摘要	收入			發出			結存		
月	日		數量(千克)	單價	金額	數量(千克)	單價	金額	數量(千克)	單價	金額
5	1	期初							1,200	45	54,000
	2	購入	800	48	38,400				1,200 800	45 48	92,400
	3	發出				1,200 300	45 48	54,000 14,400	500	48	24,000
	18	購入	1,000	50	50,000				500 1,000	48 50	74,000
	23	發出				500 700	48 50	24,000 35,000	300	50	15,000
	28	購入	1,400	51	71,400				300 1,400	50 51	86,400
	31	合計	3,200		159,800	2,700		127,800	1,700		86,400

以上是在永續盤存制下運用先進先出法確定存貨發出成本和期末存貨成本的。如果存貨未出現盤盈盤虧的情況,在實地盤存制下運用先進先出法確定發出存貨成本和期末存貨成本與永續盤存制確定的結果一樣。根據實地盤點制,先確定期末存貨成本為 1,400×51+300×50=86,400(元),發出存貨成本為 54,000+159,800-86,400=127,400(元)。

先進先出法順應存貨流動規律,符合歷史成本原則,期末庫存金額也比較接近市價,能較準確地反映存貨資金的占用情況,隨時結轉發出存貨的實際成本。但這種方法核算工作量較繁重,在通貨膨脹率不斷提高時,會高估期末存貨價值、低估發出存貨成本,從而高估企業當期利潤,不符合穩健性原則。一般適應於收發次數不多,且存貨價格穩定的存貨。

(三)后進先出法

后進先出法(Last in First out,LIFO)是指依照「后入庫的存貨先發出」的假定確定成本流轉順序,並據以對發出存貨和期末存貨計價的方法。按照這種方法,每次發出存貨,其實際成本的確定都要按最后收入的那批存貨的實際成本計價,最后一批的存貨發完后再發前一批,以此類推。在永續盤存制和實地盤存制下,採用后進先出法計算的發出存貨成本是不一樣的。在永續盤存制下,是分批(次)採用后進先出法與月末一次採用后進先出法計算的發出存貨成本是不一致的。商業企業可以採用分次計算,也可以採用月末一次計算;而製造業只能採用月末一次計算。

【例 4-3】承例 4-1,採用后進先出法計算該企業當月發出材料和期末結存材料實際成本,如表 4-4 所示。

表 4-4　　　　　　　　　　　　　A 材料明細帳　　　　　　　　　　　單位:元

年		摘要	收入			發出			結存		
月	日		數量(千克)	單價	金額	數量(千克)	單價	金額	數量(千克)	單價	金額
5	1	期初							1,200	45	54,000
	2	購入	800	48	38,400				1,200	45	
									800	48	92,400
	3	發出				800	48	38,400			
						700	45	31,500	500	48	22,500
	18	購入	1,000	50	50,000				500	48	
									1,000	50	72,500
	23	發出				1,000	50	50,000			
						200	45	9,000	300	45	13,500
	28	購入	1,400	51	71,400				300	45	
									1,400	51	84,900
	31	合計	3,200		159,800	2,700		128,900	1,700		84,900

5 月 3 日發出存貨成本 = 800×48+700×45 = 69,900(元)

5 月 23 日發出存貨成本 = 1,000×50+200×45 = 59,000(元)

期末存貨成本 = 300×45+1,400×51 = 84,900(元)

運用分次后進先出法確定存貨成本不夠穩健,因為最后一次購入的存貨(高成本)並未計入本期發出存貨成本中。要真正達到穩健的目的,應採用月末一次后進先出法,即本期發出存貨 2,700 千克為 5 月 28 日購入的 1,400 千克,5 月 18 日購入的 1,000 千克及 5 月 2 日購入的 300 千克,期末結存的 1,700 千克為期初結存的 1,200 千克和 5 月 2 日購入的 500 千克。

本月發出存貨成本 = 1,400×51+1,000×50+300×48 = 135,800(元)

期末存貨成本 = 1,200×45+500×48 = 78,000(元)

根據實地盤存制,先確定期末存貨成本為 1,200×45+500×48 = 78,000(元),發出存貨成本為 54,000+159,800-78,000 = 135,800(元)。計算結果表明在實地盤存制下運用后進先出法確定發出存貨成本和期末存貨成本與永續盤存制一次后進先出法確定的結果一樣,與在永續盤存制下,運用分次后進先出法確定存貨成本不一樣。

運用后進先出法,在物價持續上漲時期,本期發出存貨按照最近收貨的單位成本計算,從而使當期成本升高,利潤降低,可以減少通貨膨脹對企業帶來的不利影響,符合穩健性原則,在一定程度上避免虛盈實虧的危險,對流動資本起到保全作用,並能隨時結轉發出存貨的實際成本。但該方法使得資產負債表中的存貨價值脫離現實,並同先進先出法一樣,核算工作量繁重,一般適用於收發次數不多的存貨。

(四)移動加權平均法

移動加權平均法(Moving Average)指每當收入存貨,即根據當前的存貨數量及總成

本計算出新的平均單位成本,再將隨后發出存貨數量按這種移動式的平均單位成本計算發出和結存存貨成本的計價方法。按照這種方法,每次收入存貨后,即以本次收入存貨的實際成本加上以前結存存貨的實際成本,除以本次收入存貨數量和以前結存存貨數量之和,計算出新的加權平均單位成本,作為下次發出材料的單位成本。

移動加權平均法計算公式如下:

移動加權平均單價=(本次存貨入庫前結存存貨的實際成本+本次入庫存貨實際成本)÷(本次存貨入庫前結存存貨數量+本次入庫存貨數量)

【例4-4】承例4-1,採用移動加權平均法計算該企業當月發出材料和期末結存材料實際成本,如表4-5所示。

$$第一次加權平均單位成本 = \frac{54,000+38,400}{1,200+800} = 46.2(元)$$

$$第二次加權平均單位成本 = \frac{23,100+50,000}{500+1,000} = 48.7(元)$$

表 4-5　　　　　　　　　　　A 材料明細帳　　　　　　　　　單位:元

年		摘要	收入			發出			結存		
月	日		數量(千克)	單價	金額	數量(千克)	單價	金額	數量(千克)	單價	金額
5	1	期初							1,200	45	54,000
	2	購入	800	48	38,400				2,000	46.2	92,400
	3	發出				1,500	46.2	69,300	500	46.2	23,100
	18	購入	1,000	50	50,000				1,500	48.7	73,100
	23	發出				1,200	48.7	58,480	300	48.7	14,620
	28	購入	1,400	51	71,400				1,700	50.6	86,020
	31	合計	3,200		159,800	2,700		127,780	1,700	50.6	86,020

移動加權平均法可以將不同批次不同單價的存貨成本差異均衡化,由於平均的範圍較小,有利於存貨成本的客觀計算,能隨時結出發出存貨的成本,便於對存貨的日常管理。但每次存貨入庫后幾乎都要重新計算平均單價,會計核算工作量較大,一般適用於前后單價相差幅度較大的存貨。

(五)全月一次加權平均法

全月一次加權平均法(Weighted Average)指計算存貨單位成本時,以期初存貨數量和本期各批收入存貨的數量作為權數的計價方法。全月一次加權平均法的計算公式如下:

全月一次加權平均單價=(期初結存存貨實際成本+本期收入存貨實際成本)÷(期初結存存貨數量+本期收入存貨數量)

本期發出存貨成本=本期發出存貨數量×全月一次加權平均單價

期末結存存貨成本=期末結存存貨數量×全月一次加權平均單價

【例4-5】承例4-1,採用全月一次加權平均法計算該企業當月發出材料和期末結存材料實際成本,如表4-6所示。

表 4-6　　　　　　　　　　A 材料明細帳　　　　　　　　　單位：元

年		摘要	收入			發出			結存		
月	日		數量（千克）	單價	金額	數量（千克）	單價	金額	數量（千克）	單價	金額
5	1	期初							1,200	45	54,000
	2	購入	800	48	38,400				2,000		
	3	發出				1,500			500		
	18	購入	1,000	50	50,000				1,500		
	23	發出				1,200			300		
	28	購入	1,400	51	71,400				1,700		
	31	合計	3,200		159,800	2,700	48.59	131,200	1,700	48.59	82,600

全月一次加權平均單價 $= \dfrac{54,000+159,800}{1,200+3,200} = 48.59(元)$

本期發出材料成本 $= 2,700 \times 48.59 = 131,200(元)$

期末結存材料成本 $= 1,700 \times 48.59 = 82,600(元)$

採用全月一次加權平均法，存貨發出的日常核算只登記發出數量，月末根據求得的平均單價計算出月份內發出存貨的實際總成本。從而使得發出存貨的成本較為均衡，會計核算工作量也相對較輕，且在物價波動時，對存貨成本的分攤較為折中。但這種方法由於計算加權平均單價並確定存貨的發出成本和結存成本的工作集中在期末，所以平時無法從有關存貨帳簿中提供發出和結存存貨的單價和金額，不利於對存貨的日常管理。該方法一般適用於儲存於同一地點，性能、形態相同、前後單價相差幅度較大的存貨。

第三節　按實際成本計價的存貨核算

存貨的核算包括原材料、委託加工材料、產成品、包裝物、低值易耗品、自製半成品、委託代銷商品、分期收款發出商品的核算等。本節主要以原材料為例進行闡述，其他內容本節僅進行簡單介紹，或可參考原材料的核算，或在其他章節進行詳細介紹。

一、帳戶設置

按實際成本進行原材料核算時，材料收發憑證的計價、材料明細核算和材料總分類核算均按材料的實際成本計價。原材料核算中所需設置的主要帳戶有「材料採購」「在途物資」「原材料」「應付帳款」「應付票據」和「應交稅費——應交增值稅」等。

「材料採購」帳戶用於核算企業購入材料、商品等的採購成本。其借方登記已經支付或已開出承兌匯票的材料款；貸方登記已驗收入庫的原材料實際成本；期末餘額在借方，表示已經收到發票帳單並付款或已開出、承兌商業匯票，但尚未到達或尚未驗收入庫的在途物資。該帳戶應按供貨單位和物資品種設置明細帳。

「原材料」帳戶用於反映和監督各種原材料的收入、發出和結存情況的實際成本。其借方登記驗收入庫外購、自製、委託加工完成、盤盈、接受投資和捐贈等原材料的實際成本;貸方登記發出、領用、對外銷售、盤虧、毀損及對外投資和捐贈原材料的實際成本;期末餘額在借方,反映庫存原材料的實際成本。該帳戶應按照原材料的保管地點(倉庫)、材料的類別、品種和規格設置材料明細帳(或材料卡片)。

二、實際成本法下原材料的核算

(一)原材料增加的核算

企業的原材料按取得來源的不同,有外購材料、自製材料、委託加工完成入庫材料、投資者投入材料和接受捐贈取得的材料等,應按存貨取得的計價原則分別進行處理。

1. 款付料到

在貨款已付,材料也已驗收入庫的情況下,企業一方面要反映付款和計算材料採購成本的會計處理,同時還要記錄材料驗收入庫的會計分錄。

【例4-6】湘友公司購入A材料一批,貨款200,000元,增值稅稅率為17%,貨款及稅款已開出轉帳支票通過銀行支付,材料已驗收入庫。運輸費用1,000元以銀行存款支付,根據現行稅制規定,運輸費用按7%計算增值稅,即運費的93%計入材料成本,7%作為增值稅進項稅額。

(1)付款時,應編制如下會計分錄:

借:材料採購——A材料　　　　　　　　　　　　　　200,930
　　應交稅費——應交增值稅(進項稅額)　　　　　　 34,070
　貸:銀行存款　　　　　　　　　　　　　　　　　　235,000

(2)驗收入庫時,應編制如下會計分錄:

借:原材料——A材料　　　　　　　　　　　　　　　200,930
　貸:材料採購——A材料　　　　　　　　　　　　　　200,930

2. 款付料未到

款付料未到有如下兩種情況:

一種情況是在途材料,當企業已獲得了增值稅發票,並已支付了購貨款后,可能對方已經發貨,但貨物尚未運到企業,或已達企業,但還未驗收入庫等,都屬於在途物資,企業應根據增值稅發票,編制付款的會計處理。

另一種情況是預付帳款,企業已付款,但並未獲得增值稅發票,並且對方還沒有發貨,不屬在途材料,而是一項債權。

【例4-7】湘友公司購入B材料一批2,000千克,單價40元,共計80,000元,增值稅稅率為17%,貨款及稅款已由本企業開出的銀行匯票結算,材料尚未到達。

借:材料採購——B材料　　　　　　　　　　　　　　80,000
　　應交稅費——應交增值稅(進項稅額)　　　　　　 13,600
　貸:其他貨幣資金——銀行匯票　　　　　　　　　　 93,600

等材料到達企業並驗收入庫后再編制入庫材料的會計分錄。

3. 料到款未付

料到款未付也有如下兩種情況：

一種是由於採用商業匯票結算方式或因企業暫時資金困難經對方同意採用賒購，材料已經到達企業並已經驗收入庫，已獲得了增值稅發票。這與款付料到的會計處理一樣，只是未付款，而形成負債。

另一種是由於發票未到，企業沒有依據付款，貨物先於發票到達，企業先收到貨且已經驗收入庫。在這種情況下，企業只需在備查帳中記錄，等收到發票后付款，再按款付料到進行會計處理。如果到月末發票仍未收到，企業應按合同價暫估入帳。

【例4-8】湘友公司購入B材料一批計200,000元，增值稅稅率為17%，貨款及稅款已由本企業開出商業匯票結算。材料到達且已驗收入庫。

借：材料採購——B材料　　　　　　　　　　　　　　　200,000
　　應交稅費——應交增值稅(進項稅額)　　　　　　　　 34,000
　　貸：應付票據　　　　　　　　　　　　　　　　　　234,000
借：原材料——B材料　　　　　　　　　　　　　　　　200,000
　　貸：材料採購——B材料　　　　　　　　　　　　　200,000

【例4-9】湘友公司從黃河鋼廠購入C材料一批，計300,000元，增值稅稅款51,000元，發票帳單已收到，材料已驗收入庫。由於企業款項不足，與對方協商同意暫緩支付。

借：材料採購——C材料　　　　　　　　　　　　　　　300,000
　　應交稅費——應交增值稅(進項稅額)　　　　　　　　 51,000
　　貸：應付帳款——黃河鋼廠　　　　　　　　　　　　351,000
借：原材料——A材料　　　　　　　　　　　　　　　　300,000
　　貸：材料採購——A材料　　　　　　　　　　　　　300,000

【例4-10】湘友公司購入D材料一批，材料到達並已驗收入庫，月末尚未收到發票帳單，貨款尚未支付。該批材料按合同價暫估為180,000元。

借：原材料——D材料　　　　　　　　　　　　　　　　180,000
　　貸：應付帳款——暫估應付帳款　　　　　　　　　　180,000

下月月初及時用紅字作同樣的記錄，予以衝回：

借：原材料——D材料　　　　　　　　　　　　　　　　180,000(紅字)
　　貸：應付帳款——暫估應付帳款　　　　　　　　　　180,000(紅字)

4. 購料出現短缺

企業在材料採購過程中，經常出現短缺的現象。出現短缺的原因有多方面的，企業在收到貨物時應按實際收到的貨物數量入帳，其短缺部分通過「待處理財產損溢」科目核算，查明原因後，記入相關的科目中。

【例4-11】收到例4-7中的在途材料發現短缺50千克，原因待查。

借：原材料——B材料　　　　　　　　　　　　　　　　 78,000
　　待處理財產損溢——流動資產損溢　　　　　　　　　 2,340

貸:材料採購——B材料 80,000
　　應交稅費——應交增值稅(進項稅額轉出) 340

注意:在沒有發現短缺的原因之前,「待處理財產損溢」應該是含稅金額,除非明知原因是管理問題,將短缺損失計入材料成本或「管理費用」,「待處理財產損溢」可不含稅。如果查明原因由供應方少發,應從「應付帳款」科目抵扣2,340元,或要退款,記入「其他應收款」科目2,340元;要求對方補發貨物,則應將2,340元分別轉入「原材料」和「應交增值稅(進項稅額)」。如果屬於非常事故應將其轉入「營業外支出」。如果由運輸部門賠償,則記入「其他應收款」。

5. 其他方式增加材料

【例4-12】湘友公司收到本單位輔助生產車間加工E材料800件,每件實際成本為30元。

借:原材料——E材料 24,000
貸:生產成本——輔助生產成本 24,000

【例4-13】湘友公司收到母公司投入的一批F材料,合同或協議價格為500,000元,增值稅85,000元,材料驗收入庫。

借:原材料——F材料 500,000
　　應交稅費——應交增值稅(進項稅額) 85,000
貸:實收資本 585,000

【例4-14】湘友公司同意五一企業進行債務重組,以一批材料抵其債務。湘友公司「應收帳款」帳面餘額為200,000元,已計提「壞帳準備」10,000元。五一企業的「應付帳款」為200,000元,原材料成本為140,000元,該批材料的公允價值為160,000元,增值稅稅率為17%。

(1)湘友公司收到原材料的入帳價值為公允價值160,000元。

借:原材料 160,000
　　應交稅費——應交增值稅(進項稅額) 27,200
　　壞帳準備 10,000
　　營業外支出——債務重組損失 2,800
貸:應收帳款 200,000

(2)五一企業的會計處理如下:

借:應付帳款 200,000
貸:其他業務收入 160,000
　　應交稅費——應交增值稅(銷項稅額) 27,200
　　營業外收入 12,800

同時,結轉材料成本,會計處理如下:

借:其他業務成本 140,000
貸:原材料 140,000

【例4-15】湘友公司用一臺未使用的設備原值200,000元,累計已提折舊60,000元從B企業換入一批原材料,湘友公司設備的公允價值為145,000元。B企業原材料的帳面成本120,000元,公允價值130,000元,增值稅稅率17%。該非貨幣性資產交換符合商業實質,沒有發生補價。

(1)湘友公司的會計處理如下:

借:固定資產清理	140,000
累計折舊	60,000
貸:固定資產	200,000

換入原材料的入帳價值=換出固定資產的公允價值+增值稅銷項稅-增值稅進項稅
$$=145,000×(1+17\%)-22,100=147,550(元)$$

借:原材料	147,550
應交稅費——應交增值稅(進項稅額)	22,100
貸:固定資產清理	140,000
應交稅費——應交增值稅(銷項稅額)	24,650
營業外收入——非流動資產處置損益	5,000

(2)B企業的會計處理如下:

換入固定資產的入帳價值=換出材料的公允價值+增值稅銷項稅額-增值稅進項稅
$$=130,000×(1+17\%)-145,000×17\%=127,450(元)$$

借:固定資產	127,450
應交稅費——應交增值稅(進項稅額)	24,650
貸:其他業務收入	130,000
應交稅費——應交增值稅(銷項稅額)	22,100

同時,結轉材料成本,會計處理如下:

借:其他業務成本	120,000
貸:原材料	120,000

(二)原材料減少的核算

原材料的減少主要有以下四種情況:

(1)生產經營耗用,如生產產品領用,生產車間管理部門、企業行政管理部門領用,對外出售。

(2)非生產經營耗用,如福利部門領用,在建工程領用,對外投資轉出。

(3)非貨幣性資產交換轉出,用材料抵債等。

(4)材料盤虧。

按實際成本計價時,原材料減少有前述提到的個別計價法、先進先出法、后進先出法、全月一次加權平均法、移動加權平均法等多種計價方法。生產經營領用材料時,按其用途借記相關科目,貸記「原材料」科目;非生產經營耗用和非貨幣性資產交換轉出(不符合商業實質)、用材料抵債、盤虧時借記相關科目,貸記「原材料」,同時貸記「應交稅費——應交增值稅(銷項稅額)」或「應交稅費——應交增值稅(進項稅額轉出)」科目。

【例4-16】4月份,湘友公司的「發料憑證匯總表」中列明基本生產車間生產產品領用材料 30,000 千克,輔助生產車間領用材料 5,000 千克,車間管理部門一般耗用材料 800 千克,行政管理部門領用材料 1,000 千克,加權平均單位成本為 60 元。

借:生產成本——基本生產成本　　　　　　　　　　　1,800,000
　　　　　　——輔助生產成本　　　　　　　　　　　　300,000
　　製造費用　　　　　　　　　　　　　　　　　　　　48,000
　　管理費用　　　　　　　　　　　　　　　　　　　　60,000
　貸:原材料　　　　　　　　　　　　　　　　　　　　　2,208,000

【例4-17】湘友公司出售一批材料,其帳面成本為 42,000 元。

借:其他業務成本　　　　　　　　　　　　　　　　　　42,000
　貸:原材料　　　　　　　　　　　　　　　　　　　　　42,000

出售原材料取得的收入記入「其他業務收入」科目。

【例4-18】湘友公司將購入的原材料用於某基建工程,該批材料的購入成本為 20,000 元。

借:在建工程　　　　　　　　　　　　　　　　　　　　20,000
　貸:原材料　　　　　　　　　　　　　　　　　　　　　20,000

債務重組和非貨幣性資產交換轉出存貨的核算見債務重組和非貨幣性資產交換章節。

三、其他存貨的核算

(一)產成品的核算

產成品是指企業已經完成全部生產過程並已驗收入庫符合標準規格和技術條件,可以按照合同規定的條件送交訂貨單位,或者可以作為商品對外銷售的產品。產成品核算設置「產成品」科目,該科目借方記錄完工驗收入庫產品的成本;貸方記錄發出產品的成本;期末餘額在借方,表示庫存產成品的成本。該科目應按產品品種設置明細帳核算。

工業企業的產成品一般應按實際成本進行核算。在這種情況下,產成品的收入、發出,平時只記數量不記金額,月度終了,計算入庫產成品的實際成本後,再對發出和銷售的產成品,採用先進先出法、全月一次加權平均法、移動加權平均法、后進先出法或者個別計價法等方法確定其實際成本。核算方法一經確定,不得隨意變更。如需變更,應在會計報表附註中予以說明。

(二)委託加工物資的核算

委託加工物資的成本為委託加工而耗用的原材料成本、運輸費用、加工費用等,同時還要支付增值稅和消費稅。

(1)發給外單位加工的物資,按實際成本,借記「委託加工物資」科目,貸記「原材料」「庫存商品」等科目,按計劃成本(或售價)核算的企業,還應當同時結轉成本差異。

企業支付加工費用、應負擔的運雜費等,借記「委託加工物資」科目、「應交稅費——應交增值稅(進項稅額)」等科目,貸記「銀行存款」等科目;需要繳納消費稅的委託加工

物資,其由受託方代收代交的消費稅,分別按以下情況處理:

①收回后直接用於銷售的,應將受託方代收代交的消費稅計入委託加工物資成本,借記「委託加工物資」科目,貸記「應付帳款」「銀行存款」等科目。

②收回后用於連續生產的,按規定準予抵扣的,按受託方代收代交的消費稅,借記「應交稅費——應交消費稅」科目,貸記「應付帳款」「銀行存款」等科目。

加工完成驗收入庫的物資和剩餘的物資,按加工收回物資的實際成本和剩餘物資的實際成本,借記「原材料」「庫存商品」等科目(採用計劃成本或售價核算的企業,按計劃成本或售價記入「原材料」或「庫存商品」科目,實際成本與計劃成本或售價之間的差異記入「材料成本差異」或「商品進銷差價」科目),貸記「委託加工物資」科目。

(2)「委託加工物資」科目應按加工合同和受託加工單位設置明細科目,反映加工單位名稱、加工合同號數、發出加工物資的名稱、數量、發出的加工費用和運雜費、退回剩餘物資的數量、實際成本以及加工完成物資的實際成本等資料。

(3)「委託加工物資」科目期末借方餘額,反映企業委託外單位加工但尚未加工完成物資的實際成本和發出加工物資的運雜費等。

(4)工業企業可將「委託加工物資」科目名稱改為「委託加工材料」;商品流通企業可將「委託加工物資」科目名稱改為「委託加工商品」。

【例4-19】湘友公司委託巨人公司加工包裝用木箱,湘友公司發出木材40,000元,同時支付加工費3,000元和增值稅稅款510元。加工完成后,木箱驗收入庫。

(1)湘友公司發出木材時。

借:委託加工物資——巨人公司　　　　　　　　　　　　40,000
　貸:原材料　　　　　　　　　　　　　　　　　　　　　　　40,000

(2)湘友公司支付加工費。

借:委託加工物資——巨人公司　　　　　　　　　　　　 3,000
　　應交稅費——應交增值稅(進項稅額)　　　　　　　　　510
　貸:銀行存款　　　　　　　　　　　　　　　　　　　　　　3,510

(3)木箱驗收入庫。

借:原材料　　　　　　　　　　　　　　　　　　　　　　43,000
　貸:委託加工物資——巨人公司　　　　　　　　　　　　43,000

委託加工涉及消費稅的見應交稅費的核算。

第四節　按計劃成本計價的存貨核算

按計劃成本(Planed Cost)計價是指在材料的日常核算中,其收發結存等都必須按預先確定的計劃成本計價,計劃成本與實際成本的差異另行核算,於期末將發出材料的計劃成本調整為實際成本的一種核算方法。

按計劃成本計價進行原材料收發核算,即從原材料收發憑證的計價到原材料的明細

帳、二級帳、總帳的核算全部按計劃成本進行。

一、科目設置

「材料採購」帳戶核算企業收入材料的實際成本以及實際成本與計劃成本的差額,屬於資產類帳戶。該帳戶的借方登記採購材料的實際成本以及月末結轉的實際成本小於計劃成本的差額;貸方登記驗收入庫材料的計劃成本以及月末結轉的計劃成本小於實際成本的差額;月末結轉后借方餘額表示已經付款但尚未到達驗收入庫的在途材料的實際成本。本帳戶應按照材料品種類別設置明細帳戶。

「原材料」科目的結構、用途與材料按實際成本計價情況下設置的「原材料」科目相同,不同的是該科目的借方、貸方和餘額均按計劃成本記帳。原材料按計劃成本進行核算時,材料的收入、發出和結存均按材料的計劃成本計價。

「材料成本差異」科目核算企業各種材料的實際成本與計劃成本的差異。該科目借方記錄從「材料採購」貸方轉入的購入材料的成本超支差異;貸方記錄從「材料採購」借方轉入的購入材料的成本節約差異以及發出材料應負擔的成本差異結轉額(超支用藍字,節約用紅字)。月末餘額反映庫存材料的成本差異額,如為借方餘額,表示超支額;如為貸方餘額,表示節約額。該科目應分別為「原材料」「週轉材料——包裝物」「週轉材料——低值易耗品」等,按照類別或品種進行明細核算。企業根據具體情況,可以單獨設置「材料成本差異」科目,也可以不設置「材料成本差異」科目,在「原材料」「週轉材料——包裝物」「週轉材料——低值易耗品」等科目內分別設置「成本差異」明細科目核算。

二、計劃成本法下原材料的核算

(一)原材料增加的核算

企業的原材料按取得來源的不同,有外購材料、自製材料、委託加工完成入庫材料、投資者投入材料和接受捐贈取得的材料等,應分別進行處理。

【例4-20】湘友公司購入 A 材料一批,貨款 41,000 元,增值稅稅率為 17%,採用商業匯票結算,該批材料的計劃成本為 40,000 元,材料已驗收入庫。

借:材料採購——原材料	41,000
應交稅費——應交增值稅(進項稅額)	6,970
貸:應付票據	47,970

【例4-21】湘友公司月末支付貨款 30,000 元和稅款 5,100 元,用於購買 B 材料,月末該批材料尚未運到,該批材料的計劃成本為 32,000 元。

湘友公司付款時,會計分錄如下:

借:材料採購——原材料	30,000
應交稅費——應交增值稅(進項稅額)	5,100
貸:銀行存款	35,100

【例4-22】湘友公司收到已經預付40%貨款的一批C材料,貨款總額117,000元,稅款19,890元,餘款開出支票支付,該批材料已運到,該批材料的計劃成本為120,000元。

借:材料採購——原材料　　　　　　　　　　　　　　　117,000
　　應交稅費——應交增值稅(進項稅額)　　　　　　　　 19,890
　　貸:預付帳款　　　　　　　　　　　　　　　　　　　 54,756
　　　　銀行存款　　　　　　　　　　　　　　　　　　　 82,134

【例4-23】湘友公司購入A材料一批,材料到達並已驗收入庫,月末尚未收到發票帳單,貨款亦未支付。該批材料計劃成本為50,000元。月末按合同價暫估入帳。

借:原材料　　　　　　　　　　　　　　　　　　　　　 50,000
　　貸:應付帳款——暫估應付帳款　　　　　　　　　　　 50,000

下月月初用紅字編制同樣的分錄,予以衝回:

借:原材料　　　　　　　　　　　　　　　　　　　50,000(紅字)
　　貸:應付帳款——暫估應付帳款　　　　　　　　 50,000(紅字)

【例4-24】假設湘友公司上述例4-20至例4-22購入的材料均已驗收入庫,於月末時計算並結轉本月入庫材料計劃成本與成本差異。

本期購入已入庫材料的計劃成本=40,000 + 120,000
　　　　　　　　　　　　　　=160,000(元)
本期購入已入庫材料的實際成本=41,000+117,000
　　　　　　　　　　　　　　=158,000(元)
期末在途材料B材料的實際成本=30,000(元)
本期應結轉的材料成本差異=158,000-160,000
　　　　　　　　　　　=-2,000(元)(為節約額)

月末一次性結轉成本差異時應編制的會計分錄如下:

借:原材料　　　　　　　　　　　　　　　　　　　　　 160,000
　　貸:材料採購——原材料　　　　　　　　　　　　　　160,000
借:材料採購——原材料　　　　　　　　　　　　　　　　 2,000
　　貸:材料成本差異——原材料　　　　　　　　　　　　 2,000

【例4-25】湘友公司輔助生產車間自製B材料一批,實際成本為15,500元,計劃成本為16,000元,B材料驗收入庫。

借:原材料　　　　　　　　　　　　　　　　　　　　　 16,000
　　貸:生產成本——輔助生產成本　　　　　　　　　　　 15,500
　　　　材料成本差異——原材料　　　　　　　　　　　　　 500

【例4-26】湘友公司收到母公司投入的一批C材料,合同或協議價格為50,000元,增值稅稅款8,500元,材料驗收入庫,計劃成本為49,000元。

借:原材料——C材料　　　　　　　　　　　　　　　　　 49,000
　　應交稅費——應交增值稅(進項稅額)　　　　　　　　　8,500
　　材料成本差異——原材料　　　　　　　　　　　　　　 1,000
　　貸:實收資本　　　　　　　　　　　　　　　　　　　 58,500

(二)原材料減少的核算

採用計劃成本進行材料日常核算的企業,日常領用、發出原材料均按計劃成本記帳,月份終了,按照發出各種材料的計劃成本,計算應負擔的成本差異,將發出材料的計劃成本調整為實際成本。

計劃成本法下應於月末計算出材料成本差異分配率,用來分配發出材料應負擔的材料成本差異。差異率的計算公式如下:

本月材料成本差異率=(月初結存材料的成本的差異+本月收入材料的成本的差異)÷(月初結存材料的計劃成本+本月收入材料的計劃成本)×100%

在計算公式中,月初結存材料和本月收入材料的成本差異,都應按照差異的性質標明正負號。超支差異應是加數,為正號;節約差異應是減數,為負號。分母中的月初結存材料計劃成本與本月收入材料計劃成本之和,應按科目記錄的數據填列。

計算出材料成本差異分配率後,再據此計算本月發出材料應負擔的成本差異,從而計算出本月發出材料的實際成本,具體計算公式如下:

本月發出材料成本差異=本月發出材料計劃成本×材料成本差異分配率

本月發出材料實際成本=本月發出材料計劃成本±本月發出材料成本差異

發出材料應負擔的成本差異,必須按月分攤,不得在季末或年末一次計算。

【例4-27】假設A材料計劃單位成本為50元/千克,月初結存材料1,200千克,計劃成本為60,000元,實際成本為62,400元,成本差異為超支2,400元。本期購入材料3,200千克,實際成本159,800元,計劃成本160,000元,節約差異為200元。本期發出材料3,000千克。

材料成本差異率=(2,400-200)÷(60,000+160,000)×100%=1%

本期發出存貨=3,000×50=150,000(元)

本月發出材料成本差異=150,000×(1%)=1,500(元)

本月發出材料實際成本=150,000+1,500=151,500(元)

【例4-28】湘友公司某月月初庫存原材料計劃成本為680,000元,材料成本差異為-13,600元。本月購入原材料的計劃成本為1,320,000元,材料成本差異為53,600元。本月發出的原材料計劃成本為800,000元,其中生產車間領用600,000元,車間管理及消耗材料為150,000元,廠部管理部門領用50,000元。

(1)計算材料成本差異率。

材料成本差異率=(-13,600+53,600)÷(680,000+1,320,000)×100%=2%

(2)計算各用料單位及期末庫存材料應負擔的材料成本差異。

生產成本=600,000×2%=12,000(元)

製造費用=150,000×2%=3,000(元)

管理費用=50,000×2%=1,000(元)

期末庫存材料應負擔的差異=(680,000+1,320,000-800,000)×2%=24,000(元)

(3)月末,應按發出材料的計劃成本編制如下會計分錄:

借:生產成本   600,000

製造費用	150,000
管理費用	50,000
貸:原材料	800,000

(4)月末結轉材料成本差異時,應編制如下會計分錄:

借:生產成本	12,000
製造費用	3,000
管理費用	1,000
貸:材料成本差異——原材料	16,000

第五節　存貨期末估價

　　企業期末存貨的價值通常是以歷史成本確定的,但是除了用歷史成本計價存貨以外,還可以用成本與市價孰低法計量存貨,以便符合穩健性原則的要求。

一、成本與市價孰低法的含義

　　成本與市價孰低法(Lower of Cost or Market, LCM),也稱為成本與可變現淨值孰低法,是指期末存貨按照成本與可變現淨值兩者之中較低者計價的方法。當存貨的成本低於可變現淨值時,期末存貨按成本計價;當存貨的成本高於可變現淨值時,期末存貨按可變現淨值計價。這裡所說的成本是指存貨的歷史成本,即帳面成本;可變現淨值是指企業在正常經營過程中,以估計售價減去估計完工成本及銷售所必需的估計費用和稅金后的價值。在估計可變現淨值時,還應當考慮持有存貨的其他因素。例如,有合同約定的存貨,通常按合同約定價格作為計算基礎,如果企業持有存貨的數量多於銷售合同訂購數量,存貨超出部分的可變現淨值應以一般銷售價格為計算基礎。

二、成本與市價孰低法的運用

　　(一)成本與市價的比較方法

　　企業按成本與可變現淨值孰低法對存貨計價時,有以下三種不同的計算方法可供選擇:

　　(1)單項比較法。單項比較法亦稱逐項比較法或個別比較法,指對庫存中每一種存貨的成本和可變現淨值逐項進行比較,每項存貨均取較低數確定存貨的期末成本。

　　(2)分類比較法。分類比較法亦稱類比法,指按存貨類別的成本與可變現淨值進行比較,每類存貨取其較低數確定存貨的期末成本。

　　(3)總額比較法。總額比較法亦稱綜合比較法,指按全部存貨的總成本與可變現淨值總額相比較,以較低數作為期末全部存貨的成本。

　　【例4-29】某企業有甲、乙兩大類A、B、C、D四種存貨,各種存貨分別按三種計算方法確定的期末存貨成本如表4-7所示。

表 4-7　　　　　　　成本與可變現淨值孰低規則的具體運用表　　　　　　　單位:元

項目	數量（件）	成本 單價	成本 金額	可變現淨值 單價	可變現淨值 金額	單項比較法	分類比較法	綜合比較法
甲類存貨								
A	50	60	3,000	55	2,750	2,750		
B	30	120	3,600	122	3,660	3,600		
合計			6,600		6,410		6,410	
乙類存貨								
C	40	150	6,000	155	6,200	6,000		
D	60	90	5,400	88	5,280	5,280		
合計			11,400		11,480		11,400	
總計			18,000		17,890	17,630	17,810	17,890

由表 4-7 計算可見，單項比較法計算的期末成本總計最低為 17,630 元，分類比較法次之為 17,810 元，總額比較法最高為 17,890 元。原因是單項比較法所確定的均為各項存貨的最低價，據此計算的結果比較準確，但這種方法的工作量大，存貨品種繁多的企業更是如此；總額比較法雖然比其他兩種方法均簡單，但過於粗糙，不夠準確；分類比較法介於兩者之間，具有較強的操作性。根據國際會計準則規定，應當採用單項比較法或分類比較法，在成本與可變現淨值之間比較確定期末存貨的價值。中國《企業會計準則第1號——存貨》中規定，企業通常應當按照單個存貨項目計提存貨跌價準備。無論採用何種方法，都要遵循一致性的原則。

（二）市價或可變現淨額的確定方法

（1）有合同的存貨，以合同價作為存貨的可變現淨額，企業期末持有超過合同數量的存貨，按市價減去相關稅費作為可變現淨額。

【例 4-30】2017 年 8 月 10 日，甲公司與乙公司簽訂了一份不可撤銷的銷售合同，雙方約定，2018 年 2 月 15 日，甲公司應按每臺 12 萬元的價格向乙公司提供商品一批 50 臺。至 2017 年 12 月 31 日，甲公司期末有該種存貨 60 臺，每臺帳面成本 11 萬元，市場的價格每臺為 10 萬元。

由於該商品的市價為每臺 10 萬元，已低於該商品的帳面成本，應該發生了減值。但有 50 臺是已經簽訂了銷售合同的，也就是說甲公司期末存貨 60 臺中有 50 臺的可變現淨額為每臺 12 萬元，與其帳面成本 10 萬元比較，未發生減值；超過銷售合同的 10 臺商品的可變現淨值為每臺 10 萬元，比其帳面成本 11 萬元低，這 10 臺發生了減值。

計算發生的減值 = 10×(11-10) = 10(萬元)

（2）材料市價低於其成本，但用該種材料生產出來的商品的市價高於該種商品的成本（商品未發生減值），則該種材料未發生減值，不計提減值準備。

【例 4-31】2017 年 12 月 31 日，甲公司期末存貨中有 A 材料 1,000 千克，帳面單位成本為每千克 5 萬元，該種材料的市價已降至每千克 4.8 萬元，但用 A 材料生產出來的甲產品的成本為每臺 10 萬元，市場售價為每臺 12 萬元。

雖然材料發生了減值,但用 A 材料生產出來的甲產品並未發生減值,對 A 材料不確認減值,不計提減值準備。

(3)材料市價低於其成本,用該種材料生產出來的商品的市價也低於該種商品的成本(商品已發生減值),則該種材料已發生減值,應該按材料的市價作為可變現淨額計提減值準備。

三、成本與市價孰低法的會計處理

企業在確定了期末存貨的價值之後,應視情況進行有關的帳務處理。如果期末存貨的成本低於可變現淨值時,則不需作帳務處理,資產負債表中的存貨仍按期末帳面價值列示。如果期末存貨的可變現淨值低於成本時,則必須在當期確定存貨跌價損失,並進行有關的帳務處理。具體帳務處理方法有直接轉銷法和備抵法兩種。

(一)直接轉銷法

直接轉銷法,即在確認存貨跌價損失時,將可變現淨值低於成本的損失直接沖銷有關存貨科目,同時將存貨成本調整為可變現淨值。在這種方法下,企業應設置「資產減值損失」科目。確認損失時,借記「資產減值損失」科目,貸記有關存貨科目。

採用這種方法,要直接沖銷有關存貨的帳簿記錄,即要沖減有關的明細帳記錄,工作量較大,而且若已作調整的存貨以後可變現淨值又得以恢復,再恢復有關存貨的成本記錄也十分麻煩,與壞帳損失的直接轉銷法一樣不符合權責發生制的要求,因此,這一方法不常用。

(一)備抵法

備抵法,即對於存貨可變現淨值低於成本的損失不直接沖減有關存貨科目,而是另設「存貨跌價準備」科目反映。中國《企業會計準則第 1 號——存貨》規定:「企業的存貨應當在期末時按成本與可變現淨值孰低計量,對可變現淨值低於存貨成本的差額,計提存貨跌價準備。」存貨跌價損失準備的具體做法是:每一會計期末,比較成本與可變現淨值計算出應計提的準備,然後與「存貨跌價準備」科目的餘額進行比較,若應提數大於已提數,應予補提;反之,應沖銷部分已提數。提取和補提存貨跌價損失準備時,借記「資產減值損失」科目,貸記「存貨跌價準備」科目;沖回或轉銷存貨跌價損失,做相反會計分錄。這一做法的優點是不需對有關存貨的明細帳進行調整,保持帳面記錄的原貌,工作量也較小。這一方法運用得比較普遍。

【例4-32】某企業採用「成本與可變現淨值孰低法」進行存貨的計價核算,並運用「備抵法」進行相應的帳務處理。假設,2017 年年末存貨的帳面成本為 1,200,000 元,預計可變現淨值為1,080,000元,應計提的存貨跌價準備為 120,000 元。應作如下會計處理:

借:資產減值損失　　　　　　　　　　　　　　　　　120,000
　　貸:存貨跌價準備　　　　　　　　　　　　　　　　　120,000

假設 2018 年年末存貨的預計可變現淨值比成本低 200,000 元,則應補提存貨跌價準備為 200,000-120,000=80,000(元)。

借:資產減值損失　　　　　　　　　　　　　　　　　80,000
　　貸:存貨跌價準備　　　　　　　　　　　　　　　　　80,000

假設2019年年末存貨的可變現淨值有所恢復,存貨預計可變現淨值比成本只低70,000元,則應衝減計提的存貨跌價準備70,000-200,000=130,000(元)。

借:存貨跌價準備　　　　　　　　　　　　　　　　　130,000
　　貸:資產減值損失　　　　　　　　　　　　　　　　　130,000

當企業存貨價值完全恢復,甚至高於成本時,最多只能將「存貨跌價準備」科目衝至為0。升值部分不確認收益。存貨跌價準備的會計處理與壞帳準備的會計處理基本一樣。

期末存貨估價方法除了成本與市價孰低法以外還有許多其他方法,如零售價法、毛利率法等。零售價法(Retail Price)是指存貨的購入、發出和結存採用商品銷售價格進行日常核算,其零售價和進價的差額反映在「商品進銷差價」科目,月末分攤已銷存貨的進銷差價,將發出存貨的零售價調整為進價成本的方法。這種方法主要應用於商業零售企業,具體計算公式如下:

本期發出存貨成本=期初存貨成本+本期購貨成本-期末存貨成本

期末存貨成本=期末存貨售價金額×成本率

$$成本率=\frac{期初存貨成本+本期購貨成本}{期初存貨售價+本期購貨售價}×100\%$$

毛利率法(Gross Margin)是用過去的銷貨毛利率或估計毛利率估計期末存貨和本期銷貨成本的一種方法。商品流通企業的庫存商品可採用該法核算。

毛利率=銷售毛利÷銷售淨額

本期銷售毛利=本期銷售淨額×毛利率

本期銷售成本=銷售淨額-銷售毛利

期末存貨成本=期初存貨成本+本期購貨成本-本期銷售成本

第六節　低值易耗品和包裝物的核算

一、低值易耗品的核算

低值易耗品是指不能作為固定資產的各種用具物品,如工具、管理用具、玻璃器皿以及在經營過程中週轉使用的包裝容器等。

為了進行低值易耗品的收入、發出、攤銷和結存的總分類核算,應設立「週轉材料」總帳科目和「週轉材料——低值易耗品」明細科目進行核算。

低值易耗品的日常核算也與原材料核算一樣,既可以按照實際成本進行,又可以按照計劃成本進行。在按計劃成本核算的情況下,為了核算低值易耗品的成本差異,還應在「材料成本差異」總帳科目下增設「低值易耗品成本差異」二級科目。

低值易耗品採購、入庫階段的核算與原材料核算相同;低值易耗品的在領用、發出的核算與原材料不同。下面主要介紹低值易耗品在領用、攤銷時的核算。

低值易耗品在領用以後,其價值應該攤銷計入有關的成本、費用中。低值易耗品攤

銷在產品成本中所占比重較小,沒有專設成本項目。因此,用於生產、應計入產品成本的低值易耗品攤銷應先計入製造費用;用於組織和管理生產經營活動的低值易耗品攤銷,應計入管理費用;用於其他經營業務的低值易耗品攤銷,則應計入其他業務成本;等等。

低值易耗品的攤銷,應該根據具體情況採用一次攤銷法、分次攤銷法和五五攤銷法。中國《企業會計準則第 1 號——存貨》規定企業應當採用一次攤銷法或者五五攤銷法對低值易耗品和包裝物進行攤銷。

(一)低值易耗品的一次攤銷法

一次攤銷法也稱一次計入法。採用這種方法,在領用低值易耗品時,就將其全部價值一次計入當月成本、費用,借記「製造費用」「管理費用」等科目,貸記「週轉材料——低值易耗品」科目。在低值易耗品報廢時,應將報廢的殘料價值作為當月低值易耗品攤銷的減少,衝減有關的成本、費用,借記「原材料」等科目,貸記「製造費用」「管理費用」等科目。

在按計劃成本進行低值易耗品日常核算的情況下,領用低值易耗品的會計分錄應按計劃成本編制,同時分配材料成本差異。

【例 4-33】某生產車間領用低值易耗品一批,其計劃成本 500 元,差異分配率為 +2%,採用一次攤銷法。

  借:製造費用   500
    貸:週轉材料——低值易耗品   500
  借:製造費用   10
    貸:材料成本差異——低值易耗品差異   10

一次攤銷法適用於單位價值較低或使用期限較短,而且一次領用數量不多以及玻璃器皿等容易破損的低值易耗品。

(二)低值易耗品的五五攤銷法

低值易耗品五五攤銷法是指低值易耗品在領用時攤銷其價值的一半;報廢時再攤銷其價值的另一半。為了核算在庫、在用低值易耗品的價值和低值易耗品的攤餘價值,應在「週轉材料——低值易耗品」科目下分設「在庫低值易耗品」「在用低值易耗品」和「低值易耗品攤銷」三個科目。在按計劃成本進行低值易耗品日常核算的情況下,前兩個二級科目應按計劃成本登記。

【例 4-34】某管理部門某月領用低值易耗品,其計劃成本為 2,000 元,同時報廢某生產車間以前月份領用的低值易耗品一批,其計劃成本為 2,500 元,收回殘料價值 100 元入庫。材料成本差異分配率為 2%。

(1)領用。

  借:週轉材料——低值易耗品(在用低值易耗品)   2,000
    貸:週轉材料——低值易耗品(在庫低值易耗品)   2,000

(2)領用時攤銷其價值的一半。

  借:管理費用   1,000
    貸:週轉材料——低值易耗品(低值易耗品攤銷)   1,000

(3)生產部門報廢低值易耗品時攤銷其價值的另一半。

借:製造費用　　　　　　　　　　　　　　　　　　　　　1,250
　　貸:週轉材料——低值易耗品(低值易耗品攤銷)　　　　　　1,250

(4)收到殘料入庫。

借:原材料　　　　　　　　　　　　　　　　　　　　　　　100
　　貸:製造費用　　　　　　　　　　　　　　　　　　　　　100

(5)報廢低值易耗品分配材料成本差異(2,500×2%)。

借:製造費用　　　　　　　　　　　　　　　　　　　　　　50
　　貸:材料成本差異——低值易耗品差異　　　　　　　　　　50

(6)報廢低值易耗品計劃成本的註銷。

借:週轉材料——低值易耗品(低值易耗品攤銷)　　　　　　2,500
　　貸:週轉材料——低值易耗品(在用低值易耗品)　　　　　2,500

(1)、(2)筆分錄是管理部門領用低值易耗品的會計分錄;(3)、(4)、(5)、(6)筆分錄是生產部門報廢低值易耗品的會計分錄,兩者沒有聯繫。

採用五五攤銷法攤銷低值易耗品的價值,能夠對在用低值易耗品實行價值監督;在各月成本、費用負擔的合理程度和核算工作量方面,都介於一次攤銷法與分次攤銷法之間。這種方法一般適用於每月領用和報廢的數量比較均衡,各月攤銷額相差不多的低值易耗品。由於這種方法要核算在用低值易耗品的價值,因此需要按照車間、部門進行在用低值易耗品數量和金額明細核算的企業,應該採用這種方法。

二、包裝物的核算

(一)包裝物的概念和內容

包裝物是指為銷售企業產品而耗用和儲備的各種包裝容器,如桶、瓶、壇、袋等。各種包裝材料,如紙、繩、鐵皮、鐵絲等,不屬於包裝物,屬於原材料。

包裝物按其用途,可以分為如下四類:

(1)生產過程中用於包裝產品作為產品組成部分的包裝物。
(2)隨同產品出售而不單獨計價的包裝物。
(3)隨同產品出售而單獨計價的包裝物。
(4)出租或出借給購買單位使用的包裝物。

包裝物從總的方面來說,屬於材料的一個組成部分,但其性質和用途與材料中的原材料並不相同。為了單獨進行包裝物的收發和結存的核算,一般應該設立「週轉材料——包裝物」科目,進行包裝物的總分類核算,並應按照包裝物的種類進行包裝物的明細核算。

各種包裝材料,如紙、繩、鐵皮、鐵絲等屬於原材料,應在「原材料」科目中核算;用於儲存和保管產品、材料而不對外出售、出租或出借的包裝物,按其價值大小和使用年限長短,分別屬於固定資產或低值易耗品,應分別在「固定資產」科目或「週轉材料——低值易耗品」科目中核算;計劃中單獨列作商品產品的自製包裝物,屬於產成品,應在「產成品」

科目中核算。

包裝物的採購、自製和驗收入庫的核算,與原材料的採購、自製和驗收入庫的核算相同。包裝物日常核算的計價也與原材料日常核算的計價一樣,既可以按計劃成本進行,也可以按實際成本進行。下面主要介紹包裝物發出和攤銷的核算。

(二)發出包裝物的會計處理

生產過程中用於包裝產品作為產品組成部分的包裝物成本,記入「生產成本」科目;隨同產品出售而不單獨計價的包裝物成本記入「銷售費用」科目;隨同產品出售而單獨計價的包裝物成本記入「其他業務成本」科目。

【例4-35】某企業生產過程用於包裝產品領用包裝物計劃成本 6,000 元;領用隨同產品出售而不單獨計價的包裝物計劃成本 8,000 元;領用隨同產品出售而單獨計價的包裝物計劃成本3,000元。該月包裝物的成本差異率為-2%。

(1)結轉計劃成本。

借:生產成本——基本生產成本	6,000
銷售費用	8,000
其他業務成本	3,000
貸:週轉材料——包裝物	17,000

(2)結轉材料成本差異。

借:生產成本——基本生產成本	-120
銷售費用	-160
其他業務成本	-60
貸:材料成本差異——包裝物成本差異	-340

(三)出租、出借包裝物的會計處理

出租、出借包裝物由於發出以後報廢以前實物並未從企業消失,因而,不僅應該進行其發出的核算,而且還要進行其價值攤銷的核算。

出借包裝物出借給購買單位使用,是為產品銷售提供的必要條件。因此,出借包裝物的價值攤銷和修理費等,應作為產品銷售費用處理。出租包裝物出租給購買單位有租金收入,屬於工業企業經營業務中的一種營業活動,其租金收入屬於企業其他業務收入。因此,與之相配比的出租包裝物的價值攤銷和修理費等屬於其他業務成本,應從其他業務收入中扣除,據以計算其利潤。

對於逾期未退還包裝物沒收的押金,應轉作「營業外收入」處理,企業應按規定沒收的押金,借記「其他應付款」科目,按應交的增值稅、消費稅等稅費,貸記「應交稅費——應交增值稅(銷項稅額)」等科目,按其差額,貸記「營業外收入——逾期包裝物押金沒收收入」科目。

出借、出租包裝物價值的攤銷,應視出借、出租包裝物的業務是否頻繁,出借、出租包裝物的數量多少和金額大小,採用不同的核算方法,主要有一次轉銷法、五五攤銷法。

1. 出借、出租包裝物的一次轉銷法

採用這種方法,在第一次發出新的包裝物出借、出租時,就將其價值全部轉銷,計入

當月有關的費用。發出出借包裝物時,應借記「銷售費用」科目,貸記「週轉材料——包裝物」科目;發出出租包裝物時,應借記「其他業務成本」科目,貸記「週轉材料——包裝物」科目。

2. 出租、出借包裝物的五五攤銷法

出租、出借包裝物頻繁、數量多、金額大的企業,出租、出借包裝物的成本,也可以採用五五攤銷法計算出租、出借包裝物的攤銷價值,在這種情況下,「週轉材料——包裝物」科目應設置「庫存未用包裝物」「庫存已用包裝物」「出租包裝物」「出借包裝物」「包裝物攤銷」五個三級科目,「週轉材料——包裝物」科目期末借方餘額,為期末庫存包裝物的攤餘價值。反映企業庫存未用包裝物的實際成本或計劃成本。

【例4-36】某企業出借包裝物20個給A公司,其計劃單位成本100元,收到押金2,500元;同時收回出租給W公司的包裝物38個,其中30個入庫可繼續使用,8個轉入報廢,還有2個無法收回,其計劃單位成本150元,押金8,000元,扣除應收租金600元,沒收2個無法收回包裝物押金400元,其餘的退回。報廢包裝物收回殘值200元材料已入庫。

(1)出借給A公司。

借:週轉材料——包裝物(出借包裝物)   2,000
  貸:週轉材料——包裝物(庫存未用包裝物)   2,000

(2)攤銷其價值的一半1,000元。

借:銷售費用   1,000
  貸:週轉材料——包裝物(包裝物攤銷)   1,000

(3)收取押金。

借:庫存現金   2,500
  貸:其他應付款——A公司   2,500

(4)攤銷報廢和無法收回出租包裝物價值的另一半。

借:其他業務成本   750
  貸:週轉材料——包裝物(包裝物攤銷)   750

(5)收回殘值。

借:原材料   200
  貸:其他業務成本   200

(6)抵扣租金收入和沒收部分押金,其餘押金退回。

借:其他應付款   8,000
  貸:營業外收入——沒收押金收入   342
     其他業務收入——租金   513
     應交稅費——應交增值稅(銷項稅額)   145
     銀行存款   7,000

(7)註銷報廢與無法收回的包裝物。

借:週轉材料——包裝物(包裝物攤銷)   1,500

貸:週轉材料——包裝物(出租包裝物)　　　　　　　　　　　　　　　1,500
(8)收回可用包裝物入庫。
　　借:週轉材料——包裝物(庫存已用包裝物)　　　　　　　　　　　　　4,500
　　貸:週轉材料——包裝物(出租包裝物)　　　　　　　　　　　　　　4,500

第七節　存貨清查的核算

一、存貨清查概述

　　企業存貨由於品種多、數量大、收發頻繁,在計量、計算和登記帳簿過程中可能會發生差錯;或由於自然和管理等方面的原因,出現自然損耗、自然升溢、丟失、損毀甚至貪污盜竊等現象,使得企業存貨帳實不相符合。所以,企業必須在總分類核算和明細分類核算的基礎上,定期或不定期地對存貨進行盤點清查,與帳面數量核對。如發現盤盈、盤虧和損毀,應及時編制「存貨盤點盈虧報告表」,按規定的程序上報審批后進行帳務處理。存貨清查是存貨核算的一個重要內容。各企業每年至少對存貨盤點一次,以保證年度決算報告的真實性。

二、存貨清查的核算

　　企業應設置「待處理財產損溢」科目核算在清查財產過程中查明的各種財產盤盈、盤虧和毀損的價值。該帳戶是一個起過渡作用的帳戶,其借方登記待處理盤虧、損毀的存貨價值和盤盈存貨的轉銷價值;貸方登記盤盈存貨的價值和盤虧、損毀存貨的轉銷價值。「待處理財產損溢」科目的借方餘額,反映企業尚未處理的各種財產的淨損失;「待處理財產損溢」科目的貸方餘額,反映企業尚未處理的各種財產的淨溢餘。經批准轉銷后,該帳戶沒有餘額。該總分類帳戶下設「待處理固定資產損溢」和「待處理流動資產損溢」兩個明細帳戶。

　　【例4-37】湘友公司採用實際成本法對存貨進行計價,期末對存貨進行盤點時,發現價值10,000元的原材料被毀損,其進項稅額為1,700元。經調查后,認定該批材料的毀損與該批材料的性能、倉庫條件及保管員責任均有關係,最后的處理意見是由保管員李想賠償。
　　(1)查出原材料被毀損時,編制如下分錄:
　　借:待處理財產損溢——待處理流動資產損溢　　　　　　　　　　　11,700
　　貸:原材料　　　　　　　　　　　　　　　　　　　　　　　　　　10,000
　　　　應交稅費——應交增值稅(進項稅額轉出)　　　　　　　　　　　1,700
　　(2)經批准處理后,編制如下分錄:
　　借:其他應收款——李想　　　　　　　　　　　　　　　　　　　　11,700
　　貸:待處理財產損溢——待處理流動資產損溢　　　　　　　　　　　11,700
　　如果批准處理全部記入「管理費用」,則增值稅不應轉入「管理費用」,應記入應交增

值稅的借方「進項稅額」項目,實行增值稅制度,成本費用中是不能含增值稅的。

借:管理費用 10,000
  應交稅費——應交增值稅(進項稅額) 1,700
 貸:待處理財產損溢——待處理流動資產損溢 11,700

三、存貨在期末會計報表中的披露

按照《企業會計準則第 1 號——存貨》規定,企業應當在附註中披露與存貨有關的下列信息:

第一,各類存貨的期初和期末帳面價值。

第二,確定發出存貨所採用的方法。

第三,存貨可變現淨值的依據,存貨跌價準備的計提方法,當期計提的存貨跌價準備金額,當期轉回的存貨跌價準備金額以及計提轉回的有關情況。

第四,用於擔保的存貨帳面價值。

思考題

1. 存貨的內容有哪些?
2. 收入存貨的實際成本的內容是怎樣構成的?
3. 發出存貨成本計價方法有哪些? 各有何優缺點?
4. 存貨的計劃成本計價有何優缺點?
5. 材料成本差異率是怎樣計算的? 如何計算發出存貨成本應分配的差異?
6. 何為成本與市價孰低法? 怎樣進行會計處理?
7. 什麼是低值易耗品? 如何攤銷其價值?
8. 什麼是包裝物? 包裝物的內容有哪些?
9. 存在銷售合同的情況下,商品存貨的可變現淨額如何確定?
10. 如何確定材料存貨的可變現淨值?

練習題

1. 根據以下經濟業務編制會計分錄 (企業按實際成本法計價)。

(1) 某企業從 A 公司購入材料 10,000 千克,單價 20 元,增值稅稅率為 17%,貨款及稅款已用銀行匯票支付,材料已驗收入庫。

(2) 從外地採購原材料一批,發票已到,專用發票上註明價款 150,000 元,增值稅稅率 17%,貨款已付,但材料尚未到達。

(3) 上述材料已到,驗收入庫。

(4) 外地購入原材料一批,材料已驗收入庫,至月末仍未收到對方的發票,暫時無法支付款項,按規定期末應按估價 80,000 元暫估入帳。

(5) 委託外單位加工的材料一批,已完成驗收入庫,實際成本 50,000 元。

(6)「發料憑證匯總表」所列本月發出原材料如下:生產領用 180,000 元,產品銷售領

用 30,000 元,管理部門領用 20,000 元,委託加工發出 30,000 元,基建工程領用 10,000 元。

2. 根據以下經濟業務編制會計分錄(該企業按計劃成本法進行核算)。

(1)購入甲材料一批,專用發票註明價款 50,000 元,增值稅稅款 8,500元,貨款已通過銀行支付,該批材料計劃成本 52,000 元。

(2)預付 A 企業 10,000 元,用於購買丙材料。

(3)上述丙材料已運到並驗收入庫,專用發票上註明價款為 15,000 元,增值稅稅款 2,550 元,用銀行存款補足貨款,該批材料計劃成本為 16,000 元。

(4)購入乙材料一批,價款 60,000 元,增值稅稅款 10,200 元,款已支付,但材料未到。

(5)購入丁材料一批,材料已驗收入庫,但發票到月末尚未收到,貨款未付,月末按計劃成本 30,000 暫估入帳。

(6)本月購入其他材料的實際成本為 65,000 元,計劃成本 68,000 元,月終結轉材料成本差異。

(7)企業自製材料本月完工交庫一批,計劃成本 25,000 元,生產成本 27,000 元。

(8)「發料憑證匯總表」所列材料發出的計劃成本如下:生產領用 50,000 元,產品銷售領用 15,000 元,管理部門領用 10,000 元。

(9)假設「原材料」期初計劃成本 30,000 元,「材料成本差異」貸方差異 1,000 元,計算本月材料成本差異分配率,並分攤材料成本差異。

3. 根據下列經濟業務編制會計分錄。

(1)生產領用包裝物一批,計劃成本 2,000 元。

(2)企業銷售產品時,領用不單獨計價的包裝物計劃成本為 1,000 元。

(3)企業銷售產品時,領用單獨計價的包裝物計劃成本 500 元。

(4)發出一批新包裝物,出租部分計劃成本 5,000 元,收取租金 6,000 元,存入銀行;出借部分計劃成本 3,000 元,收押金 4,000 元,存入銀行(使用一次攤銷法)。

(5)上述出借包裝物逾期未退,沒收押金。

(6)出租包裝物收回後不能繼續使用,殘料作價 600 元入庫。

(7)月末按-5%的材料成本差異率結轉本月生產領用、出售及出租出借包裝物應承擔的成本差異。

4. 根據下列經濟業務編制會計分錄。

(1)生產車間領用低值易耗品一批,計劃成本 1,000 元,一次攤入成本。

(2)管理部門本月領用低值易耗品共計劃成本 3,000 元,一次攤入管理費用。

(3)生產車間上月領用的低值易耗品本月報廢,收回殘料價值 500 元。

(4)月末,結轉材料成本差異 200 元,其中生產車間應分攤 50 元,管理部門應分攤 150 元。

5. 某企業生產領用低值易耗品一批,計劃成本 2,800 元,同時當月報廢管理部門以前領用的低值易耗品計劃成本 1,400 元,收回殘料價值 120 元,差異分配率為 1.5%。採

用五五攤銷法編制領用和報廢的會計分錄。

第五章

投　資

　　企業除將資金用於本身的經營活動以外,還可因各種目的而將一部分資金用於對外投資業務,如購買其他公司的股票、購買國庫券或公司債券、直接將企業的有形資產或無形資產投向其他企業。

第一節　投資的性質與分類

一、投資的性質

　　投資(Investment)是指企業通過分配來增加財富,或為謀求其他利益,而將資產讓渡給其他單位所獲得的另一項資產。企業讓渡的這些資產,可以是貨幣資金和非貨幣資金的實物資產,也可以是無形資產。企業可以將這些資產直接向其他單位投資,也可以將這些資產換取其他單位的債券、股票等有價證券。所以,財務上的投資有廣義和狹義之分,廣義的投資包括權益性投資、債權性投資、期貨投資、房地產投資、固定資產投資、無形資產投資、流動資產投資等。廣義的投資可以分為兩類:一類是對內投資,如固定資產投資、無形資產投資和流動資產投資等;另一類是對外投資,如權益性投資、債權性投資等。狹義上的投資一般僅指對外投資,而不包括對內投資。

　　本書中所指的投資,僅指狹義投資中的債權性投資和權益性投資,即除了不包括固定資產投資、存貨投資等對內投資外,還不包括以下各項投資:外幣投資;證券經營業務,主要指證券企業以及專門從事證券經營業務的其他企業的證券投資;合併會計報表;企業合併;房地產投資;期貨投資等。

二、投資的特點

　　投資的最終目的是為了獲取經濟利益,其特點如下:

　　(一)投資是以讓渡其他資產而取得另一項資產

　　投資是企業將其擁有的現金、固定資產等資產讓渡給其他單位使用,而換取了股權投資、債權投資等資產。這項資產與企業的其他資產一樣,能為投資者帶來未來的經濟利益,這種經濟利益是指能直接或間接地增加流入企業的現金或現金等價物的能力。

　　(二)投資所流入的經濟利益是通過分配所得

　　企業所擁有或者控制的除投資資產以外的其他資產,要麼通過出售商品或存貨,要麼通過自身參與企業經營帶來直接的經濟利益。投資所增加的經濟利益不是企業自身

經營產生的,投資是將企業的資產轉讓給其他單位使用,通過其他單位使用投資者投入的資產創造的效益后分配取得的,或者通過投資提供穩定的原料供應、良好的銷售網點等改善貿易關係從而間接達到獲取利益的目的。

(三)投資於短期有價證券所得收益實質上是價差收入

短期有價證券投資通過證券買賣獲取低價買入高價賣出的價差收入,這種通過買賣獲得的經濟利益的流入實際上是對購買證券的投資者投入的所有現金的再次分配的結果,使企業獲得了高於原投資的資本增值。

三、投資的分類

對投資進行適當分類,是確定投資會計核算方法和如何在會計報表中列示的前提。按照不同標準可以對投資進行不同的分類。

(一)按投資的性質分類

企業投資按投資性質可以分為債權性投資、權益性投資和混合性投資。

1. 債權性投資

債權性(Debt Security)投資是指投資企業通過投資獲得債權,被投資企業承擔債務。投資企業與被投資企業之間形成了一種債權債務關係。這種投資的目的不是為了獲得另一企業的剩餘資產,而是為了獲得高於銀行存款利率的利息收入,並保證到期收回本息。債權性投資的主要投資對象是債權性證券,如投資於公司債券、國庫券、國家重點建設債券等。

2. 權益性投資

權益性(Equity Security)投資是指為獲取另一企業的權益或淨資產所進行的投資。投資企業通過投資取得對被投資企業相應份額的所有權,從而形成投資企業與被投資企業之間的所有權關係。投資的目的主要是為獲得另一家企業的控製權,或實施對另一家企業的重大影響,或為了其他目的。權益性投資主要是通過購買股票或採取合同、協議的方式進行,包括投資於普通股股票、簽訂合同或協議投資於合資、聯營企業等。

3. 混合性投資

混合性(Hybrid Security)投資是指具有債權性和權益性雙重性質的投資。混合性投資往往表現為混合型證券投資,如購買另一企業發行的優先股股票、可轉換公司債券等。優先股股票既代表發行企業淨資產所有權,又有預先約定的股利率。可轉換債券是指持有人有權將其轉化為債券發行公司的其他證券,如普通股股票等。此類投資在轉換前是債權性投資,在轉換后是權益性投資。

(二)按投資的目的分類

企業投資按照投資目的可以分為交易性金融資產、持有至到期投資、可供出售投資和長期股權投資。

1. 交易性金融資產

《企業會計準則第 22 號——金融工具確認和計量》指出,交易性金融資產是指以公允價值計量且變動計入當期損益的金融資產。只有符合下列條件之一的金融資產才可

以在初始確認時指定為以公允價值計量且其變動計入當期損益的金融資產。

（1）該指定可以消除或明顯減少由於該金融資產的計量基礎不同所導致的相關利益損失在確認或計量方面不一致的情況。

（2）企業風險管理或投資策略的正式書面文件已載明，該金融資產以公允價值為基礎進行管理、評價並向關鍵管理人員報告。

只有在活躍市場中有報價、有公允價值、能可靠計量的股票、債券、基金等投資，才能定為交易性金融資產或投資。

2. 持有至到期投資

持有至到期投資是指到期日固定、回收金額固定或可確定，且企業有明確意圖和能力持有至到期的非衍生金融資產。持有至到期投資主要包括準備持有至到期的各種債券投資。

3. 可供出售投資或金融資產

可供出售金融資產是指初始確認時即被指定為可供出售的非衍生金融資產。可供出售金融資產主要包括除交易性金融資產、持有至到期投資的其他各種股票、債券和基金投資等。

4. 長期股權投資

長期股權投資是指持有時間準備超過一年（不含一年）的各種股權性質的投資。長期股權投資包括控制、共同控制、重大影響和無控制、無共同控制且無重大影響四個概念。

（三）按投資內容分類

企業投資按投資內容可以分為實物性資產投資、貨幣性資產投資和無形資產投資。

1. 實物性資產投資

實物性（Physical）資產投資是指用原材料、固定資產等實物所進行的投資。企業以實物資產進行的投資多為權益性長期投資，即取得被投資單位相應份額的所有權，並長期擁有。企業投資的目的是充分利用閒置的原材料和固定資產，獲取投資收益，或擁有對被投資單位重大影響權或控制權。

2. 貨幣性資產投資

貨幣性（Monetary）資產投資是指用貨幣所進行的投資，如短期投資、長期投資中的債權性投資多是用貨幣直接購買各種債券。另外直接用貨幣購買股票或用貨幣直接向被投資單位投資均屬貨幣性資產投資。貨幣性資產投資主要是利用企業剩餘資金，或以一定渠道籌措的貨幣資產進行投資，以獲取期望的投資收益。

3. 無形資產投資

無形（Intangible）資產投資是指用無形資產的所有權或使用權作價所進行的投資。無形資產投資主要包括用專利權、專有技術、商標權等所進行的投資。由於無形資產不具備實物形態，其價值具有不確定性，投資成本的確認及計量有一定難度。

第二節　交易性金融資產

一、交易性金融資產的初始計量

交易性金融資產是指準備在較短期內出售或回購的投資,企業通常通過交易性金融資產來獲得短期內的證券價格差額,此類證券的投資期限較短且活躍市場,存在公允價值。

企業在取得交易性金融資產時,應當以公允價值計量,在取得交易性金融資產時所發生的交易費用不構成投資的成本,而是直接計入當期損益(投資收益)。

企業核算交易性金融資產時,應當設置「交易性金融資產」科目。該科目核算企業為交易目的持有的債券投資、股票投資、基金投資等交易性金融資產的公允價值。企業持有的直接指定為以公允價值計量且其變動計入當期損益的金融資產,也在「交易性金融資產」科目內核算。「交易性金融資產」科目借方記錄企業購入交易性金融資產的成本、資產負債表日調增交易性金融資產的金額;貸方記錄資產負債表日調減交易性金融資產的金額及出售交易性金融資產轉銷的帳面金額;餘額在借方,表示企業持有的交易性金融資產的公允價值。

企業接受委託採用全額承購包銷、餘額承購包銷方式承銷的證券,應在收到證券時將其進行分類。劃分為以公允價值計量且其變動計入當期損益的金融資產的,應在「交易性金融資產」科目內核算;劃分為可供出售金融資產的,應在「可供出售金融資產」科目核算。衍生金融資產在「衍生工具」科目核算。

「交易性金融資產」科目可以按交易性金融資產的類別和品種,分別「成本」「公允價值變動」等進行明細核算。

二、交易性金融資產的會計處理

(一)取得的會計處理

企業取得交易性金融資產,按其公允價值借記「交易性金融資產——成本」科目,按發生的交易費用,借記「投資收益」科目,按已到付息期但尚未領取的利息或已宣告但尚未發放的現金股利,借記「應收利息」科目或「應收股利」科目,按實際支付的金額,貸記「銀行存款」等科目。

【例5-1】甲公司於2017年1月1日以銀行存款購入乙公司的流通股票20,000股,每股市場價格為4.5元,在交易時發生的相關稅費500元。

借:交易性金融資產——乙公司股票——成本　　　　　　　　90,000
　　投資收益　　　　　　　　　　　　　　　　　　　　　　　　500
　　貸:銀行存款　　　　　　　　　　　　　　　　　　　　　90,500

【例5-2】甲公司於2017年1月1日以銀行存款平價購入光明公司發行的面值為50萬元的三年期公司債券,準備短期持有,年利率為10%,到期還本付息,其他相關稅費為

100元,一併以銀行存款支付。

借:交易性金融資產——光明公司債券——成本　　　　500,000
　　投資收益　　　　　　　　　　　　　　　　　　　　100
　　貸:銀行存款　　　　　　　　　　　　　　　　　　500,100

【例5-3】甲公司於2017年2月10日以銀行存款購入乙公司發行的股票10,000股,作為短期投資,每股價格為7元,相關稅費為500元。

借:交易性金融資產——乙公司股票——成本　　　　70,000
　　投資收益　　　　　　　　　　　　　　　　　　　　500
　　貸:銀行存款　　　　　　　　　　　　　　　　　　70,500

【例5-4】甲公司於2017年4月20日以銀行存款購入乙公司已宣告但尚未分派現金股利的股票12,000股,作為短期投資,每股成交價為9元,其中0.3元為已宣告但尚未分派的現金股利(暫墊款),股權截止日為4月28日,另支付相關稅費800元。

投資成本 = 12,000×9 - 12,000×0.3 = 104,400(元)

借:交易性金融資產——乙公司股票——成本　　　　104,400
　　投資收益　　　　　　　　　　　　　　　　　　　　800
　　應收股利——乙公司　　　　　　　　　　　　　　　3,600
　　貸:銀行存款　　　　　　　　　　　　　　　　　　108,800

4月28日收到股利時,會計處理如下:

借:銀行存款　　　　　　　　　　　　　　　　　　　　3,600
　　貸:應收股利　　　　　　　　　　　　　　　　　　　3,600

(二)持有期取得利息和股利的會計處理

交易性金融資產持有期間被投資單位宣告發放的現金股利,或在資產負債表日按分期付息、一次還本債券投資的票面利率計算的利息,借記「應收股利」或「應收利息」科目,貸記「投資收益」科目。

【例5-5】根據例5-2,甲公司於2017年6月30日收到光明公司債券的半年利息50×10%×0.5 = 2.5(萬元)。

借:銀行存款　　　　　　　　　　　　　　　　　　　　25,000
　　貸:投資收益　　　　　　　　　　　　　　　　　　　25,000

【例5-6】根據例5-1,乙公司於2017年3月25日宣告於4月14日發放現金股利,甲公司應享有20,000元。

甲公司3月25日編製如下會計分錄:

借:應收股利　　　　　　　　　　　　　　　　　　　　20,000
　　貸:投資收益　　　　　　　　　　　　　　　　　　　20,000

(三)期末調整帳面價值的會計處理

資產負債表日,交易性金融資產的公允價值高於其帳面價值的差額,借記「交易性金融資產——公允價值變動」科目,貸記「公允價值變動損益」科目;資產負債表日的公允價值低於其帳面價值時,做相反的會計分錄。

【例 5-7】甲公司於 12 月 31 日對交易性金融資產進行調帳，A 股票的帳面價值為 200,000 元。期末的公允價值為 210,000 元。

借：交易性金融資產——公允價值變動　　　　　　　　　　10,000
　　貸：公允價值變動損益　　　　　　　　　　　　　　　　10,000

【例 5-8】甲公司於 12 月 31 日對交易性金融資產進行調帳，A 債券的帳面價值為 150,000 元。期末的公允價值為 130,000 元。

借：公允價值變動損益　　　　　　　　　　　　　　　　　20,000
　　貸：交易性金融資產——公允價值變動　　　　　　　　　20,000

（四）出售交易性金融資產的會計處理

出售交易性金融資產，應按實際收到的金額，借記「銀行存款」科目，按交易性金融資產的帳面價值，貸記「交易性金融資產」科目，按其差額，借記或貸記「投資收益」科目。如果期中對交易性金融資產進行過調整，即「公允價值變動損益」科目有餘額，並於當年出售，則同時將原計入該金融資產的公允價值變動轉出，借記「公允價值變動損益」科目，貸記「投資收益」科目或做相反的會計分錄。如果期中或期末對交易性金融資產進行過調整，期末未出售，則期末應將「公允價值變動損益」科目餘額轉入「本年利潤」科目，次年銷售此交易性金融資產時，「公允價值變動損益」科目已無餘額了。因此，跨年銷售交易性金融資產，無需做此筆會計分錄。

【例 5-9】甲公司於次年 2 月 28 日對交易性金融資產進行出售，A 股票的帳面價值為 210,000 元，其中成本為 200,000 元，公允價值變動為上升 10,000 元。出售時扣除相關稅費後取款項225,000 元存入銀行。

借：銀行存款　　　　　　　　　　　　　　　　　　　　　225,000
　　貸：交易性金融資產——成本　　　　　　　　　　　　　200,000
　　　　　　　　　　——公允價值變動　　　　　　　　　　 10,000
　　　　投資收益　　　　　　　　　　　　　　　　　　　　 15,000

不需要將已記入「公允價值變動損益」科目的金額轉入「投資收益」科目，因為「公允價值變動損益」是一個損益類科目，上年末已將其餘額轉入「本年利潤」科目，本年本科目已沒有餘額了。

【例 5-10】甲公司於 2017 年 10 月 1 日對交易性金融資產進行出售，A 債券的帳面價值為 130,000 元。其中成本為 150,000 元，公允價值變動為下降 20,000 元（於 2017 年 6 月 30 日調整的）。出售時扣除相關稅費后取得價款145,000 元。

借：銀行存款　　　　　　　　　　　　　　　　　　　　　145,000
　　交易性金融資產——公允價值變動　　　　　　　　　　　20,000
　　貸：交易性金融資產——成本　　　　　　　　　　　　　150,000
　　　　投資收益　　　　　　　　　　　　　　　　　　　　 15,000

同時將已記入「公允價值變動損益」科目的金額轉入「投資收益」科目。

借：投資收益　　　　　　　　　　　　　　　　　　　　　 20,000
　　貸：公允價值變動損益　　　　　　　　　　　　　　　　20,000

由於交易性金融資產的公允價值變動一般於資產負債表日進行了調整,所以期末不需對交易性金融資產計提減值準備。

第三節　持有至到期投資

一、持有至到期投資的初始計量

持有至到期投資的初始投資成本,應當按照取得投資時的公允價值及相關稅費計價,作為投資成本。其中交易費用主要包括支付給代理機構、諮詢公司、券商等的手續費和佣金以及其他必要支出。

企業應當設置「持有至到期投資」科目,核算企業持有至到期投資的攤餘價值。「持有至到期投資」科目借方記錄企業購入持有至到期投資的面值、應計利息(一次還本付息)和利息調整(溢價);貸方記錄利息調整(折價)、到期收到本金和利息時轉銷的帳面價值;餘額在借方反映企業持有至到期投資的攤餘額成本。「持有至到期投資」科目可按持有至到期投資的類別和品種,分別按「成本」「應計利息」「利息調整」等進行明細核算。

二、持有至到期投資的會計處理

(一)取得的會計處理

企業取得持有至到期投資時,應該按投資的面值,借記「持有至到期投資——成本」科目,按支付的價款中包含的已到付息期但尚未領取的利息,借記「應收利息」科目,按實際支付的金額,貸記「銀行存款」科目,按其差額,借或貸記「持有至到期投資——利息調整」。

【例5-11】甲公司於2017年1月1日購W公司的債券,債券面值100萬元,債券票面利率為8%,債券期限為3年。分年付息,到期一次還本。

(1)當市場利率為6%時,計算出投資成本為1,053,460元。

借:持有至到期投資——成本　　　　　　　　　　　1,000,000
　　　　　　　——利息調整　　　　　　　　　　　　　53,460
　　貸:銀行存款　　　　　　　　　　　　　　　　　1,053,460

(2)當市場利率為10%時,計算出投資成本為950,263元。

借:持有至到期投資——成本　　　　　　　　　　　1,000,000
　　貸:銀行存款　　　　　　　　　　　　　　　　　　950,263
　　　　持有至到期投資——利息調整　　　　　　　　　49,737

(3)當市場利率為8%,投資成本為1,000,000元。

借:持有至到期投資——成本　　　　　　　　　　　1,000,000
　　貸:銀行存款　　　　　　　　　　　　　　　　　1,000,000

在實際工作中,以某一價格購入持有至到期投資後,應當按照規定計算出實際利率。

(二)期末的會計處理

在資產負債表日,持有至到期投資為分期付息、一次還本的,應按票面利率計算確定的應收未收利息,借記「應收利息」科目,按持有至到期投資攤餘成本和實際利率計算確定的利息收入,貸記「投資收益」科目,按其差額借記或貸記「持有至到期投資——利息調整」科目。

持有至到期投資為一次還本付息的投資,應於資產負債表日按票面利率計算確定的應收未收利息,借記「持有至到期投資——應收利息」科目,按其攤餘成本和實際利率計算確定的利息收入,貸記「投資收益」科目,按其差額借記或貸記「持有至到期投資——利息調整」科目。

【例 5-12】甲公司於 2017 年 1 月 1 日購 W 公司的債券,債券面值 100 萬元,債券票面利率為 8%,債券期限為 3 年。分年付息,到期一次還本。

(1)假設是以 1,053,460 元購入的債券投資,計算出實際利率為 6%,期末的會計處理如下:

確認投資收益並按實際利率法攤銷溢價(利息調整)如表 5-1 所示。

表 5-1　　　　　　　　　　債券投資溢價攤銷表　　　　　　　　單位:元

期限	應收利息	實際利息	溢價攤銷	餘額
2017.1.1				1,053,460
2017.12.31	80,000	63,207	16,793	1,036,667
2018.12.31	80,000	62,200	17,800	1,018,867
2019.12.31	80,000	61,133	18,867	1,000,000

2017 年年末編制如下會計分錄:

借:應收利息　　　　　　　　　　　　　　　　　　　　　　80,000
　貸:投資收益　　　　　　　　　　　　　　　　　　　　　　63,207
　　　持有至到期投資——利息調整　　　　　　　　　　　　16,793

2018 年年末編制如下會計分錄:

借:應收利息　　　　　　　　　　　　　　　　　　　　　　80,000
　貸:投資收益　　　　　　　　　　　　　　　　　　　　　　62,200
　　　持有至到期投資——利息調整　　　　　　　　　　　　17,800

2019 年年末編制如下會計分錄:

借:應收利息　　　　　　　　　　　　　　　　　　　　　　80,000
　貸:投資收益　　　　　　　　　　　　　　　　　　　　　　61,133
　　　持有至到期投資——利息調整　　　　　　　　　　　　18,867

(2)假設以 950,263 元購入的債券投資,計算出實際利率為 10%,期末的會計處理如下:

確定投資收益並按實際利率法攤銷折價(利息調整)如表 5-2 所示。

表 5-2　　　　　　　　　　　債券投資折價調整表　　　　　　　　　　單位:元

期限	應收利息	實際利息	折價攤銷	餘額
2017.1.1				950,263
2017.12.31	80,000	95,026	15,026	965,289
2018.12.31	80,000	96,529	16,529	981,818
2019.12.31	80,000	98,182	18,182	1,000,000

2017年年末編制如下會計分錄:

借:應收利息　　　　　　　　　　　　　　　　　　　　　　80,000
　　持有至到期投資——利息調整　　　　　　　　　　　　　15,026
　貸:投資收益　　　　　　　　　　　　　　　　　　　　　95,026

2018年年末編制如下會計分錄:

借:應收利息　　　　　　　　　　　　　　　　　　　　　　80,000
　　持有至到期投資——利息調整　　　　　　　　　　　　　16,529
　貸:投資收益　　　　　　　　　　　　　　　　　　　　　96,529

2019年年末編制如下會計分錄:

借:應收利息　　　　　　　　　　　　　　　　　　　　　　80,000
　　持有至到期投資——利息調整　　　　　　　　　　　　　18,182
　貸:投資收益　　　　　　　　　　　　　　　　　　　　　98,182

對於平價購入的投資,只需按期以票面利率和債券面值計算確定投資收益。

(三)期末計提減值準備的會計處理

在資產負債表日,企業應當對持有至到期投資的帳面價值進行檢查,如有客觀證據表明該投資已發生減值,應當計提減值準備。企業應當設置「持有至到期投資減值準備」科目,核算企業資產負債表日對持有至到期投資計提的減值準備。在該項投資發生減值時,企業應當將該項投資的帳面價值減記至預計未來現金流量的現值。其中,預計未來現金流量現值應當按照原實際利率折現確定。

【例5-13】假設例5-12的(1)溢價購入的投資,2017年年末的可收回金額為1,020,000元,而帳面價值為1,036,667元,則應計提的減值準備為16,667元。

借:資產減值損失　　　　　　　　　　　　　　　　　　　　16,667
　貸:持有至到期投資減值準備　　　　　　　　　　　　　　16,667

第二年的實際利息=1,020,000×6%=61,200(元)
第二年應攤的溢價=80,000-61,200=18,800(元)
第二年年末的會計處理為:

借:應收利息　　　　　　　　　　　　　　　　　　　　　　80,000
　貸:投資收益　　　　　　　　　　　　　　　　　　　　　61,200
　　　持有至到期投資——利息調整　　　　　　　　　　　　18,800

第二年年末攤銷后的帳面價值=1,020,000-18,800=1,001,200(元)

在確認該項投資減值損失后,如果有客觀證據表明該項投資的價值已得到恢復,且客觀上與確認該損失發生的事項有關,則原確認的減值損失應當予以轉回,計入當期損益。不過,該轉回的帳面價值不應當超過假定不計提減值情況下金融資產的轉回日的攤餘價值。

(四) 持有至到期投資進行重新分類(轉換)的會計處理

企業將持有至到期投資重新分類為可供出售投資的,應在重分類日按其公允價值,借記「可供出售金融資產」科目,按其帳面餘額貸記「持有至到期投資——成本、利息調整、應計利息」科目,按其差額貸記或借記「其他綜合收益」科目,已計提了減值準備的,還應同時結轉減值準備。

【例5-14】假設甲公司將其持有至到期投資轉為可供出售投資,其投資的成本為100萬元,應計利息為20萬元,利息調整為借方3萬元。轉換日,該債券的公允價值為130萬元。

借:可供出售金融資產	1,300,000
貸:持有至到期投資——成本	1,000,000
——利息調整	30,000
——應計利息	200,000
其他綜合收益	70,000

【例5-15】假設甲公司將其持有至到期投資轉為可供出售投資,其投資的成本為100萬元,應計利息為20萬元,利息調整為貸方5萬元。轉換日,該債券的公允價值為112萬元。

借:可供出售金融資產	1,120,000
持有至到期投資——利息調整	50,000
其他綜合收益	30,000
貸:持有至到期投資——成本	1,000,000
——應計利息	200,000

(五) 出售持有至到期投資的會計處理

企業出售持有至到期投資,應按實際收到的款項借記「銀行存款」科目,按其帳面餘額,貸記「持有至到期投資——成本、利息調整、應計利息」科目,按其差額貸記或借記「投資收益」科目,已計提了減值準備的,還應同時結轉減值準備。

【例5-16】假設甲公司將其持有至到期投資出售,其投資的成本為100萬元,應計利息為20萬元,利息調整為借方3萬元。已計提減值準備2萬元,出售價款130萬元。

借:銀行存款	1,300,000
持有至到期投資減值準備	20,000
貸:持有至到期投資——成本	1,000,000
——利息調整	30,000
——應計利息	200,000
投資收益	90,000

【例5-17】假設甲公司將其持有至到期投資出售,其投資的成本為100萬元,應計利息為20萬元,利息調整為貸方5萬元。出售價款112萬元。

借:銀行存款　　　　　　　　　　　　　　　　　　　　1,120,000
　　持有至到期投資——利息調整　　　　　　　　　　　　50,000
　　投資收益　　　　　　　　　　　　　　　　　　　　　30,000
　貸:持有至到期投資——成本　　　　　　　　　　　　　1,000,000
　　　　　　　　　　——應計利息　　　　　　　　　　　　200,000

第四節　可供出售金融資產

一、可供出售金融資產的初始計量

可供出售金融資產是指在初始確認時即被指定為可供出售金融資產以及不能劃分為持有至到期投資或交易性金融資產的各種股票、債券投資。

企業核算可供出售金融資產應當設置「可供出售金融資產」科目,該科目核算企業持有的可供出售金融資產的公允價值,包括劃分為可供出售金融資產的股票投資、債券投資等金融資產。企業可按可供出售金融資產的類別和品種,分別按「成本」「利息調整」「應計利息」「公允價值變動」等進行明細核算。

企業取得可供出售金融資產,應當按公允價值和相關稅作為投資的成本,如果是債券投資還要分成本、應計利息、利息調整明細科目,如果是股票投資,還應設公允價值變動明細科目。

二、可供出售金融資產的會計處理

(一)取得可供出售金融資產的會計處理

企業取得可供出售金融資產時,應按其公允價值與交易費用之和借記「可供出售金融資產——成本」科目,按支付的價款中包含的已宣告但尚未發放的現金股利,借記「應收股利」科目,按實際支付的金額,貸記「銀行存款」科目。

企業取得的可供出售金融資產為債券的,應按債券面值,借記「可供出售金融資產——成本」科目,按支付的價款包含的已到付息期但尚未領取的利息,借記「應收利息」科目,按實際支付的金額,貸記「銀行存款」科目,按其差額借記或貸記「可供出售金融資產——利息調整」科目。

【例5-18】甲公司2017年4月20日以銀行存款購入黃河公司已宣告但尚未分派現金股利的股票12,000股,作為可供出售金融資產,每股成交價為9元,其中0.3元為已宣告但尚未分派的現金股利,股權截止日為4月28日,另支付相關稅費800元。

投資成本＝12,000×9＋800－12,000×0.3＝105,200(元)

借:可供出售金融資產——成本　　　　　　　　　　　　105,200
　　應收股利——黃河公司　　　　　　　　　　　　　　　3,600
　貸:銀行存款　　　　　　　　　　　　　　　　　　　　108,800

【例5-19】甲公司於2017年4月1日購W公司1月1日發行的債券,債券面值100萬元,債券票面利率為8%,債券期限為3年。分年計息到期一次還本付息,投資成本為1,053,460元。

3個月的應計利息＝100×8%×3÷12＝2(萬元)

借:可供出售金融資產——成本　　　　　　　　1,000,000
　　　　　　　　——應計利息　　　　　　　　　　20,000
　　　　　　　　——利息調整　　　　　　　　　　33,460
　　貸:銀行存款　　　　　　　　　　　　　　　1,053,460

(二)期末的會計處理

可供出售金融資產為債券的與持有至到期投資的會計處理一樣,按實際利率法進行調整。

可供出售金融資產為股票的,期末對可供出售金融資產的公允價值高於其帳面餘額的差額借記「可供出售金融資產——公允價值變動」科目,貸記「其他綜合收益」科目,公允價值低於其帳面餘額的差額做相反的會計分錄。

【例5-20】甲公司於12月31日對可供出售金融資產進行調帳,A股票的帳面價值為300,000元。期末的公允價值為315,000元。

借:可供出售金融資產——公允價值變動　　　　　15,000
　　貸:其他綜合收益　　　　　　　　　　　　　　15,000

【例5-21】甲公司於12月31日對可性出售金融資產進行調帳,B股票的帳面價值為180,000元。期末的公允價值為170,000元。

借:其他綜合收益　　　　　　　　　　　　　　　10,000
　　貸:可供出售金融資產——公允價值變動　　　　10,000

原持有的對被投資單位的股權投資(不具有控製、共同控製或重大影響的),按可供出售金融資產處理的,因追加投資等原因導致持股比例上升,能夠對被投資單位施加控製、共同控製或重大影響的,在改按成本法或權益法核算時,投資方應當按照可供出售金融資產確定的原股權投資的公允價值加上為取得新增投資而應支付對價的公允價值,作為改按成本法或權益法核算的長期股權投資初始投資成本。原持有的股權投資分類為可供出售金融資產的,其公允價值與帳面價值之間的差額以及原計入其他綜合收益的累計公允價值變動應當轉入改按成本法或按權益法核算的當期損益(投資收益)。

原持有的對被投資單位具有控製、共同控製或重大影響的長期股權投資,因部分處置等原因導致持股比例下降,不能再對被投資單位實施控製、共同控製或重大影響的,應改按可供出售金融資產對剩餘股權投資進行會計處理,其在喪失控製、共同控製或重大影響之日的公允價值與帳面價值之間的差額計入當期損益(投資收益)。原採用權益法核算的相關其他綜合收益應當在終止採用權益法核算時,採用與被投資單位直接處置相關資產或負債相同的基礎進行會計處理,因被投資方除淨損益、其他綜合收益和利潤分配以外的其他所有者權益變動而確認的所有者權益,應當在終止採用權益法核算時全部轉入當期損益(投資收益)。原採用成本法核算的不存在這一問題。具體舉例見下一節

長期股權投資部分的說明。

　　將持有至到期投資轉換為可供出售金融資產的按公允價值借記「可供出售金融資產」科目，貸記「持有至到期投資」科目，差額借記或貸記「其他綜合收益」科目。

　　出售可供出售金融資產，應按實際收到的金額，借記「銀行存款」科目，按其帳面餘額貸記「可供出售金融資產——成本、公允價值變動、應計利息、利息調整」科目，按應從所有者權益轉出的公允價值累計變動額，借記或貸記「其他綜合收益」科目，按其差額借記或貸記「投資收益」科目。

【例5-22】甲公司以100萬元取得W公司的股票作為可供出售金融資產。
(1)取得時的會計處理。

借：可供出售金融資產——成本	1,000,000
貸：銀行存款	1,000,000

(2)第一年年末按公允價值調整增值20萬元。

借：可供出售金融資產——公允價值變動	200,000
貸：其他綜合收益	200,000

(3)第二年年末按公允價值調整減值8萬元。

借：其他綜合收益	80,000
貸：可供出售金融資產——公允價值變動	80,000

(4)第三年年初出售，獲得價款115萬元。

借：銀行存款	1,150,000
其他綜合收益	120,000
貸：可供出售金融資產——成本	1,000,000
——公允價值變動	120,000
投資收益	150,000

「投資收益」的15萬元為此次交易的帳面價值112萬元與115萬元的差額3萬元，原公允價值變動計入其他綜合收益部分轉入投資收益的12萬元之和。

第五節　長期股權投資

一、長期股權投資的概念和分類

(一)長期股權投資的概念和特點

　　長期股權投資是指投資單位通過讓渡資產擁有被投資單位的股權，成為被投資單位的股東，按所持股份比例享有權益並承擔相應責任的投資。中國《企業會計準則第2號——長期股權投資》規定：長期股權投資是指投資方對被投資單位實施控制、重大影響的權益性投資以及對其合營企業的權益性投資。從長期股權投資的概念可以看出長期股權投資具有以下特點：

　　(1)長期持有。長期股權投資通過長期持有，達到控制被投資單位、改善與被投資單

位的貿易關係等目的。《企業會計準則第 2 號——長期股權投資》規定的權益性投資不包括風險投資機構、共同基金以及類似主體(如投資連結保險產品)持有的、在初始確認時按照《企業會計準則第 22 號——金融工具確認與計量》的規定以公允價值計量且其變動計入當期損益的金融資產。這類金融資產即使符合持有待售條件，也應繼續按《企業會計準則第 22 號——金融工具確認與計量》的要求進行會計處理。投資性主體對不納入合併財務報表的子公司的權益性投資，應按照公允價值計量且其變動計入當期損益。長期股權投資的披露，適用《企業會計準則第 41 號——在其他主體中權益的披露》。

(2)投資單位與被投資單位形成了所有權關係。這是股權投資與債權投資的最大區別。

(3)獲得經濟利益。通過長期股權投資，可以獲得兩方面的經濟利益，一方面是通過分得利潤或股利獲得被投資單位的經濟利益流入；另一方面是通過對被投資單位施加影響，改善本單位的生產經營環境，從而使本企業獲得經濟利益。

(4)按比例承擔風險。當被投資單位出現經營業績不佳，甚至破產清算時，投資單位要承擔相應的投資損失。

(二)長期股權投資的分類

投資是企業為了獲得收益或實現資本增值向被投資單位投放資金的經濟行為。企業對外進行的投資，可以有不同的分類。從性質上劃分，可以分為債權性投資與權益性投資等。權益性投資按對被投資單位的影響程度劃分，可以分為對子公司投資、對合營企業投資和對聯營企業投資等。《企業會計準則第 2 號——長期股權投資》(以下簡稱長期股權投資準則)規範了符合條件的權益性投資的確認和計量。其他投資適用《企業會計準則第 22 號——金融工具確認與計量》(以下簡稱金融工具確認和計量準則)等相關準則。

(1)投資方能夠對被投資單位實施控製的權益性投資，即對子公司投資。控製是指投資方擁有對被投資單位的權力，通過參與被投資單位的相關活動而享有可變回報，並且有能力運用對被投資單位的權力影響其回報金額。關於控製和相關活動的理解及具體判斷，參見《企業會計準則第 33 號——合併財務報表》(以下簡稱合併財務報表準則)及其應用指南(2014)的相關內容。

(2)投資方與其他合營方一同對被投資單位實施共同控製且對被投資單位淨資產享有權利的權益性投資，即對合營企業投資。共同控製是指按照相關約定對某項安排所共有的控製，並且該安排的相關活動必須經過分享控製權的參與方一致同意后才能決策。關於共同控製和合營企業的理解及具體判斷，參見《企業會計準則第 40 號——合營安排》(以下簡稱合營安排準則)及其應用指南(2014)的相關內容。

(3)投資方對被投資單位具有重大影響的權益性投資，即對聯營企業投資。重大影響是指對一個企業的財務和經營政策有參與決策的權力，但並不能夠控製或者與其他方一起共同控製這些政策的制定。實務中，較為常見的重大影響體現為在被投資單位的董事會或類似權力機構中派有代表，通過在被投資單位財務和經營決策制定過程中的發言權實施重大影響。投資方直接或通過子公司間接持有被投資單位 20%以上但低於 50%

的表決權時，一般認為對被投資單位具有重大影響，除非有明確的證據表明該種情況下不能參與被投資單位的生產經營決策，不形成重大影響。在確定能否對被投資單位施加重大影響時，一方面，應考慮投資方直接或間接持有被投資單位的表決權股份；另一方面，要考慮投資方及其他方持有的當期可執行潛在表決權在假定轉換為對被投資單位的股權后產生的影響，如被投資單位發行的當期可轉換的認股權證、股份期權可轉換公司債券等的影響。

(三)長期股權投資核算使用的會計科目

為反映長期股權投資的發生、投資額的增減變動、投資收回以及投資損益，會計核算上應設置以下科目：

1.「長期股權投資」科目

本科目應當按照被投資單位進行明細核算。長期股權投資核算採用權益法的，應當分別按「投資成本」「損益調整」「其他綜合收益」「其他權益變動」進行明細核算。

長期股權投資的主要帳務處理如下：

(1)企業合併形成的長期股權投資。同一控制下企業合併形成的長期股權投資，合併方以支付現金、轉讓非現金資產或承擔債務方式作為合併對價的，應在合併日按取得被合併方所有者權益在最終控制方合併財務報表中的帳面價值的份額，借記本科目（投資成本），按支付的合併對價的帳面價值，貸記或借記有關資產、負債科目，按其差額，貸記「資本公積——資本溢價或股本溢價」科目；如為借方差額，借記「資本公積——資本溢價或股本溢價」科目，資本公積（資本溢價或股本溢價）不足衝減的，應依次借記「盈餘公積」「利潤分配——未分配利潤」科目。合併方以發行權益性證券作為合併對價的，應當在合併日按照被合併方所有者權益在最終控制方合併財務報表中的帳面價值的份額，借記本科目（投資成本），按照發行股份的面值總額，貸記「股本」科目，按其差額，貸記「資本公積——資本溢價或股本溢價」科目；如為借方差額，借記「資本公積——資本溢價或股本溢價」科目，資本公積（資本溢價或股本溢價）不足衝減的，應依次借記「盈餘公積」「利潤分配——未分配利潤」科目。

非同一控制下企業合併形成的長期股權投資，購買方以支付現金、轉讓非現金資產或承擔債務方式等合為合併對價的，應在購買日按照《企業會計準則第20號——企業合併》確定的合併成本，借記本科目（投資成本），按付出的合併對價的帳面價值，貸記或借記有關資產、負債科目，按發生的直接相關費用（如資產處置費用），貸記「銀行存款」等科目，按其差額，貸記「主營業務收入」「營業外收入」「投資收益」等科目或借記「管理費用」「營業外支出」「主營業務成本」等科目。購買方以發行權益性證券作為合併對價的，應在購買日按照發行的權益性證券的公允價值，借記本科目（投資成本），按照發行的權益性證券的面值總額，貸記「股本」科目，按其差額，貸記「資本公積——資本溢價或股本溢價」科目。企業為企業合併發生的審計、法律服務、評估諮詢等仲介費用以及其他相關管理費用，應當於發生時借記「管理費用」科目，貸記「銀行存款」等科目。

(2)以非企業合併方式形成的長期股權投資。以支付現金、非現金資產等其他方式取得的長期股權投資，應按現金、非現金貨幣性資產的公允價值或按照《企業會計準則第

7號——非貨幣性資產交換》《企業會計準則第12號——債務重組》的有關規定確定的初始投資成本,借記本科目,貸記「銀行存款」等科目,貸記「營業外收入」科目或借記「營業外支出」等處置非現金資產相關的科目。

(3)採用成本法核算的長期股權投資的處理。長期股權投資採用成本法核算的,應按被投資單位宣告發放的現金股利或利潤中屬於本企業的部分,借記「應收股利」科目,貸記「投資收益」科目。

(4)採用權益法核算的長期股權投資的處理。企業的長期股權投資採用權益法核算的,應當分別按下列情況進行處理:

①長期股權投資的初始投資成本大於投資時應享有被投資單位可辨認淨資產公允價值份額的,不調整已確認的初始投資成本;長期股權投資的初始投資成本小於投資時應享有被投資單位可辨認淨資產公允價值份額的,應按其差額,借記本科目(投資成本),貸記「營業外收入」科目。

②資產負債表日,企業應按被投資單位實現的淨利潤(以取得投資時被投資單位可辨認淨資產的公允價值為基礎計算)中企業享有的份額,借記本科目(損益調整),貸記「投資收益」科目。被投資單位發生淨虧損則編制相反的會計分錄,但以本科目的帳面價值減記至零為限。還需承擔的投資損失,應將其他實質上構成對被投資單位淨投資的「長期應收款」等科目的帳面價值減記至零為限。除按照以上步驟已確認的損失外,按照投資合同或協議約定將承擔的損失,確認為預計負債。除上述情況仍未確認的應分擔被投資單位的損失,應在帳外備查登記。發生虧損的被投資單位以後實現淨利潤的,應按與上述相反的順序進行處理。

取得長期股權投資后,被投資單位宣告發放現金股利或利潤時,企業計算應分得的部分,借記「應收股利」科目,貸記本科目(損益調整)。

收到被投資單位發放的股票股利,不進行帳務處理,但應在備查簿中登記。

③發生虧損的被投資單位以後實現淨利潤的,企業計算應享有的份額,如有未確認投資損失的,應先彌補未確認的投資損失,彌補損失后仍有餘額的,依次借記「長期應收款」科目和本科目(損益調整),貸記「投資收益」科目。

④被投資單位除淨損益、利潤分配以外的其他綜合收益變動和所有者權益的其他變動,企業按持股比例計算應享有的份額,借記本科目(其他綜合收益和其他權益變動),貸記「其他綜合收益」科目和「資本公積——其他資本公積」科目。

(5)處置長期股權投資的處理。處置長期股權投資時,應按實際收到的金額,借記「銀行存款」等科目,原已計提減值準備的,借記「長期股權投資減值準備」科目,按其帳面餘額,貸記本科目,按尚未領取的現金股利或利潤,貸記「應收股利」科目,按其差額,貸記或借記「投資收益」科目。

處置採用權益法核算的長期股權投資時,應當採用與被投資單位直接處置相關資產或負債相同的基礎,對相關的其他綜合收益進行會計處理。按照上述原則可以轉入當期損益的其他綜合收益,應按結轉的長期股權投資的投資成本比例結轉原記入「其他綜合收益」科目的金額,借記或貸記「其他綜合收益」科目,貸記或借記「投資收益」科目。

處置採用權益法核算的長期股權投資時，還應按結轉的長期股權投資的投資成本比例結轉原記入「資本公積——其他資本公積」科目的金額，借記或貸記「資本公積——其他資本公積」科目，貸記或借記「投資收益」科目。

本科目期末借方餘額，反映企業長期股權投資的價值。

2.「長期股權投資減值準備」科目

本科目核算企業長期股權投資發生減值時計提的減值並按照被投資單位進行明細核算。

資產負債表日，企業根據《企業會計準則第8號——資產減值》(以下簡稱資產減值準則)確定長期股權投資發生減值的，按應減記的金額，借記「資產減值損失」科目，貸記本科目。

處置長期股權投資時，應同時結轉已計提的長期股權投資減值準備。

本科目期末貸方餘額，反映企業已計提但尚未轉銷的長期股權投資減值準備。

3.「應收股利」科目

本科目核算企業應收取的現金股利和應收取其他單位分配的利潤，並按照被投資單位進行明細核算。

應收股利的主要帳務處理如下：

(1)被投資單位宣告發放現金股利或利潤，按應歸本企業享有的金額，借記本科目，貸記「投資收益」或「長期股權投資——損益調整」科目。

(2)收到現金股利或利潤，借記「銀行存款」等科目，貸記本科目。

本科目期末借方餘額，反映企業尚未收回的現金股利或利潤。

4.「投資收益」科目

本科目核算企業根據長期股權投資準則確認的投資收益或投資損失，並按照投資項目進行明細核算。

投資收益的主要帳務處理如下：

(1)長期股權投資採用成本法核算的，企業應按被投資單位宣告發放的現金股利或利潤中屬於本企業的部分，借記「應收股利」科目，貸記本科目。

(2)長期股權投資採用權益法核算的，資產負債表日，企業應按被投資單位實現的淨利潤(以取得投資時被投資單位可辨認淨資產的公允價值為基礎計算)中企業享有的份額，借記「長期股權投資——損益調整」科目，貸記本科目。

被投資單位發生虧損，分擔虧損份額未超過長期股權投資帳面價值或分擔虧損份額超過長期股權投資帳面價值而衝減實質上構成對被投資單位長期淨投資的，借記本科目，貸記「長期股權投資——損益調整」「長期應收款」科目。除按照上述步驟已確認的損失外，按照投資合同或協議約定企業將承擔的損失，借記本科目，貸記「預計負債」科目。發生虧損的被投資單位以后實現淨利潤的，企業計算的應享有的份額，如有未確認投資損失的，應先彌補未確認的投資損失，彌補損失后仍有餘額的，借記「預計負債」「長期應收款」「長期股權投資——損益調整」等科目，貸記本科目。

(3)處置長期股權投資時，應按實際收到的金額，借記「銀行存款」等科目，原已計提

減值準備的,借記「長期股權投資減值準備」科目,按其帳面餘額,貸記「長期股權投資」科目,按尚未領取的現金股利或利潤,貸記「應收股利」科目,按其差額,貸記或借記本科目。

處置採用權益法核算的長期股權投資時,應當採用與被投資單位直接處置相關資產或負債相同的基礎,對相關的其他綜合收益進行會計處理。按照上述原則可以轉入當期損益的其他綜合收益,應按結轉長期股權投資的投資成本比例結轉原記入「其他綜合收益」科目的金額,借記或貸記「其他綜合收益」科目,貸記或借記本科目。

處置採用權益法核算的長期股權投資時,還應按結轉長期股權投資的投資成本比例結轉原記入「資本公積——其他資本公積」科目的金額,借記或貸記「資本公積——其他資本公積」科目,貸記或借記本科目。

期末,應將本科目餘額轉入「本年利潤」科目,本科目結轉后應無餘額。

二、長期股權投資的初始計量

(一)企業合併以外的其他方式取得的長期股權投資

長期股權投資可以通過不同的方式取得,除企業合併形成的長期股權投資外,通過其他方式取得的長期股權投資,應當按照以下要求確定初始投資成本。

1. 以支付現金取得長期股權投資

以支付現金取得長期股權投資的,應當按照實際應支付的購買價款作為初始投資成本,包括購買過程中支付的手續費等必要支出,但所支付價款中包含的被投資單位已宣告卻尚未發放的現金股利或利潤作為應收項目核算,不構成取得長期股權投資的成本。

【例5-23】2017年2月10日,甲公司自公開市場中買入乙公司20%的股份,實際支付價款3.2億元,支付手續費等相關費用800萬元,並於同日完成相關手續。甲公司取得該部分股權后能夠對乙公司施加重大影響(不考慮相關稅費等其他因素影響)。

甲公司應當按照實際支付的購買價款及相關交易費用作為取得長期股權投資的成本,有關會計處理如下:

借:長期股權投資——投資成本　　　　　　328,000,000
　　貸:銀行存款　　　　　　　　　　　　　328,000,000

2. 以發行權益性證券取得長期股權投資

以發行權益性證券取得長期股權投資的,應當按照所發行證券的公允價值作為初始投資成本,但不包括被投資單位收取的已宣告卻尚未發放的現金股利或利潤。

為發行權益性工具支付給有關證券承銷機構等的手續費、佣金等工具發行直接相關的費用,應自發行證券的溢價發行收入中扣除,溢價收入不足衝減的,應依次衝減盈餘公積和未分配利潤。

投資者投入的長期股權投資應根據法律法規的要求進行評估作價,在公平交易當中,投資者投入的長期股權投資的公允價值,與所發行證券(工具)的公允價值不存在重大差異。如有確鑿證據表明,取得長期股權投資的公允價值比所發行證券(工具)的公允價值更加可靠的,以投資者投入的長期股權投資的公允價值為基礎確定其初始投資成

本。投資方通過發行債務性證券(債務性工具)取得長期股權投資的,比照通過發行權益性證券(權益性工具)處理。

【例5-24】2017年3月,甲公司通過增發6,000萬股普通股(面值1元/股),從非關聯方處取得乙公司20%的股權,所增發股份的每股市價為5元。為增發該部分股份,甲公司向證券承銷機構等支付了400萬元的佣金和手續費。相關手續於增發當日完成。假定甲公司取得該部分股權後能夠對乙公司施加重大影響。乙公司20%的股權的公允價值與甲公司增發股份的公允價值不存在重大差異(不考慮相關稅費等其他因素影響)。

由於乙公司20%股權的公允價值與甲公司增發股份的公允價值不存在重大差異,甲公司應當以所發行股份的公允價值作為取得長期股權投資的初始投資成本,有關會計處理如下:

借:長期股權投資——投資成本　　　　　　　　　　　300,000,000
　　貸:股本　　　　　　　　　　　　　　　　　　　　60,000,000
　　　　資本公積——股本溢價　　　　　　　　　　　240,000,000

發行權益性證券過程中支付的佣金和手續費,應衝減權益性證券的溢價發行收入,會計處理如下:

借:資本公積——股本溢價　　　　　　　　　　　　　4,000,000
　　貸:銀行存款　　　　　　　　　　　　　　　　　　4,000,000

3. 以債務重組、非貨幣性資產交換等方式取得長期股權投資

以債務重組、非貨幣性資產交換等方式取得長期股權投資,其初始投資成本應按照《企業會計準則第12號——債務重組》和《企業會計準則第7號——非貨幣性資產交換》的原則確定。

4. 企業進行公司制改建

企業進行公司制改建,對資產、負債的帳面價值按照評估價值調整的,長期股權投資應以評估價值作為改制時的認定成本,評估值與原帳面價值的差異應計入資本公積(資本溢價或股本溢價)。

(二)企業合併形成的長期股權投資

企業合併形成的長期股權投資,應分別按照同一控製下控股合併與非同一控製下控股合併確定其初始投資成本。

1. 同一控製下企業合併形成的長期股權投資

合併方以支付現金、轉讓非現金資產或承擔債務方式作為合併對價的,應當在合併日按照所取得的被合併方在最終控製方的淨資產的帳面價值的份額作為長期股權投資的初始投資成本。被合併方在合併日的淨資產帳面價值為負數的,長期股權投資成本按零確定,同時在備查簿中予以登記。如果被合併方在被合併以前,是最終控製方通過非同一控製下的企業合併所控製的,則合併方長期股權投資的初始投資成本還應包含相關的商譽金額。長期股權投資的初始投資成本與支付的現金、轉讓的非現金資產及所承擔債務帳面價值之間的差額,應當調整資本公積(資本溢價或股本溢價);資本公積(資本溢價或股本溢價)的餘額不足衝減的,依次衝減盈餘公積和未分配利潤。合併方以發行權

益性工具作為合併對價的,應按發行股份的面值總額作為股本,長期股權投資的初始投資成本與所發行股份面值總額之間的差額,應當調整資本公積(資本溢價或股本溢價);資本公積(資本溢價或股本溢價)不足衝減的,依次衝減盈餘公積和未分配利潤。

合併方發生的審計、法律服務、評估諮詢等仲介費用以及其他相關管理費用,於發生時計入當期損益。與發行權益性工具作為合併對價直接相關的交易費用,應當衝減資本公積(資本溢價或股本溢價),資本公積(資本溢價或股本溢價)不足衝減的,依次衝減盈餘公積和未分配利潤。與發行債務性工具作為合併對價直接相關的交易費用,應當計入債務性工具的初始確認金額。

在按照合併日應享有被合併方淨資產的帳面價值的份額確定長期股權投資的初始投資成本時,前提是合併前合併方與被合併方採用的會計政策應當一致。企業合併前合併方與被合併方採用的會計政策不同的,應基於重要性原則,統一合併方與被合併方的會計政策。在按照合併方的會計政策對被合併方淨資產的帳面價值進行調整的基礎上,計算確定長期股權投資的初始投資成本。

【例 5-25】2017 年 6 月 30 日,乙公司向同一集團內丙公司的原股東甲公司定向增發 1,000 萬股普通股(每股面值為 1 元,市價為 5 元),取得丙公司 100%的股權,相關手續於當日完成,並能夠對丙公司實施控制。合併后丙公司仍維持其獨立法人資格繼續經營。丙公司之前為甲公司於 2015 年以非同一控制下企業合併的方式併購的全資子公司。合併日,丙公司財務報表中淨資產的帳面價值為 3,200 萬元。假定乙公司和丙公司都受甲公司同一控制(不考慮相關稅費等其他因素影響)。

乙公司在合併日應確認對丙公司的長期股權投資,初始投資成本為應享有丙公司的淨資產帳面價值的份額,會計處理如下:

借:長期股權投資——投資成本　　　　　　　　　　32,000,000
　貸:股本　　　　　　　　　　　　　　　　　　　10,000,000
　　　資本公積——股本溢價　　　　　　　　　　　2,2000,000

企業通過多次交易分步取得同一控制下被投資單位的股權,最終形成企業合併的,應當判斷多次交易是否屬於一攬子交易。屬於一攬子交易的,合併方應當將各項交易作為一項取得控制權的交易進行會計處理。不屬於一攬子交易的,取得控制權日,應按照以下步驟進行會計處理:

(1)確定同一控制下企業合併形成的長期股權投資的初始投資成本。在合併日,根據合併后應享有被合併方淨資產的帳面價值的份額,確定長期股權投資的初始投資成本。

(2)長期股權投資初始投資成本與合併對價帳面價值之間的差額處理。合併日長期股權投資的初始投資成本與達到合併前的長期股權投資帳面價值加上合併日進一步取得股份新支付對價的帳面價值之和的差額,調整資本公積(資本溢價或股本溢價),資本公積不足衝減的,衝減留存收益。

(3)合併日之前持有的股權投資,因採用權益法核算或根據《企業會計準則第 22 號——金融工具確認和計量》的規定核算而確認的其他綜合收益,暫不進行會計處理,直

至處置該項投資時採用與被投資單位直接處置相關資產或負債相同的基礎進行會計處理;因採用權益法核算而確認的被投資單位淨資產中除淨損益、其他綜合收益和利潤分配以外的所有者權益變動,暫不進行會計處理,直至處置該項投資時轉入當期損益。其中,處置后的剩餘股權根據規定採用成本法或權益法核算的,其他綜合收益和其他所有者權益應按比例結轉,處置后的剩餘股權改按《企業會計準則第 22 號——金融工具確認和計量》的規定進行會計處理,其他綜合收益和其他所有者權益應全部結轉。

【例 5-26】2016 年 1 月 1 日,乙公司取得同一控製下的甲公司的 25%的股份,實際支付款項 6,000 萬元,甲公司可辨認淨資產帳面價值為 22,000 萬元(假定與公允價值相等)。2016—2017 年,甲公司共實現淨利潤 1,000 萬元,無其他所有者權益變動。2018 年 1 月 1 日,乙公司以支付銀行存款 3,000 萬元的方式購買同一控製下另一企業所持有的 A 公司的 40%的股份,相關手續於當日完成。進一步取得投資后,乙公司能夠對甲公司實施控製。當日,甲公司在最終控製方合併財務報表中的淨資產的帳面價值為 23,000 萬元。假定乙公司和甲公司採用的會計政策和會計期間相同,均按照 10%的比例提取盈餘公積。乙公司和甲公司一直同受同一最終控製方控製。上述交易不屬於一攬子交易(不考慮相關稅費等其他因素影響)。

乙公司有關會計處理如下:

①確定合併日長期股權投資的初始投資成本。

合併日追加投資后乙公司持有甲公司股權比例為 65%(25%+40%)。

合併日乙公司享有甲公司在最終控製方合併財務報表中淨資產的帳面價值份額為 14,950 萬元(23,000×65%)。

②長期股權投資初始投資成本與合併對價帳面價值之間的差額的處理。

原 25%的股權投資採用權益法核算,在合併日的原帳面價值為 6,250 萬元(6,000+1,000×25%)。

追加投資(40%)所支付對價的帳面價值為 3,000 萬元。

合併對價帳面價值為 9,250 萬元(6,250+3,000)。

長期股權投資初始投資成本與合併對價帳面價值之間的差額為 5,700 萬元(14,950-9,250)。

會計處理如下:

借:長期股權投資——投資成本　　　　　　　　　　149,500,000
　　貸:長期股權投資——投資成本　　　　　　　　　60,000,000
　　　　　　　　　　——損益調整　　　　　　　　　 2,500,000
　　　　銀行存款　　　　　　　　　　　　　　　　 30,000,000
　　　　資本公積(股本溢價)　　　　　　　　　　　57,000,000

2. 非同一控製下企業合併形成的長期股權投資

非同一控製下的控股合併中,購買者應當以《企業會計準則第 20 號——企業合併》確定的企業合併成本作為長期股權投資的初始投資成本。企業合併成本包括購買方付出的資產、發生或承擔的負債、發行的權益性工具或債務性工具的公允價值之和。購買

方為企業合併發生的審計、法律服務、評估諮詢等仲介費用以及其他相關管理費用,應於發生時計入當期損益;購買方作為合併對價發行的權益性工具或債務性工具的交易費用,應計入權益性工具或債務性工具的初始確認金額。

採用成本法核算的長期股權投資成本為初始投資成本,與應享有被投資企業可辨認淨資產的公允價值的份額無關,也就是說初始投資成本不管是大於應享有被投資企業可辨認淨資產的公允價值的份額,還是小於應享有被投資企業可辨認淨資產的公允價值的份額,都按初始投資成本入帳。

【例5-27】2017年3月31日,甲公司取得乙公司70%的股權,取得該部分股權后能夠對乙公司實施控製,採用成本法核算。為核實乙公司的資產價值,甲公司聘請資產評估機構對乙公司的資產進行評估,支付評估費用50萬元。合併中,甲公司支付的有關資產在購買日的帳面價值與公允價值如表5-3示。假定合併前甲公司和乙公司不存在任何關聯方關係(不考慮相關稅費等其他因素影響)。

表5-3　　　　　甲公司支付的有關資產在購買日的帳面價值與公允價值

2017年3月31日　　　　　　　　　　　　　　　　　　　單位:元

項目	帳面價值	公允價值
土地使用權(自用)	40,000,000	64,000,000
專利技術	16,000,000	20,000,000
銀行存款	16,000,000	16,000,000
合計	72,000,000	100,000,000

甲公司用作合併對價的土地使用權和專利技術原價為6,400萬元,至企業合併發生時已累計攤銷800萬元。

甲公司與乙公司在合併前不存在任何關聯方關係,應作為非同一控製下的企業合併處理。甲公司對於合併形成的對乙公司的長期股權投資,會計處理如下:

借:長期股權投資——投資成本　　　　　　　　　　　100,000,000
　　管理費用　　　　　　　　　　　　　　　　　　　　　500,000
　　累計攤銷　　　　　　　　　　　　　　　　　　　　8,000,000
　貸:無形資產　　　　　　　　　　　　　　　　　　　64,000,000
　　　銀行存款　　　　　　　　　　　　　　　　　　　16,500,000
　　　營業外收入——處置非流動資產損益　　　　　　　28,000,000

採用權益法核算的長期股權投資成本確定與應享有被投資企業可辨認淨資產的公允價值的份額有關,也就是說初始投資成本大於應享有被投資企業可辨認淨資產的公允價值的份額,與成本法核算一樣,不調整投資成本;初始投資成本小於應享有被投資企業可辨認淨資產的公允價值的份額,應調整投資成本為應享有被投資企業可辨認淨資產的公允價值的份額。兩者的差額計入當期損益(營業外收入)。

【例5-28】假設例5-27的資料中甲公司以公允價值10,000萬元取得乙公司40%的股權,取得該部分股權后能夠對乙公司產生重大影響,採用權益法核算。乙公司可辨認

淨資產的公允價值為 30,000 萬元。

甲公司應享有乙公司可辨認淨資產的份額＝30,000×40%＝12,000(萬元)。

由於初始投資成本 10,000 萬元小於應享有被投資企業可辨認淨資產公允價值份額 12,000 萬元,應調整投資成本為應享有被投資企業可辨認淨資產公允價值份額 12,000 萬元,兩者之間的差額計入當期損益(營業外收入)。其會計處理為:

借:長期股權投資——投資成本	120,000,000
管理費用	500,000
累計攤銷	8,000,000
貸:無形資產	64,000,000
銀行存款	16,500,000
營業外收入——處置非流動資產損益	28,000,000
營業外收入——投資產生的損益	20,000,000

如果乙公司可辨認淨資產的公允價值為 20,000 萬元。

甲公司應享有乙公司可辨認淨資產的份額＝20,000×40%＝8,000(萬元)。

由於初始投資成本 10,000 萬元大於應享有被投資企業可辨認淨資產公允價值份額 8,000 萬元,不應調整投資成本,其會計處理與成本法一樣。兩者之間的差額(10,000－8,000＝2,000 萬元)為商譽,隱含在長期股權投資成本中,不單獨反映。

企業通過多次交易分步實現非同一控制下企業合併的,應當按照原持有的股權投資的帳面價值加上新增投資成本之和,作為改按成本法或權益法核算的初始投資成本。

3. 初始投資成本中包含的已宣告尚未發放現金股利或利潤的處理

企業無論是以何種方式取得長期股權投資,取得投資時,對於支付的對價中包含的應享有被投資單位已經宣告但尚未發放的現金股利或利潤應確認為應收項目,不構成取得長期股權投資的初始投資成本,作為暫墊的應收股利。

三、長期股權投資的后續計量

長期股權投資在持有期間,根據投資方對被投資單位的影響程度分別採用成本法與權益法進行核算。

(一)成本法

1. 成本法的適用範圍

根據《企業會計準則第 2 號——長期股權投資》的規定,投資方持有的對子公司投資應當採用成本法核算,投資方為投資性主體且子公司不納入其合併財務報表的除外。投資方在判斷對被投資單位是否具有控制時,應綜合考慮直接持有的股權和通過子公司間接持有的股權。在個別財務報表中,投資方進行成本法核算時,應考慮直接持有的股權份額。

《企業會計準則第 2 號——長期股權投資》要求投資方對子公司的長期股權投資採用成本法核算,主要是為了避免在子公司實際宣告發放現金股利或利潤之前,母公司墊付資金發放現金股利或利潤等情況,解決了原來權益法核算下投資收益不能足額收回導

致超分配的問題。

2. 成本法下長期股權投資帳面價值的調整及投資損益的確認

採用成本法核算的長期股權投資,在追加投資時,按照追加投資支付的成本的公允價值及發生的相關交易費用增加長期股權投資的帳面價值。被投資單位宣告分派現金股利或利潤的,投資方根據應享有的部分確認當期投資收益。

【例5-29】2017年1月,甲公司自非關聯方處以現金805萬元取得對乙公司60%的股權,其中包括已經宣告尚未發放的現金股利5萬元,相關手續於當日完成,並能夠對乙公司實施控製。2017年4月,甲公司收到乙公司發放的前一年的現金股利5萬元。2018年3月,乙公司宣告分派2017年的現金股利,甲公司按其持股比例可取得10萬元(不考慮相關稅費等其他因素影響)。

甲公司有關會計處理如下:

2017年1月投資時:

借:長期股權投資——投資成本　　　　　　　　　　8,000,000
　　應收股利　　　　　　　　　　　　　　　　　　　　50,000
　　貸:銀行存款　　　　　　　　　　　　　　　　　8,050,000

2017年4月收到投資時墊付的股利:

借:銀行存款　　　　　　　　　　　　　　　　　　　50,000
　　貸:應收股利　　　　　　　　　　　　　　　　　　50,000

2018年3月,乙公司宣告發放2017年的現金股利:

借:應收股利　　　　　　　　　　　　　　　　　　100,000
　　貸:投資收益　　　　　　　　　　　　　　　　　100,000

企業按照上述規定確認自被投資單位應分得的現金股利或利潤後,應當考慮長期股權投資是否發生減值。在判斷該類長期股權投資是否存在減值跡象時,應當關注長期股權投資的帳面價值是否大於享有被投資單位淨資產(包括相關商譽)帳面價值的份額等類似情況。出現類似情況時,企業應當按照《企業會計準則第8號——資產減值》對長期股權投資進行減值測試,可收回金額低於長期股權投資帳面價值的,應當計提減值準備。

值得注意的是,子公司將未分配利潤或盈餘公積直接轉增股本(實收資本),並且未向投資方提供等值現金股利或利潤的選擇權時,母公司並沒有獲得收取現金股利或者利潤的權力,上述交易通常屬於子公司自身權益結構的重新分類,母公司不應確認相關的投資收益。

(二)權益法

根據《企業會計準則第2號——長期股權投資》的規定,對合營企業和聯營企業投資應當採用權益法核算。投資方在判斷對被投資單位是否具有共同控製、重大影響時,應綜合考慮直接持有的股權和通過子公司間接持有的股權。在綜合考慮直接持有的股權和通過子公司間接持有的股權後,如果認定投資方在被投資單位擁有共同控製或重大影響,在個別財務報表中,投資方進行權益法核算時,應僅考慮直接持有的股權份額;在合併財務報表中,投資方進行權益法核算時,應同時考慮直接持有和間接持有的份額。

按照權益法核算的長期股權投資,持有投資期間,隨著被投資單位所有者權益的變動相應調整增加或減少長期股權投資的帳面價值,並區分以下情況處理:

(1)對於因被投資單位實現淨損益和其他綜合收益而產生的所有者權益的變動,投資方應當按照應享有的份額,增加或減少長期股權投資的帳面價值,同時確認投資損益和其他綜合收益。

(2)對於被投資單位宣告分派的利潤或現金股利計算應分得的部分,相應地減少長期股權投資的帳面價值。

(3)對於被投資單位除淨損益、其他綜合收益以及利潤分配以外的因素導致的其他所有者權益變動,相應調整長期股權投資的帳面價值,同時確認資本公積(其他資本公積)。

在持有投資期間,被投資單位編制合併財務報表的,應當以合併財務報表中淨利潤、其他綜合收益和其他所有者權益變動中歸屬於被投資單位的金額為基礎進行會計處理。

1. 投資損益的確認

採用權益法核算的長期股權投資,在確認應享有(或分擔)被投資單位的淨利潤(或淨虧損)時,在被投資單位帳面淨利潤的基礎上,應考慮以下因素的影響進行適當調整:

(1)被投資單位採用的會計政策和會計期間與投資方不一致的,應按投資方的會計政策和會計期間對被投資單位的財務報表進行調整,在此基礎上確定被投資單位的損益。

權益法下,投資方與被投資單位被作為一個整體對待,作為一個整體其產生的損益應當在一致的會計政策基礎上確定,被投資單位採用的會計政策與投資方不同的,投資方應當基於重要性原則,按照本企業的會計政策對被投資單位的損益進行調整。

(2)以取得投資時被投資單位固定資產、無形資產等的公允價值為基礎計提的折舊額或攤銷額以及有關資產減值準備金額等對被投資單位淨利潤的影響。

被投資單位利潤表中的淨利潤是以其持有的資產、負債帳面價值為基礎持續計算的,而投資方在取得投資時,是以被投資單位有關資產、負債的公允價值為基礎確定投資成本,取得投資后應確認的投資收益代表的是被投資單位資產、負債在公允價值計量的情況下未來期間通過經營產生的損益中歸屬於投資方的部分。投資方取得投資時,被投資單位有關資產、負債的公允價值與其帳面價值是不同的。未來期間,在計算歸屬於投資方應享有的淨利潤或應承擔的淨虧損時,應考慮被投資單位計提的折舊額、攤銷額以及資產減值準備金額等進行調整。

值得注意的是,儘管在評估投資方對被投資單位是否具有重大影響時,應當考慮潛在表決權的影響,但在確定應享有的被投資單位實現的淨損益、其他綜合收益和其他所有者權益變動的份額時,潛在表決權對應的權益份額不應予以考慮。

此外,如果被投資單位發行了可累積優先股等類似的權益工具,無論被投資單位是否宣告分配優先股股利,投資方計算應享有被投資單位的淨利潤時,均應將歸屬於其他投資方的累積優先股股利予以扣除。

【例5-30】2017年1月10日,甲公司購入乙公司30%的股份,購買價款為2,200萬元,自取得投資之日起能夠對乙公司施加重大影響。取得投資當日,乙公司可辨認淨資產公允價值為6,000萬元,除表5-4所列項目外,乙公司其他資產、負債的公允價值與帳面價值相同。

表5-4　　　　　　　　乙公司存貨、固定資產、無形資產情況　　　　　單位:萬元

項目	帳面原價	已提折舊或攤銷	公允價值	乙公司預計使用年限(年)	甲公司取得投資后剩餘使用年限(年)
存貨	500		700		
固定資產	1,200	240	1,600	20	16
無形資產	700	140	800	10	8
小計	2,400	380	3,100		

假定乙公司於2017年實現淨利潤700萬元,其中在甲公司取得投資時的帳面存貨有80%對外出售。甲公司與乙公司的會計年度及採用的會計政策相同。固定資產、無形資產等均按直線法提取折舊或攤銷,預計淨殘值均為0。假定甲、乙公司間未發生其他任何內部交易。

2017年12月31日,甲公司在確定其應享有的投資收益時,應在乙公司實現淨利潤的基礎上,根據取得投資時乙公司有關資產的帳面價值與其公允價值差額的影響進行調整(假定不考慮所得稅及其他稅費等因素影響)。

存貨帳面價值與公允價值的差額應調減的利潤為160萬元[(700-500)×80%]。

固定資產公允價值與帳面價值差額應調整增加的折舊額為40萬元(1,600÷16-1,200÷20)。

無形資產公允價值與帳面價值差額應調整增加的攤銷額為30萬元(800÷8-700÷10)。

調整后的淨利潤為470萬元(700-160-40-30)。

甲公司應享有的份額為141萬元(470×30%)。

按被投資企業實現的淨利潤和持股比例確認投資收益:

借:長期股權投資——損益調整　　　　　　　　　　　　　　2,100,000
　　貸:投資收益　　　　　　　　　　　　　　　　　　　　2,100,000

對投資時被投資企業的資產公允價值高於其帳面價值的差額部分調整投資收益:

借:投資收益　　　　　　　　　　　　　　　　　　　　　　690,000
　　貸:長期股權投資——損益調整　　　　　　　　　　　　690,000

將兩個會計分錄合併為一個會計分錄時,確認投資收益:

借:長期股權投資——損益調整　　　　　　　　　　　　　　1,410,000
　　貸:投資收益　　　　　　　　　　　　　　　　　　　　1,410,000

需要請注意的是,首次進行投資時,按權益法確認投資收益=被投資企業實現的淨利潤×持股比例×投資后的月份數/12。

(3)對於投資方或納入投資方合併財務報表範圍的子公司與其聯營企業以及合營企業之間發生的未實現內部損益應予調整,即投資方與聯營企業以及合營企業之間發生的未實現內部交易損益,按照應享有的比例計算歸屬於投資方的部分,應予以調整,在此基礎上確認投資損益。投資方與被投資單位發生的內部交易損失,按照《企業會計準則第8號——資產減值》等規定屬於資產減值損失的,應當全額確認。

投資方與其聯營企業和合營企業之前的未實現內部交易損益調整與投資方和子公司之間的未實現內部交易損益調整有所不同,母子公司之間的未實現內部交易損益在合併財務報表中是全額調整的(無論是全資子公司還是非全資子公司),而投資方與其聯營企業和合營企業之間的未實現內部交易損益調整僅僅是投資方(或是納入投資方合併財務報表範圍的子公司)享有聯營企業或合營企業的權益份額。

應當注意的是,投資方與聯營、合營企業之間發生投出或出售資產的交易,該資產構成業務的,應當按照《企業會計準則第 20 號——企業合併》《企業會計準則第 33 號——合併財務報表》的有關規定進行會計處理。有關會計處理如下:

聯營、合營企業向投資方出售業務的,投資方應按《企業會計準則第 20 號——企業合併》的規定進行會計處理。投資方應全額確認與交易相關的利得或損失。

投資方向聯營、合營企業投出業務,投資方因此取得長期股權投資但未取得控製權的,應以投出業務的公允價值作為新增長期股權投資的初始投資成本,初始投資成本與投出業務的帳面價值之差,全額計入當期損益。投資方向聯營、合營企業出售業務,取得的對價與帳面價值之間的差額,全額計入當期損益。

投出或出售的資產不構成業務的,應當分別按順流交易和逆流交易進行會計處理。順流交易是指投資方向其聯營企業或合營企業投出或出售資產。逆流交易是指聯營企業或合營企業向投資方出售資產。未實現內部交易損益體現在投資方或其聯營企業、合營企業持有的資產帳面價值中的,在計算確認投資損益時應予調整。

對於投資方向聯營企業或合營企業投出或出售資產的順流交易,在該交易存在未實現內部交易損益的情況下(即有關資產未對外部獨立第三方出售或未被消耗),投資方在採用權益法計算確認應享有聯營企業或合營企業的投資損益時,應調整該未實現內部交易損益的影響,同時調整對聯營企業或合營企業長期股權投資的帳面價值;投資方因投出或出售資產給其聯營企業或合營企業產生的損益中,應僅限於確認歸屬於聯營企業或合營企業其他投資方的部分。在順流交易中,投資方投出資產或出售資產給其他聯營企業或合營企業產生的損益中,按照應享有比例計算確定歸屬於本企業的部分不予確認。

【例 5-31】2017 年 1 月,甲公司取得了乙公司 20%有表決權的股份,能夠對乙公司施加重大影響。2017 年 8 月,甲公司將其帳面價值為 600 萬元的商品以 900 萬元的價格出售給乙公司,乙公司將取得的商品作為存貨。假定甲公司取得該項投資時,乙公司各項可辨認資產、負債的公允價值與其帳面價值相同,兩者在以前期間未發生過內部交易。乙公司 2017 年實現淨利潤為 1,000 萬元(不考慮所得稅及其他相關稅費等因素影響)。

甲公司在該項交易中實現利潤 300 萬元,採用權益法核算,屬於未實現利潤,投資企業在確認投資收益時應當加以調整。其中的 60 萬元(300×20%)是針對本公司持有的對

聯營企業的權益份額。甲公司應當進行以下會計處理：

借:長期股權投資——損益調整 1,400,000[(10,000,000-3,000,000)×20%]
  貸:投資收益   1,400,000

對於聯營企業或合營企業向投資方投出或出售資產的逆流交易,比照上述順流交易處理。

應當說明的是,投資方與其聯營企業及合營企業之間發生的無論是順流交易還是逆流交易產生的未實現內部交易損失,其中屬於所轉讓資產發生減值損失的,有關未實現內部交易損失不應予以調整。

【例 5-32】2017 年 1 月,甲公司取得乙公司 20%有表決權的股份,能夠對乙公司施加重大影響。2017 年,甲公司將其帳面價值為 400 萬元的商品以 320 萬元的價格出售給乙公司。2017 年資產負債表日,該批商品尚未對外部第三方出售。假定甲公司取得該項投資時,乙公司各項可辨認淨資產、負債的公允價值與其帳面價值相同,兩者在以前期間未發生內部交易。乙公司 2017 年淨利潤為 1,000 萬元(不考慮相關稅費等其他因素影響)。

甲公司在確認應享有乙公司 2017 年淨損益時,如果有證據表明該商品交易價格 320 萬元與其帳面價值 400 萬元之間的差額為減值損失的,不應予以調整。甲公司應當進行以下會計處理：

借:長期股權投資——損益調整   2,000,000(10,000,000×20%)
  貸:投資收益   2,000,000

2.被投資單位其他綜合收益變動的處理

被投資單位其他綜合收益發生變動的,投資方應當按照歸屬於本企業的部分,相應調整長期股權投資的帳面價值,同時增加或減少其他綜合收益。

【例 5-33】甲企業持有乙企業 30%的股份,能夠對乙企業施加重大影響。當期乙企業因持有可供出售金融資產公允價值的變動計入其他綜合收益的金額為 200 萬元,除該事項外,乙企業當期實現的淨損益為 1,000 萬元。假定甲企業與乙企業採用相同的會計政策,會計期間相同,投資時乙企業可辨認資產、負債的公允價值與其帳面價值相同。雙方在當期及以前期間未發生任何內部交易(不考慮所得稅影響因素)。

甲企業在確認應享有被投資單位所有者權益的變動時：

借:長期股權投資——損益調整   3,000,000
             ——其他綜合收益   600,000
  貸:投資收益   3,000,000
     其他綜合收益   600,000

3.取得現金股利或利潤的處理

按照權益法核算的長期股權投資,投資方自被投資單位取得的現金股利或利潤,應抵減長期股權投資的帳面價值。在被投資單位宣告分派現金股利或利潤時,借記「應收股利」科目,貸記「長期股權投資——損益調整」科目。

【例 5-34】甲企業持有乙企業 30%的股份,能夠對乙企業施加重大影響。乙企業於

2017年4月宣告發放2016年的現金股利200萬元。

甲企業計算應享有被投資單位宣告發放的現金股利為60萬元。

借:應收股利　　　　　　　　　　　　　　　　　　　　　600,000
　貸:長期股權投資——損益調整　　　　　　　　　　　　　600,000

4.超額虧損的確認

《企業會計準則第2號——長期股權投資》規定,投資方確認應分擔被投資單位發生的損失,原則上應以長期股權投資及其他實質上構成對被投資單位淨投資的長期權益減記至零為限,投資方負有承擔額外損失義務的除外。

這裡所講的「其他實質上構成對被投資單位淨投資的長期權益」通常是指長期應收項目。例如,投資方對被投資單位的長期債權,該債權沒有明確的清收計劃,並且在可預見的未來期間不準備收回的,實質上構成對被投資單位的淨投資。應予以說明的是,該類長期權益不包括投資方與被投資單位之間因銷售商品、提供勞務等日常活動所產生的長期債權。

按照《企業會計準則第2號——長期股權投資》的規定,投資方在確認應分擔被投資單位發生的虧損時,應將長期股權投資及其他實質上構成對被投資單位淨投資的長期權益項目的帳面價值綜合起來考慮,在長期股權投資的帳面價值減記至零的情況下,如果仍有未確認的投資損失,應以其他權益的帳面價值為基礎繼續確認。另外,投資方在確認應分擔被投資單位的淨損失時,除應考慮長期股權投資及其他長期權益的帳面價值以外,如果在投資合同或協議中約定將履行其他額外的損失補償義務,還應按《企業會計準則第13號——或有事項》的規定確認預計將承擔的損失金額。

值得注意的是,在合併財務報表中,子公司發生超額虧損的,子公司少數股東應當按照持股比例分擔超額虧損。在合併財務報表中,子公司少數股東分擔的當期虧損超過了少數股東在該子公司期初所有者權益中所享有的份額的,其餘額應當衝減少數股東權益。

在確認了有關的投資損失以後,被投資單位以后期間實現盈利的,應按以上相反順序分別減計已確認的預計負債、恢復其他長期權益和長期股權投資的帳面價值。同時,確認投資收益,即應當按順序分別借記「預計負債」「長期應收款」「長期股權投資」等科目,貸記「投資收益」科目。

【例5-35】甲企業持有乙企業40%的股權,能夠對乙企業施加重大影響。2016年12月31日,該項長期股權投資的帳面價值為2,000萬元。2017年,乙企業由於一項主要經營業務市場條件發生變化,當年虧損3,000萬元。假定甲企業在取得該投資時,乙企業各項可辨認資產、負債的公允價值與其帳面價值相等,雙方採用的會計政策及會計期間也相同。因此,甲企業當年度應確認的投資損失為1,200萬元。甲企業應進行以下會計處理:

借:投資收益　　　　　　　　　　　　　　　　　　　　12,000,000
　貸:長期股權投資——損益調整　　　　　　　　　　　　12,000,000

確認上述投資損失后,長期股權投資的帳面價值變為800萬元(不考慮相關稅費等

其他因素影響)。

如果乙企業2017年的虧損額為6,000萬元,甲企業按其持股比例確認應分擔的損失為2,400萬元,但長期股權投資的帳面價值僅為2,000萬元,如果沒有其他實質上構成對被投資單位淨投資的長期權益項目,則甲企業應確認的投資損失僅為2,000萬元,超額損失在帳外進行備查登記;未確認400萬元的投資損失,長期股權投資的帳面價值減記至零。甲企業應進行以下會計處理:

借:投資收益　　　　　　　　　　　　　　　　　　　　20,000,000
　　貸:長期股權投資——損益調整　　　　　　　　　　　　　20,000,000

如果甲企業帳上仍有應收乙企業的長期應收款500萬元,該款項從目前情況看,沒有明確的清償計劃,並且在可預見的未來不準備收回(並非產生於商品購銷等日常活動)。甲企業應進行以下會計處理:

借:投資收益　　　　　　　　　　　　　　　　　　　　　4,000,000
　　貸:長期應收款　　　　　　　　　　　　　　　　　　　4,000,000

5. 被投資單位除淨損益、其他綜合收益以及利潤分配以外的所有者權益的其他變動

被投資單位除淨損益、其他綜合收益以及利潤分配以外的所有者權益的其他變動的因素,主要包括被投資單位接受其他股東的資本性投入、被投資單位發行可分離交易的可轉債中包含的權益成分、以權益結算的股份支付、其他股東對被投資單位增資導致投資方持股比例變動等。投資方應按所持股權比例計算應享有的份額,調整長期股權投資的帳面價值,同時計入資本公積(其他資本公積),並在備查簿中予以登記,投資方在後續處置股權投資但對剩餘股權仍採用權益法核算時,應按處置比例將這部分資本公積轉入當期投資收益;對剩餘股權終止權益法核算時,將這部分資本公積全部轉入當期投資收益。

【例5-36】2016年3月20日,甲、乙、丙公司分別以現金200萬元、400萬元和400萬元出資設立丁公司,分別持有丁公司20%、40%、40%的股權。甲公司對丁公司具有重大影響,採用權益法對有關長期股權投資進行核算。丁公司自設立日起至2018年1月1日實現淨損益1,000萬元,除此以外,無其他影響淨資產的事項。2018年1月1日,經甲、乙、丙公司協商,乙公司對丁公司增資800萬元,增資後丁公司淨資產為2,800萬元,甲、乙、丙公司分別持有丁公司15%、50%、35%的股權。相關手續於當日完成。假定甲公司與丁公司適用的會計政策、會計期間相同,雙方在當期以及以前期間未發生其他內部交易(不考慮相關稅費等其他因素影響)。

2018年1月1日,乙公司增資前,丁公司的淨資產帳面價值為2,000萬元,甲公司應享有丁公司權益的份額為400萬元(2,000×20%)。乙公司單方面增資後丁公司的淨資產增加800萬元,甲公司應享有丁公司權益的份額為420萬元(28,00×15%)。甲公司享有的權益變動20萬元(420-400),屬於丁公司除淨損益、其他綜合收益和利潤分配以外所有者權益的其他變動。甲公司對丁公司的長期股權投資的帳面價值應調增20萬元,並相應調整「資本公積——其他資本公積」帳戶。其會計處理如下:

借:長期股權投資——其他權益變動　　　　　　　　　　　　200,000

贷：资本公积——其他资本公积　　　　　　　　　　　　　　　200,000

四、长期股权投资核算方法的转换

（一）公允价值计量转为权益法核算

原持有的对被投资单位的股权投资（不具有控制、共同控制或重大影响的），按照《企业会计准则第22号——金融工具确认和计量》进行会计处理的，因追加投资等原因导致持股比例上升，能够对被投资单位施加共同控制或重大影响的，在转换为按权益法核算时，投资方应当按照《企业会计准则第22号——金融工具确认和计量》确定的原股权投资的公允价值加上为取得新增投资而应支付对价的公允价值，作为改按权益法核算的初始投资成本。原持有的股权投资分类为可供出售金融资产的，其公允价值与帐面价值之间的差额以及原计入其他综合收益的累计公允价值变动应当转入改按权益法核算的当期损益。

比较上述计算所得的初始投资成本，与按照追加投资后全新的持股比例计算确定的应享有被投资单位在追加投资日可辨认净资产公允价值份额之间的差额，前者大於后者的，不调整长期股权投资的帐面价值；前者小於后者的，差额应调整长期股权投资的帐面价值，并应计入当期营业外收入

【例5-37】2016年2月，甲公司以600万元现金自非关联方取得乙公司10%的股权。甲公司根据《企业会计准则第22号——金融工具确认和计量》将其作为可供出售金融资产。2016年12月31日，该可供出售金融资产的公允价值为900万元。2017年7月2日，甲公司又以1,200万元的现金从另一非关联方处取得乙公司12%的股权，相关手续於当日完成。当日，乙公司可辨认净资产公允价值总额为8,000万元，甲公司对乙公司可供出售金融资产的公允价值为1,000万元。取得该部分股权后，按乙公司章程规定，甲公司能够对乙公司施加重大影响，对该项股权投资转为权益法核算（不考虑相关税费等其他因素影响）。

2017年1月2日，甲公司原持有10%股权的公允价值为1,000万元，为取得新增投资而支付对价的公允价值为1,200万元，因此甲公司对乙公司22%股权的初始投资成本为2,200万元。

甲公司对乙公司新持股比例为22%，应享有乙公司可辨认净资产公允价值的份额为1,760万元（8,000×22%）。由於初始投资成本（2,200万元）大於应享有乙公司可辨认净资产公允价值的份额（1,760万元），因此甲公司无需调整长期股权投资的成本。

2017年1月2日，甲公司确认对乙公司的长期股权投资，进行会计处理如下：

借：长期股权投资——投资成本　　　　　　　　　　　　　22,000,000
　　贷：可供出售金融资产——成本　　　　　　　　　　　　6,000,000
　　　　　　　　　　　　——公允价值变动　　　　　　　　3,000,000
　　　　银行存款　　　　　　　　　　　　　　　　　　　12,000,000
　　　　投资收益　　　　　　　　　　　　　　　　　　　　1,000,000

同時,將已確認的其他綜合收益全部轉入投資收益:
借:其他綜合收益　　　　　　　　　　　　　　　　　　　3,000,000
　　貸:投資收益　　　　　　　　　　　　　　　　　　　　　3,000,000

(二) 公允價值計量或權益法核算轉為成本法核算

原持有的對被投資單位的股權投資(不具有控製、共同控製或重大影響的),按《企業會計準則第22號——金融工具確認和計量》進行會計處理的,因追加投資等原因導致持股比例上升,能夠對被投資單位施加控製的,在轉換為按成本法核算時,投資方應當按照《企業會計準則第22號——金融工具確認和計量》確定的原股權投資的公允價值加上為取得新增投資而應支付對價的公允價值,作為改按成本法核算的初始投資成本。原持有的股權投資分類為可供出售金融資產的,其公允價值與帳面價值之間的差額以及原計入其他綜合收益的累計公允價值變動應當轉入改按權益法核算的當期損益。

與權益法不同的是,原股權投資的公允價值加上為取得新增投資而應支付對價的公允價值,作為初始投資成本後,不管是大於或小於應享有被投資企業可辨認淨資產的公允價值的份額都不需要進行任何調整。

【例5-38】2016年1月1日,甲公司以每股5元的價格購入上市公司乙公司的股票100萬股,並由此持有乙公司2%的股權。甲公司與乙公司不存在關聯方關係。甲公司將對乙公司的投資作為可供出售金融資產處理。2017年1月1日,甲公司以現金1.75億元為對價,向乙公司大股東收購乙公司50%的股權,相關手續於當日完成。假設甲公司購買乙公司2%的股權和后續購買50%的股權不構成一攬子交易,甲公司取得乙公司控製權之日為2017年1月1日,乙公司當日股價為每股7元,乙公司可辨認淨資產的公允價值為3億元(不考慮相關稅費等其他因素影響)。

購買日前,甲公司持有對乙公司的股權投資作為可供出售金融資產進行會計處理,購買日前甲公司原持有可供出售金融資產的帳面價值為700萬元(等於公允價值),其中成本為500萬元,公允價值變動200萬元。

本次追加投資應支付對價的公允價值為17,500萬元。

購買日對子公司按成本法核算的初始投資成本為18,200萬元(17,500+700)。

購買日其他綜合收益轉入購買日所屬當期投資收益。

借:長期股權投資——投資成本　　　　　　　　　　　　182,000,000
　　貸:可供出售金融資產——成本　　　　　　　　　　　　5,000,000
　　　　　　　　　　　　——公允價值變動　　　　　　　　2,000,000
　　　　銀行存款　　　　　　　　　　　　　　　　　　　175,000,000

同時,將已計入其他綜合收益計入投資收益。
借:其他綜合收益　　　　　　　　　　　　　　　　　　　2,000,000
　　貸:投資收益　　　　　　　　　　　　　　　　　　　　　2,000,000

原持有對聯營企業、合營企業的長期股權投資,因追加投資等原因,能夠對被投資單位實施控製的,由權益法轉為成本法核算,應將權益法下長期股權投資的帳面價值(包括投資成本、損益調整、其他綜合收益和其他權益變動明細科目)全部轉入成本法下的長期

股權投資。採用權益法核算形成的其他綜合收益和其他資本公積暫不轉帳。

【例5-39】2015年1月1日,甲公司以現金3,000萬元從非關聯方處取得了乙公司20%的股權,並能夠對其施加重大影響。當日,乙公司可辨認淨資產公允價值為1.4億元。2017年7月1日,甲公司另支付現金8,000萬元,從另一非關聯方處取得乙公司40%的股權,並取得對乙公司的控製權。購買日,甲公司原持有的對乙公司20%的股權公允價值為4,000萬元,帳面價值為3,500萬元,其中投資成本為3,000萬元,甲公司確認與乙公司權益法核算相關的累計損益調整為300萬元,其他綜合收益為150萬元,其他所有者權益變動為50萬元,甲公司可辨認淨資產公允價值為1.8億元。假設甲公司購買乙公司20%的股權和后續購買40%的股權的交易不構成一攬子交易。以上交易的相關手續均於當日完成(不考慮相關稅費等其他因素影響)。

購買日前,甲公司持有乙公司的投資作為聯營企業進行會計核算,購買日前甲公司原持有股權的帳面價值為3,500萬元(3,000+300+150+50)。

本次投資應支付對價的公允價值為8,000萬元。

購買日對子公司按成本法核算的初始投資成本為11,500萬元(8,000+3,500)。

借:長期股權投資　　　　　　　　　　　　　　　　　115,000,000
　　貸:長期股權投資——投資成本　　　　　　　　　　30,000,000
　　　　　　　　　　——損益調整　　　　　　　　　　 3,000,000
　　　　　　　　　　——其他綜合收益　　　　　　　　 1,500,000
　　　　　　　　　　——其他權益變動　　　　　　　　　 500,000
　　　　銀行存款　　　　　　　　　　　　　　　　　　80,000,000

購買日前甲公司採用權益法核算形成的其他綜合收益150萬元以及其他資本公積50萬元在購買日均不進行會計處理。

(三)權益法核算轉公允價值計量

原持有的對被投資單位具有共同控製或重大影響的長期股權投資,因部分處置等原因導致持股比例下降,不能再對被投資單位實施共同控製或重大影響的,應當按照《企業會計準則第22號——金融工具確認和計量》對剩餘股權投資進行會計處理,其在喪失共同控製或重大影響之日的公允價值與帳面價值之間的差額計入當期損益。原採用權益法核算的相關其他綜合收益應當在終止採用權益法核算時,採用與被投資單位直接處置相關資產或負債相同的基礎進行會計處理,因被投資方除淨損益、其他綜合收益和利潤分配以外的其他所有者權益變動而確認的所有者權益,應當在終止採用權益法核算時全部轉入當期損益。

【例5-40】甲公司持有乙公司30%的有表決權股份,能夠對乙公司施加重大影響。對該股權投資採用權益法核算。2017年10月,甲公司將該項投資的50%出售給非關聯方,取得價款1,800萬元,相關手續於當日完成。甲公司無法再對乙公司施加重大影響,將剩餘股權投資轉為可供出售金融資產。出售時,該項長期股權投資的帳面價值為3,200萬元,其中投資成本2,600萬元,損益調整為300萬元,其他綜合收益為200萬元(性質為被投資單位的可供出售金融資產的累計公允價值變動)。除淨損益、其他綜合收

益和利潤分配外的其他所有者權益變動為100萬元。剩餘股權的公允價值為1,800萬元(不考慮相關稅費等其他因素影響)。

甲公司有關會計處理如下:

(1)確認有關股權投資的處置損益。

借:銀行存款	18,000,000
貸:長期股權投資——投資成本	13,000,000
——損益調整	1,500,000
——其他綜合收益	1,000,000
——其他資本公積	500,000
投資收益	2,000,000

(2)由於終止採用權益法核算,將原確認的相關其他綜合收益全部轉入當期損益。

借:其他綜合收益	2,000,000
貸:投資收益	2,000,000

(3)由於終止採用權益法核算,將原計入資本公積的其他所有者權益變動全部轉入當期損益。

借:資本公積——其他資本公積	1,000,000
貸:投資收益	1,000,000

(4)剩餘50%股權投資轉為可供出售金融資產,當天公允價值為1,800萬元,帳面價值為1,600萬元,兩者差異計入當期投資收益。

借:可供出售金融資產	18,000,000
貸:長期股權投資——投資成本	13,000,000
——損益調整	1,500,000
——其他綜合收益	1,000,000
——其他資本公積	500,000
投資收益	2,000,000

(四)成本法轉權益法

因處置投資等原因導致對被投資單位由能夠實施控製轉為具有重大影響或者與其他投資方一起實施共同控製的,首先應按處置投資的比例結轉應終止確認的長期股權投資成本。

比較剩餘長期股權投資的成本與按照剩餘持股比例計算原投資時應享有被投資單位可辨認淨資產公允價值的份額,前者大於后者的,屬於投資作價中體現的商譽部分,不調整長期股權投資的帳面價值;前者小於后者的,在調整長期股權投資成本的同時,調整留存收益。

對於原取得投資時至處置投資時(轉為權益法核算)之間被投資單位實現淨損益中投資方應享有的份額,一方面應當調整長期股權投資的帳面價值,另一方面對於原取得投資時至處置投資當期期初被投資單位實現的淨損益(扣除已宣告發放的現金股利和利潤)中應享有的份額,調整留存收益,對於處置投資當期期初至處置投資之日被投資單位

實現的淨損益中享有的份額,調整當期損益。在被投資單位其他綜合收益變動中應享有的份額,在調整長期股權投資帳面價值的同時,應當計入其他綜合收益。除淨損益、其他綜合收益和利潤分配外的其他原因導致被投資單位其他所有者權益變動中應享有的份額,在調整長期股權投資帳面價值的同時,應當計入資本公積(其他資本公積)。長期股權投資自成本法轉為權益法后,未來期間應當按照《企業會計準則第 2 號——長期股權投資》的規定計算確認應享有被投資單位實現的淨損益、其他綜合收益和所有者權益其他變動的份額。

【例 5-41】甲公司原持有乙公司 60% 的股權,能夠對乙公司實施控制。2017 年 11 月 6 日,甲公司對乙公司的長期股權投資的帳面價值為 6,000 萬元,未計提減值準備,A 公司將其持有的對乙公司長期股權投資中的 1/3 出售給非關聯方,取得價款 3,600 萬元。當日被投資單位可辨認淨資產公允價值總額為 16,000 萬元。相關手續於當日完成,甲公司不再對乙公司實施控制,但具有重大影響。甲方公司原取得乙公司 60% 的股權時,乙公司可辨認淨資產公允價值總額為 9,000 萬元(假定公允價值與帳面價值相同)。自甲公司取得對乙公司長期股權投資后至部分處置投資前,乙公司實現淨利潤 5,000 萬元。其中,自甲公司取得投資日至 2017 年年初實現淨利潤 4,000 萬元。假定乙公司一直以來未進行利潤分配。除實現淨損益外,乙公司未發生其他計入資本公積的交易或事項。甲公司按淨利潤的 10% 提取盈餘公積(不考慮相關稅費等其他因素影響)。

在出售 20% 的股權后,甲公司對乙公司的持股比例為 40%,對乙公司施加重大影響。對乙公司長期股權投資應由成本法改為權益法核算,有關會計處理如下:

(1)確認長期股權投資處置損益。

借:銀行存款　　　　　　　　　　　　　　　　　　　36,000,000
　貸:長期股權投資　　　　　　　　　20,000,000(6,000 萬元的 1/3)
　　　投資收益　　　　　　　　　　　　　　　　　　16,000,000

(2)調整長期股權投資帳面價值。

剩餘長期股權投資的帳面價值為 4,000 萬元,與原投資時應享有被投資單位可辨認淨資產公允價值份額之間的差額為 400 萬元(4,000-9,000×40%)為商譽,該部分商譽的價值不需要對長期股權投資的成本進行調整。

處置投資以后按照持股比例計算享有被投資單位自購買日至處置日期初之間實現的淨損益為 1,600 萬元(4,000×40%),採用權益核算進行追溯調整,應調整增加長期股權投資的帳面價值,同時調整留存收益;處置期至處置日之間實現的淨損益為 400 萬元,應調整增加長期股權投資的帳面價值,同時確認為當期投資收益。企業應進行以下會計處理:

借:長期股權投資——損益調整　　　　　　　　　　　20,000,000
　貸:盈餘公積　　　　　　　　　　　　　　　　　　 1,600,000
　　　利潤分配——未分配利潤　　　　　　　　　　　14,000,000
　　　投資收益　　　　　　　　　　　　　　　　　　 4,000,000

(五)成本法核算轉公允價值計量

原持有的對被投資單位具有控制的長期股權投資,因部分處置等原因導致持股比例

下降,不再對被投資單位實施控製、共同控製或重大影響的,應該按照《企業會計準則第22號——金融工具確認和計量》進行會計處理,在喪失控製之日的公允價值與帳面價值之間的差額計入當期投資收益。

【例5-42】甲公司持有乙公司60%的有表決權股份,能夠對乙公司實時控製,對該股權投資採用成本法核算。2017年10月,甲公司將該項投資的80%出售給非關聯方,取得價款8,000萬元,相關手續於當日完成。甲公司無法再對乙公司實施控製,也不能施加共同控製或重大影響,將剩餘股權投資轉為可供出售金融資產。出售時,該項長期股權投資的帳面價值為8,000萬元,剩餘股權投資的公允價值為2,000萬元(不考慮相關稅費等其他因素影響)。

甲公司有關會計處理如下:
(1)確認有關股權投資的處置損益。
借:銀行存款　　　　　　　　　　　　　　　　80,000,000
　　貸:長期股權投資　　　　　　　64,000,000(8,000萬元的80%)
　　　　投資收益　　　　　　　　　　　　　　16,000,000
(2)剩餘股權投資轉為可供出售金融資產,當天公允價值為2,000萬元,帳面價值為1,600萬元,兩者差異應計入當期投資收益。
借:可供出售金融資產　　　　　　　　　　　　20,000,000
　　貸:長期股權投資　　　　　　　16,000,000(8,000萬元的20%)
　　　　投資收益　　　　　　　　　　　　　　 4,000,000

五、長期股權投資處置

企業持有長期股權投資的過程中,由於各方面的考慮,決定將所持有的對被投資單位的股權全部或部分對外出售時,應相應結轉與所售股權相對應的長期股權投資的帳面價值。一般情況下,出售所得價款與處置長期股權投資帳面價值之間的差額,應確認為處置損益。

投資方全部處置權益法核算的長期股權投資時,原權益法核算的相關其他綜合收益應當在終止採用權益法核算時採用與被投資單位直接處置相關資產或負債相同的基礎進行會計處理,因被投資方除淨損益、其他綜合收益和利潤分配以外的其他所有者權益變動而確認的所有者權益,應當在終止採用權益法核算時全部轉入當期投資收益。投資方部分處置權益法核算的長期股權投資,剩餘股權仍採用權益法核算的,原權益法核算的相關其他綜合收益應當採用與被投資單位直接處置相關資產或負債相同的基礎處理並按比例結轉,因被投資方除淨損益、其他綜合收益和利潤分配以外的其他所有者權益變動而確認的所有者權益,應當按比例結轉入當期投資收益。

【例5-43】甲公司持有乙公司40%的股權並採用權益法核算。長期股權投資的帳面價值為8,700萬元,其中投資成本8,000萬元,損益調整200萬元,甲公司取得乙公司股權至2017年7月1日期間,確認的相關其他綜合收益為400萬元(其中,350萬元為按比例享有的乙公司可供出售金融資產的公允價值變動,50萬元為按比例享有的乙公司重新

計量設定受益計劃淨負債或淨資產所產生的變動),享有乙公司除淨損益、其他綜合收益和利潤分配以外的其他所有者權益變動為 100 萬元。2017 年 7 月 1 日,甲公司將乙公司 20% 的股權出售給第三方丙公司,對剩餘 20% 的股權仍採用權益法核算,出售取得價款 5,000 萬元(不考慮相關稅費等其他因素影響)。

(1)出售投資的會計分錄如下:

借:銀行存款　　　　　　　　　　　　　　　　　50000,000
　　貸:長期股權投資——投資成本　　　　　　　40,000,000
　　　　　　　　　　——損益調整　　　　　　　1,000,000
　　　　　　　　　　——其他綜合收益　　　　　2,000,000
　　　　　　　　　　——其他資本公積　　　　　500,000
　　　　投資收益　　　　　　　　　　　　　　　6,500,000

甲公司原持有股權相關的其他綜合收益和其他所有者權益變動應按如下方法進行會計處理:

(2)其他綜合收益轉帳。其他綜合收益轉入當期損益。350 萬元的其他綜合收益屬於被投資單位可供出售金融資產的公允價值變動,由於剩餘股權仍繼續根據《企業會計準則第 2 號——長期股權投資》採用權益法進行核算,因此應按處置比例(50%)相應結轉計入當期投資收益 350/2 = 175(萬元)。

轉入其他的權益科目 50 萬元的其他綜合收益屬於被投資單位重新計量設定受益計劃淨負債或淨資產所產生的變動,由於剩餘股權仍繼續根據《企業會計準則第 2 號——長期股權投資》採用權益法進行核算,因此應按處置比例(50%),並按照被投資單位處置相關資產或負債相同的基礎進行會計處理。

同時,將已計入其他綜合收益的金額按 50% 的比例轉入投資收益和所有者權益。

借:其他綜合收益　　　　　　　　　　　　　　　2,000,000
　　貸:投資收益　　　　　　　　　　　　　　　1750,000
　　　　資本公積　　　　　　　　　　　　　　　250,000

(3)其他所有者權益變動(已計入資本公積)轉帳。由於剩餘股權仍繼續根據《企業會計準則第 2 號——長期股權投資》的要求採用權益法進行核算,因此應按處置比例(50%)相應結轉計入當期投資收益 100/2 = 50(萬元)。

借:資本公積——其他資本公積　　　　　　　　　500,000
　　貸:投資收益　　　　　　　　　　　　　　　500,000

假設,2017 年 12 月,A 公司再向第三方公司處置 B 公司 15% 的股權,剩餘 5% 的股權作為可供出售金融資產,按照《企業會計準則第 22 號——金融工具確認和計量》的要求進行會計處理。A 公司原持有股權相關的其他綜合收益和其他所有者權益變動應按以下方法進行會計處理:

其他綜合收益中應轉入當期損益的部分,處置后的剩餘股權應該按照《企業會計準則第 22 號——金融工具確認和計量》的要求進行會計處理,其他綜合收益 175 萬元屬於被投資單位可供出售金融資產的公允價值變動,應在轉換日全部結轉,同時計入當期投

資收益。

其他綜合收益應轉入其他的權益科目的部分，處置后的剩餘股權應該按照《企業會計準則第 22 號——金融工具確認和計量》的要求進行會計處理，其他綜合收益 25 萬元屬於被投資單位重新計量設定受益計劃淨負債或淨資產所產生的變動，按照被投資單位處置相關資產或負債相同的基礎進行會計處理。

其他所有者權益變動(已計入資本公積)的部分，由於處置后的剩餘股權應該按照《企業會計準則第 22 號——金融工具確認和計量》的要求進行會計處理，因此應在轉換日全部結轉，計入當期投資收益 50 萬元。

六、長期股權投資計提減值準備

長期股權投資發生了減值，企業應對其計提減值準備。長期股權投資計提減值適用於《企業會計準則第 8 號——資產減值》的規定。長期股權投資的可收回金額低於其帳面價值時，應當將長期資產的帳面價值減記至可收回金額，減記的金額確認為資產減值損失，計入當期損益，同時計提相應的資產減值準備。資產減值損失一經確認，在以后會計期間不得轉回。

【例 5-44】甲公司持有乙公司長期股權投資的帳面價值為 8,000 萬元，由於股市發生持續下跌，其可收回金額為 5,000 萬元，預計在近期不會有回升。甲公司在資產負債表日為此長期股權投資計提減值 3,000 萬元。其會計處理為：

借：資產減值損失　　　　　　　　　　　　　　　　　　　30,000,000
　　貸：長期股權投資減值準備　　　　　　　　　　　　　30,000,000

思考題

1. 什麼是投資？什麼是廣義的投資和狹義的投資？
2. 企業投資是怎樣分類的？
3. 什麼是交易性金融資產？其成本是怎樣確定的？
4. 什麼是可供出售金融資產？其成本如何確定？
5. 長期股權投資的目的是什麼？
6. 什麼是控製、共同控製、重大影響？
7. 長期股權投資成本是怎樣確定的？
8. 什麼是成本法和權益法？兩者對投資的會計處理有何不同？
9. 持有至到期投資的成本包括哪些內容？
10. 持有至到期投資的溢價和折價是怎樣產生的？

練習題

1. 甲企業於 2016 年 5 月 1 日以 217,300 元購入 W 公司 2015 年 5 月 1 日發行的 3 年期債券，債券年利率為 10%，該債券的票面價值為 200,000 元，另支付相關稅費 800 元。甲企業購入該債券被指定為交易性金融資產。該債券分年計息，一次還本付息。編制甲

企業會計分錄。

2. 甲企業於2017年2月20日購入W公司股票10,000股,每股5元,其中含已宣布尚未發放的現金股利每股0.5元,另支付相關稅費200元。甲企業不準備長期持有該股票,被指定為交易性金融資產。編制甲企業會計分錄。

3. 甲企業持有的交易性金融資產股票的帳面成本為50,000元,期末的市價為45,000元。按規定調整交易性金融資產的帳面價值。

4. 甲企業於2017年4月1日購入B公司股份5,000萬股,占B公司有表決權資本的5.5%,並準備長期持有,每股12.15元,另支付相關稅費5,000元。B公司可辨認淨資產的公允價值等於其帳面價值10億元。

要求:

(1)假設為同一控製和非同一控製分別編制購買股票的會計分錄。

(2)甲企業於2018年4月1日收到分配2017年的現金股利,每股0.3元。編制相應會計分錄。

5. W企業於2015年1月1日以2,320,000元購入H企業實際發行在外股數的35%,另支付13,000元稅費等相關費用,2015年4月2日H企業宣告分派現金股利,W企業可獲得現金股利40,000元。2015年1月1日H企業可辨認淨資產的公允價值為4,500,000元,2015年度實現淨利潤為600,000元,宣告發放現金股利400,000元,H企業2016年度實現虧損5,000,000元,2017年盈利1,500,000元。該投資為非同一控製。編制W企業2015—2017年相應的會計分錄。

6. W企業於2015年1月1日以2,160,000元購入Y公司的債券面值2,000,000元,Y公司債券為2015年1月1日至2017年12月31日到期,票面利率為8%,分年付息,一次還本。W企業另支付手續費和相關稅費9,000元,該債券準備持有至到期。溢價採用直線攤銷法和實際利率法攤銷。編制W公司購買、分期計息、攤銷溢價、到期收回投資的會計分錄。

7. W企業於2015年1月1日以1,890,000元購入Y公司的債券面值2,000,000元,Y公司債券為2015年1月1日至2017年12月31日到期,票面利率為8%,分年付息,一次還本。該債務準備持有至到期。折價採用直線攤銷法和實際利率法攤銷。編制W公司購買、分期計息、攤銷折價、到期收回投資的會計分錄。

8. W企業於2015年3月5日以固定資產和無形資產對M企業投資(非同一控製),固定資產的原始成本是800,000元,累計已提折舊300,000元,雙方協議作價600,000元;土地使用權帳面價值250,000元,雙方協議作價400,000元。W企業的投資占M企業有表決權資本的40%,其投資成本與應享有M企業可辨認淨資產公允價值的份額相等。2015年M企業全年實現淨利潤600,000元;2016年3月M企業宣告分配2015年的現金股利400,000元;2016年M企業全年淨虧損3,000,000元;2017年M企業全年實現盈利800,000元。編制各年的會計分錄。

9. W公司擁有乙公司40%的股份。乙公司因某一原因增加資本公積50萬元。W公司採用權益法。編制相關會計分錄。

假設 2 個月之后,W 公司將該長期股權投資出售其中的 50%。長期股權投資此時的成本為 5,000 萬元、損益調整借方為 300 萬元、其他權益變動借方 50 萬元。出售其中 50%取得價款 2,200 萬元。編制相關會計分錄。

10. W 公司於 2016 年 1 月 1 日以 2,000 萬元購入 H 公司 30%的股份。H 公司可辨認淨資產公允價值為 6,300 萬元,帳面價值為 6,000 萬元。其中存貨的公允價值高於其帳面價值 40 萬元,固定資產公允價值高於其帳面價值 60 萬元,無形資產的公允價值高於其帳面價值 200 萬元,H 公司的存貨採用先進先出法,固定資產採用直線法在未來 5 年計提折舊,無形資產在未來 10 年內攤銷。H 公司當年實現的淨利潤 600 萬元。編制購入投資、年末確認投資收益、調整投資收益的會計分錄,合併商譽未發生減值。

11. 2016 年 1 月 1 日,H 公司取得同一控製下的 A 公司 25%的股份,實際支付款項 6,000 萬元,能夠對 A 公司可辨認淨資產帳面價值為 22,000 萬元(假定與公允價值相等)。2016—2017 年,A 公司共實現淨利潤 1,000 萬元,無其他所有者權益變動。2018 年 1 月 1 日,H 公司以定向增發 2,000 萬股普通股(每股價值為 1 元,每股公允價值為 4.5 元)的方式購買同一控製下另一企業所持有的 A 公司 40%股權,相關手續於當日完成。進一步取得投資后,H 公司能夠對 A 公司實施控製。當日,A 公司在最終控製方合併財務報表中的淨資產的帳面價值為 23,000 萬元。假定 H 公司和 A 公司採用的會計政策和會計期間相同,均按照 10%的比例提取盈餘公積。H 公司和 A 公司一直同受同一最終控製方控製。上述交易不屬於一攬子交易,不考慮相關稅費等其他因素影響,請進行相關會計處理。

12. 2017 年 3 月,A 公司通過增發 6,000 萬股普通股(面值 1 元/股,市價 3 元/股),從非關聯方處取得 B 公司 20%的股權。為增發該部分股票,A 公司向證券承銷機構等支付了 400 萬元的佣金和手續費。相關手續於增發當日完成。假定 A 公司取得該部分股權后能夠對 B 公司施加重大影響。不考慮相關稅費等其他因素影響,請進行相關會計處理。

13. 2017 年 3 月 31 日,A 公司取得 B 公司 70%的股權,取得該部分股權后能夠對 B 公司實施控製。B 公司可辨認淨資產的公允價值與其帳面價值相等,為 50,000 萬元。

(1)假設 A 公司以銀行存款 32,000 萬元取得 70%的股權,編制同一控製與非同一控製的會計分錄。

(2)假設 A 公司以銀行存款 37,000 萬元取得 70%的股權,編制同一控製與非同一控製的會計分錄。

14. 2017 年 3 月 31 日,A 公司取得 B 公司 30%的股權,取得該部分股權后能夠對 B 公司實施重大影響。B 公司可辨認淨資產的公允價值與其帳面價值相等,為 50,000 萬元。

(1)假設 A 公司以銀行存款 14,000 萬元取得 30%的股權,編制同一控製與非同一控製的會計分錄。

(2)假設 A 公司以銀行存款 16,000 萬元取得 30%的股權,編制同一控製與非同一控製的會計分錄。

15. 2015年1月1日，A公司以每股4元的價格購入某上市公司B公司的股票100萬股，並由此持有B公司5%的股權。2016年12月31日，該股票的市場價格為每股5元。2017年12月31日，該股票的市場價格為每股4.8元。A公司與B公司不存在關聯方關係，A公司將對B公司的投資作為可供出售金融資產進行會計處理。2018年1月1日，A公司以現金1.2億元為對價，向B公司大股東收購B公司50%的股權，A公司取得B公司控制權之日為2018年1月1日，B公司當日股價為每股5.5元，B公司可辨認淨資產的公允價值為2億元。不考慮相關稅費等其他因素影響，請進行相關會計處理。

16. 2015年1月1日，A公司以現金3,000萬元從非關聯方處取得了B公司25%的股權，並能夠對B公司施加重大影響。當日，B公司可辨認淨資產公允價值為1億元。2017年7月1日，A公司另支付現金5,000萬元，從另一非關聯方處取得B公司40%股權，並取得對B公司的控制權。購買日，A公司原持有的對B公司的25%的股權的公允價值為3,700萬元，帳面價值為3,300萬元，A公司確認與B公司權益法核算相關的累計其他綜合收益為200萬元，其他所有者權益變動100萬元，B公司可辨認淨資產公允價值為1.2億元。以上交易的相關手續均於當日完成，不考慮相關稅費等其他因素影響，請進行相關會計處理。

17. 2016年5月，甲公司從非關聯方處以現金500萬元取得對乙公司60%的股權，相關手續於當日完成，並能夠對乙公司實施控制。2017年3月，乙公司宣告分派現金股利，甲公司按其持股比例可取得10萬元。不考慮相關稅費等其他因素影響，請進行相關會計處理。

18. 2017年4月1日，甲公司購入（非關聯公司）乙公司30%的股份，購買價款為2,500萬元，自取得投資之日起能夠對乙公司施加重大影響。取得投資當日，乙公司可辨認淨資產公允價值為8,000萬元，

在甲公司取得投資時，存貨的公允價值高於其帳面價值20萬元於當年全部對外銷售；固定資產公允價值高於其帳面價值100萬元按直線法提取折舊，預計淨殘值均為0，尚可在未來的8年內使用。

甲公司當年銷售一批商品給乙公司，售價50萬元，成本40萬元。乙公司只對外出售了80%。這一交易以屬於內部交易。

乙公司因可供出售金融資產增值30萬元。

乙公司因某一原因增加資本公積50萬元。

乙公司於2016年實現淨利潤300萬元。

乙公司於2017年3月宣布發放現金股利150萬元，每10股發放股票股利5股。

根據上述資料編制甲公司相關會計分錄。

19. 甲公司持有乙公司30%的有表決權股份，能夠對乙公司施加重大影響。對該股權投資採用權益法核算。2017年10月，甲公司將該項投資的60%出售給非關聯方，取得價款2,100萬元。相關手續於當日完成。甲公司無法再對乙公司施加重大影響，將剩餘股權投資轉為可供出售金融資產。出售時，該項長期股權投資的帳面價值為3,000萬元，其中投資成本2,500萬元，損益調整為350萬元，其他綜合收益為100萬元（性質為被

投資單位的可供出售金融資產的累計公允價值變動),除淨損益、其他綜合收益和利潤分配外的其他所有者權益變動為 50 萬元。剩餘股權的公允價值為 1,400 萬元。不考慮相關稅費等其他因素影響,請進行相關會計處理。

20. A 公司原持有 B 公司 60% 的股權,能夠對 B 公司實施控製。2017 年 4 月 6 日,A 公司對 B 公司的長期股權投資的帳面價值為 9,000 萬元,未計提減值準備,A 公司將其持有的對 B 公司長期股權投資中的 1/3 出售給非關聯方,取得價款 4,000 萬元。當日被投資單位可辨認淨資產公允價值總額為 20,000 萬元。相關手續於當日完成,A 公司不再對 B 公司實施控製,但具有重大影響。A 公司原取得 B 公司 60% 的股權時,B 公司可辨認淨資產公允價值總額為 15,000 萬元(假定公允價值與帳面價值相同)。自 A 公司取得對 B 公司長期股權投資后至部分處置投資前,B 公司實現淨利潤 6,000 萬元。其中,自 A 公司取得投資日至 2017 年年初實現淨利潤 5,000 萬元。假定 B 公司一直來未進行利潤分配。除實現淨損益外,B 公司未發生其他計入資本公積的交易或事項。A 公司按淨利潤的 10% 提取盈餘公積。不考慮相關稅費等其他因素影響,請進行相關會計處理。

21. 甲公司持有乙公司 60% 的有表決權股份,能夠對乙公司實施控製,對該股權投資採用成本法核算。2017 年 10 月,甲公司將持有的乙公司 50% 的股權出售給非關聯方,取得價款 5,000 萬元。相關手續於當日完成。甲公司還持有乙公司 10% 的有表決權的股份,無法再對乙公司實施控製,也不能施加共同控製或重大影響,將剩餘股權投資轉為可供出售金融資產。出售時,該項長期股權投資的帳面價值為 5,400 萬元,剩餘股權投資的公允價值為 1,000 萬元。不考慮相關稅費等其他因素影響,請進行相關會計處理。

22. A 公司持有 B 公司 40% 的股權並採用權益法核算。2017 年 7 月 1 日,A 公司將 B 公司 20% 的股權出售給第三方 C 公司,對剩餘 20% 的股權仍採用權益法核算。A 公司取得 B 公司股權至 2017 年 7 月 1 日期間,確認的相關其他綜合收益為 400 萬元(其中,350 萬元為按比例享有的 B 公司可供出售金融資產的公允價值變動,50 萬元為按比例享有的 B 公司重新計量設定受益計劃淨負債或淨資產所產生的變動),享有 B 公司除淨損益、其他綜合收益和利潤分配以外的其他所有者權益變動為 100 萬元。不考慮相關稅費等其他因素影響,請進行相關會計處理。

第六章
固定資產

　　固定資產是企業生產經營的勞動工具,是企業進行生產經營的必備條件之一。固定資產在企業資產負債表中佔有重要的份額,能否正確確認、計量固定資產,既會影響到企業資產負債表反映的會計信息質量,又會影響到利潤表反映的企業經營成果。本章主要介紹固定資產的確認、分類、計量、記錄和會計報告。

第一節　固定資產的確認與計量

一、固定資產的確認

　　如果要對某一項資產項目確認為固定資產,先要符合固定資產的定義,然后要符合固定資產確認的條件。

(一)固定資產的定義

　　固定資產(Fixed Assets)是指企業將勞動者的勞動力傳遞到勞動對象上的勞動工具。例如,房屋、建築物、機器、機械、運輸工具以及其他與生產經營有關的設備、器具、工具等。

　　中國《企業會計準則第4號——固定資產》對固定資產的定義是:固定資產是指同時具有以下特徵的有形資產:

(1)為生產商品、提供勞務、經營管理而持有的。

(2)使用壽命超過一個會計年度。這裡的「使用壽命」是指企業使用固定資產的預計期間,或者該固定資產所能生產產品或提供勞務的數量。

　　從這一定義可以看出,固定資產的最基本特徵是:企業持有固定資產的目的是為了生產商品、提供勞務、經營管理,而不是直接用於出售。這一特徵就使固定資產明顯區別於庫存商品等流動資產。企業持有無形資產的目的也是為了生產商品、提供勞務、出租或經營管理,但是無形資產沒有實物形態,而固定資產通常卻表現為機器、機械、房屋建築物、運輸工具等實物形態,因此無形資產不屬於固定資產。固定資產準則在強調持有固定資產的目的和具有實物形態這兩個特徵外,還強調固定資產的使用年限超過一個會計年度,但不再強調單位價值較高這個特徵。

　　《企業會計準則第4號——固定資產》中沒有給出具體的價值判斷標準。其理由主要在於:不同行業的企業以及同行業的不同企業,其經營方式、資產規模及其資產管理方式往往存在較大差別,強制要求所有企業執行同樣的固定資產價值判斷標準,既不切合

實際,也不利於真實地反映企業的固定資產信息;此外,會計準則不具體規定固定資產的價值判斷標準,既符合國際會計慣例,也符合中國會計改革的基本思路。在實務中,企業應根據不同固定資產的性質和消耗方式,結合本企業的經營管理特點,具體確定固定資產的價值判斷標準。

(二)固定資產的確認條件

符合固定資產定義的資產項目,要作為企業的固定資產來核算,還需要符合以下兩個條件:

1. 與該固定資產有關的經濟利益很可能流入企業

資產最為重要的特徵是預期會給企業帶來經濟利益。如果某一項目預期不能給企業帶來經濟利益,就不能確認為企業的資產。固定資產是企業一項重要的資產,因此對固定資產的確認關鍵是需要判斷其所包含的經濟利益是否很可能流入企業。如果某一固定資產包含的經濟利益不是很可能流入企業,那麼即使其滿足固定資產確認的其他條件,企業也不應將其確認為固定資產;如果某一固定資產包含的經濟利益很可能流入企業,並同時滿足固定資產確認的其他條件,那麼企業應將其確認為固定資產。

在實務中,判斷固定資產包含的經濟利益是否很可能流入企業,主要是依據與該固定資產所有權相關的風險和報酬是否轉移到了企業。其中,與固定資產所有權相關的風險是指由於經營情況變化造成的相關收益的變動以及由於資產閒置、技術陳舊等原因造成的損失;與固定資產所有權相關的報酬是指在固定資產使用壽命內直接使用該資產而獲得的經濟利益以及處置該資產所實現的收益等。通常情況下,取得固定資產的所有權是判斷與固定資產所有權相關的風險和報酬轉移到企業的一個重要標誌。凡是所有權已屬於企業,無論企業是否收到或持有該固定資產,均應作為企業的固定資產;反之,如果沒有取得所有權,即使存放在企業,也不能作為企業的固定資產。有時企業雖然不能取得固定資產的所有權,但是與固定資產所有權相關的風險和報酬實質上已轉移給企業,根據實質重於形式原則,此時企業能夠控制該項固定資產所包含的經濟利益流入企業。例如,融資租入固定資產,企業雖然不擁有固定資產的所有權,但與固定資產所有權相關的風險和報酬實質上已轉移到企業(承租方),此時企業能夠控制該固定資產所包含的經濟利益,因此符合固定資產確認的第一個條件。

2. 該固定資產的成本能夠可靠地計量

成本能夠可靠地計量是資產確認的一項基本條件。固定資產作為企業資產的重要組成部分,要予以確認,其為取得該固定資產而發生的支出也必須能夠確切地計量或合理地估計。如果固定資產的成本能夠可靠地計量,並同時滿足其他確認條件,就可以在會計報表中加以確認;否則,企業不應加以確認。

企業在確定固定資產成本時,有時需要根據所獲得的最新資料對固定資產的成本進行合理的估計。例如,企業對於已達到預定可使用狀態的固定資產,在尚未辦理竣工決算時,需要根據工程預算、工程造價或者工程實際發生的成本等資料按暫估價值確定固定資產的入帳價值,待辦理了竣工決算手續后再作調整。

二、固定資產的分類

固定資產的種類繁多,構成複雜,可以按不同的標誌進行分類。

(一)按經濟用途分類

按經濟用途可將固定資產分為生產經營用固定資產和非生產經營用固定資產兩類。

1. 生產經營用固定資產

生產經營用固定資產是指直接服務於企業生產經營過程的各種固定資產,包括生產經營用的房屋(Plant)、建築物(Buildings)、機器設備(Machinery and Equipment)、工具器具(Tools and Furniture)等。

2. 非生產經營用固定資產

非生產經營用固定資產是指不直接服務於企業生產經營過程的各種固定資產,如職工宿舍及食堂、浴室等職工福利設施和有關的設備器具等。

(二)按使用情況分類

按使用情況可將固定資產分為使用中固定資產、未使用固定資產和不需用固定資產三類。

1. 使用中固定資產

使用中固定資產是指正在使用的固定資產,包括正在本企業使用的生產經營用固定資產和非生產經營用固定資產,由於季節性原因或大修理原因暫時停用的固定資產,用於內部替換使用而暫時停用的固定資產以及臨時性租出的固定資產。

2. 未使用固定資產

未使用固定資產是指企業已購建完成尚未交付使用的新增固定資產,因改建、擴建原因暫時停用的固定資產。

3. 不需用固定資產

不需用固定資產是指因本企業多餘不用或不再使用而準備處置的固定資產。

(三)按所有權分類

按所有權可將固定資產分為自有固定資產和租入固定資產兩類。

1. 自有固定資產

自有固定資產是指企業擁有的可供企業自行支配使用的固定資產。

2. 租入固定資產

租入固定資產是指企業採用租賃方式從其他單位租入的固定資產。租入固定資產包括融資租入固定資產和經營租入固定資產。

(四)綜合分類

實際工作中,企業通常結合固定資產的經濟用途、使用情況和產權關係等因素將固定資產綜合分為七類:生產經營用固定資產、非生產經營用固定資產、租出固定資產、未使用固定資產、不需用固定資產、融資租入固定資產和土地(指過去已單獨估價入帳的土地)。

企業應當根據固定資產的定義,結合本企業的具體情況,制定適合於本企業的固定

資產目錄、分類方法、每類或每項固定資產的折舊年限、折舊方法,作為進行固定資產核算的依據。同時,企業應將上述內容編制成冊,按照管理權限,經股東大會或董事會,或經理(廠長)會議或類似機構批准,按照法律、行政法規的規定報送有關部門備案,同時備置於企業所在地,以供投資者以及有關部門查閱。企業已經確定並對外報送,或置備於企業所在地的有關固定資產目錄、分類方法、每類或每項固定資產的預計淨殘值、預計使用年限、折舊方法等,按照可比性原則,一經確定不得隨意變更,如需變更,其變更時間一般應為年初,以保持年度內折舊方法的一致,並仍然應當按照上述程序,經批准后報送有關部門備案,將變更理由及折舊方法改變后對損益的影響在會計報表附註中予以揭示。未作為固定資產管理的工具、器具等,作為低值易耗品核算。

三、固定資產的計量

固定資產的計量涉及初始計量和期末計量兩個方面。其中,固定資產的初始計量指確定固定資產的取得成本;固定資產的期末計量主要解決固定資產期末計價問題。

固定資產初始計量的基本原則是按成本入帳。其中,成本包括企業為購建某項固定資產達到預定可使用狀態前所發生的一切合理的、必要的支出。由於固定資產的取得方式不同,如購買、自行建造、投資者投入、非貨幣性交易取得、債務重組取得等,其成本的具體確定方法也不完全相同。

(一)固定資產原始價值

固定資產原始價值(Acquisition Cost)也稱原始成本,是指企業在投資建造、購置或以其他方式取得某項固定資產並將其投入使用之前實際發生的全部支出。企業購建固定資產的計價,確定計提折舊的依據等均採用這種計價方法。固定資產原始價值是固定資產的基本計價標準。

(二)重置價值

重置價值也稱現時重置成本(Replacement Cost),是指在當前的生產能力和技術標準的條件下,重新購建同樣的固定資產所需要的全部支出。按重置完全價值計資,可以比較真實地反映固定資產的現時價值,但實務操作比較複雜,因此這種方法僅在確定清查中盤盈固定資產的價值或在報表附註中對報表進行補充說明時採用。

(三)折餘價值

固定資產的折餘價值也稱淨值或帳面淨值(Net Value),是指固定資產的原始價值或重置完全價值減去帳面累計折舊后的餘額。固定資產的折餘價值可以反映企業實際占用在固定資產上的資金數額和固定資產的新舊程度。這種計價方法主要用於計算盤盈、盤虧、毀損固定資產的溢餘或損失。

四、固定資產核算的科目設置

固定資產核算主要涉及「固定資產」「累計折舊」「固定資產清理」「工程物資」和「在建工程」科目。

(一)「固定資產」科目

「固定資產」科目核算固定資產的原始價值,其借方記錄企業購入、接受投資與捐贈

等原因增加的固定資產的原始價值;貸方記錄因出售、報廢、毀損、置換和投資轉出等原因減少的固定資產的原始價值;期末借方餘額,反映企業期末固定資產的帳面原值。「固定資產」科目一般按固定資產的綜合分類所分的類別設置二級科目,二級科目下按固定資產的品種、規格,結合管理需要設置明細科目。

企業應當設置「固定資產登記簿」和「固定資產卡片」,按固定資產類別、使用部門和每項固定資產進行明細核算。

臨時租入的固定資產,應當另設備查帳簿進行登記,不在「固定資產」科目核算。

(二)「累計折舊」科目

「累計折舊」科目核算企業固定資產的累計折舊,其借方登記減少的固定資產註銷的折舊,貸方登記提取的折舊,期末貸方餘額反映企業提取的固定資產折舊累計數。「累計折舊」科目是「固定資產」科目的備抵科目,兩者相抵的差額為固定資產的折餘值。「累計折舊」科目只進行總分類核算,不進行明細分類核算,需要查明某項固定資產的已提折舊,可以根據固定資產卡片上記載的該項固定資產原值、折舊率和實際使用年數等資料進行計算。

(三)「固定資產清理」科目

「固定資產清理」科目核算企業因出售、報廢和毀損等原因轉入清理的固定資產價值及其在清理過程中所發生的清理費用和清理收入等。「固定資產清理」科目的借方反映出售、報廢清理固定資產的帳面淨值以及清理過程中所發生的費用;貸方反映清理時的殘料價值、變賣收入。若固定資產投了保險,在遇到意外災害時,從保險公司收取的賠款收入以及固定資產因責任人過失造成毀損,應向責任人收取的賠款也一併計入該科目貸方。「固定資產清理」科目的期末餘額,反映尚未清理完畢固定資產的價值以及清理淨收入(清理收入減去清理費用)。「固定資產清理」科目應按被清理的固定資產設置明細帳,進行明細核算。

(四)「工程物資」科目

「工程物資」科目核算企業為基建工程、更改工程和大修理工程準備的各種物資的實際成本。該科目借方記錄為工程購入的各項物質的實際成本;貸方記錄工程領用各項工程物質的實際成本;期末借方餘額反映企業為工程購入但尚未領用的專用材料的實際成本、購入需要安裝設備的實際成本以及為生產準備但尚未交付的工具及器具的實際成本。「工程物資」科目應當設置明細科目核算。企業購入不需要安裝的設備不在「工程物資」科目核算。

(五)「在建工程」科目

「在建工程」科目核算企業進行基建工程、安裝工程、技術改造工程、大修理工程等工程發生的實際支出,包括需要安裝設備的價值。「在建工程」科目借方記錄工程建設發生的各項支出;貸方記錄工程達到預計可使用狀態之前發生的轉入固定資產的工程實際成本;借方餘額反映企業尚未完工的工程發生的實際支出。「在建工程」科目應當設置建築工程、安裝工程、在安裝設備、技術改造工程、大修理工程和其他支出明細科目。

企業根據項目概算購入不需要安裝的固定資產、為生產準備的工具器具、購入的無

形資產及發生的不屬於工程支出的其他費用等,不在「在建工程」科目核算。

　　財政部和國家稅務總局下發的《關於全面推開營業稅改徵增值稅的試點的通知》正式宣布自 2016 年 5 月 1 日起在全國範圍內全面推開營業稅改徵增值稅(簡稱營改增)試點。增值稅一般納稅人自 2016 年 5 月 1 日起,購進(包括接受捐贈、實物投資)固定資產發生的進項稅額,憑增值稅專用發票、海關進口增值稅專用繳款書和運輸費用結算單據從銷項稅額中抵扣。房屋建築物等不動產,也應納入增值稅抵扣範圍。

　　按照國家稅務總局《關於發布〈不動產進項稅額分期抵扣暫行辦法〉的公告》的規定,增值稅一般納稅人 2016 年 5 月 1 日后取得並在會計制度上按固定資產核算的不動產以及 2016 年 5 月 1 日后發生的不動產在建工程,其進項稅額應按照有關規定分 2 年從銷項稅額中抵扣,第一年抵扣比例為 60%,第二年抵扣比例為 40%。其中,納稅人新建、改建、擴建、修繕、裝飾不動產,屬於不動產在建工程。

　　因此,如果納稅人 2016 年 5 月 1 日后購進貨物和設計服務、建築服務,用於新建不動產,上述進項稅額中,60%的部分於取得扣稅憑證的當期從銷項稅額中抵扣;40%的部分為待抵扣進項稅額,於取得扣稅憑證的當月起第 13 個月從銷項稅額中抵扣。

　　購進時已全額抵扣進項稅額的貨物和服務,轉用於不動產在建工程的,其已抵扣進項稅額的 40%部分,應於轉用的當期從進項稅額中扣減,計入待抵扣進項稅額,並於轉用的當月起第 13 個月從銷項稅額中抵扣。

　　因此,在會計處理上,企業購入機器設備等動產和不動產作為固定資產的,應該按照專用發票或海關完稅憑證上應計入固定資產成本的金額,借記「固定資產」科目,按照專用發票或海關完稅憑證上註明的增值稅額,借記「應交稅費——應交增值稅(進項稅額)」科目,按照應付或實際支付的金額,貸記「銀行存款」「應付帳款」「應付票據」「長期應付款」等科目。企業購入的以上固定資產若專用於非增值稅應稅項目、免徵增值稅項目、集體福利或者個人消費,其進項稅額不得抵扣,計入固定資產成本。

第二節　固定資產增加的核算

一、外購固定資產

　　不同途徑增加的固定資產,其核算亦不相同。購入固定資產是企業取得固定資產較常見的一種方式。

　　企業外購固定資產的成本包括買價、增值稅(除房屋建築物等不動產外)、進口關稅等相關稅費以及為使固定資產達到預定可使用狀態前發生的可直接歸屬於該資產的其他支出,如場地整理費、運輸費、裝卸費、安裝費和專業人員服務費等。

　　購建固定資產達到預定可使用狀態具體可以從以下幾個方面進行判斷:

　　(1)固定資產的實體建造(包括安裝)工作已經全部完成或者實質上已經完成。

　　(2)所購建的固定資產與設計要求或合同要求相符或基本相符,即使有極個別與設計或合同要求不相符的地方,也不影響其正常使用。

(3)繼續發生在所購建固定資產上的支出金額很少或幾乎不再發生。

如果所購建固定資產需要試生產或試運行，則在試生產結果表明資產能夠正常生產出合格產品時，或試運行結果表明能夠正常運轉或營業時，應當認為資產已經達到預定可使用狀態。工程達到預定可使用狀態前因必須進行試運轉所發生的淨支出，計入工程成本。在達到預定可使用狀態前，因試運轉而形成的能夠對外銷售的產品，其發生的成本計入在建工程成本，銷售或轉為庫存商品時，按實際銷售收入或按預計售價衝減工程成本。

有時企業基於產品價格等因素的考慮，可能以一筆款項購入多項沒有單獨標價的固定資產。如果這些資產均符合固定資產的定義，也滿足固定資產的確認條件，則應將各項資產單獨確認為固定資產，並按各項固定資產公允價值的比例對總成本進行分配，分別確定各項固定資產的入帳價值。

購買固定資產的價款超過正常信用條件延期支付，實質上具有融資性質的，固定資產的成本以購買價款的現值為基礎確定。實際支付的價款與購買價款的現值之間的差額，除按照《企業會計準則第17號——借款費用》應予以資本化的以外，應當在信用期內計入當期損益(財務費用)。

【例6-1】W公司購入一臺不需要安裝的設備，發票價格為600,000元，增值稅稅額為102,000元，運雜費為1,000元，增值稅稅額110元。款項全部通過銀行付清，設備交付生產車間使用。

借:固定資產——生產經營用固定資產　　　　　　　　　　601,000
　　應交稅費——應交增值稅(進項稅額)　　　　　　　　102,110
貸:銀行存款　　　　　　　　　　　　　　　　　　　　　703,110

二、自行建造固定資產

企業自行建造(Self-Constructed)的固定資產，按建造該項資產達到預定可使用狀態前所發生的必要支出，作為入帳價值。這裡所講的「建造該項資產達到預定可使用狀態前所發生的必要支出」，包括工程用物資成本、人工成本、應予以資本化的固定資產借款費用、繳納的相關稅金以及應分攤的其他間接費用等。在建工程按其實施的方式不同可分為自營工程和出包工程兩種。

(一)自營工程固定資產

企業自營工程核算主要通過「工程物資」科目和「在建工程」科目進行核算。

企業自營建造固定資產，應當按照建造該項固定資產達到預定可使用狀態前所發生的必要支出確定其工程成本，並單獨核算。工程項目較多，且工程支出較大的企業，應當按照工程項目的性質分別核算。

工程達到預定可使用狀態後，按其發生的實際成本結轉企業的固定資產成本。固定資產達到預定可使用狀態後剩餘的工程物資，如轉作庫存材料，按其實際成本或計劃成本，轉作企業的庫存材料。盤盈、盤虧、報廢、毀損的工程物資，減去保險公司、過失人賠償部分后的餘額分別進行處理。如果工程項目尚未達到預定可使用狀態，計入或衝減所

建工程項目的成本;如果工程項目已經達到預定可使用狀態,計入當期營業外支出。工程達到預定可使用狀態前因必須進行試運轉所發生的淨支出,計入工程成本。所建造的固定資產已達到預定可使用狀態,但尚未辦理竣工決算的,應當自達到預定可使用狀態之日起,根據工程預算、造價或者工程實際成本等,按暫估價值轉入固定資產成本,待辦理竣工結算手續后再作調整。

企業自營建造的固定資產按建造該項資產達到預定可使用狀態前所發生的必要支出,借記「在建工程」科目,貸記「銀行存款」「原材料」「應付職工薪酬」等科目。工程達到預定可使用狀態交付使用的固定資產,借記「固定資產」科目,貸記「在建工程」科目。

【例6-2】W公司自行建造倉庫一座,購入為工程準備的各種物資500,000元,支付的增值稅稅額為85,000元,實際領用工程物資450,000元,剩餘物資轉作企業存貨;另外還領用了企業生產用的原材料一批,實際成本為20,000元,應付工程人員工資150,000元,發生其他費用30,000元以銀行存款支付,工程已達到預定可使用狀態。

(1)購入為工程準備的物資。

借:工程物資	500,000
應交稅費——應交增值稅(進項稅額)	85,000
貸:銀行存款	585,000

(2)工程領用物資。

| 借:在建工程——倉庫 | 450,000 |
| 貸:工程物資 | 450,000 |

(3)工程領用原材料,發生其他費用。

借:在建工程——倉庫	200,000
貸:原材料	20,000
應付職工薪酬	150,000
銀行存款	30,000

(4)工程已達到預定可使用狀態。

| 借:固定資產——生產經營用固定資產 | 650,000 |
| 貸:在建工程——倉庫 | 650,000 |

(5)剩餘工程物資50,000元轉作企業生產用的庫存材料。

| 借:原材料 | 50,000 |
| 貸:工程物資 | 50,000 |

(二)出包建造固定資產

企業通過出包工程方式建造的固定資產,按應支付給承包單位的工程價款作為其固定資產成本。支付工程價款時,借記「在建工程」科目,貸記「銀行存款」「應付帳款」等科目。工程達到預定可使用狀態交付使用時,借記「固定資產」科目,貸記「在建工程」科目。

【例6-3】W公司以出包的方式建造了一棟行政辦公大樓,根據合同規定總造價為5,550萬元(含增值稅)。

(1)第一次付款2,600萬元及11%的增值稅。

借:在建工程——辦公大樓　　　　　　　　　　　　　26,000,000
　　應交稅費——應交增值稅(進項稅額)　　　　　　 2,860,000
　　貸:銀行存款　　　　　　　　　　　　　　　　　28,860,000
(2)完工時支付 2,400 萬元及 11%的增值稅。
借:在建工程——辦公大樓　　　　　　　　　　　　　24,000,000
　　應交稅費——應交增值稅(進項稅額)　　　　　　 2,640,000
　　貸:銀行存款　　　　　　　　　　　　　　　　　26,640,000
(3)結轉完工固定資產成本。
借:固定資產——生產用固定資產　　　　　　　　　　50,000,000
　　貸:在建工程——辦公大樓　　　　　　　　　　　50,000,000

三、投資者投入固定資產

投資者投入的固定資產,應按投資合同或協議約定的價值確定入帳價值,但合同或協議約定的價值不公允除外。接受投資的企業既要反映本企業固定資產的增加,也要反映投資者投資額的增加。

【例6-4】W 公司收到 H 公司投入的固定資產一臺,當即交付生產車間使用,H 公司記錄的該固定資產的帳面原價為 1,220,000 元,已提折舊 270,000 元;W 公司接受投資時,雙方的協議價格(含稅價格)為 1,000,000 元。折股本 400,000 股,每股面值 1 元。

借:固定資產——生產經營用固定資產　　　　　　　　854,700.85
　　應交稅費——應交增值稅(進項稅額)　　　　　　 145,299.15
　　貸:股本　　　　　　　　　　　　　　　　　　　　400,000
　　　　資本公積——資本溢價　　　　　　　　　　　　600,000

四、融資租入固定資產

中國《企業會計準則第 21 號——租賃》規定,融資租入的固定資產,按租賃開始租賃資產的公允價值與最低租賃付款額的現值兩者中較低者作為入帳價值。

最低租賃付款額是指在租賃期內,企業(承租人)應支付或可能被要求支付的各種款項(不包括或有租金和履約成本),加上由企業(承租人)或與其有關的第三方擔保的資產餘值。但是,如果企業(承租人)有購買租賃資產的選擇權,所訂立的購買預計將遠低於行使選擇權時租賃資產的公允價值,因而在租賃開始日就可以合理確定企業(承租人)將會行使這種選擇權,則購買價格也應包括在內。其中,資產餘值是指租賃開始日估計的租賃期屆滿時租賃資產的公允價值。

企業(承租人)在計算最低租賃付款額的現值時,如果知悉出租人的租賃內含利率,應採用出租人的內含利率作為折現率;否則,應採用租賃合同規定的利率作為折現率。如果出租人的租賃內含利率和租賃合同規定的利率均無法知悉,應當採用同期銀行貸款利率作為折現率。

【例6-5】W 公司與 X 租賃公司簽訂租賃合同,租一臺設備,期限 4 年,每半年末支

付一次租金 30 萬元及 17% 的增值稅。W 公司每年發生維修費用 2 萬元,X 租賃公司設備的公允價值為 220 萬元,合同利率為 3.5%(半年),該設備為全新,估計使用期為 5 年。合同條款規定,如果后兩年的經營狀況良好,W 公司應按年銷售收入的 1% 支付經營分享收入(不含增值稅)。該設備不需安裝。未確認融資費用採用實際利率法攤銷,折舊採用平均使用年限法。后兩年經營狀況正常,年收入分別為 100 萬元和 200 萬元。到期租賃設備退回給 X 租賃公司。

(1)確認固定資產入帳價值。

最低租賃付款 = 300,000×8+0 = 2,400,000(元)

最低租賃付款現值 = 300,000×(P/A,3.5%,8)
$$= 300,000×6.874$$
$$= 2,062,200(元)$$

現值 2,062,200 元小於固定資產公允價值 2,200,000 元,以現值作為固定資產的入帳價值。

未確認融資費用 = 2,400,000-2,062,200 = 337,800(元)

借:固定資產——融資租入　　　　　　　　　　2,062,200
　　未確認融資費用　　　　　　　　　　　　　337,800
　貸:長期應付款——應付融資租賃款　　　　　　　　2,400,000

(2)分期支付租金(半年)。

借:長期應付款——應付租賃款　　　　　　　　300,000
　　應交稅費——應交增值稅(進項稅額)　　　　51,000
　貸:銀行存款　　　　　　　　　　　　　　　　　351,000

(3)攤銷未確認融資費用。

採用實際利率法,計算各年應攤銷的未確認融資費用,分月攤銷時現按 6 個月平均分攤。

第一個半年應確認的未確認融資費用 = 2,062,200×3.5% = 72,177(元)

第二個半年應確認的未確認融資費用 = (2,062,200-300,000+72,177)×3.5%
$$= 64,203(元)$$

第三個半年應確認的未確認融資費用 = (1,834,377-300,000+64,203)×3.5%
$$= 55,950(元)$$

第四個半年應確認的未確認融資費用 = (1,598,580-300,000+55,950)×3.5%
$$= 47,408(元)$$

第五個半年應確認的未確認融資費用 = (1,354,530-300,000+47,408)×3.5%
$$= 38,568(元)$$

第六個半年應確認的未確認融資費用 = (1,101,939-300,000+38,568)×3.5%
$$= 29,418(元)$$

第七個半年應確認的未確認融資費用 = (840,506-300,000+29,418)×3.5%
$$= 19,947(元)$$

第八個半年應確認的未確認融資費用 =（569,924-300,000+19,947）×3.5%
= 10,128（元）

第一個半年攤銷未確認融資費用的會計分錄如下：

借：財務費用（72,177÷6） 12,029.5
　　貸：未確認融資費用 12,029.5

（4）計提折舊，預計殘值為0。

每月計提折舊 = 2,062,200÷48 = 42,962.5（元）

借：製造費用 42,962.5
　　貸：累計折舊 42,962.5

（5）每期支付履約費用20,000元，其中可抵扣進項稅1,132元。

借：製造費用 18,868
　　應交稅費——應交增值稅（進項稅額） 1,132
　　貸：銀行存款 20,000

（6）第三年支付或有租金。

借：銷售費用 10,000
　　應交稅費——應交增值稅（進項稅額） 1,700
　　貸：銀行存款 11,700

（7）第四年支付或有租金。

借：銷售費用 20,000
　　應交稅費——應交增值稅（進項稅額） 3,400
　　貸：銀行存款 23,400

（8）到期返還資產。

借：累計折舊 2,062,200
　　貸：固定資產——融資租入 2,062,200

五、改擴建固定資產

企業在原有固定資產的基礎上進行改建、擴建的，按原固定資產的帳面價值，加上由於改建、擴建而使該項固定資產達到預定可使用狀態前發生的支出，減改建、擴建過程中發生的變價收入作為入帳價值。

【例6-6】W公司將一車間進行擴建，該車間原價為500萬元，累計已提折舊200萬元。擴建過程中發生支出250萬元，增值稅進項稅額34萬元。

（1）將生產用固定資產轉入擴建（暫停折舊）。

借：在建工程——擴建 3,000,000
　　累計折舊 2,000,000
　　貸：固定資產——生產用固定資產 5,000,000

（2）發生支出250萬元，均以銀行存款支付。

借：在建工程——擴建 2,500,000

應交稅費——應交增值稅(進項稅額)		340,000
貸:銀行存款		2,840,000

(3)擴建完工,交付使用。

借:固定資產——生產用固定資產		5,500,000
貸:在建工程——擴建		5,500,000

企業發生的一些固定資產后續支出可能涉及替換原固定資產的某些組成部分,當發生的后續支出符合固定資產確認條件時,應將其計入固定資產成本,同時將被替換部分的帳面價值扣除(被替換部分的價值較大時需扣除,如被替換部分的價值較少則可以忽略)。這樣可以避免將替換部分的成本與被替換部分的成本同時計入固定資產成本,導致固定資產成本的重複計算。

【例6-7】企業的某項固定資產原價為1,000萬元,採用年限平均法計提折舊,使用壽命為10年,預計淨殘值為0,在第5年年初企業對該項固定資產的某一主要部件進行更換,發生支出合計500萬元,支付增值稅進項稅68萬元,符合準則第四條規定的固定資產確認條件,被更換的部件的原價為400萬元。

項目	金額(萬元)	計算過程
對該項固定資產進行更換前的帳面價值	600	1,000-1,000/10×4
加上:發生的后續支出	500	
減去:被更換部件的帳面價值	240	400/10×6
對該項固定資產進行更換后的原價	860	

(1)註銷固定資產原值及累計折舊,被替換部分未來6年的帳面價值,作為殘值處理(處置收入與其帳面價值的差額計入營業外支出)。

借:在建工程		3,600,000
累計折舊		4,000,000
營業外支出		2,400,000
貸:固定資產		10,000,000

(2)改建發生的支出。

借:在建工程		5,000,000
應交稅費——應交增值稅(進項稅額)		680,000
貸:銀行存款等		5,680,000

(3)改建完工交付使用。

借:固定資產		8,600,000
貸:在建工程		8,600,000

六、接受固定資產抵債

企業接受債務人以非現金資產抵償債務方式取得的固定資產的,按應接受抵債固定資產的公允價值加上應支付的相關稅費作為入帳價值。

【例6-8】W公司欠A公司應收帳款100萬元,A公司已計提壞帳準備10萬元,W公

司因出現財務困難,無法到期付款,A 公司通過債務重組,同意 W 公司以一臺設備抵債,該設備的帳面原值為 80 萬元,累計已提折舊 20 萬元,該設備的公允價值為 50 萬元(不含稅價格)。

(1)A 公司的會計處理如下:

借:固定資產	500,000
應交稅費——應交增值稅(進項稅額)	85,000
營業外支出——債務重組損益	315,000
壞帳準備	100,000
貸:應收帳款	1,000,000

(2)W 公司的會計處理如下:

借:固定資產清理	600,000
累計折舊	200,000
貸:固定資產	800,000
借:應付帳款	1,000,000
營業外支出——非流動資產處置損益	100,000
貸:固定資產清理	600,000
應交稅費——應交增值稅(銷項稅額)	85,000
營業外收入——債務重組損益	415,000

七、非貨幣性交易取得固定資產

以非貨幣性資產交換換入的固定資產,按換出資產的公允價值加上應支付的相關稅費作為入帳價值。

【例 6-9】W 公司以一項無形資產(土地使用權)換取 M 公司的設備一臺。W 公司無形資產的帳面價值為 70 萬元,累計攤銷 20 萬元,公允價值為 90 萬元,增值稅稅率 11%。M 公司設備的帳面原價為 150 萬元,累計已提折舊 50 萬元,不含稅公允價值為 85 萬元,增值稅稅率為 17%,該交易符合商業實質。

(1)W 公司的帳務處理(按換出資產的公允價值入帳)如下:

入帳價值 = 90+90×11%-85×17% = 85.45(萬元)

借:固定資產	854,500
應交稅費——應交增值稅(進項稅額)	144,500
累計攤銷	200,000
貸:無形資產	700,000
營業外收入——公允價值變動損益	400,000
應交稅費——應交增值稅(銷項稅額)	99,000

(2)M 公司的帳務處理如下:

註銷固定資產帳面價值。

借:固定資產清理	1,000,000

累計折舊	500,000
貸:固定資產	1,500,000

(3)確定無形資產入帳價值:

入帳價值=85+14.45-9.9=89.55(萬元)

借:無形資產	895,500
應交稅費——應交增值稅(進項稅額)	99,000
營業外支出——公允價值變動損益	150,000
貸:固定資產清理	1,000,000
應交稅費——應交增值稅(銷項稅額)	144,500

第三節　固定資產折舊

一、固定資產折舊的性質和範圍

(一)固定資產折舊的性質

　　固定資產的特徵之一就是能夠保持其實物形態不變,長期為企業所使用。然而,固定資產的服務能力會隨著它在企業生產經營中使用的程度而逐漸減退,直至消失。因此,企業在使用固定資產的期限內,應當將這種潛在的服務能力按照其消失或減少的比例,逐期分配到各受益期的成本或費用中去。由於使用而使得固定資產逐漸損耗而消失的那部分潛在服務能力或者說價值,稱為折舊(Depreciation)。固定資產的成本隨著其使用而逐期分攤、轉移到它所生產的產品或勞務中去的過程稱為計提折舊,每期分攤的成本稱為折舊費用。之所以要把這部分損失的價值逐期分配到各個受益期成本中去,不僅是為了使企業將來有能力重新購置固定資產,而且更主要是能夠把固定資產的使用成本分配於各受益期,實現收入與費用的正確配比。

　　固定資產計提折舊的原因在於固定資產的服務能力或使用價值的逐漸衰減或消失。導致這種服務能力或價值減少的原因有兩個:一個是有形損耗;另一個是無形損耗。有形損耗或稱物質損耗,是指固定資產由於物質磨損和自然力的影響而引起的價值和使用價值的損失;無形損耗或稱功能損耗,是指由於科學技術進步、消費者愛好的變化,不能滿足需要等原因,在其使用價值完全消失之前而提前報廢所帶來的損失。不論是有形損耗還是無形損耗,固定資產損失的這部分價值,應當在固定資產的有效使用年限內進行分攤,形成折舊費用,計入各期成本。

(二)固定資產折舊的範圍

　　企業在用的固定資產一般均應計提折舊,具體範圍包括:房屋和建築物(無論是否使用);達到預定可使用狀態(不管是否投入使用)的機器設備、儀器儀表、運輸工具、工具器具;季節性停用、大修理停用的固定資產;融資租入和經營租出的固定資產。

　　達到預定可使用狀態應當計提折舊的固定資產,在年度內辦理竣工決算手續的,按照實際成本調整原來的暫估價值,並調整已計提的折舊額,作為調整當月的成本、費用處

理。如果在年度內尚未辦理竣工決算的,應當按照估計價值暫估入帳,並計提折舊,待辦理了竣工決算手續后,再按照實際成本調整原來的暫估價值調整原已計提的折舊額,同時調整年初留存收益各項目。

《企業會計準則第4號——固定資產》規定,企業應當對所有的固定資產計提折舊。但是已經提足折舊並繼續使用的固定資產和按規定單獨估價作為固定資產入帳的土地除外。

企業一般應當按月提取折舊,當月增加的固定資產,當月不提折舊,從下月起計提折舊;當月減少的固定資產,當月照提折舊,從下月起停止提折舊。固定資產提足折舊后,不管能否繼續使用,均不再提取折舊;提前報廢的固定資產,也不再補提折舊。所謂提足折舊,是指已經提足該項固定資產應提的折舊總額。應提的折舊總額為固定資產原價減去預計殘值加上預計清理費用。

(三)影響折舊的因素

固定資產折舊的計算,涉及固定資產原始價值、預計淨殘值、預計使用年限和折舊方法四個要素。

1. 固定資產原始價值(Acquisition Cost)

固定資產原值是指固定資產取得時的原始價值,即取得固定資產時所發生的各種費用,也就是取得固定資產時的實際成本。

2. 預計淨殘值(Net Salvage)

預計淨殘值是指假定固定資產預計使用壽命已滿並處於使用壽命終了時的預期狀態,企業目前從該項固定資產處置中獲得的扣除預計處置費用后的金額。

3. 預計使用壽命(Useful Life)

預計使用壽命是指企業使用固定資產的預計期間(使用年限法),或者該固定資產所能生產產品或提供勞務的數量(工作量法)。在預計時應同時考慮有形損耗和無形損耗,即實物的使用壽命和與經濟效用等有關的技術壽命,在科技進步迅猛的現代社會,技術密集型企業應更多地考慮無形損耗,合理預計使用年限。

《企業會計準則第4號——固定資產》規定,企業確定固定資產使用壽命,應當考慮下列因素:

(1)預計生產能力或實物生產能力。

(2)預計有形損耗和無形損耗。

(3)法律或者類似規定對資產使用的限制。

企業至少應當於每年年度終了對固定資產的使用壽命、預計淨殘值和折舊方法進行復核。

使用壽命預計數與原先估計數有差異的,應當調整固定資產使用壽命。

預計淨殘值預計數與原先估計數有差異的,應當調整預計淨殘值。

與固定資產有關的經濟利益預期實現方式有重大改變的,應當改變固定資產折舊方法。

固定資產使用壽命、預計淨殘值和折舊方法的改變應當作為會計估計變更。

4. 折舊方法(Depreciation Method)

不同經營規模、不同性質的企業可根據各自的特點選擇相應的折舊方法,以較合理

地分攤固定資產的應計折舊總額,反映本單位固定資產的實際使用現狀。企業一旦選定了某種折舊方法,應該保持相對穩定,除非折舊方法的改變能夠提供更可靠的會計信息。在特定會計期折舊方法的變更應在報表附註中加以說明。

二、固定資產折舊方法

固定資產折舊方法有平均年限法、工作量法等直線法,還有年數總和法、雙倍餘額遞減法等加速折舊法。

(一)直線法(Straight-Line Method)

1. 年限平均法

年限平均法(Per Time Period)是將固定資產的應計折舊額在固定資產整個預計使用年限內平均分攤的折舊方法。有關計算公式如下:

應提折舊總額=原始價值-(預計殘值-預計清理費用)
　　　　　=原始價值-預計淨殘值
　　　　　=原始價值×(1-預計淨殘值率)

已計提減值準備的固定資產,在計算應提折舊額時,還應當扣除已計提的固定資產減值準備累計金額。也就是說,當固定資產發生減值時,應當重新計算固定資產的折舊額。

年折舊額=應提折舊總額÷預計使用年限
　　　　=原始價值×(1-預計淨殘值率)÷預計使用年限

年折舊率=年折舊額÷原始價值
　　　　=(1-預計淨殘值率)÷預計使用年限

月折舊率=年折舊率÷12

月折舊額=原始價值×月折舊率

折舊率按計算對象不同,分為個別折舊率、分類折舊率和綜合折舊率三種。個別折舊率是按單項固定資產計算的折舊率;分類折舊率是按各類固定資產分別計算的折舊率;綜合折舊率則是按全部固定資產計算的折舊率。採用分類折舊率,既可以適當簡化核算工作,又可以較為合理地分配折舊費,故應用較為廣泛。

【例6-10】甲公司有設備一臺,原始價值為125,000元,預計使用年限為5年,預計殘值為7,500元,預計清理費用為2,500元。

預計淨殘值率=(7,500-2,500)÷125,000×100%=4%

年折舊率=(1-4%)÷5=19.2%

月折舊率=19.2%÷12=1.6%

年折舊額=125,000×19.2%=24,000(元)

月折舊額=125,000×1.6%=2,000(元)

年限平均法是各種折舊方法中最簡單的一種,適用於大多數固定資產計提折舊,因而應用範圍最廣泛。另外,由於按固定資產的服務時間計提折舊,平均年限法有可能充分反映無形損耗的影響。但是,這種方法只考慮了固定資產的估計使用時間,忽視了實

際使用狀況,忽略了某些固定資產在不同期間使用強度的不均衡性所導致的不同期間固定資產有形損耗程度的差異。固定資產使用早期發生的維修保養費少,生產效率高;后期發生的維修費用逐步增加,生產效率逐年下降,在整個使用期內,各期費用總額分佈不均衡,呈遞增態勢,在其他因素不變的情況下,利潤逐年遞減。採用年限平均法,由於不能反映資產的實際使用情況而影響了決策者對財務信息的分析判斷。

2. 工作量法

工作量法(Per Unit of Activity)是將固定資產的總折舊額在固定資產預計總工作量中平均分攤的方法。有關計算公式如下:

單位工作量應負擔折舊額=(固定資產原始價值-預計淨殘值)÷預計工作總量

某項固定資產某年折舊額=該項固定資產當年工作量×單位工作量應負擔折舊額

某項固定資產某月折舊額=該項固定資產當月工作量×單位工作量應負擔折舊額

這裡的「工作量」,可以是小時數、產量數、行駛里程數、工作臺班數等。

【例6-11】例6-10中的固定資產,預計工作小時數為30,000小時,5年的工作時間分別為8,500小時、7,500小時、6,000小時、5,000小時、3,000小時。

單位工時應負擔折舊額=(125,000-5,000)÷30,000=4(元)

第一年應提折舊=8,500×4=34,000(元)

第二年應提折舊=7,500×4=30,000(元)

第三年應提折舊=6,000×4=24,000(元)

第四年應提折舊=5,000×4=20,000(元)

第五年應提折舊=3,000×4=12,000(元)

採用工作量法計算的折舊額,在各個使用年份或月份中不是等額的,月折舊額的多少與工作量完成的多少密切相關,反映了資產的實際使用情況。這種折舊計算方法適合於各期完成工作量不均衡,但單位工作量內使用情況、磨損程度比較接近的固定資產,如汽車、大型機器設備等。

(二)加速折舊法

加速折舊法(Accelerated Method)是在固定資產使用早期多提折舊,在使用后期少提折舊的一種方法。這種方法的理論依據是:固定資產在使用初期,發生的故障少,需要的修理費用少,提供的服務多,為企業創造的效益高,故應多提折舊;在固定資產的使用后期,隨著實物磨損程度的加劇,需要的修理費用越來越多,單位時間提供的服務量逐年減少,故應少提折舊。這樣,可使固定資產在各年承擔的總費用比較接近,利潤較平穩,也彌補了年限平均法的局限。在加速折舊法下,由於早期計提了較多的折舊,即使固定資產提前報廢,其成本於前期基本已收回,也不會造成過多的損失,符合謹慎性會計原則。

1. 年數總和法

年數總和法是以固定資產的應計折舊額作折舊基數,以一個逐期遞減的分數作折舊率來計算各期折舊額的方法。這個逐期遞減的分數是以每年年初固定資產尚可使用年限作為分子,以固定資產預計使用年限的總和作為分母。實際上,這個預計使用年限的總和就是一個以「1」為首項,以「1」為公差,以預計使用年限數為末項的等差數列和。有

關計算公式如下：

某年折舊額＝固定資產應提折舊總額×該年年初尚可使用年限÷[預計使用年限×(預計使用年限+1)÷2]

【例6-12】例6-11中的設備按年數總和法可編制折舊計算表，如表6-2所示。

表6-2　　　　　　　　　　　　年數總和法折舊計算表　　　　　　　　　　單位：元

年份	尚可使用年限	原值-淨殘值	折舊率	每年折舊額	累計折舊
1	5	120,000	5/15	40,000	40,000
2	4	120,000	4/15	32,000	72,000
3	3	120,000	3/15	24,000	96,000
4	2	120,000	2/15	16,000	112,000
5	1	120,000	1/15	8,000	120,000

2. 雙倍餘額遞減法

雙倍餘額遞減法（Double-Declining-Balance）是將固定資產期初帳面淨值為折舊基數，乘以不考慮固定資產預計淨殘值情況下年限平均法折舊率的2倍來計算各期固定資產折舊額的一種方法。這種方法的特點是確定雙倍年限平均折舊率時，不考慮固定資產淨殘值的因素，各年折舊率是固定的，但各年計提固定資產折舊的基數呈遞減趨勢，各年的折舊額也呈遞減趨勢。計算公式如下：

年折舊率＝年限平均法下折舊率×2＝2÷預計折舊年限×100％

年折舊額＝年初固定資產帳面淨值×年折舊率

月折舊額＝年折舊額÷12

【例6-13】根據例6-11中的資料，可進行如下計算：

年折舊率＝2÷5×100％＝40％

后兩年平均年折舊額＝(原值-累計已提折舊-預計淨殘值)÷2
　　　　　　　　　＝(125,000-98,000-5,000)÷2
　　　　　　　　　＝11,000(元)

按雙倍餘額遞減法可編制折舊計算表，如表6-3所示。

表6-3　　　　　　　　　　　　雙倍餘額遞減法折舊計算表　　　　　　　　　　單位：元

年份	淨值	折舊率(％)	每年折舊額	累計折舊
1	125,000	40	50,000	50,000
2	75,000	40	30,000	80,000
3	45,000	40	18,000	98,000
4	27,000		11,000	109,000
5	16,000　5,000		11,000	120,000

由於採用雙倍餘額遞減法在確定固定資產折舊率時,不考慮固定資產的淨殘值因素,因此在連續計算各年折舊額時必須注意兩個問題。一個問題是各年計提折舊以後,固定資產帳面淨值不能降低到固定資產預計淨殘值以下;另一個問題是某年按雙倍餘額遞減法計算的折舊額小於按年限平均法計算的折舊額,應改為年限平均法計提折舊。一般採用下列公式進行判斷:

當年按雙倍餘額遞減法計算的折舊額<(固定資產期初帳面淨值-預計淨殘值)÷剩餘使用年限。

(三)直線法和加速折舊法的比較

採用直線法計提折舊,固定資產的轉移價值平均攤配於其使用的各個會計期間或完成的工作量,優點是使用方便,易於理解,由於可以採用分類折舊方式,計算也比較簡單。但是,隨著固定資產使用時間的推移,其磨損程度也會逐漸增加,使用后期的維修費支出將會高於使用前期的維修費支出,即使各個會計期間或單位工作量負擔的折舊費相同,各個會計期間或單位工作量負擔的固定資產使用成本(折舊費與維修費之和)也會不同。這種方法沒有考慮固定資產使用過程中相關支出攤配於各個會計期間或完成的工作量的均衡性。

採用加速折舊法計提折舊,克服了直線法的不足。這種方法前期計提的折舊費較多而維修費較少,后期計提的折舊費較少而維修費較多,從而保持了各個會計期間負擔的固定資產使用成本的均衡性。此外,由於這種方法前期計提的折舊費較多,能夠使固定資產投資在前期較多地收回,在稅法允許將各種方法計提的折舊費作為稅前費用扣除的前提下,還能夠減少前期的所得稅額,符合謹慎性原則。但是,在固定資產各期工作量不均衡的情況下,這種方法可能導致單位工作量負擔的固定資產使用成本不夠均衡。此外,由於這種方法不適宜採用分類折舊方式,在固定資產數量較多且會計未實行電算化的情況下,計提折舊的工作量較大。

三、固定資產折舊的總分類核算

企業分期計提固定資產折舊時,是根據固定資產原值乘以年折舊率或月折舊率計算確定的。折舊率有三種:一是個別折舊率(Individual Depreciation Rate),即根據個別資產應提折舊額與該固定資產的原值之比計算的折舊率;二是分類折舊率(Group Depreciation Rate),即根據某類固定資產的應提折舊額與該類固定資產原值之比計算的折舊率;三是綜合折舊率(Composite Depreciation Rate)即根據全部固定資產應提折舊額與全部固定資產原值之比計算的折舊率。

中國固定資產折舊一般採用分類折舊率計提折舊。在實務中,企業提取固定資產折舊時,一般以月初應提折舊的固定資產原值為依據,因為當月增加的固定資產當月不提折舊,當月減少的固定資產當月照提折舊。具體操作時,可在上月折舊額的基礎上,對上月固定資產的增減情況進行調整后計算當月折舊額,計算公式為:

當月應提折舊額=當期期初應提折舊固定資產×月折舊率

=(上月月初應提折舊固定資產+上月增加應提折舊固定資產-上月

減少應提折舊固定資產)×月折舊率
= 上月折舊額+上月增加固定資產應計提的折舊額-上月減少固定資產應計提的折舊額

從這個公式也可以看出,本月計提固定資產折舊與本月增加和減少固定資產無關。

企業按月計提的固定資產折舊,應根據固定資產的用途,分別借記「製造費用」「銷售費用」「管理費用」等科目,貸記「累計折舊」科目。

【例6-14】甲公司4月份生產車間提取折舊250,000元,企業管理部門提取折舊50,000元,臨時租出固定資產應提折舊10,000元。4月生產車間增加一臺生產用設備,其原值200,000元,月折舊率為6%。編制該企業5月份應提折舊會計分錄。

5月份應計提折舊額=4月計提的折舊額+4月增加固定資產應提折舊額

4月除生產車間增加了固定資產,5月份應增加計提折舊額以外,管理部門和銷售部門沒有增減應提折舊的固定資產,按4月份計提的固定資產折舊額計提折舊。

借:製造費用(250,000+200,000×6%)　　　　　　　262,000
　　管理費用　　　　　　　　　　　　　　　　　　 50,000
　　其他業務成本　　　　　　　　　　　　　　　　 10,000
貸:累計折舊　　　　　　　　　　　　　　　　　　322,000

第四節　固定資產的后續支出

固定資產的后續支出主要指固定資產使用后對固定資產進行維修、改良等發生的各種支出。

一、固定資產的修理(Repairs)

固定資產在長期使用過程中,由於各個組成部分耐用程度不同或者作用的條件不同,往往發生部分零部件的損壞,為了保證固定資產的正常運轉和使用,充分發揮其使用效能,企業必須對固定資產進行必要的修理。

(一)固定資產修理的特點

固定資產修理的主要目的是恢復其使用價值。一般來說,固定資產的各個零部件,按其作用和結構的複雜程度,分別標明了複雜系數。固定資產的修理,按每次修理的零部件的複雜系數分類,可以分為日常修理和大修理兩類。

日常修理也稱為中小修理(Ordinary Repairs),一般是指每次修理的零部件的複雜系數之和在規定的複雜系數以下的修理。

大修理(Extraordinary Repairs)一般是指每次修理的零部件的複雜系數之和在規定的複雜系數以上的修理。

不同的固定資產對劃分日常修理和大修理的複雜系數的規定有所不同。

日常修理的特點是:修理範圍小,成本支出少,修理次數多,間隔時間短。但是,需要

指出的是,日常修理的間隔時間短不一定意味著其受益期限短。這是因為日常修理的範圍小,這次修理這一部分,下次修理另一部分,每次修理的零部件不一定是同一零部件,對於某一零部件來說,修理后的受益期也可能較長。

大修理的特點是:修理範圍大,成本支出多,修理次數少,間隔時間長。但是,需要指出的是,大修理的成本支出多是指某項固定資產的大修理成本支出相對每次日常修理成本支出而言較多,其支出數額在企業全部成本費用中的比重則不一定較大。

(二)固定資產修理的核算

新修訂的企業會計準則規定,與固定資產有關的后續支出,符合準則規定的固定資產確認條件的,應當計入固定資產成本,不符合固定資產確認條件的,應當在發生時計入當期損益。固定資產的日常維護支出只是確保固定資產處於正常工作狀態,通常不滿足固定資產的確認條件,應在發生時計入管理費用或銷售費用,不得採用預提或待攤方式處理。新修訂的企業會計準則應用指南規定,企業生產車間(部門)和行政管理部門等發生的固定資產修理費用等后續支出,如不滿足資本化條件,應當直接計入管理費用。企業發生的與專設銷售機構相關的固定資產修理費用等后續支出,直接計入銷售費用。

新修訂的企業會計準則及其應用指南不再對固定資產的修理費用進行預提,而是在實際發生時根據支出能否資本化分別進行相應的處理。不能資本化的修理費用直接計入當期費用,可以資本化的計入固定資產帳面價值。

二、固定資產的改良

(一)固定資產改良的特點

固定資產改造(Improvement and Betterment)是指為了提高固定資產的質量而採取的措施,如以自動裝置代替(Replacement)非自動裝置等。固定資產擴建(Additions)是指為了提高固定資產的生產能力而採取的措施,如房屋增加樓層等。固定資產改造、擴建亦稱為固定資產改良。固定資產改良支出一般數額較大,受益期較長(超過一年),而且使固定資產的性能、質量等都有較大的改進。

《企業會計準則第4號——固定資產》規定,與固定資產相關的后續支出,符合準則規定的第四條的固定資產確認條件的,應當資本化計入固定資產成本;不符合固定資產確認條件的,應當在發生時計入當期損益。

企業為固定資產發生的支出符合下列條件之一的,應當確認為固定資產改良支出:

(1)使固定資產的使用壽命延長。
(2)使固定資產的生產能力得到實質性的提高。
(3)使通過固定資產生產的產品質量有所提高。
(4)使單位產品生產成本有所降低。
(5)使產品品種、性能、規格等發生良好的變化。
(6)使企業經營管理環境或條件得到改善。

固定資產改良支出符合固定資產的確認條件,因而固定資產改良支出應當資本化,計入固定資產成本,如有被替換部分,應扣除其帳面價值。

(二)固定資產改良的核算

由於企業固定資產在改良期間停止使用,工期又比較長,因而在改良之前,應對固定資產進行明細分類核算,將其原值從使用中固定資產類轉為未使用固定資產類。

固定資產改良工程支出的核算與自建工程支出的核算方法相同,應通過「在建工程」科目核算。

【例6-15】甲公司改建機床1臺,改建前的原值為90,000元,預計使用年限為15年,預計淨殘值為4,000元,已使用12年,採用平均使用年限法以個別折舊方式計提折舊。該項機床採用出包方式進行改建,用銀行存款支付改建工程款35,000元及3,400元增值稅進項稅額。改建機床拆除部件(價值較小)的殘料計價1,000元入庫。工程完工後,延長使用年限5年,機床還能使用8年,預計淨殘值提高到3,000元。

(1)將固定資產從生產用類轉為未使用類。

借:在建工程——機床改建工程　　　　　　　　　　21,200
　　累計折舊　　　　　　　　　　　　　　　　　　68,800
　　貸:固定資產——生產用固定資產　　　　　　　　　　90,000

(2)用銀行存款支付改建工程款。

借:在建工程——機床改建工程　　　　　　　　　　35,000
　　應交稅費——應交增值稅(進項稅額)　　　　　　3,400
　　貸:銀行存款　　　　　　　　　　　　　　　　　　38,400

(3)拆除部件的殘料計價入庫。

借:原材料　　　　　　　　　　　　　　　　　　　　1,000
　　貸:在建工程——機床改建工程　　　　　　　　　　　1,000

(4)改建工程完工,固定資產交付使用,淨支出34,000元計入固定資產原值。

借:固定資產——生產用固定資產　　　　　　　　　55,200
　　貸:在建工程——機床改建工程　　　　　　　　　　55,200

(5)計算改建后第13年至第20年各年的折舊額。

第12年年末累計折舊=(90,000-4,000)×12÷15=68,800(元)
改建后的固定資產淨值=21,200+35,000-1,000=55,200(元)
改建后的年折舊額=(55,200-3,000)÷8=6,525(元)

第五節　固定資產減值

一、固定資產減值

固定資產減值是指固定資產的可收回金額低於其帳面價值所發生的損失。這裡的可收回金額是指固定資產的公允價值減去處置費用后的淨額與固定資產預計未來現金流量的現值,兩者之中的較高者。可收回金額與現值只要有一項高於帳面價值,就表明固定資產未發生減值。

《企業會計準則第8號——資產減值》規定,企業應當在資產負債表日判斷資產是否存在可能發生減值的跡象。存在下列跡象的,表明資產可能發生了減值:

(1)資產的市價當期大幅度下跌,其跌幅明顯高於因時間的推移或者正常使用而預計的下跌。

(2)企業經營所處的經濟、技術或者法律等環境以及資產所處的市場在當期或者將在近期發生重大變化,從而對企業產生不利影響。

(3)市場利率或者其他市場投資報酬率在當期已經提高,從而影響企業計算資產預計未來現金流量現值的折現率,導致資產可收回金額大幅度降低。

(4)有證據表明資產已經陳舊過時或者其實體已經損壞。

(5)資產已經或者將被閒置、終止使用或者計劃提前處置。

(6)企業內部報告的證據表明資產的經濟績效已經低於或者將低於預期,如資產所創造的淨現金流量或者實現的營業利潤(或者虧損)遠遠低於(或者高於)預計金額等。

(7)其他表明資產可能已經發生減值的跡象。

二、科目設置和帳務處理

企業應設置「固定資產減值準備」科目核算提取的固定資產減值準備。該科目是固定資產淨值的備抵帳戶,其貸方反映固定資產減值準備的提取數;借方反映處置固定資產時應轉銷的已計提固定資產減值準備;期末貸方餘額反映企業已提取的固定資產減值準備。

企業期末應將固定資產的可收回金額與其帳面價值逐項比較,如果其可收回金額大於其帳面價值,不作任何處理;如果其可收回金額小於帳面價值,意味著固定資產發生了減值,應按所確定的固定資產減值數額,借記「資產減值損失——固定資產減值損失」科目,貸記「固定資產減值準備」科目。

固定資產減值損失確認后,減值的固定資產的折舊費用應當在未來期間作相應調整,以使該資產在剩餘使用壽命內,系統地分攤調整后的資產帳面價值(扣除預計淨殘值)。固定資產減值一經計提,以后不得轉回。

【例6-16】甲公司2017年年末對其固定資產進行了逐項檢查發現乙設備原值為80,000元,累計已計提折舊20,000元,可收回金額為45,000元,預計淨殘值為2,000元,預計可使用5年。丙設備原值為120,000元,累計已計提折舊40,000元,可收回金額為62,000元,預計淨殘值為3,000元,預計可使用4年。乙、丙設備分別發生減值15,000元和18,000元。

借:資產減值損失——固定資產減值損失　　　　　　　　　33,000
　　貸:固定資產減值準備——乙設備　　　　　　　　　　　15,000
　　　　　　　　　　　　——丙設備　　　　　　　　　　　18,000

乙、丙設備發生減值后,要重新計算未來可使用年的折舊額。

乙設備年折舊額=(45,000-2,000)÷5=8,600(元)

丙設備年折舊額=(62,000-3,000)÷4=14,750(元)

第六節　固定資產的處置

一、固定資產處置的內容

固定資產處置是指由於出售、報廢、毀損、盤虧和向其他單位投資轉出等原因而減少固定資產時,對固定資產所作的一種處理。固定資產處置具體包括投資轉出、捐贈轉出、以非現金資產抵償債務方式轉出、以非貨幣性交易換出、無償調出、盤虧、出售、報廢和毀損等內容。

企業因出售、報廢和毀損等原因造成固定資產的減少,可通過「固定資產清理」科目核算。企業因出售、報廢和毀損等原因轉入清理的固定資產帳面淨額、處理過程中發生的清算費用、應繳納的稅金記入「固定資產清理」科目借方;出售固定資產所獲收入或殘料變價收入及有關保險賠償金等記入「固定資產清理」科目貸方。固定資產清理后,應及時確認淨收益或淨損失,分別按不同情況處理。屬於籌建期間的,調整開辦費;屬於生產經營期間的,作為營業外收入或支出項目,直接計入當期損益。

二、投資轉出固定資產

企業向其他單位投資轉出固定資產相當於以固定資產取得長期股權投資,其中關鍵問題是如何確認長期股權投資的入帳價值。長期股權投資按雙方對固定資產的協議價格與相關稅費之和作為長期投資的入帳價值,固定資產的協議價格與帳面價值的差額計入當期損益。

【例6-17】甲公司將一臺設備投資給芙蓉公司,設備的原始價值為580,000元,已提折舊200,000元,已計提的減值準備50,000元,雙方的協議價為300,000元,假設協議價格為不含稅價格,設備適用增值稅稅率為17%。

(1)註銷固定資產帳面價值。

借:固定資產清理	330,000
累計折舊	200,000
固定資產減值準備	50,000
貸:固定資產	580,000

(2)確定長期股權入帳價值。

借:長期股權投資——其他投資	351,000
營業外支出——非流動資產處置損益	30,000
貸:固定資產清理	330,000
應交稅費——應交增值稅(銷項稅額)	51,000

三、抵債轉出固定資產

企業以固定資產抵償債務方式轉出的固定資產,一方面註銷固定資產的帳面原值和

累計折舊,同時將固定資產抵債產生的損失計入當期損益。

【例 6-18】甲公司以一臺未使用設備抵償欠芙蓉公司債款 150,000 元,該設備帳面原值120,000 元,已提折舊 15,000 元,已提固定資產減值準備 10,000 元,該設備的公允價值為 80,000 元,公允價值為不含稅價格。

借:固定資產清理	95,000
累計折舊	15,000
固定資產減值準備	10,000
貸:固定資產	120,000
借:應付帳款——芙蓉公司	150,000
營業外支出——公允價值變動損益	15,000
貸:固定資產清理	95,000
應交稅費——應交增值稅(銷項稅額)	13,600
營業外收入——債務重組損益	56,400

四、以非貨幣性交易換出固定資產

企業以非貨幣性交易換出固定資產時,應註銷換出的固定資產原值和已提折舊,將其淨值轉入「固定資產清理」帳戶,資產交換過程中可能不涉及支付或收到補價,也可能涉及支付或收到補價。假設非貨幣性資產交換均符合商業實質。

【例 6-19】甲公司以一臺生產用機床與長垣公司的一批原材料相交換。甲公司車床原值為 110,000 元,累計折舊為 30,000 元,已提固定資產減值準備 10,000 元,公允價值為 80,000 元;長垣公司原材料帳面成本為 50,000 元,在交換日公允價值為 80,000 元,增值稅稅率為 17%,計稅價格為公允價值。該交易符合商業實質。

(1)甲公司的會計處理如下:

借:固定資產清理	83,600
累計折舊	30,000
固定資產減值準備	10,000
貸:固定資產	110,000
應交稅費——應交增值稅(銷項稅額)	13,600

換入原材料的入帳價值=換出資產公允價值+換出資產增值稅銷項稅額−換入資產增值稅進項稅額=80,000×(1+17%)−80,000×17%=80,000(元)

借:原材料	80,000
應交稅費——應交增值稅(進項稅額)	13,600
貸:固定資產清理	83,600
營業外收入——非流動資產處置損益	10,000

(2)長垣公司的會計處理如下:

換入固定資產的入帳價值=換出資產公允價值=材料的公允價值+換出資產增值稅銷項稅額−換入資產增值稅進項稅額=80,000×(1+17%)−80,000×17%=80,000(元)

借:固定資產	80,000	
應交稅費——應交增值稅(進項稅額)	13,600	
貸:其他業務收入		80,000
應交稅費——應交增值稅(銷項稅額)		13,600

同時,結轉成本。

借:其他業務成本	50,000	
貸:原材料		50,000

五、因出售、報廢和毀損等原因減少固定資產

固定資產出售、使用期滿進行報廢、技術進步或管理不善發生提前報廢、遭受自然災害等非常損失發生毀損等均會使得企業的固定資產減少,也通過「固定資產清理」科目核算。固定資產清理一般可分為以下幾個步驟:固定資產轉入清理,確認發生的清理費用,確認出售收入和殘料的價值,進行保險賠償,處理清理淨收益。固定資產清理后的淨收益應區別情況處理:屬於籌建期間的,衝減長期待攤費用;屬於生產經營期間的,計入當期損益。

【例6-20】某企業將一幢建築物出售,原始價值為400,000元,已提折舊220,000元,議定售價為250,000元,建築物出售前發生清理費用8,000元,適用的增值稅稅率為11%。上述款項均通過銀行存款收付。

(1)註銷固定資產帳面價值。

借:固定資產清理	180,000	
累計折舊	220,000	
貸:固定資產		400,000

(2)支付固定資產清理費用。

借:固定資產清理	8,000	
貸:銀行存款		8,000

(3)收回出售固定資產價款。

借:銀行存款	277,500	
貸:固定資產清理		250,000
應交稅費——應交增值稅(銷項稅額)		27,500

(4)處理淨收益。

借:固定資產清理	62,000	
貸:營業外收入——非流動資產處置損益		62,000

【例6-21】某企業將一臺使用期滿的設備予以報廢,原始價值為60,000元,已提折舊57,500元。報廢設備的淨殘值收益為4,680元存入銀行,增值稅稅率17%。

(1)固定資產報廢清理。

借:固定資產清理	2,500	
累計折舊	57,500	

貸:固定資產		60,000

(2)收回殘料入庫。

借:銀行存款		4,680
貸:固定資產清理		4,000
應交稅費——應交增值稅(銷項稅額)		680

(3)固定資產清理完畢,結轉淨收益。

借:固定資產清理		1,500
貸:營業外收入——非流動資產處置損益		1,500

六、盤虧固定資產

盤盈盤虧的固定資產的核算不通過「固定資產清理」科目,而是通過「待處理財產損溢」科目核算,經批准后轉入「非流動資產處置損益」科目。

【例6-22】甲公司盤虧未使用設備一臺,該設備原價為150,000元,已計提折舊100,000元,並已計提固定資產減值準備8,000元,經董事會批准后轉入非流動資產處置損益。

(1)財產清查中盤虧固定資產。

借:待處理財產損溢——待處理固定資產損溢		42,000
累計折舊		100,000
固定資產減值準備		8,000
貸:固定資產——未使用固定資產		150,000

(2)查明原因並經董事會批准后。

借:營業外支出——非流動資產處置損益		42,000
貸:待處理財產損溢——待處理固定資產損溢		42,000

第七節　投資性房地產

一、投資性房地產的概念和範圍

根據《企業會計準則第3號——投資性房地產》對投資性房地產的定義,投資性房地產是指為賺取租金或資本增值,或兩者兼有而持有的房地產,包括已出租的土地使用權、持有並準備增值后轉讓的土地使用權、已出租的建築物。

已出租的土地使用權和已出租的建築物是指以經營租賃方式出租的土地使用權和建築物。其中用於出租的土地使用權是指企業通過出讓或轉讓方式取得的土地使用權;用於出租的建築物是指企業擁有產權的建築物。

持有並準備增值后轉讓的土地使用權是指企業取得的、準備增值后轉讓的土地使用權。

按照國家規定認定的閒置土地,不屬於持有並準備增值后轉讓的土地使用權。

某項房地產,部分用於賺取租金或資本增值,部分用於生產商品、提供勞務或經營管理,能夠單獨計量和出售的、用於賺取租金或資本增值的部分,應當確認為投資性房地產;不能夠單獨計量和出售的、用於賺取租金或資本增值的部分,不確認為投資性房地產。

企業建築物出租,按租賃協議向承租人提供的相關輔助服務在整個協議中不重大的,如企業將辦公樓出租並向承租人提供保安、維修等輔助服務,應當將該建築物確認為投資性房地產。

企業擁有並自行經營的旅館飯店,其經營目的主要是通過提供客戶服務賺取收入,該旅館飯店不確認為投資性房地產。

二、投資性房地產的確認與計量

(一)初始確認與計量

投資性房地產同時滿足下列條件的,才能予以確認:

(1)與該投資性房地產有關的經濟利益很可能流入企業。

(2)該投資性房地產的成本能夠可靠計量。

投資性房地產應當按照成本進行初始計量。

外購投資性房地產的成本,包括購買價格、相關稅費但不包括可抵扣的增值稅進項稅額和可直接歸屬於該資產的其他支出。

自行建造投資性房地產的成本,由建造該項資產達到預計可使用狀態前所發生的必要支出構成。

以其他方式取得的投資性房地產的成本,按照相關會計準則的規定確定。

(二)后續計量

與投資性房地產有關的后續支出滿足投資性房地產確認條件的,應當計入投資性房地產成本;不滿足投資性房地產確認條件的,應當在發生時計入當期損益。

企業通常應當採用成本模式對投資性房地產進行后續計量,也可以採用公允價值模式計量。但同一企業只能採用一種模式對所有投資性房地產進行后續計量,不得同時採用兩種計量模式。

採用成本模式對投資性房地產進行后續計量的,應當按固定資產和無形資產的處理規定一樣,計提折舊或攤銷;存在減值跡象的,應當按《企業會計準則第8號——資產減值》的規定進行處理。

採用公允價值對投資性房地產進行后續計量的,應當同時滿足下列條件:

(1)投資性房地產所在地(城市或城區)有活躍的房地產交易市場。

(2)企業能夠從活躍的房地產交易市場上取得同類或類似房地產的市場價格及相關信息,從而對投資性房地產的公允價值作出合理的估計。

同類或類似的房地產對建築物而言,是指所處的地理位置和地理環境相同、性質相同、結構類型相同或相近、新舊程度相同或相近、可使用狀況相同或相近的建築物;對土地使用權而言,是指同一城區、同一位置區域、所處地理環境相同或相近、可使用狀況相

同或相近的土地。

採用公允價值模式計量的,不對投資性房地產計提折舊或進行攤銷,應當以資產負債表日投資性房地產的公允價值為基礎調整其帳面價值,公允價值與帳面價值之間的差額計入當期損益(公允價值變動損益)。

企業對投資性房地產的計量模式一經確定,不得隨意變更。成本模式轉為公允價值模式的,應當作為會計政策變更處理。已採用公允價值模式計量的投資性房地產,不得從公允價值模式轉為成本模式。

三、投資性房地產的會計處理

(一)設置的會計科目及會計處理

「投資性房地產」科目核算企業採用成本模式計量的投資性房地產的成本。企業採用公允價值模式計量投資性房地產的,也通過「投資性房地產」科目核算。借方記錄取得投資性房地產的成本以及採用公允價值計量時,因投資性房地產增值而調整的金額;貸方記錄投資性房地產因減值而調整的金額,轉換或處置投資性房地產而註銷的金額;期末餘額在借方,為企業現有投資性房地產的成本或公允價值變動金額。採用公允價值模式計量的,「投資性房地產」要按「成本」和「公允價值變動」進行明細核算。

採用成本模式計量的投資性房地產,還應設置「投資性房地產累計折舊或攤銷」科目和「投資性房地產減值準備」科目,這兩個科目的核算方法與固定資產的「累計折舊」和「固定資產減值準備」一樣。採用公允價值模式計量的,不需要設置這兩個科目。

(二)投資性房地產取得時的會計處理

投資性房地產應當按照成本進行初始計量,不同來源的投資性房地產其成本構成不同。

(1)外購的投資性房地產,其成本為買價及可直接歸屬於該資產的支出。

(2)自行建造的投資性房地產,由建造該項資產達到預定可使用狀態前所發生的必要支出作為其入帳價值。

(3)非投資性房地產轉換為投資性房地產,其入帳價值在后面介紹。

(4)以其他方式取得的投資性房地產,原則上按成本計量,符合其他準則規定的按其他準則予以確認。

企業應該設置「投資性房地產」科目來單獨確認所取得的投資性房地產,該科目是資產類科目,取得時,借記「投資性記地產」,貸記「銀行存款」等科目。

【例6-23】W公司外購一項A投資性房地產,取得成本為500萬元,增值稅進項稅額55萬元,以銀行存款支付了全部款項。另外,W公司自建完工的一項B投資性房地產已達到可使用狀態,其成本為700萬元,採用成本模式計量。

借:投資性房地產	12,000,000
應交稅費——應交增值稅(進項稅額)	550,000
貸:銀行存款	5,550,000
在建工程	7,000,000

在建工程完工的投資性房地產的增值稅進項稅額,在建時發生了。

投資性房地產出租取得的收入時,借記「銀行存款」科目,貸記「其他業務收入」科目,因而計提的折舊應當記入「其他業務成本」科目。

(三)成本模式計量的投資性房地產的會計處理

採用成本模式進行后續計量的投資性房地產,按照固定資產、無形資產準則的規定對投資性房地產進行計量,即計提折舊或攤銷,借記「其他業務成本」等科目,貸記「投資性房地產累計折舊(攤銷)」科目。取得租金收入,借記「銀行存款」等科目,貸記「其他業務收入」等科目。投資性房地產存在減值跡象的按照資產減值準則進行處理,已計提的減值不得轉回。

【例6-24】W 公司對投資性房地產計提折舊,計算本月應提折舊額800 000元。對其中一項投資性房地產進行測試,發現本年減值200 000元。

借:其他業務成本　　　　　　　　　　　　　　　　　　　　　　800,000
　　貸:投資性房地產累計折舊　　　　　　　　　　　　　　　　　　800,000

計提減值準備的會計處理為:

借:資產減值損失　　　　　　　　　　　　　　　　　　　　　　200,000
　　貸:投資性房地產減值準備　　　　　　　　　　　　　　　　　　200,000

以成本模式計量的投資性房地產進行處置時,其取得的收入也記入「其他業務收入」科目,將其帳面淨額,轉入「其他業務成本」科目。

(四)投資性房地產由成本計量改為公允價值計量的會計處理

為保證會計信息的可比性,企業對投資性房地產的計量模式一經確定,不得隨意變更。只有在房地產市場比較成熟,能夠滿足採用公允價值模式條件的情況下,才允許企業從成本模式轉為公允價值模式,這種調整應當作為會計政策變更處理,將計量模式變更時的公允價值作為轉換後的入帳價值,公允價值與帳面價值的差額,調整期初留存收益(盈餘公積和未分配利潤)。

另外,已採用公允價值模式計量的投資性房地產,不得從公允價值模式轉為成本模式。

【例6-25】W 企業將開發建造的一棟寫字樓出租且按照成本模式計價,假定2017年年初房地產交易十分活躍,取得類似的租賃合同較為容易,W 企業決定採用公允價值模式對該房地產進行后續計量。該寫字樓於2016年12月31日取得,原價3,000萬元,預計使用30年,淨殘值為0。2017年12月31日其公允價值為3,800萬元(假設不考慮所得稅的影響)。

W 企業對計價模式轉換應進行如下會計處理:

借:投資性房地產——成本　　　　　　　　　　　　　　　　　38,000,000
　　累計折舊　　　　　　　　　　　　　　　　　　　　　　　 1,000,000
　　貸:投資性房地產　　　　　　　　　　　　　　　　　　　　30,000,000
　　　　盈餘公積　　　　　　　　　　　　　　　　　　　　　　　900,000
　　　　未分配利潤　　　　　　　　　　　　　　　　　　　　　8,100,000

【例6-26】假設 B 投資性房地產採用公允價值計量,於資產負債表日其價值上升了 10 萬元。期末應調整投資性房地產的帳面餘額。

借:投資性房地產——公允價值變動　　　　　　　　　　100,000
　　貸:公允價值變動損益　　　　　　　　　　　　　　　　100,000

(五)採用公允價值進行期末調帳的會計處理

在採用公允價值模式計量下,企業應當在「投資性房地產」科目下設置「成本」和「公允價值」兩個明細科目。按照取得投資性房地產的實際成本,計入「投資性房地產——成本」科目。進行后續計量時,以資產負債表日投資性房地產的公允價值為基礎調整其帳面價值,公允價值高於其帳面餘額的差額,借記「投資性房地產——公允價值變動」科目,貸記「公允價值變動損益」科目;如果公允價值低於其帳面餘額,則編制相反的會計分錄。值得注意的是,以公允價值模式進行后續計量的投資性房地產,不需要計提折舊和攤銷。

如果投資性房地產的公允價值下降,則進行相反的會計處理。當年調帳當年處置該投資性房地產時,應將當年已記入「公允價值變動損益」的部分轉入「其他業務成本」。一般情況下不需要做此筆會計分錄,因為調帳后並不會馬上轉讓。期末調帳后,形成的「公允價值變動損益」隨后會轉入「本年利潤」科目,第二年轉讓時「公允價值變動損益」科目已無餘額了。

(六)投資性房地產轉換的會計處理

(1)在成本模式下,應當將房地產轉換前的帳面價值作為轉換后的入帳價值。

將自用建築物轉為投資性房地產時,應按入帳價值,借記「投資性房地產」科目;按帳面餘額,貸記「固定資產」科目。

同時,將固定資產的累計折舊轉入投資性房地產累計折舊。借記「累計折舊」科目,貸記「投資性房地產累計折舊」科目。

將投資性房地產轉為自用時編制與上述相反的會計分錄。

【例6-27】2016 年 8 月 3 日,W 公司將自用的倉庫轉為對外經營性出租,該倉庫初始成本 500 萬元,截至 2016 年 8 月已計提折舊 150 萬元,計提減值準備 120 萬元。假設 W 公司對投資性房地產採用成本模式進行后續計量,則會計處理為:

借:投資性房地產　　　　　　　　　　　　　　　　　　5,000,000
　　累計折舊　　　　　　　　　　　　　　　　　　　　1,500,000
　　固定資產減值準備　　　　　　　　　　　　　　　　1,200,000
　　貸:固定資產　　　　　　　　　　　　　　　　　　　5,000,000
　　　　投資性房地產累計折舊　　　　　　　　　　　　1,500,000
　　　　投資性房地產減值準備　　　　　　　　　　　　1,200,000

相應地,由投資性房地產轉為自用房地產或存貨的會計處理類似。

(2)採用公允價值模式計量的投資性房地產轉為自用房地產時,應當以其轉換當日的公允價值作為自用房地產的入帳價值,公允價值與其帳面價值之間的差額計入當期損益(公允價值變動損益)。

(3)自用房地產或存貨轉換為採用公允價值模式計量的投資性房地產時,投資性房

地產按照轉換當日的公允價值計價,轉換當日的公允價值小於原帳面價值的,其差額計入當期損益(公允價值變動損益);轉換當日的公允價值大於原帳面價值的,其差額計入所有者權益(其他綜合收益)。處置該投資性房地產時,應將原計入其他綜合收益的部分轉入處置當期的損益。

【例6-28】公司將自用建築物轉作投資性房地產。固定資產的帳面成本為5,000萬元,累計已計提折舊1,000萬元,轉換后按公允價值計量,轉換日的公允價值為4,200萬元。

借:投資性房地產——成本　　　　　　　　　　　　42,000,000
　　累計折舊　　　　　　　　　　　　　　　　　　10,000,000
　貸:固定資產　　　　　　　　　　　　　　　　　　　50,000,000
　　　其他綜合收益　　　　　　　　　　　　　　　　　2,000,000

處置該項投資性房地產時,應將已記入「其他綜合收益」的部分轉入「其他業務收入」。

如果轉換日的公允價值為3,900萬元,則差額記入「公允價值變動損益」科目。

借:投資性房地產——成本　　　　　　　　　　　　39,000,000
　　累計折舊　　　　　　　　　　　　　　　　　　10,000,000
　　公允價值變動損益　　　　　　　　　　　　　　　1,000,000
　貸:固定資產　　　　　　　　　　　　　　　　　　　50,000,000

【例6-29】公司將投資性房地產轉為自用。該投資性房地產的帳面價值為2,500萬元,其中成本為2,000萬元,公允價值變動為500萬元,轉換日的公允價值2,400萬元。

借:固定資產　　　　　　　　　　　　　　　　　　24,000,000
　　公允價值變動損益　　　　　　　　　　　　　　　1,000,000
　貸:投資性房地產——成本　　　　　　　　　　　　　20,000,000
　　　　　　　　　——公允價值變動　　　　　　　　　5,000,000

(七)投資性房地產處置的會計處理

企業出售、轉讓、報廢投資性房地產或者發生投資性房地產毀損時,應當終止確認該項投資性房地產,將處置收入扣除其帳面價值和相關稅費后的金額計入當期損益(將實際收到的處置收入計入「其他業務收入」科目,所處置投資性房地產的帳面價值計入「其他業務成本」科目)。

【例6-30】W公司對A投資性房地產已計提折舊200萬元,現對其進行處置獲得350萬元及增值稅銷項稅額38.5萬元,原帳面原值為500萬元。

(1)確認收入。

借:銀行存款　　　　　　　　　　　　　　　　　　3,885,000
　貸:其他業務收入　　　　　　　　　　　　　　　　　3,500,000
　　　應交稅費——應交增值稅(銷項稅額)　　　　　　　385,000

(2)結轉成本。

借:其他業務成本　　　　　　　　　　　　　　　　3,000,000

投資性房地產累計折舊　　　　　　　　　　　　　2,000,000
　　貸:投資性房地產　　　　　　　　　　　　　　　　　　　　5,000,000

【例6-31】將例6-26調帳后,隨即將該投資性房地產轉讓,取得750萬元,增值稅銷項稅額82.5萬元。

(1)確認收入。
借:銀行存款　　　　　　　　　　　　　　　　　　　8,325,000
　　貸:其他業務收入　　　　　　　　　　　　　　　　　　　7,500,000
　　　　應交稅費——應交增值稅(銷項稅額)　　　　　　　　825,000

(2)結轉成本。
借:其他業務成本　　　　　　　　　　　　　　　　　7,100,000
　　貸:投資性房地產——成本　　　　　　　　　　　　　　　7,000,000
　　　　　　　　　　——公允價值變動　　　　　　　　　　　100,000

將已記入「公允價值變動損益」轉入「其他業務成本」。
借:公允價值變動損益　　　　　　　　　　　　　　　　100,000
　　貸:其他業務成本　　　　　　　　　　　　　　　　　　　100,000

如果「公允價值變動損益」發生在借方,則編制相反的會計分錄。

四、投資性房地產的披露

根據《企業會計準則3號——投資性房地產》規定,企業應當披露投資性房地產的下列信息:

(1)投資性房地產的種類、金額和計量模式。
(2)採用成本模式的,投資性房地產的折舊或攤銷以及減值準備的計提情況。
(3)採用公允價值模式的,公允價值的確定依據和方法以及公允價值變動對損益的影響。
(4)房地產的轉換情況、理由以及對損益或所有者權益的影響。
(5)當期處置的投資性房地產及其對損益的影響。

思考題

1. 什麼是固定資產?固定資產的特點有哪些?
2. 固定資產是如何分類的?
3. 什麼是固定資產原值?如何確定固定資產的入帳價值?
4. 什麼是固定資產重置價值和固定資產淨值?
5. 什麼是固定資產折舊和折舊費?
6. 什麼是投資性房地產?其計量模式有哪幾種?
7. 固定資產的折舊範圍是如何規定的?
8. 如何評價固定資產折舊的直線法和加速折舊?
9. 處置固定資產的損益應計入哪個項目?

10. 固定資產的修理與改良有何區別？

練習題

根據以下業務編制會計分錄：

1. 甲公司購入一臺不需要安裝的設備，發票價格為 150,000 元，增值稅進項稅額為 25,500 元，發生運費為 1,500 元，增值稅進項稅額為 165 元。款已用銀行匯票付清，設備已運回投入生產。

2. 甲公司購入一臺需要安裝的設備，取得的增值稅專用發票上註明的設備買價為 80,000 元，增值稅稅額為 13,600 元，支付的運輸費為 1,400 元及相關進項稅 154 元。安裝設備時，領用生產用材料 1,500 元，支付工資 2,500 元。

3. 甲公司自行建造辦公大樓一座，購入為工程準備的各種物資價值 700,000 元，支付的增值稅稅額為 119,000 元，實際領用工程物資價值 700,000 元，另外還領用了企業生產用的原材料一批，實際成本為 50,000 元，支付工程人員工資 90,000 元，企業輔助生產車間為工程提供有關勞務支出 15,000 元，該工程完工交付使用。

4. 甲公司採用融資租賃方式租入生產線一條，按租賃協議規定的最低租賃價款為 1,500,000 元，另外支付運雜費、途中保險費、安裝調試費等 100,000 元（增值稅進項稅 10,000 元）。按租賃協議規定，租賃價款分 5 年於每年年末支付 300,000 元（不含稅），該生產線的折舊年限為 5 年，採用直線法計提折舊（不考慮淨殘值），租賃期滿，該生產線轉歸承租企業擁有。合同內含報酬率為 10%。採用實際利率法攤銷未確認融資費用。

5. 甲公司將投資性房地產轉作自用固定資產。投資性房地產採用成本計量，帳面成本為 50 萬元，已計提折舊 15 萬元。

6. 甲公司決定以生產的帳面價值為 80,000 元的產品交換 B 公司的一臺生產用設備。該批商品的公允價值為 120,000 元，A 公司銷售產品的增值稅稅率為 17%，計稅價格為公允價值。B 公司設備的帳面成本為 180,000 元，累計已提折舊 30,000 元，公允價值為 130,000 元，A 公司以銀行存款支付給 B 公司 11,700 元，該交換符合商業實質。

7. 甲公司以生產用的鍛壓設備交換乙公司生產用的起重機，以備自用。甲公司的鍛壓設備的帳面原值為 220,000 元，在交換日的累計折舊為 50,000 元，公允價值為 150,000 元。乙公司的起重機的帳面成本為 350,000 元，已計折舊 160,000 元，公允價值為 150,000 元，該交換符合商業實質。

8. 甲公司有舊廠房一幢，原值 560,000 元，已提折舊 400,000 元，現以 200,000 元售出，增值稅銷項稅稅率為 11%，款已收取存入銀行，發生清理費用 20,000 元。

9. 甲公司一臺設備原值 500,000 元，已計提折舊 50,000 元，年末對固定資產進行測試，發現該設備的可收回淨額為 420,000 元，預計淨殘值 10,000 元，預計使用年限 5 年，編制計提減值準備的會計分錄，計算未來 4 年的年折舊額（採用直線法）。

10. 甲公司有一項固定資產，其原值為 250,000 元，預計使用 4 年，預計殘值 3,000 元，預計清理費 1,000 元。分別採用平均使用年限法、雙倍餘額遞減法、年限總和法計算各年的折舊率和折舊額。

11. 甲公司取得投資性房地產成本 500 萬元,增值稅進項稅額 55 萬元,以銀行存款支付全部款項。

12. 甲公司資產負債表日對以公允價值模式計量的投資性房地產進行調帳,甲投資性房地產升值 50 萬元,乙投資性房地產減值 39 萬元。

13. 甲公司將記入「開發產品」的存貨轉為投資性房地產,「開發產品」的成本為 300 萬元,轉換日的公允價值為 400 萬元。投資性房地產採用公允價值計量。

14. 甲公司將投資性房地產轉換為自用設備,投資性房地產的帳面價值為 350 萬元,採用公允價值模式計量,轉換日該投資性房地產的公允價值為 400 萬元。

15. 甲公司將投資性房地產轉讓,取得價款 600 萬元,增值稅銷項稅額 66 萬元,投資性房地產的帳面價值為 520 萬元,其中成本為 500 萬元,上年公允價值變動為 20 萬元,採用公允價值計量時記入「公允價值變動損益」科目 20 萬。

第七章
無形資產與其他資產

在知識經濟時代,企業無形資產將能為企業創造更可觀的經濟利益。因此,正確確認、計量企業無形資產,真實反映企業無形資產為企業帶來的經濟利益對於提供真實、可靠的會計信息是非常有益的。本章主要介紹企業無形資產的概念、性質,無形資產的取得、攤銷及轉讓的會計處理。

第一節 無形資產

一、無形資產的性質

《企業會計準則第 6 號——無形資產》對無形資產的定義是,無形資產(Intangible Assets)是指企業擁有或控制的沒有實物形態的可辨認非貨幣性資產。新準則對無形資產的定義加了「可辨認」,將商譽排除在無形資產之外。無形資產包括專利權、商標權、著作權、土地使用權、非專利技術等。從無形資產的概念可以看出無形資產具有如下特點:

(一) 企業擁有或控制的

無形資產是企業擁有或控制的,這一點符合資產的定義。這是新準則的變化,它並沒有指出或限制無形資產持有的目的是用於生產產品或提供勞務、出租給他人或用於行政管理等方面,而不能為轉讓而持有無形資產。也就是說持有無形資產的目的也可以是生產、經營、管理或轉讓。

(二) 沒有實物形態

沒有實物形態是無形資產最基本的特徵。沒有實物形態指的是無形資產的使用價值和作用不能被感官感覺。無形資產多半是一種由法律或合同關係所賦予的權利。無形資產通常依託一定的物質實體,如土地使用權依據於土地。由此決定了無形資產價值的損耗只具有無形損耗的單一形式,報廢時沒有殘值。

(三) 可辨認的非貨幣性資產

這是新準則對無形資產定義的變化,這一規定將商譽這一不可辨認的資產排除在無形資產之外,使商譽成為一項獨立的資產。無形資產是一項非貨幣性資產,它能夠在較長時期內為企業帶來經濟利益,即可以在一個以上的會計期間為企業提供經濟效益。無形資產又可稱為無形固定資產,與有形固定資產相比具有某些共同的特徵。這些共同特徵主要表現在:兩者都在有效的經濟壽命期間由企業所控制和使用;兩者都能為其持有者帶來預期的經濟利益,受益的多少則與其維護和利用的程度有密切關係;兩者都具有

較長的預期使用壽命和較高的單位價值；兩者的價值轉移都是非一次性的，即在受益期間內逐漸損耗，其價值一部分一部分地從收入中逐步收回而得補償，所以無形資產與固定資產一樣屬於長期資產。

(四)所帶來的未來經濟效益具有較大的不確定性

無形資產的使用效果難以單獨計量，他們必須和其他資源一起使用才能發揮作用。某些無形資產的受益期難以確定，隨著市場競爭和新技術發明的出現，會使得原有專利技術的經濟價值降低或突然變得一文不值。無形資產使用期限的不確定性，決定了無形資產帶給企業收益總量的不確定性。

二、無形資產的分類

無形資產可以按不同的標準進行分類。

(一)無形資產按其取得來源，可分為外部取得的(External)無形資產和內部開發的(Internal)無形資產

1. 外部取得的無形資產

外部取得的無形資產根據其取得的方式不同又可分為購入的無形資產、投資轉入的無形資產、非貨幣性資產交換取得的無形資產、債務重組取得的無形資產等。

(1)購入的無形資產是指企業以貨幣交易從企業以外的單位取得的無形資產。例如，企業購買的專利權、商標權、非專利技術、土地使用權等。

(2)投資轉入的無形資產是指投資人用其持有的專利權、商標權、非專利技術、土地使用權等對企業進行投資形成的無形資產。

(3)非貨幣性資產交換取得的無形資產是指企業以非貨幣性資產進行交換取得的專利權、商標權、非專利技術、土地使用權等形成的無形資產。

(4)債務重組取得的無形資產是指根據債務重組協議，企業的債務人用非專利技術等償還重組債務形成的無形資產。

2. 內部開發的無形資產

《企業會計準則第6號——無形資產》第七條規定，企業內部開發項目的支出，應當區分研究階段支出與開發階段支出。

研究是指為獲取或理解新的科學或技術知識而進行的獨創性的有計劃調查。

開發是指在進行商業性生產或使用前，將研究成果或其他知識應用於某項計劃或設計，以生產出新的或具有實質性改進的材料、裝置、產品等。開發階段發生的費用應計入無形資產。

對於在研究階段過程中發生的材料費用、直接參與開發人員的工資及福利費、開發過程中發生的租金、借款費用等，計入當期損益，依然是費用化處理。

(二)無形資產按有無使用期限，可分為有限期(Limited Periods)無形資產和無限期(Unlimited Periods)無形資產

1. 有限期無形資產

有限期無形資產是指法律或合同規定了使用期限的無形資產。這些無形資產在使

用期限內受法律的保護。期限屆滿時，如果不能請求展期或企業未請求展期，其經濟價值將隨之消逝，如專利權、特許權、商標權、著作權、土地使用權等。有期限的無形資產應在使用期內分期攤銷。

2. 無限期無形資產

無限期無形資產是指法律或合同沒有規定使用期限的無形資產。這些無形資產使用期限的長短取決於科技發展的快慢和技術保密工作的好壞以及企業自身對其維護的程度如何等因素。只要還有使用價值，企業願意就可以使用下去，直到其喪失經濟價值為止，如非專有技術等。無期限的無形資產按企業會計準則規定不需分期攤銷。

三、無形資產的內容

(一)專利權

專利權(Patents)是指專利人在法定期限內對某一發明創造所有的獨占權和專有權，即國家專利管理機關根據發明人的申請，經審查認為其發明創造符合法律規定，授予發明人於一定年限內擁有專用或專賣其發明創造成果的一種權利。專利權受法律保護。法律按照專利權種類規定了其有效期，發明專利權15年，實用新型專利權10年，外觀設計專利權5年。在專利權有效期內，其他企業和個人未經發明人許可不得無償使用。專利權的持有人在專利權的有效期內受益，專利權的法定有效期滿將不受法律保護。

專利權作為企業的一項無形資產，來源主要有兩個：一個是企業內部自行研製開發的；另一個是企業向外部的科研機構、大專院校、其他企業或個人等專利持有人購買的。企業持有專利權可以在法定的保護期內獨自生產和銷售專利產品，因為在市場上沒有相同產品與之競爭，所以企業可獲得專利產品實現的利潤。企業也可以出售持有的專利權，即轉讓專利的使用權或所有權。需要特別注意的是，並不是所有的專利都能給企業帶來經濟效益。如果說一項專利只有很少的經濟價值和很短的經濟壽命，則該項專利對企業而言就失去了投資的意義。專利權只有預計能在未來相對較長的時期內給企業帶來較大經濟利益時，才能作為無形資產進行投資和管理。因此，專利權的成本支出或投資是否能轉化為企業資產，與專利權的使用價值和經濟壽命有著密切的關係。

(二)非專利技術

非專利技術也叫專有技術，是指發明人壟斷的、不公開的、具有實用價值的先進技術、資料、技能、知識等。這些專有技術未申請專利，或不夠申請專利的條件，但是能給持有人帶來未來的經濟利益。如生產管理經驗、技術設計和操作上的數據、工藝訣竅等。

非專利技術的特點如下：

(1)經濟性。非專利技術在企業的生產經營中能夠提高生產能力，從而增加企業的盈利能力。

(2)保密性。持有人為了長期獨享非專利技術給其帶來的經濟利益採用保密的手段控製其他的企業使用。

(3)動態性。非專利技術是經過長期研究和經驗累積形成的，在使用過程中會不斷得到發展和完善。

非專利技術與專利權相比既有共性又有區別。其共性是兩者都是科學技術的成果，而且都必須轉化為生產力才能實現其價值，都具有通過生產和銷售給特定的企業帶來經濟利益的能力。其區別則體現為：

(1)非專利技術不受法律保護，專利權受法律保護。專利權在法定的期限內，如果有任何企業未經許可使用本企業已持有的專利權，該企業可依法追究其法律責任。

(2)非專利技術沒有有效期，只要擁有非專利技術的企業將其保密不公開，非專有技術仍由其擁有企業獨享其帶來的經濟利益；專利權有法定期限，超過法定期限的專利不再被持有企業唯一使用。

(三)商標權

商標權(Trademarks)是指企業專門在某種指定的商品上使用特定的名稱、圖案、標記的權利。企業使用的這種特定的名稱、圖案、標記稱為商標，商標不僅是識別企業產品的標誌，而且是企業間相互競爭，搶占市場份額，追逐利潤的重要工具。商標是用來區別於其他企業生產的產品，如果這種產品的質量好且已經得到消費者的認同，有一定的市場佔有率，企業的產品商標應向商標管理部門申請註冊使其成為註冊商標。只有註冊的商標持有人才擁有商標權並受法律保護，才能構成企業的無形資產。商標權具有獨占使用權和禁止使用權功能，未經商標持有人允許，任何人不得使用，否則就屬侵權行為。法律規定商標權的有效期為 10 年，但期滿前可以申請延長註冊有效期。企業享有的商標權可以由企業的商標申請註冊取得，也可以從外部購買取得。

(四)著作權

著作權(Copyrights)是指著作人對其著作依法享有的出版、發行等方面的專有權利，即國家著作權管理部門依法授予著作或者文藝作品作者在一定期限內發表、再版、演出和出售其作品的特有權利。著作包括文學作品、工藝美術作品、影劇作品、音樂舞蹈作品、商品化軟件和音像製品等。在一般情況下，著作權並不賦予所有人唯一使用一項作品的權利，而只是賦予他向別人因公開發行、演出或出售其作品而取得著作收益的權利。著作權受法律保護，法律規定作品的發表權、使用權和獲得報酬權的有效期為作者終生及其死亡后 50 年，職務創作作品的保護期為 50 年。企業可以通過向作者購買取得著作權。

(五)土地使用權

土地使用權(Right of Using Land)是指國家准許某一企業在一定期限內對國有土地享有開發、利用、經營的權利，即企業可依法獲得在一定期限內使用國有土地的權利。中國土地為國家所有，任何單位和個人只能擁有土地的使用權，而不是所有權，土地使用權可以通過行政劃撥和有償轉讓——支付土地出讓金的方式取得，除國家行政劃撥土地外，土地使用權可依法轉讓。

土地使用權是企業長期經營的先決條件和重要的無形資產。企業的土地使用權只能通過向政府土地管理部門或擁有土地使用權的其他單位及個人支付一定數額的土地出讓金取得，並按支付的土地出讓金資本化。土地使用權的有效使用年限以政府土地管理部門按土地用途不同予以確定。

(六)特許權

特許權(Franchises)也稱專營權,是指企業獲得在一定區域內、一定時期內,生產經營某種特定商品產品或提供勞務的專有權利。特許權分為兩種:一種是被政府機關授予的准許企業在一定地區經營某種業務的權利,如政府允許特定企業經營自來水、電力、郵政等公用事業;另一種是被其他企業授予的准許企業使用其某些權利,包括專利使用權、非專利技術使用權、商標使用權等。特許權的經濟價值在於它具有一定程度的壟斷性,從而可以給企業帶來高額利潤。特許權的取得,一般是以企業通過與授予方簽訂合同並支付一定數額的費用相交換的,只有將這些支出資本化,取得的特許權才能形成企業的無形資產。

四、無形資產核算的科目設置

為了核算企業無形資產的形成、轉讓及攤銷,企業應設置「無形資產」「累計攤銷」科目。

「無形資產」科目核算企業持有的無形資產的成本,借方登記無形資產的增加額;貸方登記無形資產的減值和減少額;期末借方餘額反映企業無形資產的帳面餘額(原始成本)。企業可根據無形資產的項目設置明細帳,進行明細核算。

「累計攤銷」科目核算企業對使用壽命有限的無形資產計提的累計攤銷。貸方登記分期對無形資產計提的攤銷額;借方登記註銷無形資產時,轉銷的累計攤銷額;餘額在貸方,記錄企業現有無形資產的累計攤銷額。

五、無形資產取得的計價與核算

無形資產的特徵決定了對無形資產的計價應遵循謹慎性原則。企業取得無形資產應按取得時的實際成本計量。

具體講,應按以下規定確定無形資產取得時的實際成本並進行核算。

(一)外購的無形資產

對於企業外購的無形資產,按實際支付的價款作為實際成本,借記「無形資產」帳戶,貸記「銀行存款」帳戶。

【例7-1】甲公司為擴大市場經營,向國家土地管理部門申請土地使用權,為此付出土地出讓金5,000,000元及相關增值稅550,000元,以銀行存款付訖。

借:無形資產——土地使用權　　　　　　　　　　　　5,000,000
　　應交稅費——應交增值稅(進項稅額)　　　　　　　550,000
　　貸:銀行存款　　　　　　　　　　　　　　　　　　5,550,000

(二)投資者投入的無形資產

對於企業投資者投入的無形資產,按投資雙方的協議或合同價格作為實際成本,借記「無形資產」帳戶,貸記「實收資本」帳戶。

【例7-2】甲公司接收投資方芙蓉公司作為資本投入的專利權一項,雙方的合同或協議作價為2,000,000元,增值稅進項稅額120,000元。折股800,000股,每股面值1元。

借:無形資產——專利權 2,000,000
　應交稅費——應交增值稅(進項稅額) 120,000
　貸:股本——芙蓉公司 800,000
　　資本公積——資本溢價 1,320,000

(三)通過債務重組取得的無形資產

企業接受的債務人以非現金資產抵償債務方式取得的無形資產,按取得無形資產的公允價值加上應支付的相關稅費作為實際成本。

【例7-3】甲公司持有川裕公司的應收帳款為300,000元,由於川裕公司財務陷入困境,根據協議,川裕公司支付50,000元現金同時轉讓一項無形資產以清償該債務,該項無形資產的公允價值為180,000元,增值稅進項稅額10,800元。甲公司已對該應收帳款計提的壞帳準備為30,000元。

甲公司對此項債務重組取得的無形資產,編制會計分錄如下:

借:庫存現金 50,000
　無形資產 180,000
　應交稅費——應交增值稅(進項稅額) 10,800
　壞帳準備 30,000
　營業外支出——債務重組損益 29,200
　貸:應收帳款 300,000

(四)通過非貨幣性資產交換換入的無形資產

對於企業通過非貨幣性資產交換換入的無形資產,符合商業實質的按換出資產的公允價值加上應支付的相關稅費,作為實際成本;不符合商業實質的按換出資產的帳面價值加上應支付的相關稅費,作為實際成本。

(五)企業自行研究和開發的無形資產

企業內部研究開發項目開發發生的支出,同時滿足下列條件的,才能確認為無形資產:

(1)完成該無形資產以使其能夠使用或出售在技術上具有可行性。

(2)具有完成該無形資產並使用或出售的意圖。

(3)無形資產產生經濟利益的方式,包括能夠證明運用該無形資產生產的產品存在市場或無形資產自身存在市場,無形資產將在內部使用的,應當證明其有用性。

(4)有足夠的技術、財務資源和其他資源支持,以完成該無形資產的開發,並有能力使用或出售該無形資產。

(5)歸屬於該無形資產開發階段的支出能夠可靠地計量。

新會計準則同時強調,企業自創商譽以及內部產生的品牌、報刊名等,不應確認為無形資產。

對於企業開發階段發生的費用並符合無形資產的確認條件並按法律程序申請取得無形資產的,按依法取得該項權利時發生的註冊費、聘請律師費等費用作為無形資產的實際成本。

【例7-4】維達公司為研製某項技術,研製期間該項費用單獨核算,耗用材料的價款

為450,000元,支付工資為80,000元,其他費用8,000元,全部費用均以銀行存款付訖。該項技術獲得成功,並申請了專利,又以銀行存款支付了各項申請費用和律師費50,000元及增值稅進項稅額3,000元。

(1)研製期間內(費用化)會計分錄為:

借:管理費用——技術開發費　　　　　　　　　　　　538,000
　　貸:銀行存款　　　　　　　　　　　　　　　　　538,000

(2)研發階段發生的費用(確認為無形資產開發過程)會計分錄為:

借:研發支出　　　　　　　　　　　　　　　　　　50,000
　　應交稅費——應交增值稅(進項稅額)　　　　　　3,000
　　貸:銀行存款　　　　　　　　　　　　　　　　　53,000

(3)開發完成的會計分錄為:

借:無形資產——專利權　　　　　　　　　　　　　50,000
　　貸:研發支出　　　　　　　　　　　　　　　　　50,000

六、無形資產的攤銷

(一)攤銷期限

由於各種不同的無形資產在其價值上具有不確定性,而且在生產經營中的受益期不一,並難以預計。在理論上對無形資產是否進行攤銷,見解不一。但按照中國《企業會計準則第6號——無形資產》的規定,無形資產應當自無形資產可供使用時起,至不再作為無形資產確認時止,對無形資產進行攤銷。無形資產的使用壽命為有限的,應當估計使用壽命的年限,或者構成使用壽命的產量等類似計量單位數量;無法預見無形資產為企業帶來經濟利益期限的,應當視為使用壽命不確定的無形資產。

企業取得無形資產當月起在預計使用年限內分期平均攤銷,計入損益。如預計使用年限超過了相關合同規定的受益年限或法律規定的有效年限,該無形資產的攤銷年限按如下原則確定:

(1)合同規定了受益年限但法律沒有規定有效年限的,按不超過合同規定的受益年限攤銷。

(2)合同沒有規定受益年限而法律規定了有效年限的,按不超過法律規定的有效年限攤銷。

(3)合同規定了受益年限,法律也規定了有效年限的,攤銷年限不應超過受益年限和有效年限兩者之中較短者。

《企業會計準則第6號——無形資產》規定,使用期不確定的無形資產不應攤銷。

(二)攤銷方法

企業選擇無形資產的攤銷方法,應當反映與該項無形資產有關的經濟利益的預期實現方式,無法可靠確定預期實現方式的應當採用直線法攤銷。

(三)帳務處理

無形資產攤銷的價值,應通過「累計攤銷」科目核算,分期計提的攤銷,記入「管理費

用」處理。

【例7-5】甲公司本月無形資產攤銷額計算如下：專利權 A 為 150,000 元，專利權 B 為 80,000 元，土地使用權為 100,000 元。

每月攤銷時，會計分錄如下：

借：管理費用——無形資產攤銷	330,000
貸：累計攤銷——專利權 A	150,000
——專利權 B	80,000
——土地使用權	100,000

七、無形資產的出售

企業所擁有的無形資產可以依法轉讓。企業出售無形資產按實際取得的轉讓收入借記「銀行存款」等科目，按該項無形資產已計提的減值準備借記「無形資產減值準備」科目，按該項無形資產的「累計攤銷」額借記「累計攤銷」科目，按該項無形資產的帳面餘額貸記「無形資產」科目，按應支付的相關稅費貸記「銀行存款」「應交稅費」等科目，按其差額貸記「營業外收入——非流動資產處置損益」或借記「營業外支出——非流動資產處置損益」科目。

【例7-6】甲公司轉讓某專有技術的所有權，轉讓時該專有技術帳面餘額為 150,000 元，累計攤銷 50,000 元，已計提減值準備 20,000 元，轉讓收入為 100,000 元，增值稅銷項稅額為 6,000 元，款項均通過銀行收付。

借：銀行存款	106,000
累計攤銷	50,000
無形資產減值準備	20,000
貸：無形資產	150,000
應交稅費——應交增值稅(銷項稅額)	6,000
營業外收入——非流動資產處置損益	20,000

八、無形資產的減值和轉銷

(一) 無形資產減值判斷

企業應定期或至少每年年度終了對各項資產進行全面檢查，根據謹慎性原則的要求合理地預計各項資產可能發生的損失，對可能發生的各項資產損失計提資產減值準備。該規定同樣適用於無形資產。

根據《企業會計準則第 8 號——資產減值》的規定，企業應當在資產負債表日判斷資產是否存在可能發生減值的跡象。

存在下列跡象的，表明資產可能發生了減值：

(1) 資產的市價當期大幅度下跌，其跌幅明顯高於因時間的推移或者正常使用而預計的下跌。

(2) 企業經營所處的經濟、技術或者法律等環境以及資產所處的市場在當期或者將

在近期發生重大變化,從而對企業產生不利影響。

(3)市場利率或者其他市場投資報酬率在當期已經提高,從而影響企業計算資產預計未來現金流量現值的折現率,導致資產可收回金額大幅度降低。

(4)有證據表明資產已經陳舊過時或者其實體已經損壞。

(5)資產已經或者將被閒置、終止使用或者計劃提前處置。

(6)企業內部報告的證據表明資產的經濟績效已經低於或者將低於預期,如資產所創造的淨現金流量或者實現的營業利潤(或者虧損)遠遠低於(或者高於)預計金額等。

(7)其他表明資產可能已經發生減值的跡象。

資產存在減值跡象的,應當估計其可收回金額。可收回金額應當根據資產的公允價值減去處置后的淨額與資產預計未來現金流量的現值兩者之間較高者確定。可收回金額的計量表明,資產的可收回金額低於其帳面價值的,應當將資產的帳面價值減記至可收回金額,減記的金額確認為資產減值損失,計入當期損益,同時計提相應的資產減值準備。

無形資產減值損失一經確認,在以后會計期間不得轉回。無形資產減值損失確認后,減值資產的攤銷費用應當在未來作相應的調整,以使該項無形資產在剩餘使用壽命內,系統地分攤調整后的無形資產帳面價值。

(二)無形資產計提減值準備的帳務處理

1. 帳戶設置

為了核算無形資產計提減值準備,企業應當設置「無形資產減值準備」帳戶,該帳戶的借方核算註銷無形資產時轉銷的無形資產減值準備;貸方核算計提的無形資產減值準備;期末貸方餘額為企業已提取的無形資產減值準備。在資產負債表中,無形資產減值準備作為無形資產的減項。

2. 帳務處理

在計提減值準備的情況下,即期末企業所持有的無形資產的帳面價值低於其可收回金額的,應按其差額,借記「資產減值損失——計提的無形資產減值損失」帳戶,貸記「無形資產減值準備」帳戶。

【例7-7】甲公司擁有B專利權,B專利權的帳面價值為850,000元。資產負債表日發現,其可收回金額為700,000元。B專利權應當計提100,000元的減值準備,該項專利預計在未來的7年內攤銷。

計提減值準備的會計分錄為:

借:資產減值損失——無形資產減值損失　　　　　　　150,000
　　貸:無形資產減值準備——B專利權　　　　　　　　　　150,000

計算未來各年的攤銷額=700,000÷7=100,000(元)

(三)無形資產的轉銷

如果企業持有的無形資產預期不能為企業帶來經濟利益的,企業應當對其進行轉銷。企業轉銷無形資產時,應按已計提的累計攤銷,借記「累計攤銷」科目,按其帳面餘額,貸記「無形資產」科目,按其差額借記「營業外支出」科目。已計提了減值準備的,還應結轉減值準備。

【例7-8】甲公司擁有 B 專利權，B 專利權的帳面餘額為 100,000 元，累計攤銷 80,000 元，已計提減值準備 10,000 元。資產負債表日發現，該無形資產預期已不能為企業帶來經濟利益了，現予以轉銷。

借：營業外支出　　　　　　　　　　　　　　　　　　　　　10,000
　　累計攤銷　　　　　　　　　　　　　　　　　　　　　　 80,000
　　無形資產減值準備　　　　　　　　　　　　　　　　　　 10,000
　貸：無形資產　　　　　　　　　　　　　　　　　　　　　100,000

無形資產出租取得的收入記入「其他業務收入」科目。

第二節　其他資產

其他資產是指除流動資產、固定資產和無形資產之外的資產，如長期待攤費用和合併商譽等。

一、長期待攤費用

(一)長期待攤費用的內容及其攤銷期限

長期待攤費用是指企業已經支出，但攤銷期在1年以上(不含1年)的各項費用，包括固定資產修理支出、租入固定資產的改良支出以及攤銷期限在1年以上的其他待攤費用。應由本期負擔的借款利息、租金以及已經繳納的稅金和無法與未來收益相配比的其他各項支出等，不得作為長期待攤費用處理。長期待攤費用應當單獨核算，在費用項目的受益期限內按期平均攤銷。

1. 固定資產修理支出

固定資產的修理支出(Repairing Expenditure)是指固定進行修理所發生的支出。當固定資產修理費用沒有採用預提辦法，而且支出比較大，收益期超過一年時，應作為長期待攤費用核算。實際發生的修理支出，應在修理間隔期內平均攤銷，即應當在下一次修理前平均攤銷。

2. 租入固定資產的改良支出

租入固定資產的改良支出(Leasehold Improvements)是指能增加租入固定資產的效用或延長使用壽命的改裝、翻建、改建等支出。這樣規定的依據是企業從其他單位以經營租賃方式租入的固定資產，所有權屬於出租人，但企業依合同享有使用權。通常雙方在協議中規定，租入企業應按照規定的用途使用，並承擔對租入固定資產進行修理和改良的責任，即發生的修理和改良支出全部由承租方負擔。對租入固定資產進行改良，有助於提高固定資產的效用和功能，但是由於租入固定資產的所有權不屬於租入企業，承租人只獲得在租賃有效期限內對改良工程的使用權利。因此，對租入固定資產進行改良工程所發生的支出，應作為長期待攤費用處理。租入固定資產改良支出，應在租賃期限與尚可使用年限兩者孰短的期限內平均攤銷。

3. 開辦費

開辦費(Organization Costs)是指企業籌建期間所發生的不應計入有關資產成本的各項費用。開辦費的內容包括：籌建期間工作人員的工資、辦公費、差旅費、培訓費、印刷費、銀行借款利息、律師費、註冊登記費以及其他不能計入固定資產和無形資產的支出。下列費用不應列入開辦費：

(1)應由投資者負擔的費用，如投資人的差旅費，構成固定資產和無形資產的支出，籌建期間應計入工程成本的利息支出和匯兌淨損失等。開辦費應當在開始生產經營，取得營業收入時停止歸集，並應當在開始生產經營的當月起一次計入開始生產經營當月的損益。

(2)其他長期待攤費用。其他長期待攤費用是指上述各項之外的長期待攤費用，應當在受益期限內平均攤銷。如果長期待攤的費用項目不能使以後會計期間受益的，應當將尚未攤銷的該項目的攤餘價值全部轉入當期損益。

(二)長期待攤費用的會計核算

企業應當設置「長期待攤費用」帳戶對長期待攤費用進行核算。該帳戶的借方記錄長期待攤費用的發生；貸方記錄攤銷的長期待攤費用；期末借方餘額為尚未攤銷的各項長期待攤費用的攤餘價值。該帳戶應按長期待攤費用的種類設置明細帳戶，進行明細核算。

企業應當在會計報表附註中按照費用項目披露其餘額、攤銷期限、攤銷方式等。

【例7-9】甲公司採用租賃方式臨時租入一幢辦公用房，租期暫定為4年。企業為該房屋發生改良支出144,000元，增值稅進項稅額10,000元，改良工程已經完工。

(1)改良過程發生支出。

借：在建工程——改良工程　　　　　　　　　　　　　　144,000
　　應交稅費——應交增值稅(進項稅額)　　　　　　　　 10,000
　貸：銀行存款　　　　　　　　　　　　　　　　　　　　154,000

(2)工程完工結轉工程成本。

借：長期待攤費用　　　　　　　　　　　　　　　　　　144,000
　貸：在建工程　　　　　　　　　　　　　　　　　　　　144,000

(3)每月攤銷＝144,000÷48＝3,000(元)

借：管理費用　　　　　　　　　　　　　　　　　　　　　3,000
　貸：長期待攤費用　　　　　　　　　　　　　　　　　　 3,000

【例7-10】甲公司在籌建期間發生以下支出：用銀行存款支付各項辦公費、培訓費、印刷費、註冊登記費等200,000元，用現金支付差旅費1,000元，應付工作人員工資36,000元。發生增值稅進項稅額12,000元，以銀行存款支付。籌建期間發生的不計入資產價值的費用於生產經營當月一次性攤銷。

(1)籌建期間發生的應記入長期待攤費用的有關費用帳務處理為：

借：長期待攤費用　　　　　　　　　　　　　　　　　　237,000
　　應交稅費——應交增值稅(進項稅額)　　　　　　　　 12,000

		212,000
貸:銀行存款		
庫存現金		1,000
應付職工薪酬		36,000

(2)經營開始的第一個月攤銷全部費用的帳務處理為：

借:管理費用　　　　　　　　　　　　　　　　237,000
　貸:長期待攤費用　　　　　　　　　　　　　　237,000

二、合併商譽

(一)商譽的確認和計量

《企業會計準則第 20 號——企業合併》規定,企業合併分為同一控製下的企業合併和非同一控製下的企業合併。

企業合併指將兩個或者兩個以上單獨的企業合併形成一個報告主體的交易或事項。

同一控製下的企業合併是指參與合併的企業在合併前后均受同一方或者相同多方最終控製,且控製並非是暫時的。同一控製下企業合併(吸收合併),合併方是按被並方資產、負債的帳面價值入帳的,不會產生合併商譽,採用權益結合法進行會計核算。

非同一控製下的企業合併是指參與合併的各方在合併前后不受同一方或者相同多方最終控製的合併。非同一控製下的企業合併(吸收合併),合併方是按被並方的可辨認淨資產的公允價值入帳的,採用購買法進行會計核算。實際購買成本與被並方可辨認淨資產的公允價值之間的差額為合併商譽。

《企業會計準則第 20 號——企業合併》規定,購買方對合併成本大於合併中取得的被並企業可辨認淨資產的公允價值,其差額應確認為商譽。

初始確認后的商譽,應當以其成本扣除累計減值準備的金額計量。商譽的減值應當按照《企業會計準則第 8 號——資產減值》的規定處理。

購買方對合併成本小於合併中取得的被購買方可辨認淨資產公允價值的差額,應當按下列規定處理:

(1)對取得的被購買方各項可辨認資產、負債及或有負債的公允價值以及合併成本的計量進行復核。

(2)經復核后合併成本仍然小於合併中取得的被購買方可辨認淨資產的公允價值份額的,其差額應當計入當期損益,不形成負商譽。

【例 7-11】A 公司以銀行存款 2,800 萬元,對 B 公司進行吸收合併(屬非同一控製下的吸收合併),購買日 B 公司持有資產、負債的情況如表 7-1 所示。

表 7-1　　　　　　　購買日 B 公司持有資產、負債的情況表　　　　　單位:萬元

	帳面價值	公允價值
固定資產	1,200	1,700
其他資產	1,100	1,300
長期借款	700	700
淨資產	1,600	2,300

(1) A 公司以 2,800 萬元購買 B 公司公允價值為 2,300 萬元的可辨認淨資產,形成合併商譽＝2,800－2,300＝500(萬元),帳務處理如下:

借:固定資產	17,000,000
其他資產	13,000,000
商譽	5,000,000
貸:長期借款	7,000,000
銀行存款	28,000,000

(2) 假設 A 公司以 2,000 萬元購買 B 公司,其會計分錄為:

借:固定資產	17,000,000
其他資產	13,000,000
貸:長期借款	7,000,000
銀行存款	20,000,000
營業外收入——購並產生的收益	3,000,000

(二) 商譽的減值

中國《企業會計準則第 8 號——資產減值》規定,企業合併所形成的商譽,至少應當在每年年度終了進行減值測試。商譽應當結合與其相關的資產組或者資產組組合進行減值測試。

在包含商譽的相關資產組或者資產組組合進行減值測試時,如與商譽相關的資產組或資產組組合存在減值跡象,應當先對不包含商譽的資產組或者資產組組合進行減值測試,計算可收回金額,並與相關的帳面價值相比較,確認相應的減值損失。再對包含商譽的資產組或者資產組組合進行減值測試,比較這些相關資產組或者資產組組合的帳面價值(包括所分攤的商譽的帳面價值部分)與其可收回金額,如相關資產組或者資產組組合的可收回金額低於其帳面價值的,應當確認商譽的減值損失。

商譽發生減值時,其會計處理為借記「資產減值損失——商譽減值損失」科目,貸記「商譽減值準備」科目。

需要注意的是,控股合併不會在帳面上產生商譽,只會在編制合併財務報表時出現合併商譽。

思考題

1. 什麼是無形資產?無形資產有哪些特徵?
2. 無形資產是怎樣分類的?
3. 各項無形資產的成本是怎樣確定的?
4. 固定資產的折舊與無形資產的攤銷有何不同?
5. 什麼是商譽?對商譽的會計處理有何規定?

練習題

1. 甲企業以銀行存款 106,000 元購入一項無形資產，其進項稅額為 6,000 元；接收投資者投入的無形資產(土地使用權)一項，協議作價 500,000 元，其進項稅額為 55,000 元，折合股份 200,000 股。編制相關會計分錄。

2. 甲企業自行研究、開發一項無形資產，花費研究費用 200,000 元，另支付評估費 20,000 元、律師費 10,000 元、工商註冊費 30,000 元開發費用，均以銀行存款支付。編制相關會計分錄。

3. 甲企業本月無形資產攤銷 25,000 元。編制相關會計分錄。

4. 甲企業出售一項無形資產，其帳面餘額為 350,000 元，累計攤銷 50,000 元，已提減值準備 30,000 元，出售價(不含稅)為 280,000 元，收到貨款存入銀行，增值稅銷項稅稅率為 6%。編制相關會計分錄。

5. 甲企業出售一項無形資產，其帳面餘額為 450,000 元，累計攤銷 70,000 元，出售價為 350,000 元收到並存入銀行，增值稅銷項稅稅率為 6%。編制相關會計分錄。

6. 甲企業以一項無形資產對外投資，其帳面餘額為 400,000 元，累計攤銷 50,000 元，雙方協議作價 500,000 元，增值稅進項稅額為 30,000 元，占被投資企業 5%的股份。作為可供出售金融資產編制相關會計分錄。

7. 甲企業以一項無形資產對外投資，其帳面餘額為 350,000 元，累計攤銷 40,000 元，雙方協議作價 300,000 元，增值稅進項稅額為 18,000 元，占被投資企業 3%的股份。作為可供出售金融資產編制相關會計分錄。

8. 甲企業因財務困難進行債務重組，以一項無形資產抵償應付帳款債務，「應付帳款」帳面餘額為 800,000 元，該項無形資產帳面餘額為 500,000 元，累計攤銷 40,000 元，公允價值為 550,000 元，增值稅銷項稅額為 33,000 元。編制相關會計分錄。

9. 甲企業轉銷預期不能為企業帶來經濟利益無形資產一項，帳面餘額為 200,000 元，累計攤銷 100,000 元，已計提減值準備 60,000 元。編制相關會計分錄。

10. 甲企業以 130 萬元收購 B 企業，B 企業「存貨」帳面價值 20 萬元、公允價值 22 萬元；「固定資產」帳面餘額為 80 萬元，「累計折舊」30 萬元，固定資產的公允價值為 55 萬元；「無形資產」帳面價值為 40 萬元，累計攤銷 5 萬元，公允價值為 50 萬元，短期負債 10 萬元(公允價值與其帳面價值相等)，長期負債 15 萬元(公允價值與其帳面價值相等)。如果甲企業是以 80 萬元購買 B 企業。編制相關會計分錄(該吸收合併為非同一控製下的企業合併)。

第八章
非貨幣性資產交換

非貨幣性資產交換的會計處理與貨幣性交易的會計處理有較大的區別。為了更好地讓學生理解非貨幣性資產交換的會計處理，特別將其單獨作為一章介紹，以體現其重要性。

第一節 非貨幣性資產交換的基本概念

一、貨幣性資產與非貨幣性資產

（一）貨幣性資產

貨幣性資產是指持有的現金及將以固定或可確定金額的貨幣收取的資產，包括現金、應收帳款和應收票據以及準備持有到期的債券投資。這裡的現金是廣義的現金，包括庫存現金、銀行存款和其他貨幣資金。

貨幣性資產是相對於非貨幣性資產而言的。其主要特徵是將來為企業帶來的經濟利益，即貨幣金額是固定或可以確定的。現金是企業所持有的貨幣，其金額是固定的，符合貨幣性資產的定義，屬於貨幣性資產。應收帳款作為企業債權，有相應的發貨票等原始憑證作為收款的依據，雖然在收回貨款的過程中有可能發生壞帳損失，但是企業可以根據以往與購貨方交往的經驗，估計出發生壞帳的可能性以及壞帳的金額，應收帳款在將來為企業帶來的經濟利益，即貨幣金額是固定的或可以確定的，符合貨幣性資產的定義，因此應收帳款屬於貨幣性資產。應收票據因不存在壞帳問題，比應收帳款更符合貨幣性資產的定義，也屬於貨幣性資產。企業持有到期的債券投資，其金額是債券的本金加應收的利息，這個金額是固定或可以確定的，因此企業持有到期的債券投資為貨幣性資產。

一般來說，資產負債表所列示的項目中，屬於貨幣性資產的項目有：貨幣資金、準備持有到期的債券投資、應收票據、應收股利、應收利息、應收帳款、應收補貼款、其他應收款等。

（二）非貨幣性資產

非貨幣性資產是指貨幣性資產以外的各項資產，包括存貨、固定資產、無形資產、股權投資以及不準備持有到期的債券投資等。

非貨幣性資產有別於貨幣性資產的最基本特徵是非貨幣性資產將來為企業帶來的經濟利益，即貨幣金額是不固定的或不可確定的。企業持有存貨的主要目的，或者是在

正常的經營過程中通過直接銷售獲利,如商品流通業的庫存商品;或者作為勞動對象或輔助材料,在正常的生產經營過程中通過對其進行加工成商品后銷售。在這一過程中,存貨在將來為企業帶來的經濟利益,即貨幣金額可能受到內部、外部主客觀因素的影響,是不固定,或是不確定的,不符合貨幣性資產的定義,因此存貨屬於非貨幣性資產。

固定資產和無形資產在將來為企業帶來的經濟利益,即貨幣資金是不固定的,或是不確定的,不符合貨幣資產的定義,因此屬於非貨幣性資產。

股權投資取得的經濟利益是通過其他單位使用投資者投入的資產創造效益后分配而取得。在這一過程中,股權投資在將來為企業帶來的經濟利益也是不固定,或不可確定的,不符合貨幣性資產的定義,因此屬於非貨幣性資產。

就企業不準備持有到期的債券投資而言,因企業不準備持有到期,隨時可能對外出售,其市價受多種因素的影響,出售時所獲得的經濟利益流入也是不固定,或不可確定的,因而不準備持有到期的債券投資也不符合貨幣資產的定義,屬於非貨幣性資產。

一般來說,資產負債表所列示的項目中屬於非貨幣性資產的項目有:股權投資、預付帳款、存貨、不準備持有到期的債券投資、固定資產、工程物資、在建工程、無形資產等。

貨幣性資產與非貨幣性資產的本質區別在於將來為企業帶來的經濟利益的金額是否固定或是否可以確定。在將來為企業帶來的經濟利益的金額是固定的,或可以確定的資產為貨幣性資產;在將來為企業帶來的經濟利益的金額是不固定的,或不可以確定的資產為非貨幣性資產。

二、非貨幣性資產交換

通常情況下,企業在生產經營過程中所進行的各類交易是貨幣性交易,也就是說,用貨幣性資產(如現金、應收帳款、應收票據等)來交換非貨幣性資產(如存貨、固定資產、無形資產等)。所交換的貨幣性資產的金額是計量企業收到的非貨幣性資產成本的基礎,也是計量企業轉出非貨幣性資產的收益或損失的基礎。非貨幣性資產交換卻不同,它是指交易雙方以非貨幣性資產進行的交換,這種交換不涉及或只涉及少量的貨幣性資產(補價)。

非貨幣性資產交換主要表現為以下幾個特點:

(一)非貨幣性資產交換的交易對象主要是非貨幣性資產

通常情況下,企業進行商品交易都是用貨幣性資產(如現金、應收帳款、應收票據等)來交換非貨幣性資產(如存貨、固定資產、無形資產等),但是有些商品交易可能不涉及貨幣性資產或只涉及少量的貨幣性資產,即物物交換。

廣義的非貨幣性資產交換的交易對象包括非貨幣資產和非貨幣性負債。目前中國非貨幣性資產交換中涉及非貨幣性負債的情況比較少,其會計核算問題並不突出,因此這裡所講的非貨幣性資產交換指狹義的非貨幣性資產交換,暫時不包括非貨幣性負債。

(二)非貨幣性資產交換有時也可能涉及少量的貨幣性資產

非貨幣性資產交換並不意味著不涉及任何貨幣性資產。在實務中,也有可能在換出非貨幣性資產的同時,支付一定金額的貨幣性資產;或者在換入非貨幣性資產的同時,收

到一定金額的貨幣性資產。此時所收到或支付的貨幣性資產稱為補價。這類交易是屬於貨幣性交易還是屬於非貨幣性資產交換,通常看補價占整個交易金額的比例。如果只涉及少量的貨幣性資產,則仍屬於非貨幣性資產交換。為便於判斷,會計準則規定了25%的參考比例:如果支付的貨幣性資產占換入資產公允價值的比例(或占換出資產公允價值與支付的貨幣性資產之和的比例)低於25%,則視為非貨幣性資產交換,應根據非貨幣性資產交換會計準則的規定進行會計處理;否則,視為貨幣性交易,應根據通常發生的貨幣性交易的核算原則進行會計處理。

【例8-1】甲公司用一臺設備 A 換取乙公司一臺設備 B,甲公司的 A 設備的帳面原值為 150,000 元,累計已提折舊 30,000 元,公允價值為 100,000 元;乙公司的 B 設備的帳面原值為 200,000 元,累計已提折舊 60,000 元,公允價值為 105,000 元,甲公司另支付給乙公司 5,000 元補價,假設不考慮增值稅等相關稅費。

$$補價占公允價值的比重 = \frac{5,000}{105,000} \times 100\% = 4.76\%$$

此比率低於 25%,可以判斷這一交易屬於非貨幣性資產交換。

三、非貨幣性資產交換的核算原則

在非貨幣性資產交換中,企業銷售商品時,企業把商品提供給購貨方,同時企業也收到購貨方提供的非貨幣性資產。此時,貨幣性交易中通常所採用的收入確認和資產計價等原則,往往並不完全適用了。那麼,如何計量非貨幣性資產交換中所收到非貨幣性資產的入帳價值,是否確認非貨幣性資產交換發生的損益,就成為非貨幣性資產交換會計核算所要解決的主要問題。

為解決此問題,中國《企業會計準則第 7 號——非貨幣性資產交換》規定了兩種情況,對其兩種情況進行不同的會計處理。

(一)按公允價值入帳

企業會計準則規定非貨幣性資產交換同時滿足下列條件的,應當以換出資產的公允價值和應支付的相關稅費作為換入資產的成本,換出資產的公允價值與換出資產的帳面價值的差額計入當期損益:

(1)該項交換具有商業實質。
(2)換入資產或換出資產的公允價值能夠可靠地計量。

換入資產和換出資產公允價值均能夠可靠計量的,應當以換出資產的公允價值作為換入資產成本的基礎,但有確鑿證據表明換入資產的公允價值更可靠的除外。

什麼是符合商業實質呢?企業會計準則規定滿足下列條件之一的非貨幣性資產交換具有商業實質:

(1)換入資產的未來現金流量在風險、時間和金額方面與換出資產顯著不同。
(2)換入資產與換出資產的預計未來現金流量現值不同,且其差額與換入資產和換出資產的公允價值相比是重大的。

在確定非貨幣性資產交換是否具有商業實質時,企業應當關注交易各方之間是否存

在關聯方關係。關聯方關係的存在可能導致發生的非貨幣性資產交換不具有商業實質。

企業在按照公允價值和應支付的相關稅費作為換入資產成本的情況下，發生補價的，應當分別按下列情況處理：

（1）支付補價的，以換出資產的公允價值加上支付的補價和應支付的相關稅費，作為換入資產的成本。

（2）收到補價的，以換出資產的公允價值減去補價，加上應支付的相關稅費，作為換入資產的成本。

換出資產的公允價值與其帳面價值的差額，應當分別按如下不同情況處理：

①換出資產為存貨的，應當作為銷售處理，按其公允價值確認收入，同時結轉相應的成本；

②換出資產為固定資產、無形資產的，差額計入營業外收入或營業外支出；

③換出資產為長期股權投資的，差額計入投資損益。

（二）按帳面價值入帳

未同時滿足上述兩個條件的非貨幣性資產交換，應當以換出資產的帳面價值和應支付的相關稅費作為換入資產的成本，不確認損益。

企業在按照換出資產的帳面價值和應支付的相關稅費作為換入資產成本的情況下，發生補價的，應當分別按下列情況處理：

（1）支付補價的，應當以換出資產的帳面價值，加上支付的補價和應支付的相關稅費，作為換入資產的成本，不確認損益。

（2）收到補價的，應當以換出資產的帳面價值，減去收到的補價並加上應支付的相關稅費，作為換入資產的成本，不確認損益。

第二節　非貨幣性資產交換的會計處理

一、符合商業實質且公允價值可靠計量

（一）不涉及補價情況下非貨幣性資產交換的會計處理

在沒有補價情況下發生的非貨幣性資產交換，其基本原則是以換出資產的公允價值，加上應支付的相關稅費作為換入資產的入帳價值。用公式表示為：

換入資產的入帳價值＝換出資產的公允價值＋相關的稅費

【例8-2】W公司以生產經營過程中使用的車床交換N公司庫存商品辦公家具，換入的辦公家具作為固定資產。車床的帳面原值為150,000元，在交換日的累計已提折舊為40,000元，公允價值為100,000元。辦公家具的帳面價值為80,000元，在交換日的公允價值為100,000元，計價價格等於公允價值。假設W公司在整個交易過程中除支付運雜費1,000元外，沒有發生其他相關稅費。假設N公司沒有為庫存商品計提存貨跌價損失準備，增值稅稅率為17%，其換入的車床作為固定資產，在整個交易過程中沒有發生除增值稅以外的其他稅費。

W 公司的會計處理如下：
(1) 註銷車床的帳面價值。
借：固定資產清理 110,000
　　累計折舊——車床 40,000
　貸：固定資產——車床 150,000
(2) 發生相關清理費用。
借：固定資產清理 1,000
　貸：銀行存款 1,000
(3) 換入辦公家具的入帳價值＝換出資產的公允價值＋相關稅費＋銷項稅－進項稅＝100,000＋1,000＋17,000－17,000＝101,000(元)
借：固定資產——辦公家具 101,000
　　應交稅費——應交增值稅(進項稅額) 17,000
　　營業外支出——非流動資產處置損益 10,000
　貸：固定資產清理 111,000
　　　應交稅費——應交增值稅(銷項稅額) 17,000

N 公司的會計處理如下：
(1) 換入資產的入帳價值＝換出資產的公允價值＋換出資產的銷項稅額＋相關稅費－換入資產的進項稅額＝100,000×(1＋17%)－17,000＝100,000(元)
增值稅銷項稅額＝100,000×17%＝17,000(元)
借：固定資產——車床 100,000
　　應交稅費——應交增值稅(進項稅額) 17,000
　貸：主營業務收入 100,000
　　　應交稅費——應交增值稅(銷項稅額) 17,000
(2) 同時，結轉存貨的成本。
借：主營業務成本 80,000
　貸：庫存商品 80,000

【例 8-3】甲木器加工公司決定以持有丙公司的長期股權投資交換乙公司的一臺生產設備，換入的生產設備作為固定資產。在交換日，甲木器加工公司持有的長期股權投資的帳面餘額為 200,000 元，已計提的長期股權投資減值準備為 15,000 元，公允價值為 222,300 元，交易雙方都要支付手續費用 5,000 元；乙公司生產設備的帳面原值為 250,000 元，累計已提折舊為 50,000 元，公允價值為 190,000 元，手續費未取得增值稅專用發票。

(1) 甲木器加工公司的會計處理如下：
換入固定資產的入帳價值＝222,300＋5,000－190,000×17%＝195,000(元)
借：固定資產——生產設備 195,000
　　應交稅費——應交增值稅(進項稅額) 32,300
　　長期股權投資減值準備 15,000

貸:長期股權投資　　　　　　　　　　　　　　　　　　　200,000
　　　　銀行存款　　　　　　　　　　　　　　　　　　　　　　5,000
　　　　投資收益　　　　　　　　　　　　　　　　　　　　　37,300
（2）乙公司註銷固定資產帳面價值的會計處理如下：
借:固定資產清理　　　　　　　　　　　　　　　　　　　　200,000
　　累計折舊　　　　　　　　　　　　　　　　　　　　　　50,000
　　貸:固定資產——生產設備　　　　　　　　　　　　　　　250,000
（3）乙公司取得長期股權投資：
換入股權的入帳價值＝190,000(1+17%)+5,000＝227,300(元)
借:長期股權投資　　　　　　　　　　　　　　　　　　　　227,300
　　營業外支出——非流動資產處置損益　　　　　　　　　　10,000
　　貸:固定資產清理　　　　　　　　　　　　　　　　　　200,000
　　　　應交稅費——應交增值稅(銷項稅額)　　　　　　　　32,300
　　　　銀行存款　　　　　　　　　　　　　　　　　　　　5,000

（二）涉及補價情況下非貨幣性資產交換的會計處理

企業發生非貨幣性資產交換時，如果涉及補價，則應區別支付補價與收到補價分別進行會計處理。

支付補價時，換入資產入帳價值計算公式如下：

換入資產入帳價值＝換出資產公允價值+支付的補價+應支付的相關稅費

收到補價時，換入資產入帳價值計算公式如下：

換入資產入帳價值＝換出資產公允價值−收到的補價+應支付的相關稅費

【例8-4】甲出租車公司擁有一個出租車隊以經營出租業務，其主要車輛是 A 汽車。甲出租車公司與乙辦公設備生產企業商定，甲出租車公司用自己的一輛 A 汽車交換乙企業的一批辦公設備。甲公司的 A 汽車的帳面原值為200,000元，在交換日的累計折舊為43,000元，公允價值為170,000元；乙公司的庫存商品的帳面成本130,000元，在交換日的公允價值為150,000元，增值稅稅率為17%。甲出租車公司另外向乙企業收放補價銀行存款23,400。假設在整個交換過程中甲出租車公司發生勞務費1,000元，乙企業發生勞務費500元；假設相關費用未取得增值稅進項稅額發票。

甲公司的會計處理如下：

第一步，判斷是否屬於非貨幣性資產交換。

所支付的貨幣性資產占換出資產公允價值的比例＝23,400÷[170,000×(1+17%)]＝11.76%

由於支付的貨幣性資產占換出資產公允價值與支付的貨幣性資產之和的比例為11.76%，低於25%，因此這一交換行為屬於非貨幣性資產交換，應按非貨幣性資產交換的原則進行會計處理。

第二步，支付補價方計算確定換入資產的入帳價值。

換入資產入帳價值＝170,000−23,400+1,000+170,000×17%−150,000×17%

$= 151,000(元)$

第三步,編制相關會計分錄。

(1)註銷換出資產的帳面價值。

借:固定資產清理	185,900
累計折舊	43,000
貸:固定資產——A汽車	200,000
應交稅費——應交增值稅(銷項稅額)	28,900

(2)換入資產入帳。

借:固定資產——辦公設備	151,000
應交稅費——應交增值稅(進項稅額)	25,500
銀行存款	22,400
貸:固定資產清理	185,900
營業外收入——非流動資產處置損益	13,000

乙公司的會計處理如下:

第一步,判斷是否屬於非貨幣性資產交換。

所收貨幣性資產占換出資產公允價值的比例=23,400÷198,900=11.76%

由於收到的貨幣性資產占換出資產公允價值的比例為11.76%,低於25%,因此這一交換行為屬於非貨幣性資產交換,應按非貨幣性資產交換的原則進行會計處理。

第二步,收到補價方計算確定換入資產的入帳價值。

換入資產入帳價值=175,500+23,400+500-170,000×17%=170,500(元)

第三步,編制相關會計分錄。

借:固定資產——A汽車	170,500
應交稅費——應交增值稅(進項稅額)	28,900
貸:主營業務收入	150,000
應交稅費——應交增值稅(銷項稅額)	25,500
銀行存款	23,900

同時,結轉成本。

借:主營業務成本	130,000
貸:庫存商品	130,000

二、不符合商業實質或公允價值不能可靠計量

(一)不涉及補價情況下非貨幣性資產交換的會計處理

不符合商業實質或公允價值不能可靠計量的情況下,在沒有補價時發生的非貨幣性交易,其基本原則是以換出資產的帳面價值,加上應支付的相關稅費作為換入資產的入帳價值,不確認非貨幣性交易損益。用公式表示為:

換入資產的入帳價值=換出資產的帳面價值+相關的稅費

需要注意的是,如果換入資產是存貨或進項稅允許抵扣的固定資產,則涉及增值稅

的問題,換入資產的入帳價值應為換出資產的帳面價值減去應確定的增值稅進項稅額,再加上相關的稅費。如果換出資產是存貨或固定資產,則要涉及增值稅銷項稅的問題。換入資產的入帳價值應為換出存貨的帳面價值加上應確定的增值稅銷項稅額,再加上相關的稅費。

【例8-5】W 公司以生產經營過程中使用的車床交換 N 公司庫存商品辦公家具,換入的辦公家具作為固定資產。車床的帳面原值為 150,000 元,在交換日的累計已提折舊為 40,000 元,公允價值為 100,000 元。辦公家具商品的帳面成本為 80,000 元,在交換日的公允價值為 100,000 元,計稅價格等於公允價值。假設 W 公司在整個交易過程中除支付運雜費 1,000 元外,沒有發生其他相關稅費。假設 N 公司沒有為庫存商品計提存貨跌價損失準備,增值稅稅率為 17%,其換入的車床作為固定資產。假設運費未取得增值稅專用發票。

W 公司的會計處理如下:
(1)註銷車床的帳面價值。

借:固定資產清理	110,000
累計折舊	40,000
貸:固定資產——車床	150,000

(2)發生相關清理費用。

借:固定資產清理	1,000
貸:銀行存款	1,000

(3)換入辦公家具的入帳價值＝換出資產的帳面價值＋相關稅費＝110,000＋1,000＋17,000－17,000＝111,000(元)

借:固定資產——辦公家具	111,000
應交稅費——應交增值稅(進項稅額)	17,000
貸:固定資產清理	111,000
應交稅費——應交增值稅(銷項稅額)	17,000

N 公司的會計處理如下:
計算增值稅銷項稅額＝100,000×17%＝17,000(元)
換入資產的入帳價值＝換出資產的帳面價值＋銷項稅額＋其他相關稅費－進項稅額＝80,000＋17,000－17,000＝80,000(元)

借:固定資產——車床	80,000
應交稅費——應交增值稅(進項稅額)	17,000
貸:庫存商品	80,000
應交稅費——應交增值稅(銷項稅額)	17,000

【例8-6】甲公司決定以生產用的 A 設備一臺,帳面原值為180,000 元,累計已提折舊 30,000 元,公允價值為 120,000 元,換乙公司的庫存商品一批作為原材料。乙公司原材料的帳面價值為 100,000 元,公允價值為 120,000 元,增值稅稅率為 17%,計稅價格等於公允價值。假設整個交易過程中沒有發生除增值稅以外的其他相關稅費。

甲公司的會計處理如下：
(1)註銷固定資產帳面價值。

借：固定資產清理 150,000
　　累計折舊 30,000
　貸：固定資產——A 設備 180,000

(2)將換入原材料入帳。

原材料入帳價值＝150,000＋120,000×17%－120,000×17%＝150,000(元)

借：原材料 150,000
　　應交稅費——應交增值稅(進項稅額) 20,400
　貸：固定資產清理 150,000
　　　應交稅費——應交增值稅(銷項稅額) 20,400

乙公司的會計處理如下：

借：固定資產——A 設備 100,000
　　應交稅費——應交增值稅(進項稅額) 20,400
　貸：原材料 100,000
　　　應交稅費——應交增值稅（銷項稅額） 20,400

(二)涉及補價情況下非貨幣性資產交換的會計處理

企業發生非貨幣性交易時,如果涉及補價,應區別支付補價與收到補價,分別進行會計處理。

1. 支付補價

企業發生非貨幣性資產交換時,支付補價的基本原則與沒有涉及補價時的會計處理基本相同,唯一的區別是需要考慮補價因素,即以換出資產的帳面價值加上支付的補價和應支付的相關稅費作為換入資產的入帳價值,不確認非貨幣性交易損益。用公式表示為：

換入資產入帳價值＝換出資產帳面價值＋支付的補價＋應支付的相關稅費

2. 收到補價

企業收到補價時,換入資產的入帳價值為換出資產的帳面價值減去收到的補價加上應支付的相關稅費用,不確認損益。

換入資產入帳價值＝換出資產帳面價值－收到的補價＋應支付的相關稅費

【例8-7】甲出租車公司擁有一個出租車隊以經營出租業務,其主要車輛是 A 汽車。乙公司也是經營汽車出租業務,所用的主要是 B 汽車。甲出租車公司與乙出租車公司商定,甲出租車公司用自己的一輛 A 汽車交換乙出租車公司的一輛 B 汽車。甲出租車公司的 A 汽車的帳面原值為 200,000 元,在交換日的累計折舊為 40,000 元,公允價值為 170,000 元；乙公司的 B 汽車的帳面原值為 220,000 元,在交換日的累計折舊為 45,000 元,公允價值為 180,000 元。甲出租車公司另外向乙出租車公司支付銀行存款 11,700 元。假設在整個交換過程中甲出租車公司發生運雜費 2,000 元,乙出租車公司發生運雜費 2,500 元。假設支付的運雜費未取得增值稅專用發票。

甲公司的會計處理如下：

第一步，判斷是否屬於非貨幣性交易。

所支付的貨幣性資產占換出資產公允價值的比例 = 11,700÷[170,000×(1+17%)+11,700] = 5.56%

由於支付的貨幣性資產占換出資產公允價值與支付的貨幣性資產之和的比例為 5.56%，低於 25%，因此這一交換行為屬於非貨幣性交易，應按非貨幣性交易的原則進行會計處理。

第二步，支付補價方計算確定換入資產的入帳價值。

換入資產入帳價值 = 160,000+2,000+11,700+170,000×17%-180,000×17%
= 172,000(元)

第三步，編制相關會計分錄。

(1)註銷換出資產的帳面價值。

借：固定資產清理	160,000
累計折舊	40,000
貸：固定資產——A 汽車	200,000

(2)支付清理費 2,000 元。

借：固定資產清理	2,000
貸：銀行存款	2,000

(3)換入資產入帳。

借：固定資產——B 汽車	172,000
應交稅費——應交增值稅(進項稅額)	30,600
貸：固定資產清理	162,000
應交稅費——應交增值稅(銷項稅額)	28,900
銀行存款	11,700

乙公司的會計處理如下：

第一步，判斷是否屬於非貨幣性交易。

所收貨幣性資產占換出資產公允價值的比例 = 11,700÷[180,000×(1+17%)] = 5.56%

由於收到的貨幣性資產占換出資產公允價值的比例為 5.56%，低於 25%，因此這一交換行為屬於非貨幣性交易，應按非貨幣性交易的原則進行會計處理。

第二步，收到補價方計算確定換入資產的入帳價值。

換入資產入帳價值 = 175,000+2,500-11,700+30,600-28,900 = 167,500(元)

第三步，編制相關會計分錄。

(1)註銷換出資產的帳面價值。

借：固定資產清理	175,000
累計折舊	45,000
貸：固定資產	220,000

(2) 支付清理費 2,500 元。

借:固定資產清理　　　　　　　　　　　　　　　　　　2,500
　　貸:銀行存款　　　　　　　　　　　　　　　　　　　　2,500

(3) 換入資產入帳。

借:固定資產——A 汽車　　　　　　　　　　　　　　　167,500
　　應交稅費——應交增值稅(進項稅額)　　　　　　　　 28,900
　　銀行存款　　　　　　　　　　　　　　　　　　　　 11,700
　　貸:固定資產清理　　　　　　　　　　　　　　　　　177,500
　　　　應交稅費——應交增值稅(銷項稅額)　　　　　　　 30,600

(三)非貨幣性資產交換中涉及多項資產的會計處理

企業發生非貨幣性資產交換時,有可能涉及多項資產,即企業以一項非貨幣性資產同時換入另一企業的多項非貨幣性資產,或以多項非貨幣性資產換入另一企業的一項非貨幣性資產,或以多項非貨幣性資產同時換入多項非貨幣性資產。非貨幣性交易涉及多項資產的交換時,企業不可能具體區分換出的某一資產是與換入的某一特定資產相交換。此外,還可能涉及補價。因此,非貨幣性交易中涉及多項資產的會計處理。應區分涉及補價與否;在涉及補價的情況下,還應再區分支付補價與收到補價,分別進行會計處理。

1. 沒有補價情況下的會計處理

企業發生的非貨幣性交易,涉及多項資產時,在沒有補價的情況下,基本原則與單項資產的會計處理原則基本相同,唯一的區別是需要按換入各項資產的原帳面價值占換入資產原帳面價值總額的比例,對換出資產的帳面價值總額與應支付的相關稅費之和進行分配,以確定各項換入資產的入帳價值。

【例8-8】甲公司以生產經營過程中使用的一輛貨運汽車和一輛客運汽車同時交換乙公司在生產經營過程中使用的設備 A 和設備 B。甲公司貨運汽車的帳面原值為 300,000 元,在交換日的累計折舊為 110,000 元,計稅價格為220,000 元;客運汽車的帳面原值為 250,000 元,在交換日的累計折舊為 50,000 元,計稅價格為180,000 元。乙公司 A 設備的帳面原值為 330,000 元,在交換日的累計折舊為 200,000 元,計稅價格為 160,000 元;設備 B 的帳面原值為300,000 元,在交換日的累計折舊為 70,000 元,計稅價格為 240,000 元。假設兩個公司都沒有為固定資產計提固定資產減值準備;整個交換過程沒有發生相關稅費。該交換不符合商業實質。

甲公司的會計處理如下:

第一步,以換入資產的帳面價值為標準,將換出資產的帳面價值與相關的稅費用分配給換入資產,作為各項換入資產的入帳價值。

$$分配率 = \frac{換出資產的帳面價值 + 相關的稅費用 + 銷項稅額 - 進項稅額}{換入資產的帳面價值之和}$$

$$= \frac{190,000 + 200,000 + 400,000 \times 17\% - 400,000 \times 17\%}{130,000 + 230,000}$$

$= 1.083, 33$

換入資產設備 A 應分配的入帳價值 $= 130,000 \times 1.083, 33 = 140,833$(元)

換入資產設備 B 應分配的入帳價值 $= 230,000 \times 1.083, 33 = 249,167$(元)

第二步,編制會計分錄。

(1)註銷換出資產的帳面價值。

借:固定資產清理	390,000
累計折舊	160,000
貸:固定資產——貨運汽車	300,000
——客運汽車	250,000

(2)換入資產入帳。

借:固定資產——A 設備	140,833
——B 設備	249,167
應交稅費——應交增值稅(進項稅額)	68,000
貸:固定資產清理	390,000
應交稅費——應交增值稅(銷項稅額)	68,000

乙公司的會計處理如下:

第一步,以換入資產的帳面價值為標準,將換出資產的帳面價值與相關的稅費用分配給換入資產,作為各項換入資產的入帳價值。

$$分配率 = \frac{換出資產的帳面價值 + 相關的稅費用 + 銷項稅 - 進項稅}{換入資產的帳面價值之和}$$

$$= \frac{130,000 + 230,000 + 400,000 \times 17\% - 400,000 \times 17\%}{190,000 + 200,000}$$

$= 0.923, 077$

換入資產貨運汽車應分配的入帳價值 $= 190,000 \times 0.923, 077 = 175,385$(元)

換入資產客運汽車應分配的入帳價值 $= 200,000 \times 0.923, 077 = 184,615$(元)

第二步,編制會計分錄。

(1)註銷換出資產的帳面價值。

借:固定資產清理	360,000
累計折舊	270,000
貸:固定資產——設備 A	330,000
——設備 B	300,000

(2)換入資產入帳。

借:固定資產——貨運汽車	175,385
——客運汽車	184,615
應交稅費——應交增值稅(進項稅額)	68,000
貸:固定資產清理	360,000
應交稅費——應交增值稅(銷項稅額)	68,000

2. 涉及補價情況下的會計處理

企業發生的非貨幣性交易，涉及多項資產時，在涉及補價的情況，基本原則與單項資產的會計處理原則基本相同，主要的區別是需要按換入各項資產的原帳面價值占換入資產原帳面價值總額的比例進行分配，以確定各項換入資產的入帳價值。

【例8-9】甲公司以生產經營過程中使用的一輛貨運汽車和一輛客運汽車同時交換乙公司在生產經營過程中使用的設備 A 和設備 B。甲公司貨運汽車的帳面原值為 300,000 元，在交換日的累計折舊為 110,000 元，計稅價格為 220,000 元；客運汽車的帳面原值為 250,000 元，在交換日的累計折舊為 50,000 元，計稅價格為 200,000 元。乙公司 A 設備的帳面原值為 330,000 元，在交換日的累計折舊為 200,000 元，計稅價格為 160,000 元；設備 B 的帳面原值為 300,000 元，在交換日的累計折舊為 70,000 元，計稅價格為 240,000 元。乙公司向甲公司支付補價 23,400 元。假設兩個公司都沒有為固定資產計提固定資產減值準備；整個交換過程沒有發生相關稅費。該交換不符合商業實質。

甲公司的會計處理如下：

第一步，判斷是否屬於非貨幣性交易。

23,400÷(190,000+200,000)＝6%

此比率小於 25%，這一交易屬於非貨幣性交易。

換入資產的入帳價值＝390,000－23,400＋420,000×17%－400,000×17%＝370,000（元）

以換入資產的帳面價值為標準，將換出資產的帳面價值與相關的稅費用分配給換入資產，作為各項換入資產的入帳價值。

$$分配率 = \frac{換出資產的帳面價值 + 相關的稅費用}{換入資產的帳面價值之和}$$

$$= \frac{366,600 + 420,000 \times 17\% - 400,000 \times 17\%}{130,000 + 230,000}$$

$$= 1.027,778$$

換入資產設備 A 應分配的入帳價值＝130,000×1.027,778＝133,611(元)

換入資產設備 B 應分配的入帳價值＝230,000×1.027,778＝236,389(元)

第二步，編制會計分錄。

(1)註銷換出資產的帳面價值。

借：固定資產清理	390,000
累計折舊	160,000
貸：固定資產——貨運汽車	300,000
——客運汽車	250,000

(2)換入資產入帳。

借：固定資產——A 設備	133,611
——B 設備	236,389
應交稅費——應交增值稅(進項稅額)	68,000

銀行存款		23,400
貸:固定資產清理		390,000
應交稅費——應交增值稅(銷項稅額)		71,400

乙公司的會計處理如下：

第一步，以換入資產的帳面價值為標準，將換出資產的帳面價值與相關的稅費用分配給換入資產，作為各項換入資產的入帳價值。

$$分配率 = \frac{換出資產的帳面價值 + 相關的稅費用}{換入資產的帳面價值之和}$$

$$= \frac{130,000 + 230,000 + 23,400 + 400,000 \times 17\% - 420,000 \times 17\%}{190,000 + 200,000}$$

$$= 0.974,36$$

換入資產貨運汽車應分配的入帳價值 = 190,000 × 0.974,36 = 185,128(元)
換入資產客運汽車應分配的入帳價值 = 200,000 × 0.974,36 = 194,872(元)

第二步，編制會計分錄。

(1)註銷換出資產的帳面價值。

借:固定資產清理	360,000
累計折舊	270,000
貸:固定資產——設備A	330,000
——設備B	300,000

(2)換入資產入帳。

借:固定資產——貨運汽車	185,128
——客運汽車	194,872
應交稅費——應交增值稅(進項稅額)	71,400
貸:固定資產清理	360,000
銀行存款	23,400
應交稅費——應交增值稅(銷項稅額)	68,000

三、非貨幣性資產交換的披露

《企業會計準則第7號——非貨幣性資產交換》規定企業應當在附註中披露與非貨幣性資產交換有關的下列信息：

(1)換入資產、換出資產的類別。
(2)換入資產成本的確認方式。
(3)換入資產、換出資產的公允價值以及換出資產的帳面價值。
(4)非貨幣資產交換確認的公允價值變動損益。

思考題

1. 什麼是非貨幣性資產和貨幣性資產？兩者的區別是什麼？

2. 什麼是非貨幣性資產交換？如何判斷？

3. 非貨幣性資產交換符合什麼條件，可以按公允價值進行核算？在什麼情況下按帳面價值核算？

4. 判斷符合商業實質的標準是什麼？

5. 符合商業實質，不涉及補價和涉及補價怎麼核算？

6. 不符合商業實質，不涉及補價和涉及補價怎麼核算？

練習題

1. A 公司以一項固定資產換入 H 公司的一項土地使用權。A 公司固定資產的帳面原值為 80 萬元，累計已提折舊 20 萬元，該固定資產的公允價值為 55 萬元，增值稅稅率 17%。H 公司土地使用權的帳面餘額為 50 萬元，累計攤銷為 10 萬元，公允價值為 58 萬元，增值稅銷項稅率為 11%。

（1）假設符合商業實質；

（2）假設不符合商業實質。

編制雙方的會計分錄。

2. A 公司以一項固定資產和一項無形資產換入 H 房地產公司的一棟房屋作為投資性房地產。A 公司固定資產的帳面原值為 50 萬元，累計已提折舊 20 萬元，該固定資產的公允價值為 35 萬元，增值稅稅率 17%。無形資產的帳面餘額 100 萬元，累計攤銷為 10 萬元，公允價值為 105 萬元，增值稅稅率為 6%。H 房地產公司的房屋是存貨，其帳面成本為 100 萬元，公允價值為 145.95 萬元，增值稅稅率為 6%。

（1）假設符合商業實質；

（2）假設不符合商業實質。

編制雙方的會計分錄。

3. A 公司以長期股權投資換入 H 公司的商品一批作為庫存商品。A 公司長期股權投資的帳面原值為 80 萬元，公允價值為 93.6 萬元。H 公司的存貨，其帳面成本為 60 萬元，公允價值為 80 萬元，增值稅稅率為 17%。

（1）假設符合商業實質；

（2）假設不符合商業實質。

編制雙方的會計分錄。

4. A 公司以一項固定資產換入 H 公司的一項土地使用權。A 公司固定資產的帳面原值為 80 萬元，累計已提折舊 20 萬元，已計提固定資產減值準備 5 萬元，該固定資產的公允價值為 60 萬元，增值稅稅率 17%。H 公司土地使用權的帳面餘額為 60 萬元，累計攤銷為 10 萬元，公允價值為 65 萬元，增值稅稅率為 11%，A 公司支付銀行存款 1.95 萬元給 H 公司。

（1）假設符合商業實質；

（2）假設不符合商業實質。

編制雙方的會計分錄。

5. A公司以長期股權投資換入H公司的商品一批作為固定資產。A公司長期股權投資的帳面原值為80萬元,公允價值為90萬元。H公司的存貨,其帳面成本為60萬元,公允價值為80萬元,增值稅稅率為17%。A公司支付銀行存款3.6萬元給H公司。

(1)假設符合商業實質;
(2)假設不符合商業實質。

編制雙方的會計分錄。

第九章

流動負債

企業的負債按其流動性,可分為流動負債和長期負債。前者是指將在一年或者超過一年的一個營業週期內償還的債務,因其償還期短,故又稱為短期負債。長期負債是指其償還期限在一年或超過一年的一個營業週期以上的債務。本章闡述流動負債的會計核算。

第一節 流動負債的性質與分類

一、負債的特點

負債(Liabilities)是企業過去的交易或事項形成的、預期會導致經濟利益流出企業的現時義務(Existing Liabilities)。現時義務是指在現行條件下已承擔的義務。未來發生的交易或事項形成的義務,不屬於現時義務,不應當確認為負債。

一般來講,會計上的負債較法律上的負債含義更為廣泛,內容更豐富。不僅包括企業必須履行的各種法定義務,還包括一些並不具有法律約束的內容,如遞延所得稅負債。會計上的負債應具有以下特點:

(1)必須是現時確實存在的。作為確實已存在的債務,它具有法律上的約束力,企業必須按照一定的方式在指定日期清償。如企業已向銀行借入一筆資金,從借入日起就負有還本付息的責任,至於具體償付日期,需視借款合同的具體規定。未來經濟業務可能引起的債務,不構成會計上的負債。

(2)必須用債權人所能接受的方式(如支付貨幣資金、轉讓資產、提供勞務)清償。

(3)必須能以貨幣確切或合理地予以計量。負債一般有確切的償付金額;有的雖無確切金額,但通過一定方法,可確定一個合理的估計數。

(4)必須有確切的或合理估計的債權人及到期日。大多數負債都有確切的債權人及到期日;有的負債債權人及到期日只能合理地估計,如有獎銷售應付的贈獎費。

二、流動負債的確認和計量

符合負債的定義,在同時滿足以下條件時,應確認為負債:

(1)與該義務有關的經濟利益很可能流出企業;

(2)未來流出的經濟利益的金額能夠可靠地計量。

符合負債的定義和負債的確認條件的項目,應當列入資產負債表;符合負債的定義,

但不符合負債的確認條件的項目,不應當列入資產負債表。

負債是企業現時存在的、需在未來償付的一種經濟義務。理論上講,應按未來應償付的金額或現金等價物的現值計量。但在會計實務中,考慮到流動負債償還期短,到期值與其現值相差很小,故一般直接以負債發生時的實際金額作為到期應付金額記帳,不考慮貼現值。

按照歷史成本原則,中國《企業會計制度》規定:各項流動負債,應按實際發生額入帳。短期借款、帶息應付票據、短期應付債券應當按照借款本金或債券面值,按照確定的利率按期計提利息,計入損益。

三、流動負債的分類

企業的流動負債(Current Liabilities)主要包括以下項目:短期借款、應付票據、應付帳款、預收帳款、應付職工薪酬、應付股利、應交稅費、其他暫收應付款項和一年內到期的短期借款等。

上述流動負債從其成因看,一般可以分為以下三類:

(1)融資形成的流動負債,如企業從銀行和其他金融機構借入的短期借款。

(2)結算過程中產生的流動負債,如企業購入原材料已經到貨,在貨款尚未支付前形成一筆待結算的應付款項。

(3)利潤分配過程中產生的流動負債,如應付股利等。

第二節 應付帳款與應付票據

一、應付帳款的概念

企業在正常生產經營過程中,因購買商品、材料或接受勞務供應等而應付給供應單位的款項,稱為應付帳款(Payable Account)。這是一種最常見、最普遍的負債,主要是由於企業取得資產的時間與結算付款的時間不一致而產生的。

從理論上講,應付帳款入帳時間的確認,應以所購買物資的所有權轉移或接受勞務已發生為標誌。但是,應付帳款的付款期不長,一般為30~60天,實際工作中,應區別不同情況進行處理:在物資和發票帳單同時到達的情況下,應付帳款一般待物資驗收入庫後,才按發票帳單登記入帳。這主要是為了確認所購入的物資是否在質量、數量和品種上與合同上訂明的條件相符,以免因先入帳而在驗收入庫時發現購入物資錯、漏、破損等問題再進行調整;在物資和發票帳單不是同時到達的情況下,由於應付帳款要根據發票帳單登記入帳,有時候貨物已到而發票帳單要間隔較長時間才能到達,但由於這筆負債已經成立,應作為一項負債反映。為在資產負債表上客觀反映企業所擁有的資產和承擔的負債,在實際中一般於月份終了將所購物資和應付的債務估計入帳,予以確認,待下月初再用紅字予以衝回。

應付帳款一般按實際發生額入帳。如果購入的資產在形成一筆應付帳款時是帶有

現金折扣的,應付帳款入帳金額的確定按發票上記載的應付金額的總值(即不扣除折扣)記帳。

二、應付帳款的核算

(一)應付帳款的帳戶設置

為了核算企業因購買材料、商品和接受勞務供應等而應付給供應單位的款項,企業需設置「應付帳款」帳戶,該帳戶屬於負債類帳戶,貸方登記企業購入材料、商品等驗收入庫、尚未支付的應付款項或企業接受勞務供應而發生的應付未付款項;借方登記應付帳款減少;期末餘額在貸方,反映企業尚未支付的應付帳款。本帳戶應按供應單位設置明細帳,進行明細核算。

(二)應付帳款的會計處理

企業因購入物資而形成的應付帳款。在實際工作中,企業購入的物資和發票帳單到達企業的時間往往不一致,有些情況下會形成應付帳款,而有些情況下則不會形成應付帳款,因此應區分不同的情況進行會計處理。

【例9-1】甲公司從長江股份有限公司購入某批材料117,000元(含稅),付款條件為「2/15,n/30」,材料已驗收入庫,並在10天付款。

(1)收到發票帳單。

借:材料採購　　　　　　　　　　　　　　　　　　　　100,000
　　應交稅費——應交增值稅(進項稅額)　　　　　　　　17,000
　　貸:應付帳款——長江公司　　　　　　　　　　　　117,000

(2)第10天付款。

借:應付帳款　　　　　　　　　　　　　　　　　　　117,000
　　貸:銀行存款　　　　　　　　　　　　　　　　　　114,660
　　　　財務費用(117,000×2%)　　　　　　　　　　　　2,340

三、應付票據的概念

應付票據(Bill Payable)是由出票人出票,承兌人承兌,付款人在指定日期無條件支付確定的金額給收款人或者持票人的商業匯票。由於中國商業匯票的付款期限最長不超過6個月,故將其歸於流動負債。應付票據也是委託付款人允許在一定時間內支付一定數額的書面證明。應付票據與上述應付帳款不同,雖然都是由於交易而引起的流動負債,但應付帳款是尚未結清的債務,而應付票據是一種期票,是延期付款的證明,有承諾的票據作為憑據。按承兌人的不同,商業匯票可分為商業承兌匯票和銀行承兌匯票。應付票據按票面是否註明利率,分為帶息票據與不帶息票據兩種。

在採用商業承兌匯票方式下承兌人應為付款人,承兌人對這項債務在一定時期內支付的承諾作為企業的一項負債;在採用銀行承兌匯票方式下商業匯票應由在承兌銀行開立存款帳戶的存款人簽發,由銀行承兌。由銀行承兌的銀行承兌匯票,只是為收款人按期收回債權提供了可靠的信用保證,對付款人來說,不會由於銀行承兌而使這項負債消

失。因此,即使是由銀行承兌的匯票,付款人的現存義務依然存在,應將其作為一項負債。

四、應付票據的核算

對應付票據的開出、償還,會計上設置「應付票據」帳戶進行核算,這是負債類帳戶。出票時按票面值記入該帳戶的貸方;對帶息票據應於年度終了計算應付利息,記入該帳戶的貸方;到期付款或因其他原因註銷票據時,按票據的帳面價值記入借方;餘額在貸方,表示尚未到期的應付票據本金或本息和。應付票據帳戶的明細核算,一般按收款人姓名或單位名稱分戶進行。

(一)不帶息應付票據

不帶息應付票據,其面值就是票據到期時的應付金額。不帶息應付票據的開出或償付,會計上均按面值核算。

【例9-2】甲公司從宇通公司購入 A 商品一批,價款 400,000 元,增值稅為 68,000 元,購銷合同規定採用商業匯票結算。企業開出並承兌一張面值為 468,000 元、期限 6 個月的商業匯票給宇通公司,商品尚未運到。

(1)甲公司開出商業匯票。

借:材料採購——A 商品　　　　　　　　　　　400,000
　　應交稅費——應交增值稅(進項稅額)　　　　 68,000
　貸:應付票據——甲公司　　　　　　　　　　　　　　468,000

(2)票據到期付款。

借:應付票據——甲公司　　　　　　　　　　　468,000
　貸:銀行存款　　　　　　　　　　　　　　　　　　　468,000

(3)票據到期企業無力支付。

借:應付票據——甲公司　　　　　　　　　　　468,000
　貸:應付帳款——甲公司　　　　　　　　　　　　　　468,000

(二)帶息應付票據

1.開出、承兌票據的核算

帶息應付票據開出、承兌的核算與上述不帶息應付票據開出、承兌的會計處理相同。

2.應付票據利息的核算

應付票據利息的核算在會計上有如下兩種做法:

第一種方法是按期預提,即按照票據面值及約定的票面利率,在期末計算應付的票據利息,計入「財務費用」與「應付票據」帳戶;支付利息時,再衝減「應付票據」帳戶所記金額。

第二種方法是於票據到期付款時,將全部應付利息直接計入當期財務費用。

第一種方法核算比較麻煩,但符合權責發生制原則,能正確反映企業當期盈虧及實際的負債金額。當然,如果票據期限不長、利息金額不大,也可採用第二種方法,以簡化核算。

3. 到期清償的核算

應付票據有規定的償付日期,到期時,付款單位應將票款備足並交存開戶銀行,以備支付。不帶息票據的到期值就是面值,帶息票據的到期值為票據面值與利息之和。票據到期付款時,借記「應付票據」「財務費用」帳戶,貸記「銀行存款」帳戶。

4. 到期無力清償的核算

屬於商業承兌匯票的,企業應將應付票據的帳面價值從「應付票據」帳戶轉入「應付帳款」帳戶,並與收款單位重新協議清償的日期與方式。

屬於銀行承兌匯票的,此時銀行作為第一付款人代為付款,再向付款企業(即承兌申請人)執行扣款,尚未扣回的金額轉作付款企業的短期借款處理。

會計處理為根據票據的帳面價值借記應付票據——××單位;根據支付金額貸記銀行存款,根據不足支付金額貸記短期借款。

為了維護商業匯票結算的嚴肅性,促使付款企業到期無條件地履行付款責任,應付票據到期企業無力付款時,不管屬於哪種情況,銀行都要對付款企業罰款。

第三節 應付職工薪酬

一、應付職工薪酬的概念及範圍

《企業會計準則第9號——職工薪酬》對職工薪酬的概念和範圍做了規定。因獲得職工提供服務而給予職工的各種形式的報酬或對價,全部納入職工薪酬的範圍。

職工是指與企業訂立勞動合同的所有人員,含全職、兼職和臨時職工,也包括雖未與企業訂立勞動合同但由企業正式任命的人員,如董事會成員、監事會成員等。

在企業的計劃和控製下,雖未與企業訂立勞動合同或未由其正式任命,但為其提供與職工類似服務的人員,也納入職工範圍,如勞動用工合同人員。

職工薪酬包括企業為職工在職期間或離職后提供的全部貨幣性薪酬和非貨幣性福利。提供給職工配偶、子女和其他被贍養人員的福利等,也屬於職工薪酬。

養老保險費包括根據國家規定的標準向社會保險經辦機構繳納的基本養老保險費以及根據企業年金計劃向企業年金基金相關管理人繳納的補充養老保險費。

以購買商業保險形式提供給職工的各種保險待遇,也屬於職工薪酬。

非貨幣性福利包括企業以自產產品發給職工作為福利,將企業擁有的資產無償提供給職工使用、為職工無償提供醫療保健服務等。對職工的股份支付也屬於職工薪酬。

二、職工薪酬的確認與計量

在職工為企業提供服務的會計期間,企業應根據職工提供服務的受益對象,將應確認的職工薪酬(包括貨幣性和非貨幣性)計入相關資產成本或當期損益,同時確認為應付職工薪酬,但解除勞動關係補償除外。

計量應付職工薪酬時,國家規定了計提基礎和計提比例的,應當按照國家規定的標

準計提,如應向社會保險經辦機構等繳納的醫療保險費、養老保險費、失業保險費、工傷保險費、生育保險費等,應向住房公積金管理機構繳納的住房公積金(簡稱「五險一金」)以及工會經費和職工教育經費等。

沒有規定計提基礎和計提比例的,企業應當根據歷史經驗數據和實際情況合理預計當期應付職工薪酬。當期實際發生金額大於預計金額的,應當補提應付職工薪酬;當期實際發生金額小於金額的,應當衝回多提的應付職工薪酬。

對於在職提供服務的會計期末以後一年以上到期的應付職工薪酬,企業應當選擇適當的折現率,以應付職工薪酬折現后的金額計入相關資產成本或當期損益;應付職工薪酬金額與其折現后金額相差不大的,也可按照未折現金額計入相關資產成本或當期損益。

企業以自產產品作為非貨幣性福利發放給職工的,應當根據受益對象,按照該產品的公允價值,計入相關資產成本或當期損益,同時確認應付職工薪酬。

將企業擁有的房屋等資產無償提供給職工使用的,應當根據受益對象,將該住房每期應計提的折舊計入相關資產的成本或當期損益,同時確認應付職工薪酬。租賃住房等資產供職工無償使用的,應當根據受益對象,將每期應支付的租金計入相關資產或當期損益,並確認應付職工薪酬。難以認定受益對象的非貨幣性福利,直接計入當期損益和應付職工薪酬。

企業在職勞動合同到期之前解除與職工的勞動關係,或者為鼓勵職工自願接受裁減而提出給予補償建議,同時滿足下列條件的,應當確認因解除與職工的勞動關係給予補償而產生的預計負債(應付職工薪酬),同時計入當期損益:

(1)企業已經制訂正式的解除勞動關係計劃或提出自願裁減建議,並即將實施。
(2)企業不能單方面撤回解除勞動關係計劃或裁減建議。

三、設置會計科目及會計處理

「應付職工薪酬」科目核算企業根據有關規定應付給職工的各種薪酬。企業(外商)按規定從淨利潤中提取的職工獎勵及福利基金,也在本科目核算。本科目貸方記錄按規定計提的各種應付給職工的薪酬;借方記錄以現金和非現金支付給職工的工資、福利等。本科目可按「工資」「職工福利」「社會保險費」「住房公積金」「工會經費」「職工教育經費」「非貨幣性福利」「辭退福利」「股份支付」等進行明細核算。

計算或計提生產部門人員的職工薪酬,借記「生產成本」「製造費用」「勞務成本」等科目,貸記或借記「應付職工薪酬」科目。

應由在建人員、無形資產研發支出負擔的職工薪酬,借記「在建工程」「研發支出」等科目,貸記「應付職工薪酬」科目。

管理人員和銷售人員的職工薪酬,借記「管理費用」「銷售費用」等科目,貸記「應付職工薪酬」科目。

企業以現金支付職工薪酬時,借記「應付職工薪酬」科目,貸記「庫存現金」科目。

企業以自產產品發放給職工作為職工薪酬時,以該產品的公允價值為基礎,按受益

對象借記「生產成本」「製造費用」「管理費用」科目,貸記「應付職工薪酬」科目;發放產品時,借記「應付職工薪酬」科目,貸記「主營業務收入」科目和「應交稅費——應交增值稅(銷項稅額)」科目,同時結轉產品的成本,借記「主營業務成本」科目,貸記或借記「庫存商品」科目。

企業無償提供住房等固定資產使用的,按應計提的折舊額,根據受益對象借記「生產成本」「製造費用」「管理費用」科目,貸記「應付職工薪酬」科目;同時借記「應付職工薪酬」科目,貸記「累計折舊」科目。

租賃住房等資產提供給職工無償使用的,按每期支付的租金借記「生產成本」「製造費用」「管理費用」科目,貸記「應付職工薪酬」科目,同時借記「應付職工薪酬」科目,貸記「庫存現金」或「銀行存款」等科目。

企業以現金與職工結算的股份支付,在等待期內每個資產負債表日,按當期應確認的成本費用金額,借記「生產成本」「製造費用」「管理費用」等科目,貸記「應付職工薪酬」科目。在可行權日之後,以現金結算的股份支付當期公允價值的變動金額,借記或貸記「公允價值變動損益」科目,貸記或借記「應付職工薪酬」科目。

企業(外商)按規定從淨利潤中提取的職工獎勵及福利基金,借記「利潤分配——提取職工獎勵及福利基金」科目,貸記「應付職工薪酬」科目。

企業支付各種工資、福利、社會保險、住房公積金、工會經費、職工教育經費、辭退福利、股份支付等,借記「應付職工薪酬」科目,貸記「庫存現金」或「銀行存款」科目。

「應付職工薪酬」科目的期末貸方餘額為應付未付的職工薪酬。

【例9-3】甲公司10月份的「工資匯總表」上列示的應發工資為2,500,000元。其中,生產工人工資1,900,000元,車間管理人員工資200,000元,廠部管理人員工資260,000元,基建工程人員工資60,000元,銷售部門人員工資80,000。本月代扣款150,000元(其中代扣職工水電費70,000元,代扣個人所得稅80,000元),實發工資2,350,000元。

(1)根據受益對象分配工資費用。

借:生產成本	1,900,000
製造費用	200,000
管理費用	260,000
在建工程	60,000
銷售費用	80,000
貸:應付職工薪酬——工資	2,500,000

(2)實際發放工資2,350,000元。

借:應付職工薪酬	2,350,000
貸:庫存現金(或銀行存款)	2,350,000

(3)代扣款項150,000元。

借:應付職工薪酬	150,000
貸:其他應付款——供電供水部門	70,000
應交稅費——應交個人所得稅	80,000

企業應當按照國務院、所在地政府或企業年金計劃規定標準，計量應付職工薪酬義務(包括「五險一金」)和應計入成本費用的薪酬金額，工會經費和職工教育經費按工資總額的2%和1.5%計提。

根據相關規定分別按工資總額的10%、12%、2%和10.5%計提醫療保險、養老保險、失業保險和住房公積金，繳納給當地社保經辦機構和住房公積金管理機構；按工資總額的2%和1.5%計提工會經費和職工教育經費；計提3%的職工福利費。合計計提比例為41%。

【例9-4】承例9-3，計提各種費用。

應計入生產成本的職工薪酬＝1,900,000×41%＝779,000(元)
應計入製造費用的職工薪酬＝200,000×41%＝82,000(元)
應計入管理費用的職工薪酬＝260,000×41%＝106,600(元)
應計入銷售費用的職工薪酬＝600,000×41%＝24,600(元)
應計入在建工程的職工薪酬＝80,000×41%＝32,800(元)
合計計提費用＝1,025,000(元)
其中，職工福利費＝2,500,000×3%＝75,000(元)
　　　社會保險費＝2,500,000×(10%+12%+2%)＝600,000(元)
　　　住房公積金＝2,500,000×10.5%＝262,500(元)
　　　工會經費＝2,500,000×2%＝50,000(元)
　　　職工教育經費＝2,500,000×1.5%＝37,500(元)

借：生產成本　　　　　　　　　　　　　　779,000
　　製造費用　　　　　　　　　　　　　　82,000
　　管理費用　　　　　　　　　　　　　　106,600
　　在建工程　　　　　　　　　　　　　　24,600
　　銷售費用　　　　　　　　　　　　　　32,800
　貸：應付職工薪酬——福利費　　　　　　75,000
　　　　　　　　——社會保險費　　　　　600,000
　　　　　　　　——住房公積金　　　　　262,500
　　　　　　　　——工會經費　　　　　　50,000
　　　　　　　　——職工教育經費　　　　37,500

【例9-5】企業為職工繳納的醫療保險費250,000元，養老保險費300,000元，失業保險費50,000元，住房公積金262 500元，隨后支付。以銀行存款支付給相關部門。

借：應付職工薪酬　　　　　　　　　　　　862,500
　貸：銀行存款　　　　　　　　　　　　　862,500

【例9-6】企業用自產產品服裝作為福利發給職工，該批產品的公允價值為500,000元，帳面成本為200,000元。受益對象是：生產工人351,000元，車間管理人員23,400元，銷售人員46,800元，行政管理人員163,800元。服裝已發給職工。

借：生產成本　　　　　　　　　　　　　　351,000

製造費用	23,400
銷售費用	46,800
管理費用	163,800
貸:應付職工薪酬	585,000
借:應付職工薪酬	585,000
貸:主營業務收入	500,000
應交稅費——應交增值稅(銷項稅額)	85,000

結轉成本。

借:主營業務成本	200,000
貸:庫存商品	200,000

第四節　應交稅費

一、應交稅費的內容

應交稅費(Taxes Payable)是指企業根據一定時期取得的營業收入和實現的利潤按規定向國家繳納的稅金。就稅金而言,目前企業依法繳納的各種稅金主要有:增值稅、消費稅、所得稅、資源稅、城市維護建設稅、土地增值稅、耕地占用稅、房產稅、印花稅、車船使用稅、土地使用稅等,經營進出口業務的企業,還需按照規定繳納進口、出口關稅。

企業繳納稅金的義務,一般隨其經營活動的進行而產生,會計上應按權責發生制將應交的稅金計入有關帳戶。但企業實際向稅務機關繳納稅金,則定期集中進行。一般的做法是:企業每月應交的稅金於下月月初上繳。一定時期內企業應交未交的各項稅金,形成企業的一項負債。印花稅、耕地占用稅等不需要預計應交,在納稅義務產生的同時直接交款。

企業應設置「應交稅費」科目核算企業應繳納的各種稅金。企業繳納的印花稅、耕地占用稅以及其他不需要預計應交數的稅金,不在「應交稅費」科目核算。

二、應交增值稅

(一)增值稅的計算

增值稅是指就企業應稅貨物或勞務的增值額所徵收的一種稅種。按照《中華人民共和國增值稅暫行條例》的規定,企業購入貨物或接受應稅勞務支付的增值稅(即進項稅額),可以從銷售貨物或提供勞務按規定收取的增值稅(即銷項稅額)中抵扣。企業購入貨物或接受勞務必須具備增值稅專用發票或海關完稅憑證,其進項稅額才能予以扣除。如果購進免稅農產品或收購廢舊物資,則按照經稅務機關批准的收購憑證上註明的價款或收購金額和規定的扣除率計算進項稅額,並以此作為扣稅和記帳的依據。如果購進貨物的同時支付運費,按照經稅務機關批准的運單上註明的運費和規定的扣除率計算進項稅額,並以此作為扣稅和記帳的依據。而企業購入貨物或者接受應稅勞務,沒有按照規

定取得並保存增值稅扣稅憑證,或者增值稅扣稅憑證上未按照規定註明增值稅額及其他有關事項的,其進項稅額不能從銷項稅額中抵扣,即已支付的增值稅只能計入所購入貨物或接受勞務的成本。

為了便於增值稅的核算與管理,實際工作中,增值稅的納稅人分為一般納稅人與小規模納稅人兩類。

小規模納稅人是指年應稅銷售額小於規定額度(從事貨物生產或提供應稅勞務的,年應稅銷售額為 50 萬元;從事貨物批發或零售的,年應稅銷售額為 80 萬元),並且會計核算不健全的納稅人;年應稅銷售額超過規定額度的個人、非企業性單位、不經常發生應稅行為的企業,視同小規模納稅人。除此以外,則為一般納稅人。一般納稅人資格的認定由企業提出申請,主管稅務機關批准。

中國現行的增值稅對小規模納稅人採取簡便的徵收辦法,對一般納稅人採用扣稅法計算。公式如下:

小規模納稅人應交增值稅=不含稅的銷售額×徵收率

一般納稅人應交增值稅=當期銷項稅額－當期進項稅額

其中:

銷項稅額=銷售應稅貨物所提供應稅勞務的收入×適用增值稅稅率

銷項稅額是企業向購買方收取的增值稅額,進項稅額則是企業購買貨物或接受勞務時向銷售方支付的增值稅額,需依據上述規定方可抵扣,如果當期銷項稅額小於進項稅額,則其差額可轉入下期抵扣。

2016 年 5 月 1 日起,營業稅改徵增值稅(以下簡稱營改增)試點全面推開。營改增試點應稅項目明細及稅率對照表參見本書附錄。

(二)科目設置

《增值稅會計處理規定》(財會〔2016〕22 號)適用所有的增值稅納稅人,不管是營改增納稅人還是原增值稅納稅人。

增值稅一般納稅人應當在「應交稅費」科目下設置「應交增值稅」「未交增值稅」「預交增值稅」「待抵扣進項稅額」「待認證進項稅額」「待轉銷項稅額」「增值稅留抵稅額」「簡易計稅」「轉讓金融商品應交增值稅」「代扣代交增值稅」等明細科目。

1.「應交增值稅」

增值稅一般納稅人應在「應交增值稅」明細科目內設置「進項稅額」「銷項稅額抵減」「已交稅金」「轉出未交增值稅」「減免稅款」「出口抵減內銷產品應納稅額」「銷項稅額」「出口退稅」「進項稅額轉出」「轉出多交增值稅」等專欄。其中:

(1)「進項稅額」專欄,記錄一般納稅人因購進貨物、加工修理修配勞務、服務、無形資產或不動產而支付或負擔的,準予從當期銷項稅額中抵扣的增值稅額。

(2)「銷項稅額抵減」專欄,記錄一般納稅人按照現行增值稅制度規定因扣減銷售額而減少的銷項稅額。

(3)「已交稅金」專欄,記錄一般納稅人當月已繳納的應交增值稅額。

(4)「轉出未交增值稅」和「轉出多交增值稅」專欄,分別記錄一般納稅人月度終了轉

出當月應交未交或多交的增值稅額。

(5)「減免稅款」專欄,記錄一般納稅人按現行增值稅制度規定準予減免的增值稅額。

(6)「出口抵減內銷產品應納稅額」專欄,記錄實行「免、抵、退」辦法的一般納稅人按規定計算的出口貨物的進項稅抵減內銷產品的應納稅額。

(7)「銷項稅額」專欄,記錄一般納稅人銷售貨物、加工修理修配勞務、服務、無形資產或不動產應收取的增值稅額。

(8)「出口退稅」專欄,記錄一般納稅人出口貨物、加工修理修配勞務、服務、無形資產按規定退回的增值稅額。

(9)「進項稅額轉出」專欄,記錄一般納稅人購進貨物、加工修理修配勞務、服務、無形資產或不動產等發生非正常損失以及其他原因而不應從銷項稅額中抵扣、按規定轉出的進項稅額。

2.「未交增值稅」

「未交增值稅」明細科目,核算一般納稅人月度終了從「應交增值稅」或「預交增值稅」明細科目轉入當月應交未交、多交或預繳的增值稅額以及當月繳納以前期間未交的增值稅額。

3.「預交增值稅」

「預交增值稅」明細科目,核算一般納稅人轉讓不動產、提供不動產經營租賃服務、提供建築服務、採用預收款方式銷售自行開發的房地產項目等以及其他按現行增值稅制度規定應預繳的增值稅額。

4.「待抵扣進項稅額」

「待抵扣進項稅額」明細科目,核算一般納稅人已取得增值稅扣稅憑證並經稅務機關認證,按照現行增值稅制度規定準予以后期間從銷項稅額中抵扣的進項稅額。內容包括一般納稅人自 2016 年 5 月 1 日后取得並按固定資產核算的不動產或者 2016 年 5 月 1 日后取得的不動產在建工程,按現行增值稅制度規定準予以后期間從銷項稅額中抵扣的進項稅額;實行納稅輔導期管理的一般納稅人取得的尚未交叉稽核比對的增值稅扣稅憑證上註明或計算的進項稅額。

5.「待認證進項稅額」

「待認證進項稅額」明細科目,核算一般納稅人由於未經稅務機關認證而不得從當期銷項稅額中抵扣的進項稅額。內容包括一般納稅人已取得增值稅扣稅憑證、按照現行增值稅制度規定準予從銷項稅額中抵扣,但尚未經稅務機關認證的進項稅額;一般納稅人已申請稽核但尚未取得稽核相符合結果的海關繳款書進項稅額。

6.「待轉銷項稅額」

「待轉銷項稅額」明細科目,核算一般納稅人銷售貨物、加工修理修配勞務、服務、無形資產或不動產,已確認相關收入(或利得)但尚未發生增值稅納稅義務而需於以后期間確認為銷項稅額的增值稅額。

7.「增值稅留抵稅額」

「增值稅留抵稅額」明細科目,核算兼有銷售服務、無形資產或者不動產的原增值

一般納稅人，截至納入營改增試點之日前的增值稅期末留抵稅額按照現行增值稅制度規定不得從銷售服務、無形資產或不動產的銷項稅額中抵扣的增值稅留抵稅額。

8.「簡易計稅」

「簡易計稅」明細科目，核算一般納稅人採用簡易計稅方法發生的增值稅計提、扣減、預繳、繳納等業務。

9.「轉讓金融商品應交增值稅」

「轉讓金融商品應交增值稅」明細科目，核算增值稅納稅人轉讓金融商品發生的增值稅額。

10.「代扣代交增值稅」

「代扣代交增值稅」明細科目，核算納稅人購進在境內未設經營機構的境外單位或個人在境內的應稅行為代扣代繳的增值稅。

小規模納稅人只需在「應交稅費」科目下設置「應交增值稅」明細科目，不需要設置上述專欄及除「轉讓金融商品應交增值稅」「代扣代交增值稅」外的明細科目。

(三) 增值稅業務的會計核算

1. 一般納稅人增值稅業務的會計核算

(1) 物資購入業務的核算。國內採購的物資，按專用發票上註明的增值稅，借記「應交稅費——應交增值稅(進項稅額)」科目，按專用發票上記載的應當計入採購成本的金額，借記「材料採購」「生產成本」「管理費用」等科目，按應付或實際支付的金額，貸記「應付帳款」「應付票據」「銀行存款」等科目。購入物資發生的退貨，編制相反會計分錄。

(2) 接受實物投資業務的核算。接受投資轉入的物資，按專用發票上註明的增值稅，借記「應交稅費——應交增值稅(進項稅額)」科目，按確定的價值，借記「原材料」等科目，按其在註冊資本中所佔有的份額，貸記「實收資本」或「股本」科目，按其差額，貸記「資本公積」科目。

【例9-7】W公司接收M公司的一批材料投資，協議價格200,000元，增值稅發票上註明增值稅稅金34,000元，材料收妥入庫。折算為100,000股份，每股面值1元。

借：原材料 200,000
　　應交稅費——應交增值稅(進項稅額) 34,000
貸：股本 100,000
　　資本公積 134,000

(3) 接受勞務的核算。接受應稅勞務，按專用發票上註明的增值稅，借記「應交稅費——應交增值稅(進項稅額)」科目，按專用發票上記載的應當計入加工、修理修配等物資成本的金額，借記「生產成本」「委託加工物資」「管理費用」等科目，按應付或實際支付的金額，貸記「應付帳款」「銀行存款」等科目。

【例9-8】W公司支付本月委託加工材料的加工費30,000元，支付增值稅稅金5,100元。

借：委託加工材料 30,000
　　應交稅費——應交增值稅(進項稅額) 5,100

　　　　貸:銀行存款　　　　　　　　　　　　　　　　　　　　　　　　　35,100

　　(4)進口物資的核算。進口物資按海關提供的完稅憑證上註明的增值稅,借記「應交稅費——應交增值稅(進項稅額)」科目,按進口物資應計入採購成本的金額,借記「材料採購」「庫存商品」等科目,按應付或實際支付的金額,貸記「應付帳款」「銀行存款」等科目。

　　【例9-9】W 公司進口一批材料,發票款為100 萬元,進口關稅為20 萬元,增值稅稅率為17%。貨已入庫,款已支付。

　　借:原材料　　　　　　　　　　　　　　　　　　　　　　　　　1,200,000
　　　　應交稅費——應交增值稅(進項稅額)　　　　　　　　　　　　　204,000
　　　　貸:銀行存款　　　　　　　　　　　　　　　　　　　　　　　1,404,000

　　(5)購進農產品的核算。購進免稅農產品,按購入農產品的買價和規定的稅率計算的是進項稅額,借記「應交稅費——應交增值稅(進項稅額)」科目,按買價減去按規定計算的進項稅額后的差額,借記「材料採購」「庫存商品」等科目,按應付或實際支付的價款,貸記「應付帳款」「銀行存款」等科目。

　　【例9-10】W 公司本月購入農產品作為材料,支付購料款80,000 元,按規定的增值稅稅率11%計算進項稅額(80,000×11% = 8,800 元)。材料已入庫,款已支付。

　　借:原材料　　　　　　　　　　　　　　　　　　　　　　　　　　71,200
　　　　應交稅費——應交增值稅(進項稅額)　　　　　　　　　　　　　　8,800
　　　　貸:銀行存款　　　　　　　　　　　　　　　　　　　　　　　　80,000

　　(6)購入物資及接受勞務直接用於非應稅項目,或直接用於免稅項目以及直接用於集體福利和個人消費的,其專用發票上註明的增值稅,計入購入的物資及接受勞務的成本,不通過「應交稅費——應交增值稅(進項稅額)」科目核算。

　　【例9-11】W 企業購入一批物資準備用於職工福利,貨款100,000 元,增值稅稅金為17,000 元。全部款項以銀行存款支付。

　　借:應付職工薪酬　　　　　　　　　　　　　　　　　　　　　　　117,000
　　　　貸:銀行存款　　　　　　　　　　　　　　　　　　　　　　　117,000

　　(7)銷售業務的核算。銷售物資或提供應稅勞務(包括將自產、委託加工或購買的貨物分配給股東),按實現的不含稅營業收入和按規定收取的增值稅額,借記「應收帳款」「應收票據」「銀行存款」「應付股利」等科目,按專用發票上註明的增值稅額,貸記「應交稅費——應交增值稅(銷項稅額)」科目,按實現的營業收入,貸記「主營業務收入」等科目。發生的銷貨退回,編制相反會計分錄。

　　【例9-12】W 公司本月增值稅發票的收入總額為2,000,000 元,銷項稅額為340,000元,貨款均已收取存入銀行。

　　借:銀行存款　　　　　　　　　　　　　　　　　　　　　　　　2,340,000
　　　　貸:主營業務收入　　　　　　　　　　　　　　　　　　　　　2,000,000
　　　　　　應交稅費——應交增值稅(銷項稅額)　　　　　　　　　　　340,000

(8)有出口物資的企業,其出口退稅按以下規定處理:

實行「免、抵、退」辦法有進口經營權的生產性企業,按規定計算的當期出口物資不予免徵、抵扣和退稅的稅額,計入出口物資成本,借記「主營業務成本」科目,貸記「應交稅費——應交增值稅(進項稅額轉出)」科目。按規定計算的當期應予抵扣的稅額,借記「應交稅費——應交增值稅(出口抵減內銷產品應納稅額)」科目,貸記「應交稅費——應交增值稅(出口退稅)」科目。因應抵扣的稅額大於應納稅額而未全部抵扣,按規定應予退回的稅款,借記「銀行存款」科目,貸記「應交稅費——應交增值稅(出口退稅)」科目。

【例9-13】W公司購入一批貨物價值為500,000元,增值稅進項稅額為85,000元,假設該批商品全部出口,收到貨款800,000元。按規定,退稅率計算只能退回進項稅額的8%,其進項稅額的20%不予抵扣,50%抵內銷產品應納的增值稅,30%從稅務局退稅。

稅務局不準抵扣的增值稅,應當計入主營業務成本。

借:主營業務成本　　　　　　　　　　　　　　　　　　　　17,000
　貸:應交稅費——應交增值稅(進項稅額轉出)　　　　　　　　17,000

出口抵減內銷產品應納增值稅額。

借:應交稅費——應交增值稅(出口抵減內銷產品應納稅額)　42,500
　貸:應交稅費——應交增值稅(出口退稅)　　　　　　　　　　42,500

從稅務部門取得出口退稅。

借:銀行存款　　　　　　　　　　　　　　　　　　　　　　25,500
　貸:應交稅費——應交增值稅(出口退稅)　　　　　　　　　　25,500

(9)視同銷售的處理。企業將自產、委託加工或購買的貨物用於非應稅項目、作為投資、集體福利消費、贈送他人等,應視同銷售物資計算應交增值稅,借記「在建工程」「長期股權投資」「應付職工薪酬」「營業外支出」等科目,貸記「應交稅費——應交增值稅(銷項稅額)」科目,貸記相關科目。

【例9-14】W公司用自己生產的產品對M公司投資,雙方協議價為400萬元,M公司給予W公司200萬股股份,每股面值1元。該批產品的成本為300萬元,公允價值為400萬元。假如該產品適用的增值稅稅率為17%。根據上述經濟業務,編制兩個公司會計分錄。

W公司,進行投資時視同銷售處理。

銷項稅額=4,000,000×17%=680,000(元)

借:長期股權投資　　　　　　　　　　　　　　　　　　　4,680,000
　貸:主營業務收入　　　　　　　　　　　　　　　　　　　4,000,000
　　　應交稅費——應交增值稅(銷項稅額)　　　　　　　　　　680,000

同時,結轉成本。

借:主營業務成本　　　　　　　　　　　　　　　　　　　3,000,000
　貸:庫存商品　　　　　　　　　　　　　　　　　　　　　3,000,000

M公司,收到投資時視同購進處理。

借:庫存商品　　　　　　　　　　　　　　　　　　　　　4,000,000

應交稅費——應交增值稅(進項稅額)	680,000
貸:股本	2,000,000
資本公積	2,680,000

(10)隨同商品出售單獨計價的包裝物,按規定收取的增值稅,借記「應收帳款」等科目,貸記「應交稅費——應交增值稅(銷項稅額)」科目。出租、出借包裝物逾期未收回而沒收的押金應交的增值稅,借記「其他應付款」科目,貸記「應交稅費——應交增值稅(銷項稅額)」科目。

【例9-15】W公司本月出租包裝物租金收入5,000元,同時沒收出租或出借包裝物押金3,000元。

收到租金,確認租金收入=5,000÷(1+17%)=4,273.50(元)
增值稅銷項稅額=4,273.50×17%=726.50(元)

借:銀行存款	5,000
貸:其他業務收入	4,273.50
應交稅費——應交增值稅(銷售稅額)	726.50

沒收押金,確認收入=3,000÷(1+17%)=2,564.10(元)
增值稅銷項稅額=2,564.10×17%=435.90(元)

借:其他應付款	3,000
貸:營業外收入	2,564.10
應交稅費——應交增值稅(銷售稅額)	435.90

(11)購進的物資、在產品、產成品發生非正常損失以及購進物資改變用途等原因,其進項稅額應相應轉入有關科目,借記「待處理財產損溢」「應付職工薪酬」等科目,貸記「應交稅費——應交增值稅(進項稅額轉出)」科目。屬於轉作待處理財產損失的部分,應與遭受非正常損失的購進貨物、在產品、產成品成本一併處理。

【例9-16】W公司本月盤虧材料10,000元。

借:待處理財產損溢	11,700
貸:原材料	10,000
應交稅費——應交增值稅(進項稅額轉出)	1,700

處理時,如果計入有關成本費用科目,則增值稅不能轉入,因為實行增值稅制度,生產成本和費用不應含稅。假設此例批准處理記入「管理費用」,則會計分錄如下:

借:管理費用	10,000
應交稅費——應交增值稅(進項稅額轉出)	1,700
貸:待處理財產損溢	11,700

如果此例批准處理由保管人員賠30%,其餘記入「營業外支出」,則會計分錄如下:

借:其他應收款	3,510
營業外支出	8,190
貸:待處理財產損溢	11,700

(12)本月上繳本月的應交增值稅,借記「應交稅費——應交增值稅(已交稅金)」科

目,貸記「銀行存款」科目。

(13)月度終了,將本月應交未交或多交的增值稅額自「應交稅費——應交增值稅(轉出未交增值稅、轉出多交增值稅)」科目轉入「應交稅費——未交增值稅」科目,結轉後,「應交稅費——應交增值稅」科目的明細科目的期末借方餘額,反映企業尚未抵扣的增值稅。

(14)本月上繳上期應交未交的增值稅,借記「應交稅費——未交增值稅」科目,貸記「銀行存款」科目。

【例9-17】W公司本月銷項稅額為585,000元,增值稅進項稅額為340,000元,進項稅額轉出17,000元,出口退稅34,000元。計算本月應交增值稅,並編制相應的會計分錄。

本月應交增值稅＝585,000－(340,000－17,000－34,000)＝296,000(元)

如果該公司如數繳納應交增值稅:

| 借:應交稅費——應交增值稅(已交稅金) | 296,000 |
| 貸:銀行存款 | 296,000 |

如果該公司沒有足夠的資金,只交了200,000元增值稅,未交的96,000元應轉入「未交增值稅」科目。

實際繳納增值稅時。

| 借:應交稅費——應交增值稅(已交稅金) | 200,000 |
| 貸:銀行存款 | 200,000 |

轉出未交增值稅時。

| 借:應交稅費——應交增值稅(轉出未交增值稅) | 96,000 |
| 貸:應交稅費——未交增值稅 | 96,000 |

【例9-18】M公司以銀行存款繳納本月應交增值稅50,000元,繳納前期應交未交增值稅20,000元。

借:應交稅費——應交增值稅(已交稅金)	50,000
——未交增值稅	20,000
貸:銀行存款	70,000

2. 小規模納稅人增值稅業務的會計核算

小規模納稅企業從增值稅角度看,一是銷售貨物或提供應稅勞務,一般只可開具普通發票,不能開增值稅專用發票;二是銷售貨物或提供應稅勞務,按銷售額的3%計算繳納增值稅;三是其銷售額不包括應納稅額。實行銷售額與應納增值稅合併定價的,應將含稅銷售額還原為不含稅銷售額后,再計算應納稅額。不含稅銷售額計算公式如下:

不含稅銷售額＝含稅銷售額÷(1+徵收率)

帳務處理上,小規模納稅企業購入貨物或接受應稅勞務供應,不管能否取得增值稅專用發票,其支付的進項增值稅均不得從銷項稅額中抵扣,應計入貨物或勞務的成本。

【例9-19】H公司核定為小規模納稅企業,本期購入原材料,按照增值稅專用發票上記載的原材料價款為200,000元,支付的增值稅稅額為34,000元,H公司以銀行存款支付,材料已驗收入庫。H公司本期銷售產品,銷售總額為412,000元(含稅),貨款尚未

收到。
(1)購進貨物。
借：原材料　　　　　　　　　　　　　　　　　　　　234,000
　貸：銀行存款　　　　　　　　　　　　　　　　　　　234,000
(2)銷售貨物。
不含稅價格＝412,000÷(1+3%)＝400,000(元)
應交增值稅＝400,000×3%＝12,000(元)
借：應收帳款　　　　　　　　　　　　　　　　　　　412,000
　貸：主營業務收入　　　　　　　　　　　　　　　　400,000
　　　應交稅費——應交增值稅　　　　　　　　　　　 12,000

三、應交消費稅

(一)消費稅的計算

消費稅是國家為了調節消費結構,正確引導消費方向,在普遍徵收增值稅的基礎上,針對部分消費品而徵收的一種流轉稅。

消費稅的徵收方法採取從價定率和從量定額兩種方法。消費稅的稅基與增值稅的稅基基本相同。實行從價定率辦法計算的應納稅額的稅基為銷售額,這裡的銷售額包括向購買方收取的全部價款和價外費用(不含增值稅);實行從量定額辦法計算的應納稅額的銷售數量是指應稅消費品的數量。

(二)科目設置

企業應在「應交稅費」科目下設置「應交消費稅」明細科目。「應交消費稅」明細科目的借方發生額反映企業實際繳納和待扣的消費稅;貸方發生額反映按規定應繳納的消費稅;期末貸方餘額反映尚未繳納的消費稅;期末借方金額反映多交或待扣的消費稅。

(三)消費稅業務的會計核算

1. 產品銷售的消費稅

企業銷售產品時應繳納的消費稅,應分別進行處理:

(1)企業將生產的產品直接對外銷售的,企業以應稅消費品對外投資、債務重組抵債、非貨幣性資產交換、對外捐贈等應視同銷售處理,對外銷售產品應繳納的消費稅,通過「稅金及附加」科目核算。企業按規定計算出應交的消費稅,借記「稅金及附加」科目,貸記「應交稅費——應交消費稅」科目。退稅時編制相反會計分錄。

(2)企業將物資銷售給外貿企業,由外貿企業自營出口的,其繳納的消費稅應計入「稅金及附加」科目,借記「稅金及附加」科目,貸記「應交稅費——應交消費稅」科目。自營出口物資的外貿企業,在物資報關出口后,申請出口退稅時,借記「應收補貼款」科目,貸記「主營業務成本」科目。實際收到退回的稅金,借記「銀行存款」科目,貸記「應收補貼款」科目。發生退關或退貨而補交已退的消費稅,編制相反的會計分錄。

(3)企業用應稅消費品用於在建工程或作為固定資產等其他方面,按規定應繳納的消費稅,視同銷售處理,借記「稅金及附加」科目,貸記「應交稅費——應交消費稅」科目。

【例9-20】W公司用自己生產的小汽車對外進行投資成立一個出租車公司,占被投資企業的40%股份。汽車的成本300萬元,公允價值為400萬元,增值稅稅率17%,消費稅稅率10%。

借:長期股權投資　　　　　　　　　　　　　　　　　　　4,680,000
　貸:主營業務收入　　　　　　　　　　　　　　　　　　　4,000,000
　　　應交稅費——應交增值稅(銷項稅額)　　　　　　　　　680,000

同時結轉成本計算應交消費稅。

借:主營業務成本　　　　　　　　　　　　　　　　　　　　3,000,000
　貸:庫存商品　　　　　　　　　　　　　　　　　　　　　3,000,000
借:稅金及附加　　　　　　　　　　　　　　　　　　　　　　400,000
　貸:應交稅費——應交消費稅　　　　　　　　　　　　　　　400,000

2. 委託加工應稅消費品

按照稅法規定,企業委託加工的應稅消費品,由受託方在向委託方交貨時代收代交稅款(除受託加工或翻新改制金銀首飾按規定由受託方繳納消費稅外)。

委託加工的應交消費稅分以下兩種情況進行核算:

第一種情況是委託加工方將委託加工物質收回後繼續對其進行加工,委託方用於連續生產的應稅消費品的所納稅款準予按規定抵扣。委託方支付消費稅給受託方時,應記「應交稅費——應交消費稅」的借方,到時將繼續加工的貨物對外銷售計算消費稅時,可以抵扣。這裡的委託加工應稅消費品,是指由委託方提供原材料和主要材料,受託方只收加工費和代墊部分輔助材料加工的應稅消費品。對於由受託方提供原材料生產的應稅消費品,或者受託方先將原材料賣給委託方,然後再接受加工的應稅消費品以及由受託方以委託方名義購進原材料生產的應稅消費品,都不作為委託加工應稅消費品,而應當按照銷售自製應稅消費品繳納消費稅。

第二種情況是委託加工的應稅消費品收回後直接出售的,委託加工支付給受託方的消費稅應當計入委託加工成本,對外銷售時不再徵收消費稅。委託加工應稅消費品收回後,直接用於銷售的,委託方應將代扣代交的消費稅計入委託加工的應稅消費品成本,借記「委託加工物資」「生產成本」等科目,貸記「應付帳款」「銀行存款」等科目,待委託加工應稅消費品銷售時,不需要再繳納消費稅。

在進行會計處理時,委託方需要繳納消費稅,於委託方提貨時,由受託方代扣代交稅款。受託方按應扣稅款金額,借記「應收帳款」「銀行存款」等科目,貸記「應交稅費——應交消費稅」科目。

【例9-21】甲公司委託外單位加工材料(非金銀首飾,材料按實際成本核算),原材料價款500,000元,加工費75,000元,由受託方代收代交的消費稅6,000元,材料已經加工完畢驗收入庫,加工費用尚未支付。根據這項經濟業務,委託方應如何進行會計處理?

(1)如果委託方收回加工後的材料用於繼續生產應稅消費品,委託方的帳務處理如下:

借:委託加工物資　　　　　　　　　　　　　　　　　　　　500,000

貸:原材料　　　　　　　　　　　　　　　　　　　　　500,000
　借:委託加工物資　　　　　　　　　　　　　　　　　　　　75,000
　　　應交稅費——應交消費稅　　　　　　　　　　　　　　6,000
　　　貸:應付帳款　　　　　　　　　　　　　　　　　　　　81,000
　借:原材料　　　　　　　　　　　　　　　　　　　　　　575,000
　　　貸:委託加工物資　　　　　　　　　　　　　　　　　　575,000
　　對繼續加工生產的商品對外銷售后,計算應交消費稅時,可以抵扣。
　(2)如果委託方收回加工后的材料直接用於銷售,委託方的帳務處理如下:
　借:委託加工物資　　　　　　　　　　　　　　　　　　　500,000
　　　貸:原材料　　　　　　　　　　　　　　　　　　　　　500,000
　借:委託加工物資　　　　　　　　　　　　　　　　　　　81,000
　　　貸:應付帳款　　　　　　　　　　　　　　　　　　　　81,000
　借:原材料　　　　　　　　　　　　　　　　　　　　　　581,000
　　　貸:委託加工物資　　　　　　　　　　　　　　　　　　581,000
　銷售該委託加工物資時,不再計算消費稅。
　3. 金銀首飾消費稅的會計處理
　　金銀首飾按稅法規定屬於應稅消費品的產品,其適用稅率為5%,對其應納消費稅的會計處理,根據企業經營性質的不同,按下列原則進行處理:
　(1)有金銀首飾零售業務的以及採用以舊換新方式銷售金銀首飾的企業,在營業收入實現時,按應交消費稅額,借記「稅金及附加」等科目,貸記「應交稅費——應交消費稅」科目。
　　有金銀首飾零售業務的企業因受託代銷金銀首飾按規定應繳納的消費稅,應分別按不同情況處理:以收取手續費方式代銷金銀首飾的,其應交的消費稅,借記「稅金及附加」等科目,貸記「應交稅費——應交消費稅」科目;以其他方式代銷首飾的,其繳納的消費稅,借記「稅金及附加」科目,貸記「應交稅費——應交消費稅」科目。
　(2)有金銀首飾批發、零售業務的企業將金銀首飾用於饋贈、贊助、廣告、職工福利、獎勵等方面的,應於物資移送時,按應交消費稅,借記「稅金及附加」科目,貸記「應交稅費——應交消費稅」科目。
　(3)隨同金銀首飾出售但單獨計價的包裝物,按規定應繳納的消費稅,借記「稅金及附加」科目,貸記「應交稅費——應交消費稅」科目
　(4)受託加工或翻新改制金銀首飾按規定由受託方繳納消費稅。企業應於向委託方交貨時,按規定繳納的消費稅,借記「稅金及附加」科目,貸記「應交稅費——應交消費稅」科目。
　4. 進出口產品消費稅的會計處理
　　需要繳納消費稅的進口消費品,其繳納的消費稅應計入該進口消費品的成本,借記「固定資產」「材料採購」等科目,貸記「銀行存款」等科目。
　　免徵消費稅的出口應消費品應分別按不同情況進行帳務處理:屬於生產企業直接出口應稅消費品或通過外貿企業出口應稅消費品,按規定直接予以免稅的,可以不計算

應交消費稅;屬於委託外貿企業代理出口應稅消費品的生產企業,應在計算消費稅時,按應交消費稅額,借記「應收補貼款」科目,貸記「應交稅費——應交消費稅」科目。應稅消費品出口收到外貿企業退回的稅金,借記「銀行存款」科目,貸記「應收補貼款」科目,發生退關、退貨而補交已退的消費稅,編制相反的會計分錄。

四、其他應交稅費

其他應交稅費是指企業除應交增值稅、消費稅和所得稅以外,其他應交的稅金,包括應交的資源稅、土地增值稅、城市維護建設稅、房產稅、土地使用稅、車船使用稅、個人所得稅等。企業應交的上述稅金,在「應交稅費」總帳下,按稅種設置明細帳戶進行核算。現以城市維護建設稅為例,城市維護建設稅是以應繳納的增值稅和消費稅為納稅依據來徵收的一種稅。城市維護建設稅是一種地方稅,一般在月末提取,次月月初繳納。企業按規定應交的城市維護建設稅,借記「稅金及附加」「固定資產清理」等帳戶,貸記「應交稅費——應交城市維護建設稅」帳戶;實際上交時,再借記「應交稅費——應交城市維護建設稅」帳戶,貸記「銀行存款」帳戶。

第五節　其他流動負債

一、短期借款

短期借款是指企業向銀行或其他金融機構等借入的、償還期限在1年以內(含1年)的各種借款。短期借款一般是企業為維持正常的生產經營所需資金或為償付某項短期債務而借入的。企業取得的借款無論用於哪個方面,均構成企業的一項負債。企業除按規定用途使用外,還應按期還本付息。短期借款的核算包括如下三個方面的內容:

(1)取得借款。根據借入的本金,借記「銀行存款」、貸記「短期借款」帳戶。
(2)核算借款利息。這是短期借款核算的重點,需要掌握三個要點:一是利息的支付時間。企業從銀行借入短期借款的利息,一般按季定期支付;若從其他金融機構或有關企業借入,借款利息一般於到期日同本金一起支付。二是利息的入帳時間。為了正確反映各月借款利息的實際情況,會計上應根據權責發生制原則,按月計提利息;如果數額不大,也可於實際支付月份一次計入當期損益。三是利息的核算帳戶。短期借款利息一律計入財務費用。利息直接支付的,於付款時增加財務費用,並減少銀行存款。
(3)歸還借款。短期借款到期時,應及時歸還。對償付的本金借記「短期借款」帳戶,對同時償付的利息借記「財務費用」帳戶,按償付的本息和貸記「銀行存款」帳戶。

二、預收帳款

預收帳款是買賣雙方協議商定,由購貨方預先支付一部分貨款給供貨方而發生的一項負債。預收帳款的核算,應視企業的具體情況而定。如果預收帳款比較多的,可以設置「預收帳款」科目;預收帳款不多的,也可以不設置「預收帳款」科目,直接計入「應收帳

款」科目的貸方。單獨設置「預收帳款」科目核算的,「預收帳款」科目的貸方反映預收的貨款和補付的貨款;「預收帳款」科目的借方反映因交貨而抵減的負債;期末貸方餘額,反映尚未結清的預收款項,借方餘額反映應收的款項。

三、應付股利

企業作為獨立核算的經濟實體,對其實現的利潤除了依法繳納所得稅外,還需對投資者投入的資金給予一定的回報。作為投資者,也有權分享企業的稅后利潤,取得投資收益。當然,某一年企業能否向投資者分配利潤,不取決於當年盈利還是虧損,而要看企業當年是否有可供投資者分配的利潤。在此基礎上,再決定其中分配給投資者的具體數額。

企業給投資者分配利潤,應由董事會或類似權力機構提出分配方案,並報請第二年年初召開的股東大會批准后方才實施。會計上,一般以董事會提出的利潤分配方案為依據進行利潤分配的帳務處理,並反映在企業當年的會計報表中。因此,已決定分配但尚未實際支付給投資者的利潤,形成企業的一項負債。有限責任公司的應付利潤包括應付國家、其他單位及個人的投資利潤,股份有限公司的應付利潤即為應付股利。應付利潤或應付股利均通過「應付股利」帳戶核算,這是負債類帳戶。其結構與一般負債類帳戶的結構相同,期末貸方餘額反映企業尚未支付的現金股利或利潤。

年終,根據利潤分配方案決議分配的現金利潤或股利,借記「利潤分配——應付股利」科目,貸記「應付股利」科目;實際支付股利時,借記「應付股利」科目,貸記「銀行存款(或庫存現金)」科目。

四、其他應付款

企業除了應付帳款、應付票據、應付職工薪酬、應交稅費、應付股利等應付應交款項以外,還會發生一些應付、暫收其他單位或個人的款項。例如,應付經營租入固定資產和包裝物租金;職工未按期領取的工資;存入保證金(如收取包裝物押金等);應付、暫收所屬單位、個人的款項;其他應付、暫收款項。

這些暫收應付款構成了企業的一項流動負債,需設置「其他應付款」科目進行核算。需要注意的是:應付租入固定資產的租金是指企業採用經營性租賃方式租入固定資產所應支付的租金,這項應繳納的租金應計入企業的費用(製造費用或管理費用等);而融資租入固定資產應付的租賃費,則作為長期負債計入「長期應付款」科目。存入保證金是其他單位或個人由於使用企業的某項資產而交付的押金(如出租包裝物押金),待以后資產歸還后還需退還的暫收款項。

第六節 或有負債與預計負債

一、或有負債的特點

《企業會計準則第13號——或有事項》將或有事項定義為過去的交易或者事項形成

的,其結果需由某些未來事項發生或不發生才能決定的不確定事項。或有事項包括或有負債、或有損失、或有收益、或有資產。根據穩健性原則的要求,事實上該準則主要強調或有負債。因此,我們在流動負債這一章的最后介紹或有負債。

或有負債是指過去的交易或事項形成的潛在義務,其存在需通過未來不確定事項的發生或不發生予以證實;或過去的交易或事項形成的現時義務,履行該義務不是很可能導致經濟利益流出企業,或該義務的金額不能可靠地計量。常見的或有負債有未決訴訟、未決仲裁、企業對售后商品提供擔保、附追索權的產品擔保、企業為其他單位的債務提供擔保、由於污染可能要求支付的罰金、稅收爭議可能補付的稅款等。

(一)由過去的交易或事項產生

或有負債是過去的交易或事項形成的。例如,企業涉及訴訟,因為企業可能違反某項經濟法律的規定且已收到對方的起訴,這已是事實,使企業產生或有負債。

(二)其結果具有不確定性

或有負債包括兩類義務,一類是潛在義務,另一類是特殊的現時義務。或有負債作為一種潛在義務,其潛在性主要是指負債結果的不確定性,該種負債最終能否發生,取決於事實未來的發展。例如,企業因經濟糾紛被對方提起訴訟,尚未審理。由於案情複雜,相關的法律法規尚不健全,訴訟的最後結果如何尚難確定。被告方企業可能承擔的賠償責任就屬於潛在義務。或有負債作為特殊的現時義務,其特殊之處在於:該現時義務的履行不是很可能(可能性不超過50%,含50%)導致經濟利益流出企業,或者該現時義務的金額不能可靠地計量(即金額難以預計)。又如,已貼現的商業承兌匯票,目前沒有跡象表明付款企業不能按時、足額付款,貼現企業承擔連帶責任的可能性不大,貼現企業應將其作為或有負債披露。企業涉及賠償的訴訟案件,即使法庭的調查取證對被告方很不利,由於賠償的金額很難估計,被告方企業也只將這一現時義務作為或有負債披露。

二、將或有負債確認為預計負債

《企業會計準則第13號——或有事項》規定,與或有事項相關的義務同時滿足下列條件的,應當確認為預計負債:

(1)該義務是企業承擔的現時義務。
(2)該義務的履行很可能導致經濟利益流出企業。
(3)該義務的金額能夠可靠地計量。

下面進一步說明這三個條件。

(一)該義務是企業承擔的現時義務

該義務是企業承擔的現時義務指與或有事項有關的義務為企業承擔的現時義務,而非潛在義務。例如,A公司與B公司的一場官司,法院尚未判決,但法庭調查表明,B公司的行為已肯定對A公司造成了經濟損失。這種情況表明,B公司已存在了一項現時的義務。

(二)該義務的履行很可能導致經濟利益流出企業

依據或有事項準則,或有負債一般不確認,當其變成企業現時義務且義務的履行很

可能導致經濟利益流出企業,該義務金額能夠可靠計量時才確認為負債。該準則的指南對確認或有負債時的「可能性」的檔次劃分進行了如下規定:

結果的可能性	對應的概率區間
基本確定	大於95%但小於100%
很可能	大於50%但小於或等於95%
可能	大於5%但小於或等於50%
極小可能	大於0但小於或等於5%

該義務的履行很可能導致經濟利益流出企業指履行因或有事項產生的現時義務時,導致經濟利益流出企業的可能性超過了50%,但未達到基本確定的程度。

(三) 該義務的金額能夠可靠地計量

該義務的金額能夠可靠地計量指因或有事項產生的現時義務的金額能夠合理地估計。或有事項準則規定,或有負債計量應為其最佳估計數進行初始計量。

當對應的義務(所需支出)存在一個連續金額範圍的,且該範圍內各種結果發生的可能性相同的,最佳估計數應當按照該範圍的上、下限金額的平均數或中間值。

在其他情況下,最佳估計數應當分別按下列情況處理:

(1) 或有事項涉及單個項目時,最佳估計數按最可能發生金額確定;

(2) 或有事項涉及多個項目時,最佳估計數按各種可能發生額及其發生概率計算確定。

【例9-22】2017年,乙企業銷售產品20萬件,銷售額為2.2億元。乙企業的產品質量保證條款規定:產品出售一年後,如發生正常質量問題,乙企業將免費負責修理。根據以往經驗,如果出現較小質量問題,則需發生的修理費為銷售額的1%;如果出現較大質量問題,則需發生的修理費為銷售額的2%。根據預測,2017年度已售產品中,有80%不會發生質量問題,有15%將發生較小質量問題,有5%將發生較大質量問題。據此計算2017年應確認的預計負債。

預計負債 = 2.2×1%×15%+2.2×2%×5% = 0.005,5(億元)

當企業確認與計量或有負債時,還可能伴隨著獲得補償,如在債務擔保業務中,企業在履行擔保義務時,通常可以向被擔保企業提出額外追償要求。

《企業會計準則第13號——或有事項》規定,企業清償預計負債所需支出全部或部分預期由第三方補償的,補償金額只有在基本確定能夠收到時才能作為資產單獨確認。確認的補償金額不應當超過預計負債的帳面價值。

待執行合同變成虧損合同的,該虧損合同產生的義務滿足確認預計負債的3個條件的,應當確認為預計負債。

待執行合同是指合同各方尚未履行任何合同義務,或部分履行了同等義務的合同。

虧損合同是指履行合同義務不可避免會發生的成本超過預期經濟利益的合同。

企業不應當就未來經營虧損確認預計負債。

企業承擔的重組義務滿足本預計負債確認的3個條件的,應當確認預計負債。同時存在下列情況時,表明企業承擔了重組義務:

（1）有詳細、正式的重組計劃，包括重組涉及的業務、主要地點、需要補償的職工人數及其崗位性質、預計重組支出、計劃實施時間等。

（2）該重組計劃已對外公告。

重組是指企業制訂和控制的，將顯著改變企業組織形式、經營範圍或經營方式的計劃實施行為。

企業應當按照與重組有關的直接支出確定預計負債金額。

直接支出不包括留用職工崗前培訓、市場推廣、新系統和營銷網路投入等支出。

企業應當在資產負債表日對預計負債的帳面價值進行復核。有確鑿證據表明該帳面價值不能真實反映當前最佳估計數的，應當按照當前最佳估計數對該帳面價值進行調整。

企業不應當確認或有負債和或有資產。

或有負債是指過去的交易或者事項形成的潛在義務，其存在需通過未來不確定事項的發生或不發生予以證實；或過去的交易或者事項形成的現時義務，履行該義務不是很可能導致經濟利益流出企業或該義務的金額不能可靠計量。

或有資產是指過去的交易或者事項形成的潛在資產，其存在需通過未來不確定事項的發生或不發生予以證實。

三、或有負債確認為預計負債的會計處理

當企業需確認或有負債為預計負債時，企業應設置「預計負債」科目，並在該科目下按或有負債的不同性質設置「產品質量保證」「未決訴訟」「債務擔保」等明細科目。「預計負債」科目餘額應在資產負債表負債方單項列報。與一般負債不同的是，預計負債導致經濟利益流出企業的可能性尚未達到基本確定的程度，金額往往需要估計。

【例9-23】A公司為B公司提供貸款擔保，因B公司發生財務困難，不能如期償還此筆貸款。銀行已向法院起訴A公司，要求給予100萬元的賠償。根據法律訴訟的進展以及律師的意見，A公司認為對原告予以賠償的可能性在50%以上（很可能），最可能發生的賠償金額為80萬元。

借：營業外支出——訴訟賠款　　　　　　　　800,000
　　貸：預計負債——未決訴訟　　　　　　　　　　800,000

如果A公司能「基本確定」從B公司獲得部分補償，可以確認一筆資產，其金額應小於預計負債，借記「其他應收款」科目，貸記「營業外收入」科目。

四、或有負債的披露

《企業會計準則第13號——或有事項》規定，企業應當在附註中披露與或有事項有關的下列信息：

（一）預計負債

（1）預計負債的種類、形成原因以及經濟利益流出不確定性的說明。

（2）各類預計負債的期初、期末餘額和本期變動情況。

(3)與預計負債有關的預期補償金額和本期已確認的預期補償金額。

(二)或有負債(不包括極小可能導致經濟利益流出企業的或有負債)

(1)或有負債的種類及其形成原因,包括已貼現商業承兌匯票、未決訴訟、未決仲裁、對外提供擔保等形成的或有負債。

(2)經濟利益流出不確定性的說明。

(3)或有負債預計產生的財務影響,以及獲得補償的可能性,無法預計的,應當說明原因。

(三)企業通常不披露或有資產

企業一般不應披露或有資產,但或有資產很可能會給企業帶來經濟利益的,應當披露其形成的原因、預計產生的財務影響等。

在涉及未決訴訟、未決仲裁的情況下,按照《企業會計準則第13號——或有事項》第十四條披露全部或部分信息預期對企業造成重大不利影響的,企業無須披露這些信息,但應當披露該未決訴訟、未決仲裁的性質以及沒有披露這些信息的事實和原因。

思考題

1. 什麼是流動負債?流動負債是怎樣分類的?
2. 應付票據有哪幾類?
3. 應交稅費包括哪些內容?
4. 不通過應交稅費核算的稅金是哪些稅?
5. 應交增值稅設置哪些明細科目?各明細科目核算的內容是如何規定的?
6. 一般納稅人和小規模納稅人的增值稅核算有何不同?
7. 委託加工的應交消費稅如何核算?
8. 什麼是或有負債?或有負債有何特點?
9. 或有負債符合哪些條件應確認為負債?
10. 或有負債如何披露?

練習題

1. 甲企業為一般納稅人企業,本期購入一批原材料,增值稅專用發票上註明的原材料價款500,000元,增值稅進項稅額85,000元,貨款已支付,材料已驗收入庫。另外收購一批農產品,實際支付價款10,000元,未取得增值稅發票,按規定以13%計算進項稅額。該企業當期銷售產品收入為800,000元,增值稅稅率為17%。編制購貨、銷售的會計分錄;計算本期應交增值稅額。假設本期實交增值稅為應交增值稅的60%,其餘40%未交,編制實交和未交增值稅的會計分錄。

2. 甲企業為一般納稅人企業,本期銷售商品收入為500,000元,基建工程領用本企業產成品一批,其帳面成本150,000元,市場價格180,000元,增值稅稅率為17%。編制相關會計分錄。

3. 甲企業為一般納稅人,以銀行存款繳納50,000元上期應交增值稅,以銀行存款

80,000元繳納本期應交增值稅。編制相關會計分錄。

4. 甲企業為一般納稅人,以本企業產品對外捐贈,其帳面價值為200,000元,市場價格為220,000元;以本企業產品作為福利發給職工,其帳面價值為400,000元,市場價格為450,000元;以本企業產品對外投資,其帳面價值為500,000元,協議作價600,000元。編制相關會計分錄。

5. 甲企業為小規模納稅人,本期含稅收入206,000元,增值稅稅率為3%,計算其應交增值稅並編制會計分錄。

6. 甲企業委託A企業加工小轎車輪胎一批,支付加工費用50,000元,應交消費稅稅金20,000元,如果該批輪胎加工后直接對外銷售或運回繼續加工生產小汽車對外銷售,分別編制兩種情況下支付消費稅的會計分錄。

7. 甲菸廠本月商品銷售收入1,000,000元,增值稅稅率為17%,消費稅稅率為8%。計算應交消費稅額,並編制相關會計分錄。

8. 甲企業本期應交增值稅額400,000元,應交消費稅稅額200,000元,城市維護建設稅稅率和教育費附加提取率分別為4%和3%。計算應交城市維護建設稅和教育費附加,並編制相關會計分錄。

9. 甲企業計算本月應交車船使用稅、土地使用稅、應交房產稅分別為10,000元、40,000元、20,000元。編制相關會計分錄。

10. 甲企業一筆或有負債符合三個條件確認為預計負債100,000元,其中20,000元訴訟費記入管理費用,80,000元賠款記入營業外支出。編制相關會計分錄。

第十章

長期負債

　　長期負債是指償還期在一年或一個營業週期以上的債務。長期負債是企業重要的資金來源之一。企業舉借長期負債,用別人的錢為自己賺錢,達到「借鷄生蛋」的目的。本章將介紹長期負債的概念、內容以及長期負債的借入、計息、到期償還的會計處理。

第一節　長期負債概述

一、長期負債的特點

　　長期負債(Long-Term Debts)是指償還期在一年或者超過一年的一個營業週期以上的債務,它是企業向債權人籌集的、可供企業長期使用的資金。

　　長期負債同流動負債一樣都是企業的負債,但長期負債有其自己的特點,主要表現為:

　　(1)償還期限較長,只有償還期超過一年的債務才是長期負債,如果低於這一界限的債務是流動負債。

　　(2)舉借長期債務的目的是為了購置大型設備和房地產、增建和擴建廠房等,而流動負債的舉借目的主要是為了滿足生產週轉的需要。

　　(3)為了實現企業購置大型設備和房地產、增建和擴建廠房這一目的,企業需要的資金較多,因此長期負債的數額一般都比較大。

　　(4)長期負債的利息費用構成企業長期的固定性支出,加重了企業的負擔。

　　(5)長期負債到期之前就需要提前準備償債。

二、舉借長期債款的利弊

　　(一)有利的方面

　　企業的長期資金有兩種取得方式,其一是舉借長期債務;其二是發行股票,由股東增加資本投入。兩者相比,從股東的利益考慮,舉借長期債務較發行股票有以下幾點有利的方面:

　　(1)舉債能使企業產生財務槓桿(Financial Leverage)的作用。由於長期借款的債權人(Creditor)只能獲得按照利率計算的利息,而對於企業擴大經營後增加的利潤,債權人不能參與分配,所以如果企業經營所得的投資利潤率大於長期借款的固定利率時,股東就能得到更多的盈利,即財務槓桿的有利作用產生了。

(2)舉債能使企業產生節稅利益(Saving-Tax Benefit)。由於舉債所支出的利息在課徵所得稅時是可以作為財務費用在應稅所得中扣除的,而企業對股東分配的股利則不能扣除,這樣舉債可使企業獲得節稅利益,從而增加股東收益。

(3)舉債不會影響股東的持股比例。通過發行債券籌集資金,股東無需增加投資就可以保持原來的股權比例,而如果發行新股票,那麼原來的股東必須按原比例取得新股票才不會減少他們原來所佔有的股權比例。

(4)舉債不會影響股東的控製權。由於債權人對企業只有到期索回本金和利息的權利,沒有參加企業經營管理的權利,因而採用發行債券方式籌資,股東仍可保持對企業的管理控製權。

(二)不利的方面

企業舉借長期債務與發行股票籌資相比也有其不利的方面,主要表現在:

(1)舉債會增加企業的風險。由於企業負債到期必須還本付息,如果企業經營狀況欠佳,財務資金困難,這時又需要償還到期的債務本息,這對企業來說無疑是雪上加霜,財務狀況會更加惡化,有可能導致企業破產倒閉。

(2)負債利息是一項固定性的費用(Fixed Expense),而股利(Dividend)則不是,因而如果投資利潤率低於利息率,那麼舉債將導致企業更大的損失,即財務槓桿的不利作用產生了。

(3)舉借長期債款所附的約束條件,如借款擔保人(Guarantor)、償債基金的設置等,可能會給企業經營帶來一定不利的影響。

當企業通過舉債來增加股東收益時,我們稱之為財務槓桿作用。如果借入資金的運用所取得的盈利大於舉債成本,那麼對股東來說就是有利的財務槓桿;反之,當舉債成本超過取得的盈利時,則為不利的財務槓桿。因為正常情況下可供股東得到的盈利不得不用於彌補舉債所費的成本,從而使股東盈利減少。

三、長期負債的分類

根據負債的籌措方式不同,長期負債可分為長期借款、應付債券和長期應付款等。

(一)長期借款

長期借款是指企業從銀行或其他金融機構借入的期限在1年以上的各種借款。

長期借款的使用關係到企業的生產經營規模,因此企業除了要遵守借款規定,編制借款計劃,保證按期還本付息以外,還要對借款項目認真審核,如新建項目投產後,所生產的產品質量如何、是否適銷對路、有無發展前途,等等。

(二)應付債券

應付債券是指企業為籌集長期使用資金而實際發行的一種書面憑證,是指發行期限在1年以上(不含1年)的應付長期債券,從而構成了企業的一項長期負債。

(三)長期應付款

長期應付款是指企業除長期借款和應付債券以外的其他各種長期應付款,包括採用補償貿易方式下引進國外設備價款、應付融資租入某項資產的租賃費等。通常情況下,

補償貿易方式引進國外設備和融資租入某項資產是資產使用在前,款項支付在后,因此補償貿易方式引進國外設備和融資租入某項資產,在尚未償還價款或尚未支付租賃費之前,構成了企業的一項長期負債。

(四)專項應付款

專項應付款是指企業接受國家撥入的具有專門用途的撥款,如專項用於技術改造、技術研究等以及從其他來源取得的款項。企業會計制度規定,企業收到的專項撥款作為專項應付款處理,待撥款項目完成后,屬於應當核銷的部分,衝減專項應付款,其餘部分轉入資本公積。

(五)遞延所得稅負債

遞延所得稅負債是指採用納稅影響會計法進行所得稅會計處理的企業,由於暫時性差異造成的在確定未來收回資產或清償債務期間的應納稅所得額時,將導致產生的應稅金額以及以后各期轉回的金額。納稅影響會計法核算所得稅的企業因暫時性差異所產生的應納稅暫時性差異的所得稅影響,單獨核算,作為對當期所得稅費用的調整。遞延所得稅負債則構成了企業的一項長期負債。

第二節　長期借款的核算

一、長期借款的分類

屬於長期負債的借款是指企業向銀行或其他金融機構借入的償還期限在一年或一個營業週期以上的長期借款(Long-Term Borrowings)。長期借款的使用關係到企業的生產經營規模,因此企業除了要遵守借款規定,編制借款計劃,保證按期還本付息以外,還要對借款項目認真審核,如新建項目投產后,所生產的產品質量如何、是否適銷對路、有無發展前途,等等。

長期借款可以按不同的分類標準進行分類,一般有以下幾種劃分方法:

(1)按發放借款的單位劃分,可以分為國內借款和國外借款。國內借款是指企業從國內各銀行取得的長期借款,如企業從中國銀行、工商銀行、建設銀行、交通銀行、農業銀行、投資銀行和信託投資企業、財務企業等取得的各種長期借款。國外借款是指企業從國外金融機構取得的借款,如企業從世界銀行、亞洲銀行、日本協力基金取得的長期借款等。

(2)按借款的償還期劃分,可分為到期一次償還的長期借款和分次償還的長期借款。到期一次償還的長期借款是指在合同規定的借款到期日一次償還全部金額的長期借款。分次償還的長期借款則是指在合同規定的借款期限內,分若干次償還借款本金的長期借款。

(3)按長期借款有無擔保劃分,可分為擔保借款和無擔保借款。擔保借款是企業以提供擔保為基礎取得的借款。根據企業提供擔保的不同,擔保借款又分為保證借款和抵押借款。保證借款是指以第三方承諾在企業不能償還借款時,承擔一般保證責任或者連

帶責任而取得的借款。抵押借款是指以企業的資產作為抵押物而取得的借款。無擔保借款也叫信用借款,指企業無需擔保人或抵押物,而是以企業自己的信譽為基礎取得的借款。

(4)按借款的幣種劃分,可分為人民幣借款、美元借款、日元借款、歐元借款等。凡是借入長期借款的企業都應按照規定辦理借入手續,支付長期借款的利息,並按規定的期限歸還借款。因此,長期借款核算的基本要求是反映和監督長期借款的借入、借款利息的結算和借款本息的歸還情況,促使企業遵守信貸紀律。

二、長期借款的會計處理

為了總括地反映和監督長期借款的借入、應計利息和歸還本息的情況,應設置「長期借款」科目。該科目的貸方登記借款本息的增加額;借方登記借款本息的減少額;貸方餘額表示尚未償還的長期借款本息。

企業借入長期借款時,如果將款項存入銀行,借記「銀行存款」科目,貸記「長期借款」科目;如果用借款直接購置某項資產或直接支付工程項目款,借記「某項資產」「在建工程」科目,貸記「長期借款」科目。歸還借款時,借記「長期借款」科目,貸記「銀行存款」科目。

長期借款利息的計算有單利和複利兩種計算方法,單利就是只按本金計算利息,所生利息不再加入本金計算利息。計算公式為:

本利和＝本金＋本金×利率×期數

複利就是經過一定期間(如一年),將所生利息加入本金再計算利息,逐期滾算。計算公式為:

本利和＝本金×(1＋利率)^{期數}

長期借款利息支出以及借入外匯借款的外幣折合差額應區別情況按前述的處理方法進行處理。應計入有關某項資產的購建成本的,借記「在建工程」科目,貸記「長期借款」科目;應計入當期損益的,借記「財務費用」,貸記「長期借款」科目。

【例10-1】A企業從銀行借入長期借款800,000元存入銀行,用於生產經營,借款期限3年,年利率為8%,分年計息並付息,到期一次還本。

(1)取得借款。

借:銀行存款	800,000
貸:長期借款	800,000

(2)分年計算利息並支付。

借:財務費用	64,000
貸:銀行存款	64,000

(3)到期還本和一年的利息。

借:長期借款	800,000
財務費用	64,000
貸:銀行存款	864,000

如果企業向銀行或其他金融機構取得外匯借款,企業應按規定的匯率將外幣金額折

合為人民幣記帳。匯率變動所引起的匯兌差額計入財務費用或相關資產科目,如「在建工程」等。

【例10-2】甲企業於2017年1月1日取得100,000美元的外匯借款,借款期限一年,取得借款時的匯率為1：6.80。借款的利率為10%美元,2017年年末匯率為1：6.75。此項借款用於生產經營,年末一次還本付息。

(1)取得借款。

借:銀行存款——100,000 美元　　　　　　　　　　　　680,000
　貸:長期借款——100,000 美元　　　　　　　　　　　　680,000

(2)年末計提應計利息。

借:財務費用——利息費用(10,000 美元×6.75)　　　　　67,500
　貸:長期借款　　　　　　　　　　　　　　　　　　　　67,500

(3)年末按匯率調整「長期借款」科目。

借:長期借款　　　　　　　　　　　　　　　　　　　　　5,000
　貸:財務費用——匯兌損益[100,000×(6.80-6.75)]　　　5,000

(4)年末歸還借款。

借:長期借款　　　　　　　　　　　　　　　　　　　　742 500
　貸:銀行存款(110,000×6.75)　　　　　　　　　　　　742,500

第三節　應付債券的核算

一、公司債券及其類別

(一)公司債券的概念

公司債券(Bonds)是指企業為籌集長期資金而實際發行的債券。應付債券與長期借款一樣都是企業籌集長期資金的重要方式,都要按期歸還本金支付利息,並要有不同形式的擔保,但兩者也有區別。債券籌資的範圍比借款大,債券可以從非銀行的各單位個人籌措,而借款只能從銀行或其他金融機構取得;債券可以交易,債券的持有者可憑債券向金融機構申請抵押(Mortgage)或辦理貼現(Discount),也可以直接轉讓與他人,借款則不得進行交易。

(二)公司債券的特徵

1. 公司債券的發行主體

根據《中華人民共和國公司法》規定,公司債券的發行主體只限於股份有限公司、國有獨資公司和兩個以上的國有企業或者兩個以上的國有投資主體設立的有限責任公司。其他任何人都不能發行債券。

2. 公司債券是一種有價證券

有價證券是指標明了一定票面金額,證明持有人擁有一定財產權的一種憑證。有價證券的種類很多,如股票、票據、貨物提單等。

3. 公司債券註有還本付息日期

公司債券註有還本付息日期,這一點與股票是不一樣的。

4. 公司債券須依照法定程序發行

企業或公司舉債一般有兩種形式:一種是向特定主體借貸;另一種是向不特定主體發行債券。向特定主體借貸程序比較簡單。向不特定主體發行債券程序要複雜些,需依法發行。

5. 籌集資金用途須審批

發行公司債券籌集的資金,必須用於審批機關批准的用途,不得用於彌補虧損和非生產性支出

(三)公司債券的分類

公司債券因是否提供擔保、償還方式、發行的形式及其他標準的區分而有許多種類。

1. 按有無擔保分類

擔保債券(Secured Bonds),也稱為抵押債券(Mortgage Bonds),是以一定的抵押財產,不動產(Real Estate),如土地、房屋等;動產(Chattels),如機器、投資、商品等,作為抵押品的一種公司債券。無擔保債券(Unsecured Bonds)也稱信用債券(Debenture Bonds),是指無特定的資產作為擔保物,憑債券發行人的信譽而發行的債券。這種債券的發行企業僅以企業的信譽為基礎,一般只有財力雄厚的企業才能發行。

2. 按償還方式分類

公司發行的債券按償還方式可以分為一次還本債券(Term Bonds)和分期還本債券(Serial Bonds)。一次還本債券是指本金於到期日一次償還的債券。分期還本債券是指本金分期還的債券。

3. 按是否記名分類

公司發行的債券按是否記名分類可分為記名債券(Registered Bonds)和不記名債券(Coupon Bonds)。記名債券是指公司發行債券時,將債券持有人的姓名載於債券票面上,並在公司的債權人名冊中登記的債券。不記名債券的票面上不記載債券持有人的姓名。

4. 按是否可轉換分類

可轉換債券(Convertible Bonds)指債券持有人在持有一定期間后可按規定的比率將其轉換為股票的債券。不可轉換債券(Unconvertible)指債券發行公司規定債券持有人只能是債券發行公司的債權人,不能將其債券轉換為股票。《中華人民共和國公司法》對公司發行可轉換債券做了明確規定:可轉換債券是指上市公司發行的,可轉換為股票的債券。上市公司發行可轉換債券需由股東大會作出決定,並應制定公司債券募集辦法,規定具體的轉換辦法。上市公司發行可轉換債券應報經國務院證券管理部門批准。發行可轉換為股票的公司債券除應具備發行公司債券的條件外,還應當符合股票發行的條件,並在債券上標明可轉換公司債券字樣,在公司債券存根簿上也應載明可轉換公司債券的數額。公司應當按照發行轉換辦法向債券持有人換發股票,但債券持有人對轉換股票或者不轉換股票有選擇權。

二、公司債券的計價

公司債券一般都包含債務人的兩項承諾:第一,保證到期支付本金;第二,保證定期支付按名義利率計算的利息。然而債券的出售價格並非是兩者之和。從概念上說,投資人支付的債券價格,即發行公司的債券發行價(Issue Prices)應等於到期時應付債券本金的現值加上各期應付利息的現值之和。貨幣具有潛在的收益能力,即貨幣的時間價值,今天得到的貨幣其價值要大於將來得到的等額貨幣。換句話說,將來收到一筆貨幣的承諾與今天取得的等額貨幣是不等值的。

所謂現值(Present Value),是指將來收到的款項按一定利率折算的現在價值。一定金額現在價值和其未來價值(終值)間的差額是一個利息函數,我們可以用如下公式來表示現值和終值(未來值)之間的換算關係:

終值=現值×(1+年利率)^{時期}

現值=終值÷(1+年利率)^{時期}

債券發行價格=各期利息按市場利率計算的現值之和+到期本金按市場利率計算的現值

利用現值表計算債券到期值和各期債券利息的現值,以確定當前公司債券的出售價格(或價值)時,所使用的利率是債券出售時的市場利率(Market Interest),即具有可比特徵和風險的同類債券在金融市場上的通行利率,而不是債券利率(Nominal Interest)。

【例10-3】W公司通過法定程序,擬定於2017年1月1日對外公開發行公司債券面值1,000萬元,期限5年,票面利率為8%,分年付息,到期還本。假設市場利率分別為6%、8%、10%時,該債券的發行價格為多少?

(1)市場利率為6%,其債券的發行價格計算如下:

債券發行價格=1,000×8%×(P/A,5,6%)+1,000×(P/F,5,6%)

=80×4.212+1,000×0.747

=1,084(萬元)

(2)當市場利率為8%時,其債券的發行價格計算如下:

債券發行價格=1,000×8%×(P/A,5,8%)+1,000×(P/F,5,8%)

=80×3.993+1,000×0.681

=1,000(萬元)

(3)當市場利率為10%時,其債券的發行價格計算如下:

債券發行價格=1,000×8%×(P/A,5,10%)+1,000×(P/F,5,10%)

=80×3.791+1,000×0.621

=925(萬元)

可見,當市場利率大於債券名義利率時,其債券發行價格小於債券面值,即債券要以折價發行;當市場利率小於債券名義利率時,其債券發行價格則大於其面值,即債券要以溢價發行。這是因為當債券的市場利率高於名義利率時,債券投資人只願意投資於能使他獲得按現行市場利率計算的利息收入的債券。而債券的名義利率是一個固定的值,它

不隨市場利率的變化而作調整。因而每期支付的債券利息也是固定的，債券投資人只能要求降低對債券的購買價格，從而提高實際利率使其趨於市場利率；反之，債券的市場利率低於名義利率時，債券發行人將會按高於債券面值的價格（即溢價）發行債券，從而按低於名義利率的市場利率負擔利息費用，只有當債券的名義利率與其可比債券的市場利率相等時，發行企業才按面值發行其債券。折價發行債券表明公司以后期少付利息而預先給投資者的補償。溢價發行債券表明公司以后期多付利息而事先得到的補償。

從前面對公司債券計價的討論可知，由於市場利率和名義利率的不同差別，使債券發行價格可能出現三種情況，即按面值發行或平價發行（Issued at Par）、按高於面值的溢價發行（Issued at a Premium）和按低於面值的折價發行（Issued at a Discount）。溢價和折價是債券發行公司在債券存續期內對利息費用的一種調整。

當然，在債券的實際發行中，通常還要考慮許多其他因素，如資金市場的供求情況、國家的有關經濟和金融政策等。因此，其發行債券的價格確定就不一定會完全按照上述方法進行。

三、公司債券發行的會計處理

為了核算企業應支付的長期債券的本息，會計上設立了「應付債券」科目，並在該帳戶下設置了三個明細科目，即「債券面值」「利息調整」和「應計利息」。「應計利息」明細科目用來核算一次還本付息應付債券分期確認的應計利息，如果公司發行的是分期付息債券，則無需設置「應計利息」明細科目，在實際支付利息時，貸記「銀行存款」科目。無論債券是按面值發行，還是按溢價或折價發行，均按債券的面值記入「應付債券」科目的「債券面值」明細科目，實際收到的價款與面值的差額，記入「應付債券」科目的「利息調整」明細科目。利息調整相當於以前的債券的溢價或折價，在債券的存續期間內進行攤銷。其攤銷方法可採用直線法，也可以採用實際利率法。債券上的應計利息，應按權責發生制的原則分期預提，一般可按年預提。

（一）公司債券按面值發行的會計處理

由於市場利率與債券票面利率相等，公司債券應按面值發行。公司債券按面值發行時，一方面要反映實際收到的「庫存現金」或「銀行存款」，另一方面要反映公司已形成的負債。

【例10-4】用例10-3的資料，公司按面值1,000萬元發行債券，款已收到並存入銀行。其會計處理為：

借：銀行存款　　　　　　　　　　　　　　　　10,000,000
　　貸：應付債券——債券面值　　　　　　　　　　10,000,000

（二）公司債券按折價發行的會計處理

由於市場利率低於債券票面利率，公司應按溢價發行債券。公司債券按溢價發行時，一方面要反映實際收到的「庫存現金」或「銀行存款」，另一方面要反映公司已形成的負債（分別反映債券面值和債券溢價）。

【例10-5】用例10-3的資料，公司按溢價1,084萬元發行面值為1,000萬元的債券，

款已收到並存入銀行。其會計處理為：

借：銀行存款 10,840,000
　　貸：應付債券——債券面值 10,000,000
　　　　　　——利息調整 840,000

(三) 公司債券按溢價發行的會計處理

由於市場利率高於債券票面利率，公司應按折價發行債券。公司債券按折價發行時，一方面要反映實際收到的「庫存現金」或「銀行存款」，另一方面要反映公司已形成的負債（分別反映債券面值和債券折價）。

【例 10-6】用例 10-3 的資料，公司按折價 925 萬元發行面值為 1,000 萬元的債券，款已收到並存入銀行。其會計處理為：

借：銀行存款 9,250,000
　　應付債券——利息調整 750,000
　　貸：應付債券——債券面值 10,000,000

四、債券利息的計提與溢價折價攤銷

根據權責發生制的要求，公司應分期確認應計利息並分期攤銷債券的溢價或折價。債券應計利息及溢折價攤銷應根據發行債券所獲資金的用途而計入相應的費用中。如果發行債券所籌資金是用於在建工程，則債券應計利息與溢折價攤銷應計入在建工程成本中（工程達到預計可使用狀態之前）。如果發行債券所籌資金是用於公司日常經營活動，則債券應計利息與溢折價攤銷應計入財務費用。假設上述發行債券所籌資金用於日常經營活動，債券應計利息與溢折價攤銷應計入財務費用。

(一) 面值發行債券應計利息的會計處理

【例 10-7】根據例 10-4 的資料，2017 年年末根據票面利率計算當年的應計利息 = 1,000×8% = 80(萬元)，其會計處理為：

借：財務費用 800,000
　　貸：應付利息 800,000

(二) 按溢價發行債券的利息及溢價攤銷的會計處理

債券發行溢價的攤銷可以按直線法(Straight-line Method)，也可以按實際利率法(Effective Interest Method)。為了簡化會計核算工作量，也可以採用直線法攤銷債券的溢價或折價。

【例 10-8】根據例 10-5 的資料，2017 年年末計算應計利息，並採用實際利率法攤銷溢價。

(1) 第一年計提應付利息 = 1,000×8% = 80(萬元)
　　實際利息 = 1,084×6% = 65.04(萬元)

借：財務費用 650,400
　　應付債券——利息調整 149,600
　　貸：應付利息 800,000

(2)第二年計提應付利息=1,000×8%=80(萬元)

實際利息=(1,084-14.96)×6%=64.14(萬元)

借:財務費用 641,400
　　應付債券——利息調整 158,600
　貸:應付利息 800,000

(3)第三年計提應付利息=1,000×8%=80(萬元)

實際利息=(1,084-14.96-15.86)×6%=63.19(萬元)

借:財務費用 631,900
　　應付債券——利息調整 168,100
　貸:應付利息 800,000

(4)第四年計提應付利息=1,000×8%=80(萬元)

實際利息=(1,084-14.96-15.86-16.81)×6%=62.18(萬元)

借:財務費用 621,800
　　應付債券——利息調整 178,200
　貸:應付利息 800,000

(5)第五年計提應付利息=1,000×8%=80(萬元)

實際利息=(1,084-14.96-15.86-16.81-17.82)×6%=61.11(萬元)

借:財務費用 611,100
　　應付債券——利息調整 188,900
　貸:應付利息 800,000

1,084-14.96-15.86-16.81-17.82-18.89≈1,000(萬元)

(6)採用直線法攤銷,每年編制如下相同的會計分錄:

計提應付利息=1,000×8%=80(萬元)

借:財務費用 800,000
　貸:應付利息 80,000

債券溢價按五年平均攤銷=84÷5=16.80(萬元)

借:應付債券——利息調整 168,000
　貸:財務費用 168,000

可將以上兩筆會計分錄合併為一筆複合會計分錄。

借:財務費用 632,000
　　應付債券——利息調整 168,000
　貸:應付利息 800,000

(三)按折價發行債券的利息及折價攤銷的會計處理

【例10-9】根據例10-6的資料,2017年年末計算應付利息,並採用實際利率法攤銷折價。

(1)第一年計提應付利息=1,000×8%=80(萬元)

實際利息=925×10%=92.50(萬元)

借:財務費用	925,000	
貸:應付利息		800,000
應付債券——利息調整		125,000

(2)第二年計提應付利息=1,000×8%=80(萬元)

實際利息=(925+12.50)×10%=93.75(萬元)

借:財務費用	937,500	
貸:應付利息		800,000
應付債券——利息調整		137,500

(3)第三年計提應付利息=1,000×8%=80(萬元)

實際利息=(925+12.50+13.75)×10%=95.125(萬元)

借:財務費用	951,250	
貸:應付利息		800,000
應付債券——利息調整		151,250

(4)第四年計提應付利息=1,000×8%=80(萬元)

實際利息=(925+12.50+13.75+15.125)×10%=96.64(萬元)

借:財務費用	966,400	
貸:應付利息		800,000
應付債券——利息調整		166,400

(5)第五年計提應付利息=1,000×8%=80(萬元)

實際利息=(925+12.50+13.75+15.125+16.64)×10%=98.30(萬元)

借:財務費用	983,000	
貸:應付利息		800,000
應付債券——利息調整		183,000

925+12.50+13.75+15.125+16.64+18.30≈1,000(萬元)

(6)採用直線法攤銷,每年編制如下相同的會計分錄:

計提應計利息=1,000×8%=80(萬元)

借:財務費用	800,000	
貸:應付利息		80,000

債券折價按五年平均攤銷=75÷5=15(萬元)

借:財務費用	150,000	
貸:應付債券——利息調整		150,000

可將以上兩筆會計分錄合併為一筆複合會計分錄。

借:財務費用	950,000	
貸:應付利息		800,000
應付債券——利息調整		150,000

需要注意的是,債券的溢價或折價應在債券的存續期內分期攤銷。如果債券是在年中某月發行的,其當年的攤銷月份為債券發行后的月份數,不是全年,如3月1日發行從

3月1日開始計息的債券,當年溢價或折價的攤銷期應為10個月。當然,當年的計息期也是10個月,一般來說債券的利息計息期與債券溢價或折價的攤銷期是一致的。

五、債券到期還本付息

債券的償還(Extinguishment of Bonds)有規定的到期日,對於分期付息、一次還本(Repayment at Maturity)的應付債券來說,因各年已經支付了利息,到期只需還本,所以平價、溢價、折價發行債券到期還本的會計處理是相同的。

【例10-10】根據例10-4~例10-9的資料,到期收回本金。
各期已分期支付了利息,則到期只需償還本金。

借:應付債券——債券面值　　　　　　　　　　　10,000,000
　貸:銀行存款　　　　　　　　　　　　　　　　　10,000,000

六、在兩個付息日之間公司債券的發行業務

前面我們所說的債券發行都假設其發行日剛好是開始計算利息的日期,但由於種種原因,也常常出現債券發行企業在兩個付息日之間發行債券的情況。由於發行企業每期所支付或計算的都是一年的債券利息,而不考慮投資人持有債券時間的長短,為了使投資人只得到他在債券持有期間應得的那部分利息,發行企業必須在債券發行時預先收回自前一付息日到發行之日止債券的應計利息,這樣發行企業第一期實際負擔的債券利息應為付息日支付的債券利息與發行時投資人支付的應計利息之差額。

【例10-11】W公司擬定於2017年1月1日發行面值1,000萬元的債券,由於一時未能售完,實際對外只以850萬元發行了800萬元的債券,剩餘的200萬元債券決定於4月1日繼續對外發行。債券無論在什麼時候發售,其計息仍然是從2017年1月1日起,所以,發售公司的債券發售價格應包括有前3個月的應計利息為 $200 \times 8\% \times 3 \div 12 = 4$(萬元)。如果剩餘的200萬元債券是以209萬元的溢價發售的,兩次發行債券的會計處理是不相同的。

(1)2017年1月1日發行800萬元債券的會計分錄如下:
借:銀行存款　　　　　　　　　　　　　　　　　8,500,000
　貸:應付債券——債券面值　　　　　　　　　　　8,000,000
　　　　　　——利息調整　　　　　　　　　　　　　500,000

(2)2017年4月1日發行剩餘200萬元債券的會計分錄如下:
借:銀行存款　　　　　　　　　　　　　　　　　2,090,000
　貸:應付債券——債券面值　　　　　　　　　　　2,000,000
　　　　　　——應計利息　　　　　　　　　　　　　40,000
　　　　　　——利息調整　　　　　　　　　　　　　50,000

七、公司債券的提前贖回

一般來說,公司債券通常都在到期日償還,發行企業按債券面額支付給債券持有人

本金,一次還本付息的債券還要付利息。由於債券溢價或折價已全部攤銷完畢,因此正常的債券償還不產生任何損益。

但是,債券發行企業也常為了利用更為有利的財務機遇而在到期日前贖回(Redeem)債券。如果債券是可提前贖回的,那麼企業就有權以提前償還價格贖回債券,這一價格裡一般包含有提前償還溢價,如果債券的市價低於提前償還價,或者債券是不可提前贖回的,那麼要贖回債券可以在公開市場上購買。無論哪種情況,只要債券收回的價格低於債券帳面價值,就產生債券提前贖回利得;反之,如果債券價格大於債券帳面價值就產生損失。這些利得或損失通常作為非常項目列示於收益表中。

在登記債券贖回業務之前,必須把溢價或折價攤銷到債券贖回日止,同時要記錄到債券贖回日止的應計利息。

八、可轉換公司債券

可轉換公司債券是按發行人依照法定程序發行,在一定期間內依據約定的條件可以轉換成股份的公司債券。可轉換公司債券既有債券的性質,又有股票的性質。債券持有者在轉換期間內行使轉換權利,將債券轉換為股份,則債券持有者成為企業的股東,享受股東的權利;債券持有者在轉換期間內未行使轉換權利,未將債券轉換為股份的,則債券持有者作為債權人,有權要求企業清償債券本息。由於可轉換債券具有雙重性質,債券持有者可享受股東的權利,或享受債權人的權利,風險較小。因而一般可轉換公司債券的利率較低,企業通過發行可轉換公司債券,以較低的籌資成本取得長期使用的資金。同時,從發行企業角度考慮,如果發行企業直接增發股票有困難的,通過發行可轉換公司債券,在債券持有者不需要追加投資的情況下,使其成為企業的股東,企業達到增資的目的。

中國發行可轉換公司債券採取記名式無紙化發行方式,可轉換公司債券最短期限為3年,最長期限為5年。在會計核算中,企業發行的可轉換公司債券作為長期負債,在「應付債券」科目中設置「可轉換公司債券」明細科目進行核算。其核算涉及的問題主要有:

(1)可轉換公司債券在未轉換為股份前,其會計核算與一般公司債券相同,即按期計提利息,並攤銷溢價和折價。

以面值發行可轉換公司債券,如果發行費用大於發行期間凍結申購資金所產生的利息收入,按發行費用扣除發行期間凍結申購資金所產生的利息收入後的差額,根據發行可轉換公司債券籌集資金的用途,屬於用於某項資產項目的,計入所購建項目的某項資產成本;屬於其他用途的,計入當期財務費用。如果發行費用小於發行期間凍結申購資金所產生的利息收入,按發行期間凍結申購資金所產生的利息收入扣除發行費用後的差額,視同發行債券的溢價收入,在債券存續期間於計提利息時攤銷。

(2)可轉換公司債券到期未轉換為股份的,按照可轉換公司債券募集說明書的約定,於期滿後5個工作日內償還本息。償還債券本息的會計核算與一般公司債券相同。

(3)債券持有者行使轉換權利,將可轉換公司債券轉換為股份時,如債券面額不足轉換1股股份的部分,企業應當以現金償還。

可轉換債券轉換為股份時，按債券的帳面價值結轉，不確認轉換損益。企業應按可轉換公司債券的面值，借記「應付債券——可轉換公司債券（債券面值）」科目，按未攤銷的溢價或折價，借記「應付債券——可轉換公司債券（債券溢價）」科目或貸記「應付債券——可轉換公司債券（債券折價）」科目，按已提的利息，借記「應付債券——可轉換公司債券（應計利息）」科目，按股票面值和轉換的股數計算的股票面值總額，貸記「股本」科目，按實際用現金支付的不可轉換股份的部分，貸記「庫存現金」等科目，借貸方的差額，貸記「資本公積——股本溢價」科目。

【例10-12】W 股份有限公司經批准於 2017 年 1 月 1 日發行 5 年期 5,000 萬元可轉換公司債券，債券票面利率 8%，按面值發行(不考慮發行費用)。債券發行后第四年年初（發行 3 年）可轉換為股份，每 100 元轉普通股 4 股，股票面值 1 元，可轉換公司債券的帳面價值 6,200 萬元（面值 5,000 萬元，應計利息 1,200 萬元）。假如債券持有者全部將債券轉換為股份。該股份公司應做如下會計處理：

（1）發行可轉換公司債券。

借：銀行存款　　　　　　　　　　　　　　　　　50,000,000
　　貸：應付債券——可轉換債券(債券面值)　　　　50,000,000

（2）各年計提利息。

借：財務費用　　　　　　　　　　　　　　　　　4,000,000
　　貸：應付債券——可轉換公司債券（應計利息）　4,000,000

（3）第四年年初(發行 3 年)轉換為股份。

轉換為股份數＝(50,000,000＋12,000,000)÷100×4＝2,480,000(股)

借：應付債券——可轉換公司債券（債券面值）　　50,000,000
　　應付債券——可轉換公司債券（應計利息）　　12,000,000
　　貸：股本　　　　　　　　　　　　　　　　　2,480,000
　　　　資本公積——股本溢價　　　　　　　　　59,520,000

企業發行附有贖回選擇權的可轉換公司債券，其在贖回日可能支付的利息補償金，即債券約定贖回期屆滿日應當支付的利息減去應付債券票面利息的差額，應當在債券發行日至債券約定贖回屆滿日期間計提應付利息，計提的應付利息，按借款費用的處理原則處理。

第四節　其他長期負債

企業的長期負債除了上述的長期借款和應付債券以外，可能還有一些其他的長期負債，如應付引進設備款和應付融資租賃款，通常應設立「長期應付款」帳戶進行核算。

一、應付補償貿易引進設備款

補償貿易是從國外引進設備，再用該設備生產的產品歸還設備價款。會計核算時，

分為兩個方面,一方面引進設備時,形成企業一項資產和一項負債,分別記入「固定資產」帳戶和「長期應付款」帳戶;另一方面,以產品歸還設備價款時視同產品銷售處理。

【例 10-13】W 企業以補償貿易方式從國外引進一臺設備,設備價款折合人民幣為 800 萬元,增值稅進項稅額為 136 萬元,該設備不用安裝即可投入使用。設備投產後,第一批生產的產品 10,000 件,每件銷售價格 200 元,銷售成本 120 元,第一批產品全部用於償還設備款。企業應編制的會計分錄如下:

(1)引進設備。

借:固定資產 8,000,000
　應交稅費——應交增值稅(進項稅額) 1,360,000
　貸:長期應付款——應付引進設備款 9,360,000

(2)第一批產品銷售。

借:應收帳款 2,000,000
　貸:主營業務收入 2,000,000

(3)結轉銷售成本。

借:主營業務成本 1,200,000
　貸:庫存商品 1,200,000

(4)用第一批產品銷售價款償還設備款。

借:長期應付款——應付引進設備款 2,000,000
　貸:應收帳款 2,000,000

二、應付融資租賃款

租賃是指在約定期限內,出租人(Lessor)將財產的使用權讓渡給承租人(Lessee),以獲取租金的協議。租賃業務一般可分為兩類,即經營性租賃(Operating Leases)和融資性租賃(Financing Leases)。

中國《企業會計準則第 21 號——租賃》規定,融資租入的某項資產,按租賃開始日租賃資產的公允價值與最低租賃付款額的現值兩者中較低者作為入帳價值,將最低租賃付款額確認為長期應付款,並將兩者的差額作為未確認融資費用。

最低租賃付款額是指在租賃期內,企業(承租人)應支付或可能被要求支付的各種款項(不包括或有租金和履約成本),加上由企業(承租人)或與其有關的第三方擔保的資產餘值。但是,如果企業(承租人)有購買租賃資產的選擇權,所訂立的購價預計將遠低於行使選擇權時租賃資產的公允價值,因而在租賃開始日就可以合理確定企業(承租人)將會行使這種選擇權,則購買價格也應包括在內。資產餘值是指租賃開始日估計的租賃期屆滿時租賃資產的公允價值。

【例 10-14】某企業融資租賃設備一臺用於生產,租入設備的公允價值為 100 萬元,最低租賃付款額為 120 萬元(不含應付的增值稅),分未來四年平均支付,於每年年末付款。

(1)租入時的會計分錄如下:

借:固定資產	1,000,000	
未確認融資費用	200,000	
貸:長期應付款		1,200,000

(2)分期付款時的會計分錄如下:

借:長期應付款	300,000	
應交稅費——應交增值稅(進項稅額)	51,000	
貸:銀行存款		351,000

第五節　借款費用

一、借款費用的概念和內容

中國《企業會計準則第17號——借款費用》對借款費用下的定義是:借款費用是因借款而發生的利息及其他相關成本。借款費用包括借款利息、折價或溢價攤銷、輔助費用以及因外幣借款而發生的匯兌差額。

長期負債的費用因借款性質、種類、用途不同,所發生的費用也不同。長期借款的費用一般有借款利息、手續費等。長期債券的費用一般有債券利息、折價或溢價攤銷、手續費、佣金、印刷費等。其他長期應付款的費用一般有利息、手續費、租賃費、名義價款等。各種長期借款、長期債券和其他長期應付款如果是以外幣進行結算的,還會發生外幣折算差額。

二、借款費用的處理方法

借款費用可以有兩種處理方法:一種是於發生時直接確認為當期費用。主張該方法者認為,借款費用是企業籌資過程發生的費用,與借入資金所購置的資產價值無關,如果將借款費用予以資本化,則會使同時取得的相同資產的入帳價值因籌資的方式不同而不同,因此借款費用不應予以資本化(Capitalization),而應確認為當期費用(Period Expense)作為當期利潤的減項。另一種是予以資本化,即將借款費用記入相應資產的成本中。主張該方法者則認為,借款費用是由於企業某項長期資產取得過程中需要資金而發生的費用,它的發生與該項資產的形成緊密相關,因此從本質上看,借款費用與其他列為資本支出的費用沒有太大差別,因而應將其資本化,計入相應資產的成本中。

中國《企業會計準則第17號——借款費用》規定,企業發生的借款費用,可直接歸屬於符合資本化條件的資產的購建或者生產的,應當予以資本化,計入相關資產成本;其他借款費用應當在發生時根據其發生額確認為費用,計入當期損益。符合資本化條件的資產是指需要經過相當長時間的購建或者生產活動才能達到預定可使用或者可銷售狀態的某項資產、投資性房地產和存貨等資產。

對於不同的借款費用應當採用不同的具體處理方法。

(1)籌建期間發生的借款費用(除為購建某項資產的專門借款所發生的借款費用外)

計入長期待攤費用。

(2)屬於流動的借款費用,或者雖然是長期負債性質,但不是用於購建某項資產、投資性房地產、特定的存貨(如房地產公司的房屋存貨),而是為了正常生產經營的借款所發生的借款費用,作為期間費用。

(3)購建某項資產、投資性房地產、特定的存貨(如房地產公司的房屋存貨)發生的借款費用,在某項資產、投資性房地產達到預計可使用狀態之前,存貨達到可銷售狀態之前發生的,應予以資本化,計入相關資產的成本;在某項資產、投資性房地產達到預計可使用狀態或可銷售狀態之後發生的借款費用,作為期間費用。

(4)在清算期間發生的長期借款費用,記入清算損益。

三、借款費用資本化

中國《企業會計準則第17號——借款費用》中所指借款費用的資本化是指因借款而發生的利息、折價(Discount)或溢價(Premium)的攤銷和匯兌差額。該準則對購建某項資產的專門借款的借款費用的處理方法規定如下:

(1)因專門借款而發生的利息、折價或溢價的攤銷和匯兌差額符合準則規定資本化條件的情況下,應予以資本化,計入該項資產的成本,即將借款費用作為購置某項資產的成本的一部分予以反映。其他的借款利息、折價或溢價的攤銷和匯兌差額,應當於發生當期確認為費用。

(2)因借款而發生的輔助費用的處理。因安排專門借款而發生的輔助費用,符合資本化條件的,應當在發生時予以資本化;以後發生的輔助費用應當於發生當期確認為費用。如果輔助費用的金額較小,也可以於發生時確認為當期費用。

因安排其他借款而發生的輔助費用應當於發生當期確認為費用。

四、借款費用資本化的開始

(一)資本化的條件

當同時滿足以下三個條件時,企業為購建某項資產而借入的專門借款所發生的利息、折價或溢價的攤銷、匯兌差額應當開始資本化,計入相關資產的成本:

(1)資產支出(只包括為購建某項資產而以支付現金、轉移非現金資產或者承擔帶息債務形式發生的支出)已經發生。

(2)借款費用已經發生。

(3)為使資產達到預定可使用狀態或可銷售狀態所必要的購建活動已經開始。主要包括如下工作:

①資產的實體建造工作。例如,主體設備的安裝、廠房的實際建造等。

②實體建造之前進行的技術性和管理性工作。例如,在開始實體建造之前進行的計劃制訂、工程設計、為獲得政府有關部門許可而進行的工作等。

在上述三個條件同時滿足的情況下,為購建某項資產的專門借款所發生的借款費用才能開始資本化,只要其中有一個條件沒有滿足,就不能開始資本化。

(二)資本化金額的確定

《企業會計準則第 17 號——借款費用》第六條規定,在資本化期間內每一會計期間的利息(包括折價和溢價的攤銷)資本化金額,應當按照以下規定確定:

(1)為購建或者生產符合資本化條件的資產而借入專門借款的,應當以專門借款當期實際發生的利息費用,減去將尚未動用的借款資金存入銀行取得的利息收入或進行暫時性投資取得的投資收益后的金額確定。計算公式如下:

應予資本化的利息金額=當期專門借款×借款月數÷12×借款利率-未動用的借款×未動用的月數÷12×年投資收益率

(2)為購建或生產符合資本化條件的資產而占用了一般借款的,企業應當根據資本化支出超過專門借款部分的資產支出加權平均數乘以所占用一般借款的資本化率,計算確定一般借款應計的利息金額。資本化率應當根據一般借款加權平均利率確定。

在應予資本化的每一會計期間,利息的資本化金額按如下公式計算:

每一會計期間一般借款利息的資本化金額=至當期末止購建某項資產累計支出加權平均數×資本化率

累計支出加權平均數=∑[每筆資產支出金額×每筆資產支出實際占用的天數÷會計期間涵蓋的天數]

【例 10-15】W 公司於 2017 年 1 月 1 日占用一般借款開工建造一幢辦公樓,工程將於 2018 年 4 月 1 日全部完工。2017 年 1 月 1 日,取得一般借款 600 萬元,期限 3 年,年利率 10%;2017 年 5 月 1 日取得另一筆一般借款 700 萬元,期限 2 年,年利率 8%。2017 年發生的資產支出如下:

1 月 1 日,支出 500 萬元;

6 月 1 日,支出 300 萬元;

11 月 1 日,支出 240 萬元。

2017 年累計支出加權平均數=500×12÷12+300×7÷12+240×2÷12=715(萬元)

資本化率的確定原則為:

①企業為購建某項資產只借入一筆一般借款,資本化率為該項借款的利率;

②企業為購建某項資產借入一筆以上的一般借款,資本化率為這些借款的加權平均利率。

加權平均利率的計算公式如下:

加權平均利率=一般借款當期發生的利息之和÷一般借款本金加權平均數×100%

全年利息=600×12÷12×10%+700×8÷12×8%=97.33(萬元)

借款加權平均數=600×12÷12+700×8÷12=1,066.67(萬元)

加權平均資本化率=97.33÷1,066.67=9.125%

借款費用資本化金額=715×9.125%=65.24(萬元)

借:在建工程		652,400
財務費用		320,900
貸:長期借款——應計利息		973,300

【例10-16】W公司於2017年1月1日正式動工興建一幢寫字樓,公司為此於同日借入專門借款3,000萬元,借款期限為3年,年利率為8%。另外,在2017年7月1日又借入專門借款4,000萬元,借款期限為5年,年利率為10%。借款利息按年支付。

寫字樓建造工程預計為1年零6個月,工程採用出包方式,分別於2017年1月1日、2017年7月1日和2018年1月1日支付工程進度款,支出金額如表10-3所示:

表10-3　　　　　　　　　　工程支出情況表　　　　　　　　　單位:萬元

支付日期	每期資產支出金額	資產支出累計金額	閒置借款資金用於短期投資金額
2017年1月1日	2,000	2,000	1,000
2017年7月1日	2,500	4,500	2,500
2018年1月1日	1,500	6,000	1,000
2018年6月30日	1,000	7,000	0
總　　計	7,000	——	——

閒置借款資金均用於固定收益債券短期投資,該短期投資月收益率為0.5%。

寫字樓於2018年6月30日完工,達到預定可使用狀態。

由於W公司使用了專門借款建造寫字樓,而且寫字樓建造支出沒有超過專門借款金額,因此公司2017年、2018年為建造寫字樓應予資本化的利息金額計算如下:

①確定借款費用資本化期間為2017年1月1日至2018年6月30日。

②計算在資本化期間內專門借款實際發生的利息金額。

2017年專門借款發生的利息金額=3,000×8%+4,000×10%×6÷12=440(萬元)

2018年1月1日至6月30日專門借款發生的利息金額=3,000×8%×6÷12+4,000×10%×6÷12=320(萬元)

③計算在資本化期間利用閒置的專門借款資金進行短期投資的收益。

2017年短期投資收益=1,000×0.5%×6+2,500×0.5%×6=105(萬元)

2018年1月1日至6月30日短期投資收益=1,000×0.5%×6=30(萬元)

④在資本化期間,專門借款利息費用的資本化金額應當以其實際發生的利息費用減去將閒置的借款資金進行短期投資取得的投資收益後的金額確定。

2017年的利息資本化金額=440-105=335(萬元)

2018年的利息資本化金額=320-30=290(萬元)

編製會計分錄如下:

2017年12月31日:

借:在建工程　　　　　　　　　　　　　　　　　　　　　　　3,350,000
　　應收利息(或銀行存款)　　　　　　　　　　　　　　　　　1,050,000
　　貸:應付利息　　　　　　　　　　　　　　　　　　　　　　4,400,000

2018年6月30日:

借:在建工程　　　　　　　　　　　　　　　　　　　　　　　2,900,000

　　　　應收利息(或銀行存款)　　　　　　　　　　　　　　　300,000
　　　貸:應付利息　　　　　　　　　　　　　　　　　　　　3,200,000

　　(3)企業為購建某項資產而借入的外幣專門借款,其每一會計期間所產生的匯兌差額,在所購建某項資產達到預定可使用狀態前,予以資本化,計入所購建某項資產的成本;在該項某項資產達到預定可使用狀態后,計入當期財務費用。

　　(4)企業發行債券,如果發行費用小於發行期間凍結資金所產生的利息收入,按發行期間凍結資金所產生的利息收入減去發行費用后的差額,視同發行債券的溢價收入,在債券存續期間於計提利息時攤銷。

　　(5)企業每期利息和折價或溢價攤銷的資本化金額,不得超過當期購建某項資產的專門借款實際發生的利息和折價或溢價的攤銷金額。在確定借款費用資本化金額時,與專門借款有關的利息收入應抵減資本化計算的利息費用。

五、暫停資本化

　　如果某項資產的購建發生非正常中斷,並且中斷時間超過3個月(含3個月),應當暫停借款費用的資本化。其中,間斷期間發生的借款費用,不計入所購建的某項資產成本,將其直接計入當期財務費用,直至購建重新開始,再將其后至某項資產達到預定可使用狀態前所發生的借款費用,計入所購建的某項資產的價值。

　　如果中斷是使購建的某項資產達到預定可使用狀態所必要的程序,則借款費用的資本化應繼續進行,即中斷期間所發生的借款費用仍應計入該項某項資產的成本。

六、停止資本化

　　當所購建的某項資產達到預定可使用狀態時,應當停止借款費用的資本化;以後發生的借款費用應於發生當期直接計入財務費用。

　　達到預定可使用狀態是指某項資產已達到購買方或建造方預定的可使用狀態。當存在下列情況之一時,可認為所購建的某項資產已達到預定可使用狀態:

　　(1)資產的實體建造(包括安裝)工作已經全部完成或者實質上已經全部完成。

　　(2)已經試生產或試運行,並且其結果表明資產能夠正常運行或者能夠穩定地生產出合格產品時,或者試運行結果表明能夠正常運轉或營業時。

　　(3)該項建造的某項資產上的支出金額很少或者幾乎不再發生。

　　(4)所購建的某項資產已經達到設計或合同要求,或與設計合同要求相符或基本相符,即使有極個別地方與設計或合同要求不相符,也不足以影響其正常使用。

　　如果所購建某項資產的各部分分別完成,每部分在其他部分繼續建造過程中可供使用,並且為使該部分資產達到預定可使用狀態所必要的購建活動實質上已經完成,則應當停止該部分資產的借款費用資本化。如果所購建某項資產的各部分分別完工,但必須等到整體完工后才可使用,則應當在該資產整體完工時停止借款費用資本化。

第六節　債務重組

一、債務重組的概念

債務重組(Debt Restructuring)是指債務人發生財務困難的情況下,債權人按照其與債務人達成的協議或法院的裁定做出讓步的事項。債務重組與正常以貨抵債是不相同的,關鍵差別是「做出讓步」。

在激烈的市場競爭中,企業可能會因為經營管理不善,或受外部其他因素的影響使財務狀況發生困難,出現資金週轉困難或經營陷入困境,沒有能力按原定條件償還債務。債權人為了最大限度地收回其債權,對債務人可能作出某些讓步,修改債務條件,以減輕債務人的負擔,緩解債務人暫時的財務困難,避免由於採取立即求償的措施,而出現債權上的更大損失。

二、債務重組的方式

中國《企業會計準則第12號——債務重組》規定了債務重組方式為以下四種:
(1)以資產清償債務。
(2)債務轉為資本。
(3)除前兩種方式的,修改其他債務條件,如減少債務本金、減少債務利息等。
(4)以上三種方式的組合等。

債務轉為資本時,對股份有限企業而言,即將債務轉為股本;對其他企業而言,即將債務轉為實收資本。債務轉為資本的結果是,對債務人來說是將其債務轉為了股東權益;對債權人來說是將債權轉為了股權。債務人因此而增加股本(或實收資本),債權人因此而增加長期股權投資。

三、債務重組的會計處理方法

債務重組時,債權人和債務人應視債務重組的不同方式作相應的會計處理。該準則規定的第一種債務重組方式實際上是兩種方式,即以現金資產清償和以非現金資產清償。在介紹會計處理時,還是分開說明更清楚一些。

(一)以低於債務帳面價值的現金清償債務

以低於債務帳面價值的現金清償某項債務的,債務人應將重組債務的帳面價值與支付的現金之間的差額計入當期損益。債權人則應將重組債權的帳面價值與收到的現金之間的差額也計入當期損益。應收帳款的帳面價值為「應收帳款」的帳面餘額與已計提的「壞帳準備」的差額,即應收帳款的淨額。

以現金資產清償債務,對於債權人和債務人來說,其少付的款與少收的款均計入當期損益,形成了債務重組損益。債務人少支付的金額形成了債務重組收益,債權人少收的款形成了債務重組損失。

【例10-17】W公司2017年8月20日賒銷一批材料給N企業,含稅價格為585,000元,到了次年5月20日,N企業財務發生困難,無法按合同規定償還債務,經雙方協議,W公司同意減免N企業100,000元債務,餘額用現金立即償清。W公司已按應收帳款的10%計提了壞帳。

(1)債務人N企業的會計處理如下:

借:應付帳款——W公司　　　　　　　　　　　　　　585,000
　貸:銀行存款　　　　　　　　　　　　　　　　　　485,000
　　　營業外收入——債務重組損益　　　　　　　　　100,000

(2)債權人W公司的會計處理如下:

借:庫存現金　　　　　　　　　　　　　　　　　　　485,000
　　壞帳準備　　　　　　　　　　　　　　　　　　　 58,500
　　營業外支出——債務重組損益　　　　　　　　　　 41,500
　貸:應收帳款——N企業　　　　　　　　　　　　　　585,000

(二)以非現金資產清償某項債務

以非現金資產清償某項債務的,債務人應以重組債務的帳面價值與轉讓的非現金資產公允價值和相關稅費之和的差額,計入當期損益(債務重組損益);轉讓的非現金資產公允價值與其帳面價值的差額計入當期損益(公允價值變動損益)。

以非現金資產清償債務的,債權人應當對受讓的非現金資產按其公允價值入帳,重組債權的帳面餘額與受讓的非現金資產的公允價值之間的差額,計入當期損益。

【例10-18】W公司2017年6月10日銷售一批材料給M企業,同時收到M企業簽發並承兌的一張面值400,000元、年利率6%、半年期、到期還本付息的票據。12月10日,M企業發生財務困難,無法兌現票據,經雙方協議,W公司同意M企業用一臺設備抵償該應收票據。該臺設備的帳面原值為500,000元,累計折舊為150,000元,公允價值為300,000元。

(1)債務人M企業的會計處理如下:

①註銷固定資產帳面價值。

借:固定資產清理　　　　　　　　　　　　　　　　　350,000
　　累計折舊　　　　　　　　　　　　　　　　　　　150,000
　貸:固定資產　　　　　　　　　　　　　　　　　　　500,000

②債務重組。

借:應付票據　　　　　　　　　　　　　　　　　　　412,000
　　營業外支出——公允價值變動損益　　　　　　　　 50,000
　貸:固定資產清理　　　　　　　　　　　　　　　　　350,000
　　　應交稅費——應交增值稅(銷項稅額)　　　　　　 51,000
　　　營業外收入——債務重組損益　　　　　　　　　 61,000

(2)債權人W公司的會計處理如下:

借:固定資產　　　　　　　　　　　　　　　　　　　300,000

應交稅費——應交增值稅(進項稅額)		51,000
營業外支出——債務重組損益		61,000
貸:應收票據		412,000

【例10-19】S企業累計欠W公司應收帳款1,200,000元,W公司壞帳提取率為5%。由於S企業發生財務困難,進行債務重組,W公司同意S企業用一臺設備和一批材料償還債務。設備原值為700,000元,累計已提折舊200,000元,材料帳面價值為300,000元,增值稅稅率17%。該設備的公允價值為550,000元,材料的公允價值為400,000元。

(1)債務人S企業的會計處理如下:

①註銷固定資產帳面價值。

借:固定資產清理		500,000
累計折舊		200,000
貸:固定資產		700,000

②債務重組。

借:應付帳款		1,200,000
貸:固定資產清理		500,000
其他業務收入		400,000
應交稅費——應交增值稅(銷項稅額)		161,500
營業外收入——公允價值變動損益		50,000
營業外收入——債務重組損益		88,500

③結轉材料的成本。

借:其他業務成本		300,000
貸:原材料		300,000

(2)債權人W公司的會計處理如下:

債權帳面價值=120-120×5%=114(萬元)

進項稅額為S企業的銷項稅額=16.15(萬元)

借:固定資產		550,000
原材料		400,000
應交稅費——應交增值稅(進項稅額)		161,500
壞帳準備		60,000
營業外支出——債務重組損益		28,500
貸:應收帳款——S企業		1,200,000

(三)債務轉為資本

將債務轉為資本的,債務人應當將債權人放棄債權而享有股份的面值總額確認為股本(或者實收資本),股份的公允價值總額與股本(實收資本)之間的差額確認為「資本公積」。重組債務的帳面價值與股份的公允價值總額之間的差額,計入「當期損益」。

將債務轉為資本的,債權人應當將享有股份的公允價值確認為對債務人的投資,重組債權的帳面餘額與股份的公允價值之間的差額,計入「當期損益」。

【例10-20】W公司於2017年6月10日銷售一批材料給S企業,同時收到S企業簽發並承兌的一張面值6,000,000元、半年期的無息票據。12月10日,S企業發生財務困難,無法兌現票據,經雙方協議W公司同意S企業以其2,000,000股普通股抵償該票據。假設普通股的面值為1元,每股市價2.5元。雙方均按股票的公允價值的3‰支付相關稅費。

(1)債務人S企業的會計處理如下:

借:應付票據——W公司　　　　　　　　　　　　　　　6,000,000
　貸:股本　　　　　　　　　　　　　　　　　　　　　2,000,000
　　資本公積　　　　　　　　　　　　　　　　　　　　2,985,000
　　營業外收入——債務重組損益　　　　　　　　　　　1,000,000
　　銀行存款　　　　　　　　　　　　　　　　　　　　　 15,000

(2)債權人W公司的會計處理如下:

借:長期股權投資　　　　　　　　　　　　　　　　　　5,015,000
　營業外支出——債務重組損益　　　　　　　　　　　　1,000,000
　貸:應收票據——S企業　　　　　　　　　　　　　　　6,000,000
　　銀行存款　　　　　　　　　　　　　　　　　　　　　 15,000

(四)以修改其他債務條件進行債務重組

《企業會計準則第12號——債務重組》規定,修改其他債務條件的,債務人應當將修改其他債務條件后債務的公允價值作為重組后債務的入帳價值。重組債務的帳面價值與重組后債務的入帳價值之間的差額,計入當期損益。

修改后的債務條款如涉及或有應付金額,且該或有應付金額符合《企業會計準則第13號——或有事項》中有關預計負債確認條件的,債務人應當將該或有負債應付金額確認為預計負債。重組債務的帳面價值,與重組后債務的入帳價值和預計負債金額之和的差額,計入當期損益。

或有應付金額是指需要根據未來某種事項出現而發生的應付金額,而且該未來事項的出現具有不確定性。

修改其他債務條件的,債權人應當將修改其他債務條件后的債權的公允價值作為重組后債權的帳面價值,重組債權的帳面餘額與重組后債權的帳面價值之間的差額,比照上述準則第九條的規定處理。

修改后的債務條款中涉及或有應收金額的,債權人不應當確認或有應收金額,不得將其計入重組后債權的帳面價值。

或有應收金額是指需要根據未來某種事項出現而發生的應收金額,而且該未來事項的出現具有不確定性。

在實務操作中可能出現一些特殊情況,應該按準則要求處理。

以修改其他債務條件進行債務重組的,如果重組債務的帳面價值大於將來應付金額,則在重組日,債務人應將重組債務的帳面價值減記至將來應付金額,減記的金額確認為當期損益;如果重組債務的帳面價值等於或小於將來應付金額,債務人不做帳務處理。

如果修改后的債務條款涉及或有支出的,債務人應將或有支出包括在將來應付金額中。或有支出實際發生時,應衝減重組后債務的帳面價值;結清債務時,或有支出如未發生,應將該或有支出的原估計金額確認為債務重組損益,計入當期損益。

債權人在重組債權的帳面價值大於將來應收金額時,應將重組債權的帳面價值減記至將來應收的金額,減記的金額確認為當期損失。如果重組債權的帳面價值等於或小於將來應收的金額,債權人不進行帳務處理。

如果修改后的債權條款涉及或有收益的,債權人不應將或有收益包括在將來應收金額中;或有收益收到時,做當期收益處理。

【例10-21】W公司於2017年6月10日銷售一批材料給X企業,同時收到X企業簽發並承兌的一張面值300,000元、半年期、利率為6%的附息票據。12月10日,X企業發生財務困難,無法兌現票據,經雙方協議W公司同意X企業於2018年6月10日付款,付款金額為280,000元、延期不計利息。

(1)債務人X企業的會計處理如下:

借:應付票據——W公司　　　　　　　　　　　　　　　　309,000
　　貸:應付帳款　　　　　　　　　　　　　　　　　　　280,000
　　　　營業外收入——債務重組損益　　　　　　　　　　 29,000

(2)債權人W公司的會計處理如下:

借:應收帳款　　　　　　　　　　　　　　　　　　　　280,000
　　營業外支出——債務重組損益　　　　　　　　　　　　29,000
　　貸:應收票據——X企業　　　　　　　　　　　　　　 309,000

如果債務重組后將來應付應收金額大於重組時的帳面價值,債權債務者均無需進行帳務處理。債務人到將來實際付款時,將大於帳面價值的差額作為利息費用計入財務費用。債權人到將來實際收到款項時,將大於帳面價值的差額作為利息收入或衝減財務費用。

【例10-22】五一企業於2015年1月1日從某銀行取得年利率10%、三年期的借款3,000,000元。由於五一企業發生財務困難,於2017年12月31日進行債務重組,銀行同意延長到期日至2018年12月31日,付款額為3,500,000元,重組后如果五一企業下年有盈利,則按付款額計息5%,重組后如果五一企業仍無盈利,則下年不計息。

計算銀行借款的帳面價值與將來應付金額的差額如下:

銀行借款的帳面價值　　　　　　　　　　　　　　　　　3,900,000
　其中:面值　　　　　　　　　　　　　　　　　　　　3,000,000
　　　　應計利息(3,000,000×10%×3)　　　　　　　　　 900,000
減:將來應付金額　　　　　　　　　　　　　　　　　　3,500,000
　　差額　　　　　　　　　　　　　　　　　　　　　　　400,000
減:或有支出(3,500,000×5%×1)　　　　　　　　　　　　175,000
　　債務重組損益　　　　　　　　　　　　　　　　　　　225,000

(1)債務人五一企業的會計處理如下:

①2017年12月31日債務重組。

借:長期借款　　　　　　　　　　　　　　　　　　　　3,900,000
　貸:長期借款——債務重組　　　　　　　　　　　　　　3,500,000
　　預計負債　　　　　　　　　　　　　　　　　　　　　175,000
　　營業外收入——債務重組損益　　　　　　　　　　　　225,000

②如果2018年有盈利,12月31日支付本金和利息。

借:長期借款——債務重組　　　　　　　　　　　　　　　3,500,000
　預計負債　　　　　　　　　　　　　　　　　　　　　　175,000
　貸:銀行存款　　　　　　　　　　　　　　　　　　　　3,675,000

③如果2018年五一企業未盈利。

借:長期借款——債務重組　　　　　　　　　　　　　　　3,500,000
　預計負債　　　　　　　　　　　　　　　　　　　　　　175,000
　貸:銀行存款　　　　　　　　　　　　　　　　　　　　3,500,000
　　營業外收入——債務重組損益　　　　　　　　　　　　175,000

(2)債權人銀行的會計處理如下:

① 2017年12月31日債務重組。

借:中長期貸款——債務重組　　　　　　　　　　　　　　3,500,000
　營業外支出——債務重組損益　　　　　　　　　　　　　400,000
　貸:中長期貸款　　　　　　　　　　　　　　　　　　　3,900,000

②如果五一企業2018年盈利,12月31日收取本金和利息。

借:銀行存款　　　　　　　　　　　　　　　　　　　　　3,675,000
　貸:中長期貸款——債務重組　　　　　　　　　　　　　3,500,000
　　利息收入——或有收益　　　　　　　　　　　　　　　175,000

③如果五一企業2018年未盈利,12月31日收到本金。

借:銀行存款　　　　　　　　　　　　　　　　　　　　　3,500,000
　貸:中長期貸款——債務重組　　　　　　　　　　　　　3,500,000

(五)混合重組方式進行債務重組

混合重組方式進行債務重組的,又可以分為如下不同的情況:

(1)以現金、非現金資產兩種方式的組合清償某項債務的,債務人應先以支付的現金衝減重組債務的帳面價值,再按非現金資產抵償債務的方式進行處理。債權人應先以收到的現金衝減重組債權的帳面價值,再按非現金資產抵償債權的方式進行處理。

(2)以現金、非現金資產、債務轉為資本的組合清償某項債務的,債務人應先以支付的現金、非現金資產的公允價值衝減重組債務的帳面價值,再按債務轉為資本清償債務的方式進行處理;而債權人應先以收到的現金衝減重組債權的帳面價值,再分別按受讓的非現金資產和股權的公允價值抵償,差額計入當期損益。

(3)以現金、非現金資產、債務轉為資本的方式組合清償某項債務的一部分,並對該債務的另一部分以修改其他條件進行債務重組的,債務人應先以支付的現金、非現金資

產的公允價值、債權人享有的股權的公允價值衝減重組債務的帳面價值,再按以修改其他條件進行債務重組處理。債權人應先以收到的現金衝減重組債權的帳面價值,再分別按受讓的非現金資產和股權的公允價值,抵關於重組債權的帳面價值,再按修改條件進行債務重組處理。

思考題

1. 長期負債的概念是什麼?長期負債的內容是什麼?
2. 長期負債與流動負債的區別是什麼?
3. 長期負債與權益的區別是什麼?
4. 借款費用是什麼?企業發生的各種借款費用如何處理?
5. 何為借款費用資本化?
6. 借款費用資本化暫停與停止資本化有何規定?
7. 什麼是公司債券?發行公司債券的條件和程序如何?
8. 公司債券的發行價格是怎樣確定的?
9. 公司債券的折價和溢價如何處理?
10. 經營租賃與融資租賃有何不同?其會計處理有何不同?
11. 何為債務重組?債務重組的方式有哪些?
12. 債務重組過程中會產生哪些損益?

練習題

1. 甲公司 2017 年 1 月 1 日購建某項符合資本化條件的資產占用了一般借款資金 1,500 萬元,借款利率年率 8%,借款期限為三年,每年年底計算借款利息,三年期滿後一次還本付息。該企業用該借款購建廠房,2017 年 1 月 1 日支用 400 萬元、7 月 1 日支用 800 萬元;2018 年 1 月 1 日支用 300 萬元。工程於 2018 年 8 月完工,達到預計可使用狀態。根據上述資料,計算 2017 年和 2018 年資本化金額並編制計息的會計分錄。

2. 甲公司開展補償貿易業務,從國外引進設備價款折合為人民幣 100 萬元(不需要安裝就可投產使用)。公司準備用所生產的產品歸還引進設備款。引進設備投產後,第一批生產產品 500 件,每件銷售價格 400 元,銷售成本 300 元,這一批產品全部用於還款。根據這項經濟業務,編制借款、銷售產品、結轉成本、償還借款的會計分錄。

3. 甲公司採用融資租賃方式租入生產線一條,按租賃協議確定租賃最低價款 250 萬元,最低租賃付款的現值為 220 萬元,租賃協議規定,租賃款分五年平均支付,於每年的年末付款。編制第一年還款的會計分錄。

4. 甲公司於 2017 年 1 月 1 日向 B 公司購買材料一批,價稅款共 117,000 元,3 月 1 日該公司財務發生困難,無法按合同規定償還債務,經雙方協商,B 公司同意減免該公司 10%的債務,餘額用現金立即清償。分別編制債權人和債務人的會計分錄。

5. 2017 年 1 月 20 日,乙公司銷售一批材料給甲公司,甲公司為此簽發一張面值為 200,000 元、年利率 6%、6 個月期限、到期還本付息的票據。7 月 20 日,甲公司發生財務

困難,無法兌現票據。經雙方協議,乙公司同意甲公司用一臺舊設備抵償該應收票據。設備的帳面原值為 350,000 的元,已提折舊 200,000 元,公允價值為 140,000 元,增值稅稅率為 17%。分別編制債權人和債務人的會計分錄。

6. 2017 年 1 月 1 日,甲公司向乙公司購買一批材料,價稅合計為 234,000 元。2017 年 3 月 1 日,甲公司發生財務困難,無法按合同規定償還債務。經雙方協議,乙公司同意甲公司用產品抵償該應收帳款。該產品的帳面成本為 150,000 元,該產品的公允價值為 180,000 元,雙方增值稅稅率均為 17%。乙公司上年末已計提了壞帳準備,壞帳提取率為 5%。分別編制債權人和債務人的會計分錄。

7. 2017 年 4 月 1 日,甲公司向乙公司購買一批材料,價稅合計為 1,800,000 元。乙公司為此收到甲公司簽發並承兌的一張面值 1,800,000 元、年利率 6%、6 個月期限、到期還本付息的票據。10 月 1 日,甲公司發生財務困難,無法兌現該票據。經雙方協商,乙公司同意甲公司以其普通股 400,000 股抵償該票據(假設普通股的面值為 1 元,每股市價 3 元)。分別編制債權人和債務人的會計分錄。

8. 2014 年 1 月 1 日,甲公司從某銀行取得年利率 10%、3 年期、200 萬元一次還本付息的借款。因甲公司財務困難,於 2017 年 1 月 1 日進行債務重組。銀行同意免除前 3 年的利息,並將貸款延長到期日至 2018 年 12 月 31 日,利率降至 5%,但有一附加條件:債務重組后,如甲公司自第二年起有盈利,則第二年的利率恢復至 10%;若無盈利,仍維持 5%。分別編制債權人和債務人重組及重組后各年的會計分錄。

第十一章

所有者權益

　　所有者權益是企業投資者對企業資產的剩餘要求權,是企業資產總額減去負債總額的差額。所有者權益是企業資金來源的重要組成部分。企業所有者權益指標是反映企業所有者投入資本及其資本保值增值情況的重要信息,也是衡量經營者受託責任完成好壞的重要指標。因此,正確核算所有者權益具有重要意義。本章主要介紹所有者權益的性質、內容、分類及其會計處理。

第一節　所有者權益概述

一、所有者權益的概念和特徵

　　在第6號財務會計概念公告《財務報表要素》中,美國財務會計準則委員會將所有者權益(Stockholders' Equity)定義為,所有者權益或淨資產是某個主體的資產減去負債后的剩餘權益。

　　國際會計準則委員會(IASB)《關於編制和提供財務報表的框架》第49條中指出,產權是指在企業的資產中扣除企業全部負債以後的剩餘權益。

　　中國《企業會計準則——基本準則》關於所有者權益定義為,所有者權益是企業資產扣除負債後由所有者享有的剩餘權益。所有者權益的來源包括所有者投入的資本(股本和股本溢價)、直接計入所有者權益的利得和損失(資本公積)、留存收益(盈餘公積和未分配利潤)等。

　　直接計入所有者權益的利得和損失是指不應計入當期損益、會導致所有者權益發生增減變動、與所有者投入資本或者向所有者分配利潤無關的利得或損失。

　　利得是指由企業非日常活動所形成的、會導致所有者權益增加、與所有者投入資本無關的經濟利益的流入。

　　損失是指由企業非日常活動所發生的、會導致所有者權益減少、與向所有者分配利潤無關的經濟利益的流出。

　　從所有者權益的概念中可以看出,所有者權益具有以下幾個基本特徵:

　　(一)所有者權益是一種剩餘權益

　　企業的資產總額只有在滿足了債權人的全部要求權后,剩餘的才能歸企業投資人所有。因此,所有者權益是投資者對企業剩餘財產的一種要求權,是企業的剩餘權益(Surplus Claims)。當企業進行清算(Liquidation)時,變現后的資產首先用於償還負債,剩

餘資產才在投資者之間按出資比例或股份比例進行分配。

(二)所有者權益是一種產權

所有者權益反映所有者與企業之間的產權(Equity)投資和被投資的關係,企業的所有者可以憑藉對企業的所有權,享有管理或委託他人管理企業的權力,分配現金和財產的權力,企業清算時對剩餘財產的要求權力以及出售或轉讓企業產權等方面的權力。

(三)所有者權益是一種權利

這種權利來自於投資將投入的可供企業長期使用的資源。投資者投入的資本在企業生產經營期間內一般不得抽回,因此投資者投入的資本金構成了企業長期性的資本來源。

(四)所有者權益是所有者的投入資本和資本增值

從構成看,所有者權益包括所有者的原始投資和資本的經營增值。所有者的投資不但是企業實收資本(股本)的唯一來源,而且是企業資本公積的主要來源。在企業資本額不變的情況下,所有者權益的增長主要依靠企業的有效經營。企業獲利時,淨資產增加,投資者權益也隨之增加;企業虧損和向投資者分配利潤時,所有者權益也就相應減少。

二、所有者權益的內容

不同組織形式的企業,其所有者權益的具體結構內容有所不同,但就一般而言,所有者權益的內容都應包括實收資本(或者股本)、資本公積、盈餘公積和未分配利潤。從構成看,所有者權益包括所有者的原始投資和資本的經營增值。所有者的投資不但是企業實收資本(股本)的唯一來源,而且是企業資本公積的主要來源。因此,所有者的投資包括實收資本(股本)和資本公積。在企業資本額不變的情況下,所有者權益的增長主要依靠企業的有效經營。企業獲利時,淨資產增加,所有者權益也隨之增加;企業虧損和向投資者分配利潤時,所有者權益也就相應減少。因此,盈餘公積和未分配利潤是由企業在生產經營過程中所實現的利潤(增值)留存在企業所形成的,又稱為留存收益。

(一)實收資本

企業的實收資本(Capital Stock)是指投資者按照企業章程,或合同、協議的約定,實際投入企業的資本。在會計核算上,將一般企業的投入資本通過「實收資本」帳戶核算;對於股份有限公司,則將實收資本通過「股本」帳戶核算。

(二)資本公積

資本公積(Capital Surplus)是指企業由於接受投入資本超過法定資本部分的資本,以及企業形成的其他資本公積。資本公積包括資本(或股本)溢價、其他權益變動、撥款轉入以及外幣資本折算差額等。資本公積是企業外部對企業的資本投入,一般不是由於企業生產經營活動所產生的,與企業正常的生產經營活動不存在直接的聯繫。

(三)盈餘公積

盈餘公積是指企業從稅后利潤中提取的各種累積資金,包括按照有關法規的要求提取的法定盈餘公積和企業自行確定提取的任意盈餘公積等。法定盈餘公積和任意盈餘

公積主要用於彌補企業虧損以及按照國家規定用於轉增資本。

(四)未分配利潤

未分配利潤是指企業留待以后年度進行分配的利潤,即未作分配的淨利潤。未分配利潤有兩層含義:一層含義是這部分淨利潤沒有分給企業投資者;另一層含義是這部分淨利潤未指定用途。未分配利潤的數額等於企業當年實現的稅后利潤加上年初未分配利潤,減去當年提取盈餘公積和任意盈餘公積以及本年分配利潤后的餘額。

所有者權益是一個涵蓋了任何企業組織形式的淨資產的廣義概念,具體到特定種類的企業組織,所有者權益便以不同形式出現。在獨資企業稱為業主權益,在合夥企業稱為合夥人權益,在股份有限公司稱為股東權益,而在有限責任公司則稱為所有者權益。

不同組織形式的企業在多數會計處理方法上有許多相同的地方但也有所區別,最大的區別在所有者權益部分。在獨資企業和合夥企業,只需為業主或各個合夥人設置一個資本科目和提款科目,用於記錄資本和損益的增減變動情況。法律法規並沒有要求獨資企業和合夥企業把資本與盈利區別開來,但對於股份有限公司和有限責任公司,情況則有所不同:在這兩類公司中,股東權益(即公司的所有者權益)的會計處理受公司法等法律法規的限制,公司必須對所有者投入的資本和賺取的利潤嚴格區分。此外,為了保護債權人的合法權益,多數國家的公司法往往還對股份有限公司和有限責任公司的利潤分配和歇業清算以及股份有限公司買回自己發行的股份(庫藏股份)等有關事宜作出嚴格的限制。

由於股份有限公司最能體現所有者權益的特徵,其會計處理也最具代表性,本章有關所有者權益的闡述僅以股份有限公司為例。

第二節　股份有限公司

一、股份有限公司的基本特徵

股份有限公司(Limited Company)是依據公司法設立的,以定向募集或向社會公開發行股票來籌措資本並將其全部資本劃分為等額股份的一種現代企業組織形式。與獨資企業和合夥企業相比,股份有限公司具有以下五個基本特徵:

(一)獨立的法律主體和納稅主體

股份有限公司是經政府有關部門批准設立的獨立法律主體(Legal Entity)。在公司章程和營業執照規定的範圍內,股份有限公司有權以自己的名義獨立從事各種經營活動,包括對外簽訂經濟合同。發生經濟糾紛時,股份有限公司也是以獨立的訴訟(Lawsuit)主體參加起訴或應訴。此外,股份有限公司還必須依據有關稅法,按照其營業收入和應稅所得額向稅務部門申報和繳納流轉稅(包括增值稅等)和所得稅。股份有限公司的這一特徵顯然不同於獨資企業和合夥企業,后兩者既不是獨立的法律主體,也不是獨立的納稅主體。

(二) 所有權與經營權徹底分離

除獨資企業(Sole Proprietorship)外,其他企業都在不同程度上實行經營權和所有權的分離,但這種分離在股份有限公司表現得最為徹底。股東對股份有限公司的所有權通過所持股份數予以體現,他們提供資本並分享收益,但並不直接參與股份有限公司日常的經營管理。股東通過選舉董事會來代表和維護他們的利益,再通過董事會聘請總經理和其他高級管理人員,由這些職業的管理人員負責日常的經營管理。因此,在現代的股份有限公司,資本的所有權歸股東,而經營權則由股東賦予職業化的管理當局。而在獨資企業和合夥企業,業主和合夥人往往同時扮演所有者和經營者的雙重角色。

(三) 有限的償債責任

《中華人民共和國公司法》規定:股東以其所持股份為限對股份公司承擔責任,公司以其全部資產對公司的債務承擔責任。就是說,即使股份有限公司出現資不抵債,只承擔有限責任(Limited Liability),債權人也無權要求股東以其私有財產償還股份有限公司對債權人的債務。與此相反,在獨資和合夥企業(Partnership),業主和合夥人則必須對企業的債務承擔無限的償債責任。當獨資和合夥企業出現資不抵債時,債權人有權要求業主或合夥人用其私有財產清償債務。

(四) 存在的連續性

由於所有權與經營權的徹底分離,股份有限公司的股票可以自由流通轉讓,股東的變動並不影響股份有限公司的主體資格。這意味著,股份有限公司具有存在的連續性和經營的持續性。而在獨資企業和合夥企業,其主體資格隨著業主的死亡或合夥人的退夥而喪失。

(五) 巨大的融資能力

股份有限公司本質上是社會公眾集資創辦的企業,它一般通過向社會公開發行股票而吸收巨額的長期資本,用於大規模的生產經營活動。相比之下,獨資企業和合夥企業通常只依賴少數人的投資,難以達到應有的規模經濟。

二、股票的特徵及其種類

股票是股份有限公司籌集資本時簽發給股東以證明其投資的一種書面產權憑證。股票可以為其發行者籌措資金,給股票的持有者帶來一定的收益(也具有一定的投資風險),股票的持有者可以通過證券市場自由轉讓、自由買賣。簡而言之,股票具有流動性(Liquidity)、盈利性(Profitability)和風險性(Risky)等特徵。

根據股東享有的權利,股份有限公司的股份可分為普通股和優先股。

(一) 普通股

普通股(Common Stock)是指不享有任何優先權利的股份,是股份公司的基本股份。普通股可以是有面值的,也可以是無面值的。有面值股票是指在股票票面上記載有一定金額的股票。記載在股票上的金額稱為股票的票面價值,有面值股票每股的金額都是相等的。在會計上,股票的面值是記錄普通股股本科目的依據。普通股的面值既不能作為計算股利的依據,也不能代表普通股的市價或清算價值。無面值普通股是指股票上不載

明面值,只標明每股占公司股本總額的比例。對於無面值股票,公司董事會通常為這些股份規定一個價值,稱為設定價值。設定價值也是記錄普通股股本科目的依據。中國規定,公司發行的股票應當註明票面金額。

普通股有已授權股份與已發行股份。已授權股份代表某一個公司依據章程和證券管理機構的規定可以對外發行的最大股份數。如果公司需要發行的股份數超過授權股份數,則必須先修改公司章程並報經證券管理機構同意,然后才能增發股份。授權股份中已由股東認股繳款並已在股東帳號上加以記錄的股份,稱為已發行股份。

普通股的基本權利有以下四項:

(1)投票表決權。公司組織以股東大會為最高權力機構,由普通股股東或股東代表組成,股東按其持股比例享有投票表決權,對公司的重大經營和財務決策有表決權,也有被選舉權。

(2)利潤分享權。公司獲得稅后利潤按國家規定提取公積金和公益金後,經董事會決定並宣告發放股利時,普通股股東有權按其所持股份的比例獲得股利。

(3)優先認股權。公司因增加股本而需要增發新股時,持有同類股票的現有股東享有優先按其股權比例認購新股票的權利。

(4)剩餘資產分配權。在公司終止營業清算解散時,公司在清償全部負債後的剩餘資產,普通股股東享有按其所持股份的比例參加分配的權利。當然,如果資產的清算收入不足以償還企業的債務及優先股投資,則普通股股東的投入資本也將損失殆盡。

(二)優先股

優先股(Preferred Stock)是較普通股有某些優先權利的股票。優先股票通常是企業增募資本時發行的,屬於混合型證券,優先股具有債券和股票的混合特徵,主要表現在以下幾方面:

(1)優先股的股息與債券一樣是固定的,不隨企業經營狀況波動,並且企業對優先股股東的付息要在普通股之前。

(2)當企業停業清算時,在分得企業資產方面,優先股股東排在債權人之後,但在普通股股東之前。優先股的風險性比債券的風險要大些,但比普通股要小些,在企業經營景氣並獲利很高時,優先股只能按固定比例領取股息,而不能像普通股那樣完全分享企業的新增盈利。

(3)發行的優先股股票,公司可以根據具體情況隨時將之贖回。

(4)優先股股東通常在股東會上沒有表決權,但按有關規定,如果公司連續3年未支付優先股股利時,優先股股東即可出席或委託代理人出席股東會並行使表決權,同時還行使其他規定的權利。

優先股一般都有面值,優先股的面值可以作為會計上記錄優先股「股本」科目的依據和優先股的股息計算的依據以及優先股股東在企業清算時分配企業剩餘資產的依據。

(三)優先股的分類

優先股按公司允諾的優惠條件以及分派股利的優先程度,可分成以下三類:

1. 累積優先股和非累積優先股

累積(Cumulative)優先股是指如果股份有限公司的盈利不足以支付當年股息,其未

付股息可以累積到以后年度,並在支付普通股股利前支付的優先股。

非累積(Noncumulative)優先股是指如果股份有限公司的盈利不足以分派當年股息,其未付股息不予累積,以后不再補派的優先股。按有關規定,中國的優先股為累積優先股。

2. 參加優先股和非參加優先股

參加(Participating)優先股是指優先股除按規定先於普通股分得一定金額的股利外,還有與普通股共享剩餘利潤分配的權利。參加優先股又可分全部參加優先股和部分參加優先股。全部參加優先股的股東,在普通股股東取得了與優先股股利率相等的股利后,剩餘利潤的分配,需在優先股和普通股之間按相同的比例進行,部分參加優先股則可增派的股利有一定限額。

非參加(Nonparticipating)優先股是指按規定先於普通股股東分得一定金額的本利后,不參加除規定股利率外剩餘股利的分配。

3. 可轉換優先股

可轉換(Convertible)優先股是指優先股股東按照發行股份時的規定,在一定期限內,以一定的票面比例,可將優先股股份換成一定數量的普通股份的優先股。可轉換優先股在公司盈利不多時,有比普通股優先分派股利的權利。在公司盈利增多時,經過轉換股票,可成為普通股股東而享有較高的股利,因而在發行時對投資人具有很大的吸引力。

第三節　實收資本

一、實收資本的概念

實收資本是指投資者按照企業章程或合同、協議的約定,實際投入企業的資本。《中華人民共和國民法通則》規定,設立企業法人必須要有必要的財產。中國 2005 年修訂的《中華人民共和國公司法》規定,有限責任公司的註冊資本為在公司登記機關登記的全體股東認繳的出資額。公司全體股東的首次出資額不得低於註冊資本的 20%,也不得低於法定的註冊資本最低限額,其餘部分由股東自公司成立起 2 年內繳足。其中,投資公司可以在 5 年內繳足。有限責任公司註冊資本的最低限額為人民幣 30,000 元。法律、行政法規對有限責任公司註冊資本的最低限額有較高規定的,從其規定。股東可以用貨幣出資,也可以用實物、知識產權、土地使用權等可以用貨幣估價並可以依法轉讓的非貨幣財產作價出資,但是法律、行政法規規定不得作為出資的財產除外。

對作為出資的非貨幣財產應當評估作價,核實財產,不得高估或者低估作價。法律、行政法規對評估作價有規定的,從其規定。股東應當按期足額繳納公司章程中規定的各自所認繳的出資額。股東以貨幣出資的,應當將貨幣出資足額存入有限責任公司在銀行開設的帳戶;以非貨幣財產出資的,應當依法辦理其財產權的轉移手續。股東不按照規定繳納出資的,除應當向公司足額繳納外,還應當向已按期足額繳納出資的股東承擔違約責任。股東繳納出資后必須經依法設立的驗資機構驗資並出具證明。

股份有限公司註冊資本的最低限額為人民幣 500 萬元。法律、行政法規對股份有限公司註冊資本的最低限額有較高規定的,從其規定。

股份有限公司採取發起設立方式設立的,註冊資本為公司登記機關登記的全體發起人認購的股本總額。公司全體發起人的首次出資額不得低於註冊資本的 20%,其餘部分由發起人自公司成立之日起 2 年內繳足。其中,投資公司可以在 5 年內繳足。在繳足前,不得向他人募集股份。股份有限公司採取募集方式設立的,註冊資本為在公司登記機關登記的實收股本總額。以募集方式設立股份有限公司的,發起人認購的股份不得少於公司股份總數的 35%,法律、行政法規另有規定的,從其規定。

需要注意的是,註冊資本、實收資本、投入資本三個概念,它們三者之間既有聯繫,又有區別。

註冊資本是企業在工商登記機關登記的投資者繳納的出資額。中國設立企業採用註冊資本制,投資者出資達到法定註冊資本的要求是企業設立的先決條件。而且根據註冊資本制的要求,企業會計核算中的實收資本即為法定資本,應當與註冊資本相一致,企業不得擅自改變註冊資本數額或抽逃資金。

投入資本是投資者作為資本實際投入到企業的資金數額,一般情況下,投資者的投入資本,即構成企業的實收資本,也正好等於其在登記機關的註冊資本。但是,在一些特殊情況下,投資者也會因種種原因超額投入(如溢價發行股票等),從而使得其投入資本超過企業註冊資本。在這種情況下,企業進行會計核算時,就不應將投入資本超過註冊資本的部分作為實收資本核算,而應單獨核算,計入資本公積。投入資本包括國家投入資本、其他單位投入資本和個人投入資本。

(1)國家投入資本是指有權代表國家投資的政府部門或機構以國有資產投入企業的資本。

(2)其他單位投入資本是指企業法人或其他法人(Legal Entity)單位以依法可以支配的資產投入企業形成的資本。

(3)個人投入資本是指由企業內部和外部個人以合法財產投入企業形成的資本,也包括外商個人投入資本。

投資者可以用現金投資,也可以用現金以外的其他有形資產和無形資產投資。

實收資本是企業存在的基礎,是企業賴以生產經營的最基本的啟動資金。投資者將資本投入企業,除非企業發生清算,否則不得任意抽回資本,但所有者可將其投入資本轉讓於他人。因此,投入資本是企業長期性(在以持續經營假設為前提時,甚至可假定資本金具有永久性)的資本來源。

二、實收資本核算設置的科目

為了反映股東投入實收資本或股本的增減變動情況,企業應設置「實收資本」科目,股份有限公司應設置「股本」科目。「股本」科目的借方登記企業按照法定程序經批准減少資本的情況;貸方登記在收到現金等資產時,按股票面值和核定的股份總額的乘積計算的金額;餘額在貸方表示期末企業實收資本或股本實有數額。「股本」科目還應按股票

種類設置明細帳,如普通股、優先股等。在中國,股本可按投資主體的不同分為國家股、法人股、個人股和外資股。股份有限公司還應設置股本備查簿,詳細記錄股本總額、股數、每股面值以及已認股本等情況。

三、一般企業實收資本的核算

根據中國有關法律的規定,投資者投入資本的形式可以有多種,如投資者可以用現金投資,也可以用非現金資產投資,符合國家規定比例的,還可用無形資產投資。

(一)企業接受現金資產投資

一般企業收到投資者以現金投入的資本時,應以實際收到或存入企業開戶銀行的金額作為實收資本入帳,借記「庫存現金」「銀行存款」科目,貸記「實收資本」科目。對於實際收到或存入企業開戶銀行的金額超過投資者在企業註冊資本中所占份額的部分,應計入資本公積。

【例11-1】A公司收到投資者投入資本5,500萬元,其中實收資本為5,000萬元,超過實收資本的投入資本500萬元。款已收到存入銀行。

借:銀行存款　　　　　　　　　　　　　　　　55,000,000
　貸:實收資本　　　　　　　　　　　　　　　　50,000,000
　　　資本公積　　　　　　　　　　　　　　　　 5,000,000

(二)企業接受非現金資產投資

企業收到投資者以非現金資產投入的資本時,應按投資雙方的合同或協議方確認的價值作為實收資本入帳,在辦理完有關產權轉移手續後,借記「固定資產」「原材料」「庫存商品」等科目,貸記「實收資本」科目。對於投資雙方確認的資產價值超過其在註冊資本中所占份額的部分,應計入資本公積,貸記「資本公積」科目。

【例11-2】A公司接受甲投資者以一批固定資產作為投資,協議作價100萬元,增值稅進項稅額為17萬元,其中100萬元作為實收資本入帳;A公司接受乙投資者以一塊土地使用權作為投資,協議作價240萬元,增值稅進項稅額為26.4萬元,其中200萬元作為實收資本入帳;A公司接受丙投資者以一批材料作為投資,協議作價60萬元,並收到丙投資者開具的增值稅發票中註明增值稅60×17%＝10.2萬元,其中50萬元作為實收資本。A公司已辦完了各實物的產權轉移手續。

借:固定資產　　　　　　　　　　　　　　　　 1,000,000
　　無形資產　　　　　　　　　　　　　　　　 2,400,000
　　原材料　　　　　　　　　　　　　　　　　 　600,000
　　應交稅費——應交增值稅(進項稅額)　　　　　 536,000
　貸:實收資本——甲　　　　　　　　　　　　　 1,000,000
　　　　　　——乙　　　　　　　　　　　　　 2,000,000
　　　　　　——丙　　　　　　　　　　　　　 　500,000
　　資本公積——資本溢價　　　　　　　　　　 1,036,000

(三)企業接受外幣資本投資

接受外幣資本投資主要是針對外商投資企業而言的。外商投資企業在接受外幣資

本投資時,一方面,應將實際收到的外幣款項等資產作為資產入帳,按收到外幣當日的匯率折合的人民幣金額,借記「銀行存款」等科目;另一方面,應將接受的外幣資產作為實收資本入帳,但在具體折算時,則應區別情況,按照投資合同中是否約定匯率而定。

(1)如果投資合同中約定匯率的,應按收到外幣當日的匯率折合的人民幣金額,借記「銀行存款」科目,按合同約定匯率折合的人民幣金額,貸記「實收資本」科目,將外幣資本按約定匯率折算的人民幣金額與按收到外幣當日匯率折合的人民幣金額之間的差額,計入資本公積,借記或貸記「資本公積——外幣資本折算差額」科目。

【例11-3】A公司接受丁外商投資100萬美元,合同匯率為1美元折合人民幣6.75元,A公司收到該外商的投資當日的市場匯率為1美元折合人民幣6.80元。

借:銀行存款——美元(1,000,000×6.80)　　　　　　6,800,000
　貸:實收資本——丁外商　　　　　　　　　　　　　　6,750,000
　　　資本公積——外幣資本折算差額[1,000,000×(6.80-6.75)]　50,000

(2)如果投資合同沒有約定匯率的,應接收到出資額當日的匯率折合的人民幣金額,借記「銀行存款」科目,貸記「實收資本」科目,不形成資本公積。

【例11-4】A公司接受某外商投資100萬美元,沒有規定合同匯率,A公司收到該外商的投資當日的市場匯率為1美元折合人民幣6.80元。

借:銀行存款——美元(1,000,000×6.80)　　　　　　6,800,000
　貸:實收資本——某外商　　　　　　　　　　　　　　6,800,000

(四)中外合作經營企業在合作期間歸還投資者投資

根據《中華人民共和國中外合作經營企業法》的規定,中外合作者在合作企業合同中約定合作期滿時合作企業的全部固定資產歸中國合作者所有的,可以在合作企業合同中約定外國合作者在合作期限內先行回收投資。在這種情況下,為了既完整反映企業的原始總投資情況,又及時反映已歸還投資的情況,應對已歸還的投資進行單獨核算,設置「已歸還投資」科目,並在資產負債表中作為實收資本的減項單獨反映。企業在歸還投資時,按照實際歸還的金額,借記「已歸還投資」科目,貸記「銀行存款」科目。

四、股份有限公司股本的核算

股份有限公司是指全部資本由等額股份構成並通過發行股票籌集資本,股東以其所持股份對公司承擔有限責任,公司以其全部資產對公司債務承擔責任的企業法人。股份有限公司與其他企業相比,其顯著特點在於將企業的資本劃分為等額股份,並通過發行股票的方式來籌集資本。股票的面值與股份總數的乘積即為公司股本,股本等於股份有限公司的註冊資本。為了如實反映公司的股本情況股份有限公司應設置「股本」科目進行核算。「股本」科目的貸方記錄企業發行和其他方式增加股份的股份面值;借方為減資時註銷股份的面值;餘額在貸方,反映企業實收資本或股本的總額。

(一)公司發行股票籌集股本

根據國家有關規定,股份有限公司應當在核定的股本總額及核定的股份總額的範圍內發行股票。當公司發行股票收到現金等資產時,應按照實際收到的金額,借記「庫存現

金」「銀行存款」等科目,按股票面值和核定的股份總額的乘積計算的金額,貸記「股本」科目,按其差額,貸記「資本公積——股本溢價」科目。

【例11-5】B股份有限公司對外公開發行股票1,000萬股,每股面值1元,發行價每股5元,核定的股票已全部發行,款已收到存入銀行。

借:銀行存款　　　　　　　　　　　　　　　　　50,000,000
　貸:股本　　　　　　　　　　　　　　　　　　　10,000,000
　　　資本公積——股本溢價　　　　　　　　　　　40,000,000

(二)境外上市公司和境內發行外資股公司股本

境外上市公司以及在境內發行外資股的公司,在收到股款時,應按照收到股款當日的匯率折合的人民幣金額,借記「銀行存款」等科目,按照股票面值與核定的股份總額的乘積計算的金額,貸記「股本」科目,按照收到股款當日的匯率折合的人民幣金額與按人民幣計算的股票面值總額的差額,貸記「資本公積——股本溢價」科目。

【例11-6】B股份公司在境外發行股票50萬股,每股面值1美元,每股發行價1.5美元,共收到75萬美元,當天的市場匯率為1美元折合人民幣6.80元。

借:銀行存款——美元(750,000×6.80)　　　　　　5,100,000
　貸:股本　　　　　　　　　　　　　　　　　　　3,400,000
　　　資本公積——股本溢價　　　　　　　　　　　1,700,000

五、可轉換公司債券轉為股本的核算

公司發行的可轉換公司債券按規定轉為股本時,應按該債券的面值,借記「應付債券——債券面值」科目,按未攤銷的溢價或折價,借記或貸記「應付債券——債券溢價」或「應付債券——債券折價」科目,按已提利息,借記「應付債券——應計利息」科目,按股票面值和轉換的股數計算的股票面值總額,貸記「股本」科目,按實際用現金支付的不可轉換股票的部分,貸記「庫存現金」等科目,按其差額,貸記「資本公積——資本(或股本)溢價」科目。

【例11-7】B股份有限公司經批准於2017年1月1日發行5年期1,000萬元可轉換公司債券,債券的票面利率為8%,按面值發行(不考慮發行費用)。債券發行後3年,即第4年年初可轉換為普通股,轉換比例為每100元轉換25股,每股面值1元。此時可轉換債券的帳面價值為1,240萬元(面值1,000萬元,應計利息240萬元),1,240÷4=310(萬股)。假設債券持有者於第4年年初將全部債券轉換為股票。

借:應付債券——可轉換債券(債券面值)　　　　　10,000,000
　　　　　　——可轉換債券(應計利息)　　　　　　2,400,000
　貸:股本　　　　　　　　　　　　　　　　　　　3,100,000
　　　資本公積——股本溢價　　　　　　　　　　　9,300,000

六、企業資本(或股本)變動的核算

根據中國有關法律的規定,企業資本(或股本)除了下列情況外,不得隨意變動:

一是符合增資條件,並經有關部門批准增資;

二是企業按法定程序報經批准減少註冊資本。

當企業發生上述兩種符合規定的資本(或股本)變動情況時,應進行相應的會計處理。

(一)企業增資的核算

1. 企業接受投資者額外投入實現增資的核算

在企業按規定接受投資者額外投入實現增資時,企業應按實際收到的款項或其他資產,借記「銀行存款」等科目,按增加的實收資本或股本金額,貸記「實收資本」或「股本」科目,按兩者之間的差額,貸記「資本公積——資本溢價」或「資本公積——股本溢價」科目。其會計處理與初次接受投資或發行股票籌資的會計處理相同。

2. 資本公積轉增資本的核算

在企業採用資本公積轉增資本時,企業應按照轉增的資本金額,借記「資本公積」科目,貸記「實收資本」或「股本」科目。

3. 盈餘公積轉增資本的核算

在企業採用盈餘公積轉增資本時,企業應按照轉增的資本金額,借記「盈餘公積」科目,貸記「實收資本」或「股本」科目。

【例11-8】C公司董事會或股東大會決定將資本公積3,000萬元,盈餘公積2,000萬元轉增資本。

借:資本公積	30,000,000
盈餘公積	20,000,000
貸:股本(實收資本)	50,000,000

4. 採用發放股票股利的核算

在股份有限公司股東大會或類似機構批准採用發放股票股利的方式分配盈利時,公司應在實施該方案並辦理完增資手續后,根據實際發放的股票股利數,借記「利潤分配——未分配利潤」科目,貸記「股本」科目,貸記「資本公積」科目(折股)。

【例11-9】C公司上年度宣告發放的股票股利600萬元,現按比例發放轉增資本。

借:利潤分配——未分配利潤	6,000,000
貸:股本(實收資本)	6,000,000

(二)企業減資的核算

在企業按照法定程序報經批准減少註冊資本時,應按照減資金額,借記「實收資本」或「股本」科目,貸記「庫存現金」「銀行存款」等科目。

股份有限公司採用收購本企業股票方式減資的,應按照註銷股票的面值總額減少股本,購回股票支付的價款超過面值總額的部分,依次減少資本公積和留存收益,借記「實收資本」或「股本」科目以及「資本公積」「盈餘公積」「利潤分配——未分配利」科目,貸記「庫存現金」或「銀行存款」科目;購回股票支付的價款低於面值總額的,應按照股票面值,借記「實收資本」或「股本」科目,按支付的價款,貸記「庫存現金」或「銀行存款」科目,按其差額,貸記「資本公積」科目。

【例11-10】C公司經批准同意減資50萬元股,現通過收購本公司股票后,作為庫藏股,每股收購價4元,原發行價每股3元,原形成的資本公積每股2元。先衝銷原形成的資本公積,不足部分衝盈餘公積。公司股東大會決議,購回股票按規定註銷。

借:庫藏股　　　　　　　　　　　　　　　　　　　　　　　　2,000,000
　　貸:銀行存款　　　　　　　　　　　　　　　　　　　　　　2,000,000
借:股本(實收資本)　　　　　　　　　　　　　　　　　　　　　500,000
　　資本公積——股本溢價　　　　　　　　　　　　　　　　　1,000,000
　　盈餘公積　　　　　　　　　　　　　　　　　　　　　　　　500,000
　　貸:庫藏股　　　　　　　　　　　　　　　　　　　　　　　2,000,000

【例11-11】企業以權益結算的股份支付換取職工或其他方提供服務的,在行權日,有100萬股份進行行權,每股面值1元。

借:資本公積——其他資本公積　　　　　　　　　　　　　　　1,000,000
　　貸:實收資本(股本)　　　　　　　　　　　　　　　　　　1,000,000

第四節　資本公積

一、資本公積概念

資本公積是指由投資者投入但不構成實收資本或股本,或從其他來源取得,由所有者共同享有的資金。

資本公積與盈餘公積不同,盈餘公積是從淨利潤中提取的,屬於留存收益,而資本公積屬於投入資本,資本公積的形成有其特定的來源,與企業的淨利潤無關。

資本公積與實收資本或股本也有區別。實收資本是投資者對企業的投入,並通過資本的投入謀求一定的經濟利益;而資本公積有特定的來源,某些來源的資本公積並不由投資者投入,也不一定需要謀求投資報酬,如接受捐贈的資產。

二、資本公積的形成來源

資本公積的形成來源包括如下內容:
(1)投資者投入資本的溢價(或股本溢價)。
(2)同一控制下企業合併(包括控股合併和吸收合併)時可能形成資本公積。
(3)長期股權投資採用權益法核算時,對被投資單位除淨利潤以外所有者權益變動,企業按持股比例計算應享有的資本公積。
(4)以權益結算的股份支付換取職工或其他方面提供勞務的,按確定的金額形成的資本公積。
(5)自用房地產或存貨轉換為以公允價值計量的投資性房地產時,調整形成的資本公積。
(6)將可供出售的投資轉為持有至到期投資或將持有至到期投資轉換為可供出售金

融資產所形成的資本公積。

三、資本公積的用途

根據《中華人民共和國公司法》等法律的規定,資本公積的用途主要是用來轉增資本(股本)。資本公積轉增資本(股本)既沒有改變企業的投入資本總額,也沒有改變企業的所有者權益總額。除此之外,在同一控製下企業合併時,調減資本公積及其他資產轉換時調減資本公積等。

四、資本公積核算應設置的會計科目

資本公積形成來源不同,其會計處理也有所不同。資本公積的會計處理,應設置「資本公積」科目進行核算。「資本公積」科目的貸方記錄資本公積的增加數;借方記錄資本公積的減少數;餘額在貸方,反映企業資本公積的現有數。「資本公積」科目應當分別按「資本溢價(股本溢價)」「其他資本公積」進行明細核算。

五、資本公積的會計處理

(一)股本溢價的會計處理

溢價發行是指股票或債券按超過面值的價格發售。股份有限公司按高於面值的價格發行股票時,其實際收到的超過股票面值的數額,稱為股本溢價。當股份有限公司以溢價方式發行股票時,在收到現金等資產時,按實際收到的金額,借記「庫存現金」「銀行存款」等科目,按股票面值和核定的股份總額的乘積計算的金額,貸記「股本」科目,按溢價部分,貸記「資本公積——股本溢價」科目。

境外上市企業以及在境內發行外資股的股份有限公司,在收到股款時,按收到股款當日的匯率折合的人民幣金額,借記「庫存現金」「銀行存款」等科目,按確定的人民幣股票面值和核定的股份總額的乘積計算的金額,貸記「股本」科目,按其差額,貸記「資本公積——其他資本公積」科目。

股份有限公司發行股票支付的手續費或佣金、股票印製成本等,減去發行股票凍結期間所產生的利息收入,溢價發行的,從溢價中抵銷;無溢價的,或溢價不足以支付的部分,作為長期待攤費用,分期攤銷。

【例11-12】A 有限責任公司的所有者權益為1,200萬元,其中實收資本為800萬元,盈餘公積為300萬元,未分配利潤為100萬元。現有一投資者願向該公司投資,該公司要求這一投資者出資300萬元現金,其中200萬元作為實收資本,100萬元作為資本公積,擁有20%的投資比例。該公司收到這一投資者的出資後存入銀行,其他手續已辦妥。

借:銀行存款   3,000,000
  貸:實收資本(股本)   2,000,000
    資本公積——資本溢價   1,000,000

【例11-13】B 股份有限公司於2017年1月1日發行普通股2,000萬股,每股面值1元,按每股4元的價格發行。發行費用為50萬元,從發行收入中扣除。假如收到的股

款已存入銀行。

借:銀行存款　　　　　　　　　　　　　　　　　　　79,500,000
　貸:股本　　　　　　　　　　　　　　　　　　　　　20,000,000
　　　資本公積——股本溢價　　　　　　　　　　　　　59,500,000

(二)其他方面形成的資本公積

(1)同一控製下企業合併(控股合併)時,按被投資企業所有者權益的帳面價值與持股比例所計算的應享有借記「長期股權投資」,按支付的對價貸記相關資產或負債科目,支付的對價小於其持有的份額時,差額貸記「資本公積」科目。

【例11-14】W公司以500萬元的對價購入同一控製下H公司20%的股份,H企業所有者權益合計為3,000萬元。

W公司應享有H公司股份的份額=3,000×20%=600(萬元)

借:長期股權投資　　　　　　　　　　　　　　　　　6,000,000
　貸:銀行存款　　　　　　　　　　　　　　　　　　　5,000,000
　　　資本公積　　　　　　　　　　　　　　　　　　　1,000,000

(2)企業以權益結算的股份支付換取職工或其他方提供服務的,在授予日,一般都不做處理,對於以權益結算的涉及職工的股份支付,在等待期的每個資產負債表日,應將取得的職工提供的服務計入成本費用,計入成本費用的金額應當按授予日權益工具的公允價值計量,同時,貸記資本公積,不確定其後續公允價值變動計量。

【例11-15】W企業為激勵職工或補償職工,採用股權支付,授予職工期權和認股權證等權益工具,以權益結算的涉及職工股權支付。在授予日,授予股權支付的股份為50萬股,每股面值1元,每股市場價格2元,其中生產工人30萬股,車間管理人員4萬股,行政管理人員10萬股,銷售人員6萬股。在授予日,不作會計處理,在等待期的資產負債表日應編制的會計分錄為:

借:生產成本　　　　　　　　　　　　　　　　　　　　600,000
　　製造費用　　　　　　　　　　　　　　　　　　　　 80,000
　　管理費用　　　　　　　　　　　　　　　　　　　　120,000
　　銷售費用　　　　　　　　　　　　　　　　　　　　200,000
　貸:資本公積——其他資本公積　　　　　　　　　　　1,000,000

(3)企業用自用房地產或存貨轉換為按公允價值計量的投資性房地產,差額調整資本公積。

【例11-16】企業將固定資產轉換為以公允價值計量的投資性房地產,固定資產的原值為100萬元,累計折舊30萬元,轉換日的公允價值為80萬元。

借:投資性房地產　　　　　　　　　　　　　　　　　　800,000
　　累計折舊　　　　　　　　　　　　　　　　　　　　300,000
　貸:固定資產　　　　　　　　　　　　　　　　　　　1,000,000
　　　資本公積——其他資本公積　　　　　　　　　　　　100,000

(4)長期股權投資採用權益法核算形成的資本公積。長期股權投資採用權益法核算

的,在持股比例不變的情況下,被投資單位因某原因引起資本公積變動,投資企業按持股比例計算應享有的份額借記或貸記「長期股權投資——其他權益變動」科目,貸記或借記「資本公積——其他資本公積」科目。

【例 11-17】B 公司擁有 W 公司 30%具有表決權資本,其對 W 公司的投資採用權益法核算。W 公司因其他原因本期增加資本公積 30 萬元。B 公司按持股比例確定資本公積。

　　B 公司的會計分錄如下:
　　借:長期股權投資——其他權益變動　　　　　　　　　　90,000
　　　　貸:資本公積——其他資本公積　　　　　　　　　　　90,000

如果 B 公司以后將該長期股權投資對外轉讓時,應按轉讓比例將已計入資本公積的部分轉入投資收益。

　　假設全部轉讓。
　　借:資本公積——其他資本公積　　　　　　　　　　　　90,000
　　　　貸:投資收益　　　　　　　　　　　　　　　　　　　90,000

(5)撥款轉入。撥款轉入是因國家對某些國有企業撥入的,專項用於某項目的撥款,在該撥款項目完成後,形成資產的撥款部分,轉作資本公積。在中國,國家對某些行業或企業撥出專款,專門用於企業的技術改造、技術研究等項目,在收到撥款時,暫作長期負債處理,待該項目完成后,屬於費用而按規定予以核銷的部分,直接衝減長期負債;屬於形成資產價值的部分,從理論上講應視為國家的投資,增加國家資本,但因增加資本需要經過一定的程序。因此,暫計入資本公積。

【例 11-18】企業收到國家撥入專門用於技術研究的一筆款 200,000 元。
　　取得撥款。
　　借:銀行存款　　　　　　　　　　　　　　　　　　　200,000
　　　　貸:專項應付款　　　　　　　　　　　　　　　　　200,000
　　該技術研究發生費用 150,000 元。
　　借:基本生產成本(輔助生產成本)　　　　　　　　　　150,000
　　　　貸:銀行存款　　　　　　　　　　　　　　　　　　150,000
　　該技術研究成功,並驗收入庫。
　　借:產成品(固定資產)　　　　　　　　　　　　　　　150,000
　　　　貸:基本生產成本(輔助生產成本)　　　　　　　　150,000
　　將長期應付款轉入資本公積。
　　借:專項應付款　　　　　　　　　　　　　　　　　　200,000
　　　　貸:資本公積——其他資本公積　　　　　　　　　　200,000

(6)外幣資本折算差額。企業接受外幣投資時,收到的外幣資產應作為資產登記入帳,同時對接受的外幣資產投資應作為投資者的投入,增加實收資本。在中國,一般企業以人民幣為記帳本位幣,在收到外幣資產時需要將外幣資產價值折合為人民幣記帳。在將外幣資產折合為人民幣記帳時,其折合匯率按以下原則確定:

①對於各項外幣科目,一律按收到出資額當日的匯率折合。
②對於實收資本科目,合同約定匯率的,按合同約定的匯率折合;合同沒有約定匯率的,按收到出資額當日的匯率折合。

由於外幣科目與實收資本科目所採用的折合匯率不同而產生的人民幣差額,做資本公積處理。企業收到投資者投入的外幣,按收到出資額當日的匯率折合的人民幣金額,借記「銀行存款——外幣」科目,按合同約定匯率或按收到出資額當日的匯率折合的人民幣金額,貸記「實收資本」科目,按收到出資額當日市場匯率折合的人民幣金額與按合同約定匯率折合的人民幣金額之間的差額,借記或貸記「資本公積——外幣資本折算差額」科目。

境外上市公司以及在境內發行外資股的公司,按人民幣金額計算的股票面值,與核定的股份總額的乘積計算的金額,作為股本入帳,按收到股款當日的匯率折合的人民幣金額與按人民幣計算的股票面值總額的差額,作為資本公積(外幣資本折算差額)處理。

【例 11-19】某公司接收外商 A 用美元投資,合同規定外商 A 應投資 100 萬美元,按合同或協議匯率 1 美元=6.70 元人民幣折算,實際收到外商 A 的美元投資日的市場匯率為 1 美元=6.75 元人民幣。

借:銀行存款——美元(100×6.75)　　　　　　　　6,750,000
　　貸:股本——外商 A　　　　　　　　　　　　　　6,700,000
　　　　資本公積——外幣資本折算差額　　　　　　　　50,000

如果合同規定按投資日的實際匯率折算為股本,則不會產生資本公積——外幣資本折算差額。

【例 11-20】某企業根據董事會及股東大會的決議,將資本公積 500,000 元按股東持股比例轉增資本,其中,其他資本公積 300,000 元,股本溢價 200,000 元。

借:資本公積——其他資本公積　　　　　　　　　　300,000
　　　　　　——股本溢價　　　　　　　　　　　　200,000
　　貸:股本　　　　　　　　　　　　　　　　　　　500,000

第五節　留存收益

一、留存收益的內容

留存收益是股份有限公司通過其生產經營活動而創造累積,且尚未分配給股東的淨收益(即淨利潤)。留存收益來源於企業生產經營中所實現的淨利潤——資本增值。留存收益的目的是保證企業實現的利潤有一部分留存在企業,不全部分配給投資者。這樣,一方面可以滿足企業維持或擴大再生產經營活動的資金需要,保持和提高企業的獲利能力;另一方面可以保證企業有足夠的資金彌補以後年度可能出現的虧損,也保證企業有足夠的資金用於償還債務,保護債權人的權益。基於此,對於留存收益的提取和使用,除了企業的自主行為外,往往也有法律上的諸多規定和限制。留存收益主要包括盈

餘公積和未分配利潤。

(一)盈餘公積

盈餘公積是公司按照規定,從稅后利潤中提取的各種累積資金。盈餘公積分為兩種:一種是法定盈餘公積。公司可按照淨利潤的10%提取,當法定盈餘公累積計金額達到公司註冊資本的50%以上時,可以不再提取。另一種是任意盈餘公積。任意盈餘公積主要是公司按照股東大會的決議從淨利潤中提取。

法定盈餘公積和任意盈餘公積的主要區別在於各自計提的依據不同。法定盈餘公積以國家的法律或法令為依據提取,具有明顯的強制性;任意盈餘公積則由公司自行決定提取。法定盈餘公積和任意盈餘公積的用途相同,主要用於彌補虧損和轉增股本。

1. 彌補虧損

公司發生虧損,應由公司自行彌補。彌補虧損的渠道主要有如下三種:

(1)用以后年度稅前利潤彌補。按照規定,公司發生虧損,可以用以后年度實現利潤進行彌補,但彌補期限不得超過五年。

(2)用以后年度稅后利潤彌補。超過了稅收規定的稅前利潤彌補期限,未彌補的以前年度虧損可用所得稅后利潤彌補。

(3)用盈餘公積彌補。公司以提取的盈餘公積彌補虧損時,應由公司董事會提議,並經股東大會批准。

2. 轉增股本

股份有限公司經股東大會決議將盈餘公積轉為股本時,要辦理增資手續,且按股東原有股份比例派送新股或者增加每股面值。但盈餘公積轉增股本時,轉增后留存的盈餘公積不得少於註冊資本的25%。此外,盈餘公積還可用於分派現金股利。

盈餘公積的提取實際上是公司當期實現利潤向投資者分配利潤的一種限制。提取盈餘公積本身就屬於利潤分配的一部分,提取盈餘公積相對應的資金,一經提取形成盈餘公積后,在一般情況下不得隨意用於向投資者分配股利。盈餘公積的用途,並不是指其實際占用形態,提取盈餘公積也並不是單獨將這部分資金從公司資金週轉過程中抽出。公司提取的盈餘公積,無論是用於彌補虧損,還是用於轉增股本,只不過是在公司所有者權益內部結構的轉換,如公司以盈餘公積彌補虧損時,實際是減少盈餘公積留存的數額,以此抵補虧損的數額,並不引起公司所有者權益總額的變動;公司以盈餘公積轉增股本時,也只是減少盈餘公積結存的數額,但同時增加公司股本的數額,也並不引起所有者權益總額的變動。至於公司盈餘公積的結存數,實際只表現公司所有者權益的組成部分,表明公司生產經營資金的一個來源而已,其形成的資金可能表現為一定的貨幣資金,也可能表現為一定的實物資產,如存貨和固定資產等,隨同公司的其他來源所形成的資金進行循環週轉。

(二)未分配利潤

未分配利潤是公司留待以后年度進行分配的結存利潤,是所有者權益的組成部分。未分配利潤包括兩層含義:一層含義是這部分利潤沒有分給投資者;另一層含義是這部分利潤未指定用途。公司對未分配利潤的使用分配與所有者權益的其他部分相比有較

大的自主權。從數量上來說,未分配利潤是期初未分配利潤,加上本年實現的稅后利潤,減去提取的各種盈餘公積和分出利潤后的金額。

二、留存收益的會計處理

(一)盈餘公積的會計處理

為了反映公司盈餘公積的提取和使用等增減變動情況,股份有限公司應設置「盈餘公積」科目,公司按規定提取的法定盈餘公積和任意盈餘公積記入「盈餘公積」科目的貸方,公司將盈餘公積用於彌補虧損、將盈餘公積用於轉增股本而減少的盈餘公積記入「盈餘公積」的科目的借方,「盈餘公積」科目的貸方餘額表示公司提取的盈餘公積餘額。「盈餘公積」科目下應設置「法定盈餘公積」「任意盈餘公積」等明細帳。

【例11-21】W股份有限公司2017年度實現的稅后利潤為3,000,000元。股東代表大會通過的利潤分配方案中,決定提取10%的稅后利潤作為法定盈餘公積金,8%的稅后利潤作為任意盈餘公積。到2018年6月30日,提取的法定盈餘公積中的100,000元用於轉增股本,任意盈餘公積中的60,000元用於派發股利,50,000元用於彌補以前年度的虧損。

(1)2017年年末提取一般盈餘公積。

借:利潤分配——提取法定盈餘公積金　　　　　　　　　300,000
　　　　　　——提取任意盈餘公積金　　　　　　　　　240,000
　貸:盈餘公積——法定盈餘公積　　　　　　　　　　　300,000
　　　　　　——任意盈餘公積　　　　　　　　　　　240,000

(2)2018年6月30日以盈餘公積轉增股本。

借:盈餘公積——法定盈餘公積　　　　　　　　　　　100,000
　貸:股本　　　　　　　　　　　　　　　　　　　　100,000

(3)2018年6月30日以盈餘公積派發股利。

借:盈餘公積——任意盈餘公積　　　　　　　　　　　60,000
　貸:應付股利　　　　　　　　　　　　　　　　　　60,000

也可以先轉入利潤分配,再編制分配股利的會計分錄。

(4)2018年6月30日以盈餘公積彌補以前年度虧損。

借:盈餘公積——任意盈餘公積　　　　　　　　　　　50,000
　貸:利潤分配——彌補虧損　　　　　　　　　　　　50,000

(二)未分配利潤的會計處理

在股份有限公司中,利潤分配方案必須由董事會提交股東代表大會審議通過,才能付諸實施。年度終了,股份有限公司應將全年實現的淨利潤,從「本年利潤」科目轉入「利潤分配——未分配利潤」科目。如果公司當年實現盈利,則借記「本年利潤」科目,貸記「利潤分配——未分配利潤」科目;如果公司虧損,則借記「利潤分配——未分配利潤」科目,貸記「本年利潤」科目。然后將「利潤分配」科目下的其他明細帳的餘額(即應付股利、提取盈餘公積、盈餘公積補虧等科目),轉入「未分配利潤」明細科目。結轉后,「未分

配利潤」科目的貸方餘額就是未分配利潤的數額。如出現借方餘額,則表示未彌補虧損的數額。

【例11-22】W股份有限公司2017年「本年利潤」科目年末貸方餘額2,500,000元,本年提取法定盈餘公積為250,000元,提取任意盈餘公積325,000元,分配現金股利1,500,000元。「利潤分配——未分配利潤」科目的期初貸方餘額為100,000元。

(1) 結轉全年利潤。

借:本年利潤　　　　　　　　　　　　　　　　　　　2,500,000
　　貸:利潤分配——未分配利潤　　　　　　　　　　　　　2,500,000

(2) 結轉利潤分配的其他明細科目。

借:利潤分配——未分配利潤　　　　　　　　　　　　　2,075,000
　　貸:利潤分配——提取法定盈餘公積　　　　　　　　　　　250,000
　　　　　　　——提取任意盈餘公積　　　　　　　　　　　　325,000
　　　　　　　——應付股利　　　　　　　　　　　　　　1,500,000

上述核算的結果,該公司2017年「利潤分配——未分配利潤」科目的期末貸方餘額為525,000元(100,000+2,500,000-2,075,000),表示公司尚有未分配的利潤。

企業如果發生了虧損,如同實現淨利潤一樣,均從「本年利潤」科目轉入「利潤分配」科目。結轉后,上年未分配的利潤自然抵補了虧損。如上年未分配的利潤不夠補虧,則「利潤分配」科目仍然有借方餘額,表示未彌補的虧損,第二年實現了淨利潤,用同樣的方法自「本年利潤」科目轉入「利潤分配」科目,結轉后,自然抵減了上年轉來的借方餘額,即彌補了虧損,無需編制專門補虧的會計分錄。這裡還應注意,無論是稅前利潤補虧,還是稅后利潤補虧,會計處理方法都一樣,區別在於企業申報繳納所得稅時,稅前利潤補虧可以作為應納稅所得額的調整數,而稅后利潤補虧不能。

思考題

1. 什麼是所有者權益?有何基本特徵?包括哪些內容?
2. 試述股份有限公司的基本特徵。
3. 普通股和優先股在權利上有何不同?
4. 股東投資有哪些形式?如何計價?
5. 資本公積有哪些主要來源?可用於哪些方面?如何進行會計處理?
6. 什麼是留存收益?其包括哪些內容?
7. 盈餘公積包括哪些內容?可用於哪些方面?如何進行會計處理?
8. 什麼是公益金?公益金與從成本中提取的職工福利基金有何不同?
9. 公益金和一般盈餘公積有什麼區別?進行會計處理應注意哪些問題?
10. 什麼叫未分配利潤?對未分配利潤進行會計處理時,應注意哪些問題?

練習題

1. 甲股份有限公司發行普通股 2,000 萬股，每股面值 1 元，發行價格為每股 12.36 元，按收入總股款的 3% 支付承銷商手續費，全部股款已收妥入帳。編制相關會計分錄。

2. 甲股份有限公司接受其他單位投資的 1 臺設備，該設備的協議價格為 200,000 元，發生運輸費 3,000 元，該設備需要安裝才能交付生產使用，安裝費 7,000 元，均以銀行存款支付。設備增值稅稅率為 17%。設備已安裝完畢交付使用，確定計算 100,000 股。編制相關會計分錄。

3. 甲股份有限公司由於經營規模縮小，經批准減資 50 萬元，公司原發行普通股股票面值每股 1 元，原發行價格為每股 3 元。現以每股 4 元的價格收購本公司普通股 50 萬股實現減資。該公司股本溢價為 55 萬，提取的盈餘公積為 125 萬元。編制相關會計分錄。

4. 甲股份有限公司 2017 年年末實現利潤總額 400,000 元，假設無納稅調整項目，上年結轉未分配利潤貸方餘額 50,000 元，按 25% 計交所得稅，按稅後利潤 10% 提取盈餘公積金，按稅後利潤的 5% 提取任意盈餘公積，按當年可供投資者分配利潤的 75% 分給投資者股利。計算 2017 年年末甲公司的未分配利潤並編制有關會計分錄。

5. 2017 年 12 月 31 日，甲公司所有者權益構成如下：

實收資本	2,000,000
資本公積	1,850,000
盈餘公積——任意盈餘公積	1,200,000
——法定盈餘公積	3,800,000
未分配利潤	672,000
合計	9,522,000

（1）經批准以資本公積 1,000,000 元和盈餘公積 800,000 元轉增資本。
（2）決定分配投資者現金股利 218,000 元。

根據上述資料，編制有關會計分錄。

第十二章

收　入

在市場經濟條件下,追求利潤最大化已成為企業經營的重要目標之一。收入是利潤的來源,受到企業以及企業投資者和其他相關方面的重視。如何規範收入的確認和計量,確保財務報表反映的收入信息真實、可靠,成為會計核算的重要內容。本章闡述收入的概念、內容,收入的確認和計量以及收入的會計處理。

第一節　收入的概念、特徵和內容

一、收入的概念

對於收入的定義,國際會計準則和其他一些國家的會計準則存在差異。

(一) 國際會計準則對收入的定義

國際會計準則委員會(IASB)《關於編制和提供財務報表的框架》(以下簡稱《國際會計準則概念框架》)和《國際會計準則第 18 號——收入 (1993 年修訂)》(以下簡稱《國際會計準則第 18 號》)分別涉及對收入的界定。

《國際會計準則概念框架》中指出:收益指會計期間內經濟利益的增加,其形式表現為由資產的流入、資產增值或負債減少而引起的權益的增加,但不包括與權益所有者出資有關的類似事項。其中,經濟利益最終表現為直接或間接地流入企業的現金或現金等價物。《國際會計準則第 18 號》進一步指出:收入(Revenue)指企業在日常活動中形成的導致權益增加的經濟利益(Economic Benefit)的總流入(Inflow)。不包括投資者出資所導致的權益的增加。在這個定義中,比較關鍵的一個詞是「日常活動」,指企業所從事的作為其業務組成部分的所有活動以及這些活動的延伸或因這些活動而形成的其他相關活動。

(二) 美國公認會計原則對收入的定義

美國會計文獻中廣泛地提到收入這個概念,但對於收入到底指什麼,卻有過不同的觀點。1957 年,美國會計學會(AAA)概念和準則委員會將收入定義為:企業在某一期間轉移給客戶的以貨幣表示的商品或勞務的總量。這個概念在理論上受到重視,但在實務中卻沒有得到較好地運用。后來,美國註冊會計師協會(AICPA)發布的會計研究公告第 4 號在此收入概念的基礎上,進一步將收入概念的外延擴大,將銷售商品和提供勞務的收入以及諸如廠房、設備和投資這些非產品性質的資源的轉讓收入包括在收入中,並指出:收入是指按公認會計原則(GAAP)確認和計量的資產的總增加或負債的總減少。其中,

增加或減少源於企業的那些能夠改變業主權益的獲利活動。這個概念一直沿用到 1980 年美國財務會計準則委員會(FASB)公布第三輯概念公告《財務報表的要素》(1985 年由第六輯概念公告《財務報表的要素》替代)。第六輯概念公告指出：收入指某一個體在其持續的、主要的或核心的業務中，因交付或生產了商品，提供了勞務，或進行了其他活動，而獲得的或其他增加了的資產，或因而清償了的負債，或兩者兼而有之。其中，「持續的、主要的或核心的業務」包括：生產或交付產品、提供勞務、借貸、保險、投資和融資等活動。

(三) 其他國家的會計準則對收入的定義

除國際會計準則和美國公認會計原則外，其他一些國家的公認會計原則或法規也對收入下過定義。例如，日本公認會計原則將收入定義為：企業在一段時間內由於交付或生產商品、提供勞務及其他盈利性活動而引起的資產的增加或負債的減少或者兩者兼而有之。澳大利亞會計準則第 15 號將收入定義為：企業在報告期內，導致權益增加（不含所有者投入所引起的增加）的未來經濟利益流入或其他增加，或流出的減少，表現為企業資產的增加或負債的減少。

從上述各國會計準則對收入的定義來看，存在兩種收入定義方法：一種方法是將收入限定在企業日常活動所形成的經濟利益總流入，如第 18 號國際會計準則、美國財務會計準則委員會第六輯概念公告；另一種方法是將企業日常活動及其之外的活動形成的經濟利益流入均視作收入，如澳大利亞會計準則。但同時從各國會計準則對收入的定義可以看出，收入的來源是企業的經營活動，收入的表現形式是經濟利益流入企業，收入的實質是權益的增加。

(四) 中國企業會計準則對收入的定義

中國《企業會計準則第 14 號——收入》將收入定義為：企業在日常活動中所形成的、會導致所有者權益增加的、與所有者投入資本無關的經濟利益的總流入。收入具體包括：銷售商品、提供勞務、讓渡資產使用權收入。其中，「日常活動」意為一個企業的持續的、主要原因的或核心的業務活動。中國會計準則採用這種收入定義出於以下三點考慮：

(1) 收入與利得在形成的原因和會計處理方面有一定的差別，將兩者區分開來，有利於建立收入確認和計量原則。

(2) 分別提供收入與利得的有關信息，更能滿足會計信息使用者的要求。

(3) 與國際會計準則盡可能地協調。

需要說明的是，有些項目雖然符合收入的定義，但有相應的其他準則對其予以規範，不屬於《企業會計準則第 14 號——收入》的規範之列。例如，建築承包企業的建造合同收入、對外投資取得的股利和利息收入等分別由《企業會計準則第 15 號——建造合同》和《企業會計準則第 2 號——長期股權投資》對其予以規範。

二、收入的特徵

從收入的定義可將收入的特徵歸納為如下幾點：

(一) 收入是從日常活動中產生的

收入是從日常生活中產生的這一特徵將收入與利得區分清楚了。利得(Gains)是企

業邊緣性(Marginality)或偶發性(Accidentally)等交易或事項的結果,這些交易或事項絕大多數是源於企業無力控製的外界因素的影響。利得屬於不經過經營活動就能取得或不曾期望獲得的收益。如通過訴訟獲得的收入、變賣非流動資產生的收益等,並且利得在會計報表上通常以淨額反映。收入則是企業日常經營活動產生的,如製造業是通過銷售本企業生產的產品取得的收入;商品流通企業是通過轉銷購進商品而取得的收入;金融企業通過存貸業務和結算業務取得的收入;服務企業通過對外提供勞務而取得的收入。

(二)收入可能表現為企業資產的增加,或負債的減少,或兩者兼而有之

當企業銷售一批商品或提供一項勞務後,可能收到一筆現金或銀行存款而增加企業的貨幣資產,或者收到了一項收取貨款的權利而增加企業應收帳項資產;也可能通過抵減企業所欠他人的債務來結算而減少企業的負債(以貨抵債);也可能收到一部分資產,同時抵減一部分債務。

(三)收入能導致企業所有者權益的增加

收入能導致企業權益的增加這一特徵是收入的基本特徵,也是收入的實質。收入的這一特徵可以通過會計等式來理解。會計的基本等式為「資產＝負債＋所有者權益」,現變換一下該等式,即為「資產－負債＝所有者權益」。由於收入會引起企業資產的增加、債務的減少或兩者兼而有之,從變換后的會計等式中可以看出,無論是哪種情況出現,都會使公式右邊的所有者權益增加。

需要注意的是,這一特徵中的收入是指未考慮為取得收入而發生的成本費用或代價的收入。如果實現收入之同時考慮其成本或代價,其收入並不一定會導致所有者權益增加,還可能導致企業所有者權益減少,如收入小於其成本發生虧損時的情況。這也就是收入定義中為什麼強調經濟利益的總流入的原因。

三、收入的內容

企業的收入可以根據不同的標準進行不同的分類,一般情況下有兩種分類方法:一種是按收入形成的原因分類,另一種是按收入的主次分類。

收入按照主次分類分為主營業務收入和次營業務收入或其他業務收入。

收入按其形成的原因可分為商品銷售收入、提供勞務收入、讓渡資產使用權收入。

商品銷售收入是指製造企業銷售本企業生產的產品而實現的收入;商品流通企業轉銷購進商品而取得的收入。

提供勞務收入是指服務性企業對外提供旅遊、運輸、飲食、廣告、理髮、照相、洗染、諮詢、代理、培訓、安裝等勞務而取得的收入。

讓渡資產使用權收入指金融企業因他人使用本企業現金而收取的利息收入;一般企業因他人使用本企業無形資產(如商標權、專利權、專營權、軟件、版權等)而取得的使用費收入。

第二節　收入的確認

收入確認是指交易或事項發生后,應否、何時、如何將收入加以記錄和列入利潤表的過程。在確認收入時,必須符合兩個基本條件:一個條件是與形成收入交易相關的經濟利益能夠流入企業;另一個條件是收入能夠可靠計量。對於各種具體的收入來說,其確認標準又有差別。

一、銷售商品收入的確認

商品是為交換而生產的對他人或社會有用的勞動產品。企業銷售的其他存貨如原材料、包裝物等也視同商品。商品銷售主要包括以取得貨幣資金和收取貨款權利方式進行的商品銷售以及正常情況下的以商品抵償債務的商品銷售。企業以商品進行投資、捐贈(出)及自用等,會計上均不作為銷售商品處理,應按成本結轉。

銷售商品作為一類產生收入的交易,相關收入的確認,首先必須符合收入確認的兩個基本條件。由於收入必須與費用配比(Matching),因而銷售商品的收入的確認需符合為賺取(Earned)該收入所發生的成本必須能夠可靠計量這項條件。此外,由於銷售商品的收入源於「銷售商品交易」,因此在對銷售商品收入確認時還需考慮對應的銷售商品交易是否已經完成。

《國際會計準則第18號》認為,判斷銷售商品交易是否已經完成的標誌是銷貨方是否已經將商品所有權上的主要風險(Risk)和報酬(Return)轉移給購貨方,是否保留了通常與商品所有權相聯繫的繼續管理權,是否仍對已售出的商品實施控製。中國制定企業會計準則時基本上採用了國際會計準則的確認方法。

中國《企業會計準則第14號——收入》規定,銷售商品的收入,只有在符合以下全部五個條件時才能予以確認:

(1)企業已將商品所有權上的主要風險和報酬轉移給購貨方。
(2)企業既沒有保留通常與所有權相關係的繼續管理權,也沒有對已售出的商品實施控製。
(3)收入的金額能夠可靠計量。
(4)相關的經濟利益很可能流入企業。
(5)相關的已發生或將要發生的成本能夠可靠計量。

(一)企業已將商品所有權上的主要風險和報酬轉移給購貨方

商品所有權上的風險主要指商品所有者承擔該商品價值發生損失的可能性。例如,商品的價值發生減值、商品發生毀損的可能性,就是商品所有權上的風險。

商品所有權上的報酬主要指商品所有者預期可獲得的商品中包含的未來經濟利益。商品所有權上的報酬表現為商品價值的增加以及商品的使用所形成的經濟利益等。

「主要風險和報酬」是相對於「次要風險和報酬」而言的。也就是說「次要風險和報

酬」未轉移給對方,不影響收入的確認。在實務中,判斷風險和報酬是主要還是次要時,需要視具體交易而定。

商品所有權上的主要風險和報酬轉移給購貨方指風險和報酬均轉移給了對方。當一項商品發生的任何損失由買方承擔,帶來的經濟利益也歸買方所有,則意味著該商品所有權上的全部風險和報酬已轉移給了買方。在判斷商品所有權上的主要風險和報酬是否已轉移,需要關注每項交易的實質而不是形式。通常,所有權憑證的轉移或實物的交付是需要考慮的重要因素。

(1)大多數情況下,所有權上的風險和報酬的轉移伴隨著所有權憑證的轉移或實物的交付而轉移,如大多數零售交易。

(2)在有些情況下,企業已將所有權憑證或實物交付給買方,但商品所有權上的主要風險和報酬並未轉移。企業可能在以下幾種情況下保留了商品所有權上的主要風險和報酬:

①企業銷售的商品在質量、品種、規格等方面不符合合同的要求,又未根據正常的保證條款予以彌補,因而銷售方仍負有責任,如銷售折讓未達成協議。

②企業銷售商品的收入是否能夠取得取決於買方銷售其商品的收入是否能夠取得,如代銷商品。

③企業尚未完成售出商品的安裝和檢驗工作,且此項工作是銷售合同的重要內容,如電梯的銷售,在未安裝完畢並檢驗合格時不能確認收入。

④銷售合同中規定了由於特殊原因買方有權退貨的條款,而企業又不能確定退貨的可能性。例如,企業推銷新產品,承諾客戶試用期如不滿意,可以退貨,此銷售只有等到退貨期滿后才能確認收入。

(二)企業既沒有保留通常與所有權相關係的繼續管理權,也沒有對已售出的商品實施控製

對售出商品實施繼續管理,既可能源於仍擁有商品的所有權,也可能與商品的所有權沒有關係。如果商品售出后,企業仍保留有與該商品的所有權相聯繫的繼續管理權,則說明此項銷售商品交易沒有完成,銷售不成立,不能確認收入。同樣,如果商品售出后,企業仍對售出的商品可以實施控製,則此項銷售沒有完成,不能確認收入。例如,A製造商將一批商品售給某中間商,合同規定 A 企業有權要求中間商將售出的商品轉移或退回。但是,如果商品的所有權已經轉移,而售出企業繼續代管,則不影響其收入的確認。又如,B 房地產開發商將一片住宅小區全部銷售給某客戶,並受該客戶委託代售小區商品房和管理小區物業。

(三)收入的金額能夠可靠計量

美國財務會計準則委員會(FASB)第 5 號概念公告指出,任何會計要素的確認,都必須要滿足可定義性、可計量性、相關性和可靠性。收入不能可靠計量,便不可能對其確認。要注意的是,收入能夠可靠計量並不意味著收入必須等收到后才算能夠可靠計量。

(四)與交易相關的經濟利益很可能流入企業

與銷售商品交易有關的經濟利益主要包括因銷售商品而直接或間接獲取的現金或

現金等價物(含收取貨款的權利和其他實物)。企業在銷售商品交易中,直接收到的不一定都是現金或現金等價物,還有可能是收取貨款的權利和非現金資產,有時還可能發生直接以商品抵債的情形。但不管收到的是非現金資產,還是直接就是以商品抵債,最終都能體現為現金或現金等價物流入企業。

該條件中的「很可能」是一個定性概念,但可以用一個數量範圍來表示。通常情況下,「很可能」是指發生的概率有50%～95%的可能性。實務中,如果企業售出的商品符合合同或協議規定的要求,企業已將發票帳單交給了對方,對方也承諾付款,即說明銷售商品的價款很可能收回。

(五)相關的已發生或將發生的成本能夠可靠計量

由於收入與為賺取該收入而發生的費用必須配比,因而要求收入能夠可靠計量的同時,也要求相關的成本能夠可靠計量。否則,即使收入確認的其他條件均符合,也不能確認收入。一般情況下,銷售商品的收入和成本是能夠計量的。但有時也會遇到收入或成本不能可靠計量的情況,此時不能確認收入。

銷售商品收入的確認比較複雜,企業會計人員必須仔細分析每項具體交易的實質,只有交易同時符合上述五項條件,才能確認收入。

二、提供勞務收入的確認

《企業會計準則第14號——收入》規定,勞務收入的確認分為兩種情況:一種情況是企業在資產負債表日提供勞務交易的結果能夠可靠地估計;另一種情況是企業在資產負債表日提供勞務交易的結果不能夠可靠地估計。

(一)提供勞務交易的結果能夠可靠地估計

企業在資產負債表日提供勞務交易的結果能夠可靠地估計,應當採用完工百分比法確認提供勞務的收入。完工百分比法是指按照提供勞務交易的完工進度確認收入和費用的方法。

提供勞務交易的結果能夠可靠地估計,是指同時滿足下列條件:
(1)收入的金額能夠可靠地計量。
(2)相關的經濟利益很可能流入企業。
(3)交易的完工進度能夠可靠地確定。
(4)交易中已發生和將發生的成本能夠可靠地計量。

勞務總收入指勞務交易雙方簽訂的勞務合同中註明的交易總金額或協議約定的總金額。勞務總成本是指至資產負債表日已發生的成本和完成整個勞務還需發生的成本。勞務總收入和總成本能夠可靠地計量是確認收入的基本條件之一。收入不能計量,便不能確認收入。需要說明的是,在實踐中,可能出現入帳後的勞務總收入額的可收回性(Collectible)存在較大的不確定性,此時,無法收回或無法補償的金額應作為費用來處理,而不能作為最初已確認的收入金額的調整數處理,即不調整減少原已確認的收入,直接作為費用處理。

與提供勞務交易相關的經濟利益是指企業因履行勞務合同可從客戶獲得的勞務款

項。與提供勞務交易相關的經濟利益不能流入企業時,不能確認勞務收入。

勞務的完成程度能夠可靠地確定,對於按完工進度確認勞務收入是至關重要的。在資產負債日,如果對勞務的完成程度不能可靠地確定,也就無法確定資產負債表日應確認多少收入和相關成本。

(二)提供勞務交易結果不能夠可靠地估計

企業在資產負債表日提供勞務交易結果不能夠可靠估計的,應當分別下列情況處理:

(1)已經發生的勞務成本預計能夠得到補償的,按照已經發生的勞務成本金額確認提供勞務收入,並按相同金額結轉勞務成本。

(2)已經發生的勞務成本預計不能夠得到補償的,應當將已經發生的勞務成本計入當期損益,不確認提供勞務收入。

企業與其他企業簽訂的合同或協議包括銷售商品和提供勞務時,銷售商品部分和提供勞務部分能夠區分且能夠單獨計量的,應當將銷售商品的部分作為銷售商品處理,將提供勞務的部分作為提供勞務處理。

銷售商品部分和提供勞務部分不能夠區分,或者能區分但不能單獨計量的,應當將銷售商品部分和提供勞務部分全部作為銷售商品處理。

(三)特殊勞務收入的確認

1. 安裝費收入

如果安裝費是與商品銷售分開的,則應在年度終了時根據安裝的完工程度確認收入;如果安裝費是商品銷售收入的一部分,則應與所銷售的商品同時確認收入。

2. 廣告費收入

宣傳媒介的佣金收入應在相關的廣告或商業行為開始出現於公眾面前時予以確認。廣告的製作佣金收入則應在年度終了時根據項目的完成程度確認。

3. 入場費收入

因藝術表演、招待宴會以及其他特殊活動而產生的收入,應在這些活動發生時予以確認。如果是一筆預收幾項活動的費用,則這筆預收款應合理分配給每項活動。

4. 申請入會費和會員費收入

這方面的收入確認應以所提供服務的性質為依據。如果所收費用只允許取得會籍,而所有其他服務或商品都要另行收費,則在款項收回不存在任何不確定性時確認為收入。如果所收費用能使會員在會員期內得到各種服務或出版物,或者以低於非會員所負擔的價格購買商品或勞務,則該項收費應在整個受益期內分期確認收入。

5. 特許權費收入

特許權費收入包括提供初始及后續服務、設備和其他有形資產及專門技術等方面的收入。其中屬於提供設備和其他有形資產的部分,應在這些資產的所有權轉移時,確認為收入;屬於提供初始及后續服務的部分,在提供服務時確認為收入。

三、讓渡資產使用權取得的收入的確認

與銷售商品和提供勞務相比,讓渡資產使用權(他人使用本企業資產)的交易比較簡

單,不需要考慮諸如所售商品所有權上的主要風險和報酬是否已經轉移、提供勞務的交易結果是否能可靠地估計等問題。反映在收入確認上,讓渡資產使用權所形成的收入只要符合收入確認的兩項基本條件即可確認。因此,中國《企業會計準則第14號——收入》將金融企業的利息和一般企業的使用費用收入的確認條件規定為:

(1)相關的經濟利益很可能流入企業。
(2)收入的金額能夠可靠地計量。

需要說明的是,已包括在收入中的利息收入或使用費收入的可收回性存在不確定性因素時,無法收回的或者無法補償的金額應確認為一項費用,而不是作為最初已確認的收入金額的調整數來處理。

利息收入(Interest Income)的確定主要取決於兩個因素:時間和適用的利率。因此,金融企業的利息收入按他人使用本企業現金的時間和適用的利率計算確定。

使用費收入的確定則取決於有關的合同或協議的性質,並遵循權責發生制原則。因此,使用費收入應按有關合同或協議規定的收費時間和方法計算確定。

四、特殊銷售業務收入的確認

實務中,企業可能採用某些特殊的方式進行商品銷售。下面討論這些特殊銷售業務的收入確認問題。

(一)要安裝和檢驗的商品銷售

在這種銷售方式下,售出的商品需要安裝、檢驗等。購買方在接受交貨以及安裝和檢驗完畢前一般不應確認收入。但是,如果安裝程序比較簡單,或檢驗是為最終確定合同價格而必須進行的程序,則可以在商品發出時或商品裝運時確認收入。

(二)附有銷售退回條件的商品銷售

在這種銷售方式下,購買方依照有關協議有權退貨。如果企業能夠按照以往的經驗對退貨的可能性作出合理估計的,應在發出商品時,將估計不會發生退貨的部分確認收入,估計可能發生退貨的部分,不確認收入。

如果企業不能合理地確定退貨的可能性,則在銷售商品退貨期滿時確認收入。

(三)代銷(Commission Sale)

在市場競爭非常激烈的情況下,代銷(Sale by Proxy)方式為許多企業採用。代銷方按收入的一定比例收取手續費。

收取手續費,即受託方根據所代銷的商品數量向委託方收取手續費,這對受託方來說實際上是一種勞務收入。在這種代銷方式下,委託方應在受託方將商品銷售後,並向委託方開具代銷清單時確認收入;受託方在商品銷售後,按應收取的手續費確認收入,即手續費收入(Commission Income)。

採用收取手續費代銷方式時,受託方銷售商品後,只按規定的手續費確認收入;委託方於收到代銷清單時確認收入。

代銷方式主要是強調委託方,其確認收入的特點是於收到受託方開具的代銷清單時確認收入。

(四)分期收款銷售(Installment Selling)

在這種銷售方式下,商品交付后,貨款分期收回。分期收款銷售的特點:一是銷售商品的價值較大,如房產、汽車、飛機等;二是收款期較長,有的是幾年,有的長達幾十年;三是收取貨款的風險較大。因此,分期收款銷售方式下,企業應按照合同約定的付款日期分期確認銷售收入。分期收款銷售實質具有融資性質的,應當按照應收的合同或協議價款的現值確定其公允價值。應收的合同或協議價款與現值的差額,應當在合同或協議期間內,按應收帳款的攤餘成本和實際利率計算確定的攤餘金額,衝減財務費用。如果期間比較短可以不計算現值,按應收金額入帳,以簡化會計核算手續。

(五)售后回購(Sale and Buy-back)

售后回購是指賣方售出商品后又將其買回的交易。一項銷售回購協議主要涉及如下方面:銷售價格、回購條款的性質、回購價格等。

銷售回購交易比較複雜,但就其實質而言,有兩種情況:真正的銷售交易和融資交易。實務中,企業要特別注意分析特定銷售回購的實質而不能僅關注交易的形式。

如果回購價以回購當日的市價為基礎確定,這表明賣方已將商品的所有權上的風險和報酬已經轉移到了對方,因而視為真正的銷售交易。

如果回購價已在合同中訂明,這表明商品價格變動產生的風險和報酬均由賣方所有,與買方無關,且賣方仍對售出的商品實施控製,即未將商品所有權上的風險和報酬轉移給對方。這種回購不是真正的銷售交易,而是一項融資交易,賣方不能確認收入,只能確認一項資產,同時確認一項負債。

(六)房產銷售

房地產銷售與一般的商品銷售類似,因而房地產銷售應按前述銷售商品收入的確認原則確認其收入。但是如果房地產經銷商事先與買方簽訂合同,按合同要求開發房地產的,則應作為建造合同,按照《企業會計準則第 15 號——建造合同》的規定確認收入。

(七)出口銷售

企業出口銷售採用的成交方式主要有到岸價和離岸價兩種。在不同的成交方式下,商品所有權上的風險和報酬轉移的時間不同,確認收入的時點和金額也不一樣。

按離岸價(Free on Board,FOB)成交的,商品被運到車船或者其他運輸工具上,即表示商品所有權上的風險和報酬已經轉移,此時應確認收入並且確認的收入金額為合同註明的離岸價。

按到岸價(Cost Insurance & Freight,CIF)成交時,應在商品被運到買方指定地點時確認收入,且確認收入的金額為到岸價。

第三節　收入的計量

收入的計量就是對已確認的收入加以量化,確定其金額的多少。一般而言,收入最好以企業提供的產品和勞務的交換價格來計量,這一交換價格代表收入交易最終可取得

的貨幣或應收債權的現金等值。但是理論上說，收入的計量應當是所提供產品和勞務的交換價格的貼現值。倘若從銷售到收款需要經過一段時間之隔，就有必要考慮貼現的因素，因為如果一筆 100 元的銷售收入要到一年后才能收到貨款，其現值將少於 100 元。

《國際會計準則第 18 號》規定，收入應以已收或應收的對價的公允價值來確定。其中，公允價值指在公平交易中，熟悉情況的交易比方自願進行資產交換或債務清償的金額。在大多數情況下，對價表現為現金或現金等價物。收入的金額就是已收或應收的現金或現金等價物金額。當現金或現金等價物的流入要等待較長一段時間才能實現時，收入應以應收款項總額的折現值記錄。折現的利率可以是具有相似的信用等級的發行公司發行的相似證券的現行利率，也可以是用於對證券的名義金額折現為商品或勞務現銷價的利率。

美國、澳大利亞等國的會計準則與國際會計準則基本類似，要求對收款期較長的收入採用現值計量，一般的收入按交易發生時的交換價格，即公允價值計量。

中國《企業會計準則第 14 號——收入》沒有採用現值來計量收入，而是規定企業應當按照從購貨方已收或應收的合同或協議價款確定銷售商品收入金額，但已收或應收的合同或協議價款不公允的除外。

之所以這樣規定，主要出於兩方面的考慮：一方面，效益大於成本原則。現值的確定比較複雜，其中含有諸多不確定因素，如折現率、未來現金流量以及風險因素等。另一方面，中國目前的會計信息使用者對這種折現信息的考慮較欠缺，因為貼現折扣較小，對收入的影響不重要。

一、商品銷售收入的計量

商品銷售收入的金額應根據企業與購貨方簽訂的合同或協議金額確定，無合同或協議的，應按購銷雙方都同意或都能接受的價格確定。

企業在銷售商品過程中，有時會代第三方或客戶收取一些款項，如企業代國家收取增值稅，代貸款人收取利息以及旅行社因代客戶購買門票、飛機票收取票款等。這些代收款應作為暫收款記入相應的負債類科目，不作為企業的收入處理。

企業在確定商品銷售收入金額時，不考慮各種預計可能發生的現金折扣、銷售折讓。現金折扣在實際發生時計入發生當期財務費用，銷售折讓在實際發生時沖減發生當期銷售收入。

現金折扣(Cash Discount)也叫銷售折扣(Sale Discount)，是指債權人為鼓勵債務人在規定的期限內付款，而向債務人提供的債務折扣。現金折扣主要發生在企業以賒銷的方式銷售商品及提供的勞務的交易中。對現金折扣的處理方法一般有兩種：一種是總價法，即以未扣減現金折扣的金額確認銷售收入和應收帳款。這種方法是把現金折扣理解為鼓勵客戶盡早付款而給予的優惠。銷售方給予客戶的現金折扣，從融資的角度看，屬於一種理財費用，作為當期財務費用處理。中國《企業會計準則第 14 號——收入》是採用此方法計量收入的。另一種是淨價法，即將扣除現金折扣后的金額確認為收入和應收帳款。這種方法是假定客戶一般都會得到現金折扣，而放棄現金折扣只是例外情況。客

戶超過折扣期多付的金額，於收到帳款時入帳，作為衝減財務費用處理。

商業折扣(Commercial Discount)是指企業為促銷而在商品的標價上給予的扣除。常見的商品打折、批量銷售就是商業折扣的例子。由於商業折扣發生在銷售時而不是像現金折扣那樣發生在銷售收入確認之后，因此企業在確認和計量收入時，應按扣除商業折扣后的金額入帳。

銷售折讓(Sales Allowance)是指企業因售出的商品不符合合同要求等原因而在售價上給予的減讓。銷售折讓可能發生在企業確認收入之前，也可能發生在企業確認收入之后。如為前者，說明銷售折讓相當於商業折扣，按商業折扣處理；如為后者，當銷售折讓實際發生時，直接衝減發生當期的銷售收入。

銷售退回(Sales Return)是指企業銷售出去的商品，由於質量、品種不符合合同要求等原因而發生的退貨。銷售退回可能發生在企業確認收入之前，也可能發生在企業確認收入之后。如果是前者，應減少發出商品的數量。收入的確認和計量金額為銷售價款中扣除了退貨后價值的金額。如果是后者，則分兩種情況處理：一般銷售退回，即不屬於資產負債表日后事項的銷售退回(發生在資產負債表日與財務報告報出日這一段時間之外的銷售退回)。國際上通行的做法是實際發生銷售退回時，衝減發生當期的銷售收入。屬資產負債表日后事項的銷售退回除應在退回當月作相關會計處理外，還應作為資產負債表日后發生的調整事項，衝減報告年度的收入、成本和稅金。

二、提供勞務收入的計量

在資產負債表日，勞務完成程度可以有多種方法來確定。企業確定提供勞務交易的完工進度，可以選用下列方法：

(一)已完工作的測量

已完工作的測量方法是針對專業性的勞務提供而採用的確定完工進度的方法，通常由專業測量人員對已完成的工作或工程進行測量，並按一定的方法計算勞務的完成程度，如大型軟件開發。

(二)已經提供的勞務占應提供勞務總量的比例

已經提供的勞務占應提供勞務總量的比例方法是以勞務量為標準確定勞務的完成程度。這種方法主要適用於那些勞務可以按項目數量、總小時數等來計量的情況。

(三)已經發生的成本占估計總成本的比例

已經發生的成本占估計總成本的比例方法是以成本為標準，確定勞務的完工程度。這種方法主要適用於勞務可以按成本來計量的情況

第四節　收入的會計處理

一、會計科目的設置

企業為了核算各項收入的實現和結轉情況，需要設置「主營業務收入」等會計科目。

為了單獨反映已經發出,但尚未確認銷售收入的商品成本,企業還應設置「發出商品」「委託代銷商品」「分期收款發出商品」等會計科目。

「主營業務收入」科目核算企業在銷售商品、提供勞務及讓渡資產使用權等日常活動中所產生的收入。「主營業務收入」科目貸方記錄企業已實現的主營業務收入;借方記錄期末轉入「本年利潤」的收入,銷售折讓和銷售退回應衝減的收入記入「主營業務收入」科目的借方或用紅字記入「主營業務收入」科目的貸方;期末結轉后應無餘額。「主營業務收入」科目應按主營業務的種類設置明細帳,進行明細核算。

「發出商品」科目核算一般的銷售方式下,已經發出但尚未確認銷售收入的商品成本。「發出商品」科目借方記錄發出商品的成本;貸方記錄已實現銷售的發出商品成本;餘額在借方,表示尚未實現銷售的發出商品成本。「發出商品」科目應按銷售對象設置明細帳或設置備查簿,詳細記錄發出商品的數量、成本、售價、代墊運費、應收取的貨款等有關情況。

「委託代銷商品」科目核算企業委託其他單位代銷的商品的實際成本。「委託代銷商品」科目借方記錄發出委託其他單位代銷的商品成本;貸方記錄收到結算清單,確認收入后轉銷的商品成本;餘額在借方,表示尚未實現收入的委託代銷商品成本。「委託代銷商品」科目應按受託單位設置明細帳,進行明細核算。

「分期收款發出商品」科目核算企業採用分期收款銷售方式發出商品的實際成本。「分期收款發出商品」科目借方記錄採用分期收款銷售方式,發出商品的成本;貸方記錄在每期銷售實現時,按商品全部銷售成本與全部銷售收入的比率,計算的本期應結轉的商品銷售成本;餘額在借方,表示企業採用分期收款銷售方式銷售,尚未收到貨款部分的已發出商品的實際成本。「分期收款發出商品」科目應按銷售對象設置明細帳或設置備查簿,詳細記錄分期收款發出商品的數量、成本、售價、代墊運費、已收取的貨款和尚未收取的貨款等有關情況。

期末,「發出商品」「委託代銷商品」「分期收款發出商品」科目的餘額,應並入資產負債表的「存貨」項目反映。

二、商品銷售收入的會計處理

(一)一般銷售商品的會計處理

【例12-1】A 企業銷售一批商品 10,000 千克給 W 公司,合同價格每千克 80 元,增值稅稅率 17%,A 企業已將商品發出,並開出增值稅專用發票。W 公司的貨稅款的 40% 以銀行匯票支付,其餘部分與 A 公司協商於 20 天內付清,A 公司以庫存現金支付代墊運費 1,000 元。

一般情況,企業銷售商品,可以立即收到貨款,或者未收到貨款但取得了收取貨款的權利,這表明已符合收入確認的四個條件。

借:銀行存款	374,400
應收帳款	562,600
貸:主營業務收入	800,000

應交稅費——應交增值稅(銷項稅額)　　　　　　　　　　　136,000
　　　庫存現金　　　　　　　　　　　　　　　　　　　　　　　　1,000
此項收入的銷售成本於期末一次結轉。

【例12-2】A企業銷售一批商品50千克給X公司,合同單價每千克4,000元,增值稅稅率17%。A企業已開出增值稅專用發票,並已發貨。X公司開出5個月的銀行承兑匯票結算,已採用自提方式將商品運回。

　借:應收票據——X公司　　　　　　　　　　　　　　　　234,000
　　　貸:主營業務收入　　　　　　　　　　　　　　　　　　200,000
　　　　　應交稅費——應交增值稅(銷項稅額)　　　　　　　　34,000
此項收入的銷售成本於期末一次結轉。

【例12-3】A企業銷售一批貨物50,000千克給Y公司,協議價格每千克8元,增值稅稅率17%,結算方式採用託收承付方式。A企業的貨物已通過鐵路運輸發出,並以銀行存款支付代墊運費1,500元。採用託收承付方式結算的,在辦理託收手續時確認收入。該批商品的成本為300,000元。

　借:應收帳款——Y公司　　　　　　　　　　　　　　　　469,500
　　　貸:主營業務收入　　　　　　　　　　　　　　　　　　400,000
　　　　　應交稅費——應交增值稅(銷項稅額)　　　　　　　　68,000
　　　　　銀行存款　　　　　　　　　　　　　　　　　　　　1,500
此項收入的銷售成本於期末一次結轉。

(二)分期收款銷售的會計處理

在分期收款銷售方式下,企業應按約定的收款日期和收款金額確認收入,同時按商品全部銷售成本與全部銷售收入的比率計算出本期應結轉銷售成本。如果分期收款的期間相隔較長,其收入應按折現額計量。

【例12-4】A企業採用分期銷售方式銷售給Z公司一批貨20臺,每臺售價30,000元,增值稅稅率17%。合同規定該批貨的貨款分三次支付,第一次支付全額的40%,以後兩次每隔兩個月,分別支付30%。該批貨物每臺單位成本20,000元,期間較短,不考慮折現問題,如果期限較長,應以折現值作為收入確認。

　(1)發出產品。
　借:分期收款發出商品　　　　　　　　　　　　　　　　　400,000
　　　貸:產成品(或庫存商品)　　　　　　　　　　　　　　400,000
　(2)按合約收到第一筆貨款。
　借:銀行存款　　　　　　　　　　　　　　　　　　　　　280,800
　　　貸:主營業務收入　　　　　　　　　　　　　　　　　　240,000
　　　　　應交稅費——應交增值稅(銷項稅額)　　　　　　　　40,800
　(3)期末結轉銷售成本。
　借:主營業務成本　　　　　　　　　　　　　　　　　　　160,000
　　　貸:分期收款發出商品　　　　　　　　　　　　　　　　160,000

(4)收到第二筆貨款。

借:銀行存款 210,600
　　貸:主營業務收入 180,000
　　　　應交稅費——應交增值稅(銷項稅額) 30,600

(5)期末結轉銷售成本。

借:主營業務成本 120,000
　　貸:分期收款發出商品 120,000

第三筆貨款收到時,分別編制與(4)、(5)兩筆相同的會計分錄。

如果延期收取的貸款具有融資性質,其實質是企業向購貨方提供信貸,在符合收入確認條件時,企業應當按照應收的合同或協議價款的公允價值確認收入金額。公允價值按其未來現金流量現值或商品現銷價格計算確定。應收合同或協議款與其公允價值之間的差額,作為未實現融資收益,應當在合同或協議期間內,按應收款項的攤餘成本和實際利率計算確定的金額進行攤銷,作為財務費用的抵減處理。

【例12-5】2017年1月1日,甲公司採用分期收款方式向乙公司銷售一套大型設備,合同約定的銷售價格為2,000萬元,分5次於每年12月31日等額收取。該大型設備成本為1,560萬元。在現銷方式下,該大型設備的銷售價格為1,600萬元。假定甲公司發出商品時,其有關的增值稅納稅義務尚未發生;在合同約定的收款日期,發生有關的增值稅納稅義務。

根據以上資料,甲公司應當確認的銷售商品收入金額為1,600萬元。

根據下列公式:

未來五年收款額的現值=現銷方式下應收款項金額

可以得出:

$400 \times (P/A, r, 5) = 1,600$(萬元)

可在多次測試的基礎上,用插值法計算折現率。

當$r=7\%$時,$400 \times 4.100\,2 = 1,640.08 > 1,600$

當$r=8\%$時,$400 \times 3.992\,7 = 1,597.08 < 1,600$

因此,$7\% < r < 8\%$。

用插值法計算如下:

現值	利率
1,640.08	7%
1,600	r
1,597.08	8%

$\dfrac{1,640.08 - 1,600}{1,640.08 - 1,597.08} = \dfrac{7\% - r}{7\% - 8\%}$　　$r = 7.93\%$

每期計入財務費用的金額如表12-1所示。

表 12-1　　　　　　　　　　財務費用和已收本金計算表　　　　　　　　　　單位:萬元

	未收本金 ①=上期①-上期④	財務費用 ②=①×7.93%	收現總額 ③	已收本金 ④=③-②
2017 年 1 月 1 日	1,600			
2017 年 12 月 31 日	1,600	126.88	400	273.12
2018 年 12 月 31 日	1,326.88	105.22	400	294.78
2019 年 12 月 31 日	1,032.10	81.85	400	318.15
2020 年 12 月 31 日	713.95	56.62	400	343.38
2021 年 12 月 31 日	370.57	29.43*	400	370.57
總額		400	2,000	1,600

* 尾數調整

根據表 12-1 的計算結果,甲公司各期的帳務處理如下:

(1) 2017 年 1 月 1 日銷售實現。

借:長期應收款	20,000,000
貸:主營業務收入	16,000,000
未實現融資收益	4,000,000
借:主營業務成本	15,600,000
貸:庫存商品	15,600,000

(2) 2017 年 12 月 31 日收取貨款和增值稅額。

借:銀行存款	4,680,000
貸:長期應收款	4,000,000
應交稅費——應交增值稅(銷項稅額)	680,000
借:未實現融資收益	1,268,800
貸:財務費用	1,268,800

(3) 2018 年 12 月 31 日收取貨款和增值稅額。

借:銀行存款	4,680,000
貸:長期應收款	4,000,000
應交稅費——應交增值稅(銷項稅額)	680,000
借:未實現融資收益	1,052,200
貸:財務費用	1,052,200

(4) 2019 年 12 月 31 日收取貨款和增值稅額。

借:銀行存款	4,680,000
貸:長期應收款	4,000,000
應交稅費——應交增值稅(銷項稅額)	680,000
借:未實現融資收益	818,500
貸:財務費用	818,500

(5) 2020 年 12 月 31 日收取貨款和增值稅額。

借：銀行存款	4,680,000
貸：長期應收款	4,000,000
應交稅費——應交增值稅(銷項稅額)	680,000
借：未實現融資收益	566,200
貸：財務費用	566,200

(6) 2021 年 12 月 31 日收取貨款和增值稅額。

借：銀行存款	4,680,000
貸：長期應收款	4,000,000
應交稅費——應交增值稅(銷項稅額)	680,000
借：未實現融資收益	294,300
貸：財務費用	294,300

(三) 委託代銷商品

受託方根據委託方的要求(價格由委託方定)代銷商品後按收入的一定比例收取手續費。在這種代銷方式下，委託方應在受託方將商品售出後，並向委託方開具代銷清單，委託方應按全額確認收入，支付給受託方的手續費作為經營費用或銷售費用處理。受託方在商銷售後，按收取的手續費作為勞務收入處理,增值稅稅率為 6%。

【例 12-6】A 企業委託 S 公司銷售一批商品 40 臺，A 企業要求 S 公司以每臺 5,000 元售出,售後按收入的 8% 收取手續費(按收入額計算手續費)。此批商品的單位成本為 3,800 元。

A 企業的會計處理如下：

(1) A 企業將商品交付給 S 公司。

借：委託代銷商品	152,000
貸：產成品(或庫存商品)	152,000

(2) 收到 S 公司開來的代銷清單,並開出增值稅專用發票。

借：應收帳款——S 公司	234,000
貸：主營業務收入	200,000
應交稅費——應交增值稅(銷項稅額)	34,000

(3) 結轉銷售成本。

借：主營業務成本	152,000
貸：委託代銷商品	152,000

(4) 按收入的 8% 計算手續費,並按手續費的 6% 計算增值稅進項稅額扣除後的淨額。

借：銀行存款	217,040
銷售費用	16,000
應交稅費——應交增值稅(進項稅額)	960
貸：應收帳款	234,000

S 公司的會計處理如下：

採用收取手續費代銷商品方式,受託方收到委託方發來的商品,不能作為本公司的商品存貨,只是代管商品,因此收到商品時,不應進行會計處理,只需在有關登記簿中登記。

(1)實際銷售代銷商品。

借:銀行存款	234,000
貸:應付帳款——A 企業	200,000
應交稅費——應交增值稅(銷項稅額)	34,000

(2)收到 A 企業開來的增值稅發票。

借:應交稅費——應交增值稅(進項稅額)	34,000
貸:應付帳款——A 企業	34,000

如果代銷方不開本公司的增值稅發票給顧客,而是由委託方開增值稅發票給顧客,則委託方的會計處理為借記「銀行存款」234,000 元,貸記「應付帳款」234,000 元。

(3)歸還 A 企業的貨款及代收增值稅款。

借:應付帳款	234,000
貸:銀行存款	217,040
主營業務收入	16,000
應交稅費——應交增值稅(進項稅額)	960

(四)現金折扣的會計處理

現金折扣是指企業為盡快收回貨款而給予對方的優惠,在會計上作為一種理財費用,計入財務費用。

【例 12-7】A 企業銷售一批貨 5,000 千克給 W 公司,合同價每千克 100 元,增值稅稅率為 17%,付款條件為 2/10,n/30。

(1)A 企業銷售商品。

借:應收帳款——W 公司	585,000
貸:主營業務收入	500,000
應交稅費——應交增值稅(銷項稅額)	85,000

(2)假設 A 企業於 10 天內收到 W 公司的貨款。

借:銀行存款	573,300
財務費用	11,700
貸:應收帳款——W 公司	585,000

記入「財務費用」的是企業提供現金折扣這樣一種融資行為產生的,與第一筆會計分錄中的增值稅沒有任何關係。並不影響應交稅費的金額。就像應收帳款成為壞帳收不回來,也不影響應繳納的增值稅一樣。除非有特別規定現金折扣只按銷售額計算,否則應該按全額(含稅金額)計算。

(3)假設 W 公司於 15 天之后才付款。

借:銀行存款	585,000
貸:應收帳款——W 公司	585,000

(五)銷售折讓的會計處理

銷售折讓指企業因售出商品的質量或規格、型號等不符合合同要求,與對方協商後,同意在不退貨的情況下給予對方一定的讓利。銷售折讓可能發生在企業確認收入之前,也可能發生在企業收入確認之後。這裡主要介紹後者。

銷售折讓的會計處理存在兩種不同的做法。一種做法是在確認銷售時,對實際發生的銷售折讓通過設置「銷售折讓」科目核算,銷售折讓作為收入的抵減項目,在利潤表中列入主營業務收入項目之後。另一種做法是不設置「銷售折讓」科目,當銷售折讓實際發生時,直接衝減發生當期的銷售收入。實務中主要採用第二種方法。

【例12-8】A企業銷售一批貨給N公司,增值稅發票上註明其貨款40,000元,增值稅6,800元。N公司收到貨後發現此批貨的規格型號與合同上規定的不一致,可能要求退貨。A企業與N公司協商,如果不退貨,同意給予其5%的折讓,雙方達成了協議。發生銷售折讓時,購貨單位應向其當地稅務部門申請或要求證明銷售折讓事宜,以便銷貨單位開出紅字增值稅發票。

(1)A企業銷售貨物給N公司,收到增值稅發票。

借:應收帳款——N公司　　　　　　　　　　　　　　　　46,800
　貸:主營業務收入　　　　　　　　　　　　　　　　　　40,000
　　　應交稅費——應交增值稅(銷項稅額)　　　　　　　 6,800

(2)發生銷售折讓時,A企業開出紅字增值稅發票。

借:主營業務收入　　　　　　　　　　　　　　　　　　 2,000
　　應交稅費——應交增值稅(銷項稅額)　　　　　　　　 340
　貸:應收帳款——N公司　　　　　　　　　　　　　　　 2,340

(六)銷售退回的會計處理

銷售退回指企業銷售的商品質量等問題而發生退貨情況。如果銷售退回發生在收入確認之前,只需將已計入「發出商品」等科目的商品成本轉回企業「產成品」或「庫存商品」科目。如果銷售退回發生在收入確認之後,有兩種情況:第一種是一般銷售退回,即不屬於資產負債表日後事項的銷售退回;另一種是屬於資產負債表日後事項的銷售退回。不論是當年銷售的,還是以前年度銷售的商品銷售退回,一般都衝減退回當月的銷售收入,同時也退回當月的銷售成本(已結轉了成本的)和相關的稅金。

1. 一般銷售退回

一般銷售退回是指除發生在資產負債表日至財務報表批准報出日之間的退回(上期的銷貨)之外的退回。在實際進行銷售退回處理時,如果原收入、成本已經結轉,退回的商品當月正在銷售,則衝減同種商品的收入、成本;如果當月沒有該種商品銷售,則以退回商品的金額衝減其他種類商品的收入、成本。

【例12-9】A企業於5月10日收到(本年或以前年)銷售給M公司的商品退貨一批,A企業開出退貨(紅字)增值稅發票上註明貨款100,000元,增值稅17,000元。該批商品的成本為60,000元。

借:主營業務收入　　　　　　　　　　　　　　　　　　100,000

應交稅費——應交增值稅(銷項稅額)	17,000
貸:銀行存款(應收帳款)	117,000
借:產成品(庫存商品)	60,000
貸:主營業務成本	60,000

2. 資產負債日後事項的銷售退回

　　資產負債日後事項的銷售退回指資產負債表日至報表批准報出日之間發生的於資產負債表日之前銷售的商品退回。對於這類退回,除應在退回當月作相關的帳務處理外,還應作為資產負債表日後發生的調整事項,衝減報告年度的收入、成本和相關的稅金。

【例 12-10】A 企業於本年 2 月 10 日收到上年 12 月 2 日售給 W 公司的一批商品,企業開出紅字增值稅發票,其貨款 25,000 元,增值稅 4,250 元。該批商品的成本為 20,000 元。此銷售退回屬於資產負債表日後事項。

借:以前年度損益調整	25,000
應交稅費——應交增值稅(銷項稅額)	4,250
貸:應收帳款(銀行存款)	29,250
借:產成品(庫存商品)	20,000
貸:以前年度損益調整	20,000

其他會計分錄和報表調整略。

三、勞務收入的會計處理

　　提供一項勞務的總收入,一般按照企業與接受勞務方簽訂的合同或協議的金額來確定。如果有現金折扣的,應在實際發生時計入財務費用。提供勞務的內容不同,完成勞務的時間也不一樣,有的勞務一次就能完成,且一般均為現金交易,如理髮、飲食、照相等;有的勞務則需要花較長一段時間才能完成,如安裝、旅遊、培訓等。對於一次完成的勞務收入,在勞務完成時確認收入;對於需要較長時間才能完成的勞務收入,企業在資產負債表日如能對提供勞務的交易結果可靠地計量,應按完工百分比法確認相關的勞務收入。

【例 12-11】W 運輸公司為客戶運送一批貨物,其不含稅合同收入為 200,000 元,合同期限 2 個月,該運輸勞務開始至完成在同一會計年度,共發生勞務成本 120,000 元。發生增值稅進項稅額 11,500 元,增值稅銷項稅稅率為 11%。

(1)發生費用。

借:勞務成本	120,000
應交稅費——應交增值稅(進項稅額)	11,500
貸:銀行存款(應付職工薪酬、材料、累計折舊等)	131,500

(2)預收款項。

借:銀行存款	222,000
貸:預收帳款	222,000

(3)確認收入。
借:預收帳款 222,000
　　貸:主營業務收入 2,000
　　　　應交稅費——應交增值稅(銷項稅額) 22,000
(4)確認費用。
借:主營業務成本 120,000
　　貸:勞務成本 120,000

【例12-12】某計算機軟件開發公司10月2日為一客戶開發一項軟件,合同期限6個月,不含稅合同總收入150,000元,至12月31日已發生成本60,000元,預收帳款100,000元。預計開發完成全部軟件還需發生成本40,000元。由專業人士測量,其軟件已完成55%。發生增值稅進項稅額2,000元,增值稅銷項稅稅率為6%。

當年確認勞務收入＝勞務總收入×勞務完成程度－以前年度已確認的收入
　　　　　　　　＝150,000×55%－0
　　　　　　　　＝82,500(元)

當年確認勞務費用＝預計勞務總成本×勞務完成程度－以前年度已確認的費用
　　　　　　　　＝100,000×55%－0
　　　　　　　　＝55,000(元)

有關會計分錄如下:
(1)發生成本。
借:勞務成本 60,000
　　應交稅費——應交增值稅(進項稅額) 2,000
　　貸:銀行存款 62,000
(2)預收款項。
借:銀行存款 100,000
　　貸:預收帳款 100,000
(3)確認收入。
借:預收帳款 87,450
　　貸:主營業務收入 82,500
　　　　應交稅費——應交增值稅(銷項稅額) 4,950
(4)確認費用。
借:主營業務成本 55,000
　　貸:勞務成本 55,000

四、讓渡資產使用權收入的會計處理

讓渡資產使用權收入主要指金融企業存、貸款形成的利息收入及同業之間發生往來形成的利息收入等;因他人使用本企業無形資產而形成的使用費收入;他人使用本企業的固定資產取得的租金收入雖不屬於《企業會計準則》規範的範圍,但屬於收入會計核算

的內容。

【例 12-13】某銀行於 1 月 1 日向 A 企業貸款 100 萬元,貸款期限為 2 年,年利率為 10%(含稅收入),每季度計算利息一次。增值稅銷項稅稅率為 6%。

(1)貸出款項。

| 借:中長期貸款 | 1,000,000 |
| 貸:活期存款 | 1,000,000 |

(2)第一季度確認利息收入。

借:應收利息	25,000
貸:利息收入	23,585
應交稅費——應交增值稅(銷項稅額)	1,415

【例 12-14】A 企業轉讓其商標使用權給 W 公司,合同規定按商品銷售收入的 5%(不含稅)收取商標使用費。W 公司本月商品銷售收入 5,000,000 元,收到 W 公司的商標使用費 250,000 元存入銀行。增值稅銷項稅稅率為 6%。

借:銀行存款	265,000
貸:其他業務收入	250,000
應交稅費——應交增值稅(銷項稅額)	15,000

【例 12-15】A 企業將其閒置不用的設備 1 臺出租給 W 公司,租期 2 年,每年收取(不含稅)租金 12,000 元,房屋一層出租給 N 公司,每年(不含稅)租金 60,000 元,租期 5 年。租金已經預收,確認本月租金收入並入帳。

增值稅銷項稅額 = 1,000×17% + 5,000×11% = 720(元)

借:預收帳款	6,720
貸:其他業務收入	6,000
應交稅費——應交增值稅(銷項稅額)	720

第五節　建造合同的會計核算

一、建造合同的定義和特徵

(一)建造合同定義和特點

建造合同是指為建造一項資產或者在設計、技術、功能、最終用途等方面密切相關的數項資產(房屋、道路、橋樑、水壩、船舶、飛機、大型機械設備等)而訂立的合同。

建造合同不同於一般的材料銷售合同和勞務合同,而有其自身的特徵,主要表現在:

(1)先有買主(客戶),後有標底(資產)且合同總金額已定。

(2)資產的建設期長,一般跨年。

(3)所建資產的體積大,造價高。

(4)建造合同一般為不能取消的合同。

(二)建造合同的分類

建造合同分為固定造價合同和成本加成合同。

(1)固定造價合同是指按照固定的合同價或固定單價確定工程價款的建造合同。

(2)成本加成合同是指以合同約定或其他方式議定的成本為基礎,加上該成本的一定比例或定額費用確定工程價款的建造合同。

(三)建造合同的分立

企業通常應當按照單項建造合同進行會計處理。但是,在某些情況下,為了反映一項或一組合同的實質,需要將單項合同進行分立或將數項合同進行合併。

一項包括建造數項資產的建造合同,同時滿足下列條件的,每項資產應當分立為單項合同:

(1)每項資產均有獨立的建造計劃。

(2)與客戶就每項資產單獨進行談判,雙方能夠接受或拒絕與每項資產有關的合同條款。

(3)每項資產的收入和成本可以單獨辨認。

(四)追加資產的建造確認為單項合同

追加資產的建造,滿足下列條件之一的,應當作為單項合同:

(1)該追加資產在設計、技術或功能上與原合同包括的一項或數項資產存在重大差異。

(2)議定該追加資產的造價時,不需要考慮原合同價款。

(五)建造合同合併

一組合同無論對應單個客戶還是多個客戶,同時滿足下列條件的,應當合併為單項合同:

(1)該組合同按一攬子交易簽訂。

(2)該組合同密切相關,每項合同實際上已構成一項綜合利潤率工程的組成部分。

(3)該組合同同時或依次履行。

二、建造合同的收入構成

建造合同的收入一般有合同規定的初始收入和因合同變更、索賠、獎勵等形成的收入兩大部分。

(一)合同規定的初始收入

合同中規定的初始收入指建造承包商與客戶在雙方的合同中最初商訂的合同總金額,它構成了合同收入的基本內容。

(一)因合同變更、索賠、獎勵等形成的收入

因合同變更、索賠、獎勵等形成的收入,這部分收入並不構成合同雙方在簽訂合同時已在合同中商定的合同總金額,而是在執行合同過程中由於合同變更、索賠、獎勵等原因而形成的追加收入。

合同變更是指客戶為改變合同規定的作業內容而提出的調整。

索賠款是指因客戶或第三方的原因造成的、向客戶或第三方收取的、用以補償不包括在合同造價中成本的款項。

獎勵款是指工程達到或超過規定的標準,客戶同意支付的額外款項。

三、合同初始收入和費用的確認

在計量和確認建造合同的收入和費用時,首先應該判斷建造合同的結果能否可靠地估計。建造合同的收入確認與勞務收入確認類似,分為兩種情況:一種情況是在資產負債表日,建造合同能夠可靠地估計;另一種情況是在資產負債表日,建造合同不能夠可靠地估計。

(一) 建造合同的結果能夠可靠地估計

如果建造合同的結果能夠可靠地估計,應在資產負債表日根據完工百分比法確認當期的合同收入和費用。

建造合同的收入確認又分為固定造價合同收入的確認和成本加成合同收入的確認。

1. 固定造價合同收入的確認

固定造價合同的結果能夠可靠估計是指同時滿足下列條件:

(1) 合同總收入能夠可靠地計量。

(2) 與合同相關的經濟利益很可能流入企業。

(3) 實際發生的合同成本能夠清楚地區分和可靠地計量。

(4) 合同完工進度和為完成合同尚需發生的成本能夠可靠地確定。

2. 成本加成合同收入的確認

成本加成合同的結果能夠可靠估計是指同時滿足下列條件:

(1) 與合同相關的經濟利益很可能流入企業。

(2) 實際發生的合同成本能夠清楚地區分和可靠地計量。

(二) 建造合同的結果不能夠可靠地估計

如果建造合同的結果不能夠可靠地估計,則不能根據完工百分比法確認當期的合同收入和費用,而應區別以下兩種情況進行處理:

(1) 合同成本能夠收回的,合同收入根據能夠收回的實際合同成本加以確認,合同成本在發生的當期確認為費用;收入與費用相等,也可以收入小於費用。

(2) 合同成本不能收回的,應在發生時立即確認為費用,不確認收入。此時無收入,有費用和虧損。

四、合同其他收入的確認

合同其他收入包括因合同變更、索賠、獎勵等形成的收入。

(一) 合同變更收入的確認

合同變更是指客戶為改變合同規定的作業內容而提出的調整。合同變更而增加的收入,應在同時具備下列條件時予以確認:

(1) 客戶能夠認可因變更而增加的收入。

(2)收入能夠可靠地計量。

(二)索賠收入的確認

索賠款是指因客戶或第三方的原因造成的、由建築承包商向客戶或第三方收取的、用於補償不包括在合同價中的成本的款項。因索賠款而形成的收入,應在同時具備下列條件時予以確認:

(1)根據談判情況,預計對方能夠同意這項索賠。
(2)對方同意接受的金額能夠可靠地計量。

(三)獎勵款收入的確認

獎勵款是指工程達到或超過規定標準時,客戶同意支付給建造承包商的額外款項。因獲獎勵而形成的收入應在同時具備下列條件時予以確認:

(1)根據目前合同完成情況,足以判斷工程進度和工程質量能夠達到或超過的既定的標準。
(2)獎勵金額能夠可靠地計量。

五、建造合同收入的計量

如果建造合同的結果能夠可靠地估計,企業應採用完工百分比法計量收入並於資產負債表日確認合同收入和費用。運用這種方法確認收入和費用,能為報表使用者提供有關合同進度及本期業績的有用信息,體現了權責發生制原則。完工百分比法的運用包括兩個步驟:

(1)確定建造合同的完工進度,計算出完工百分比。
(2)根據完工百分比計量和確認當期的合同收入和費用。

當期確認的合同收入和費用可用下列公式計算:

當期確認的合同收入=(合同總收入×完工進度)-以前會計年度累計已確認的收入

當期確認的合同毛利=(合同總收入-合同預計總成本)×完工進度-以前會計年度累計已確認的毛利

當期確認的合同費用=當期確認的合同收入-當期確認的合同毛利-以前會計年度預計損失準備

建造合同收入完工百分比的計算有如下三種方法:

(1)第一種方法是根據累計實際發生的合同成本占合同預計總成本的比例確定。該方法是一種投入衡量法,是確定合同完工進度較常用的方法。其計算公式為:

$$合同完工進度 = \frac{累計實際發生的合同成本}{合同預計總成本} \times 100\%$$

【例12-16】某建築公司簽訂了一項工程合同,其總金額為1,500萬元,合同規定的建設期為三年,第一年實際發生合同成本300萬元,年末預計為完成合同尚需700萬元;第二年,實際發生合同成本470萬元,年末預計為完成合同尚需發生成本330萬元;第三年實際發生成本310萬元。根據上述資料,計算合同完工進度。

$$第一年合同完工進度 = \frac{300}{300+700} \times 100\% = 30\%$$

當期確認的合同收入 = 1,500×30% = 450(萬元)
當期確認的合同毛利 = (1,500-1,000)×30% = 150(萬元)
當期確認的合同費用 = 450-150 = 300(萬元)

第二年合同完工進度 = $\dfrac{300+470}{300+470+330}\times 100\% = 70\%$

當期確認的合同收入 = 1,500×70%-450 = 600(萬元)
當期確認的合同毛利 = (1,500-1,100)×70%-150 = 130(萬元)
當期確認的合同費用 = 600-130 = 470(萬元)
第三年確認的合同收入 = 1,500-450-600 = 450(萬元)
第三年確認的合同毛利 = 1,500-1,080-150-130 = 140(萬元)
第三年確認的合同費用 = 450-140 = 310(萬元)

（2）第二種方法是根據已經完成的合同工作量占合同預計總工作量的比例確定。該方法是一種產出衡量法，適用於合同工作量容易確定的建造合同，如道路工程、土石方挖掘、砌築工程等。其計算公式為：

合同完工進度 = $\dfrac{\text{已經定版的合同工作量}}{\text{合同預計總工作量}}\times 100\%$

【例12-17】某路橋工程公司簽訂了修建一條60千米的高速公路的建造合同，合同規定的總金額為7,000萬元，工期為三年。該公司第一年完成了25千米，第二年完成了15千米，第三年全部完工。根據資料計算合同完工進度。

第一年合同完工進度 = $\dfrac{25}{60}\times 100\% = 41.67\%$

第二年合同完工進度 = $\dfrac{15+25}{60}\times 100\% = 66.67\%$

（3）第三種方法是已完合同工作量法。該方法是在無法根據上述兩種方法確定合同完工進度時所採用的一種特殊的技術測量方法。該方法適用於一些特殊的建造合同，如水下施工工程等。

六、建造合同收入的會計處理

建築單位在進行會計核算時，應根據所發生的經濟業務，及時登記建造合同發生的實際成本、已辦理結算的工程價款和實際已收取的工程價款，並根據工程施工進展情況，準確地確定工程完工進度，計量和確認當年的合同收入和費用，並在會計報表中披露與合同有關的會計信息。建造合同收入的核算與一般收入的核算不完全相同，需要設置「工程施工」「工程結算」「合同預計損失」「預計損失準備」等會計科目。

「工程施工」科目借方記錄工程施工過程中發生的各種成本費用及分期確認的建造合同毛利；貸方於工程完工時與「工程結算」帳戶對沖；餘額在借方，表示工程累計發生的成本與累計確認的毛利合計。「工程施工」科目需設置「工程成本」和「工程毛利」等明細科目。

如果合同預計總成本超過合同預計總收入，應通過「合同預計損失」和「預計損失準

備」科目核算,將預計損失立即確認為當期費用。

【例12-18】某建築公司簽訂了一項總金額為1,000萬元(不含稅)的建造合同,承建一座橋樑。工程已於2016年3月開工,預計於2018年12月完工。假設3年發生的增值稅進項稅額分別為20萬元、25萬元和25萬元。增值稅銷項稅稅率為11%,建造該項工程的有關資料如下:

年份	2016年	2017年	2018年
各年實際發生的成本(萬元)	200	300	280
完成合同尚需發生成本(萬元)	600	300	
各年已結算工程價款(萬元)	277.5	388.5	444
各年實際收到價款(萬元)	244.2	344.1	521.7

(1)2016年的會計處理如下:

①登記實際發生合同成本。

借:工程施工——工程成本　　　　　　　　　　　　　　　2,000,000
　　應交稅費——應交增值稅(進項稅額)　　　　　　　　　　200,000
　　貸:應付職工薪酬、材料、銀行存款等　　　　　　　　　　　　　2,200,000

②登記已結算的工程價款。

借:應收帳款　　　　　　　　　　　　　　　　　　　　　2,775,000
　　貸:工程結算　　　　　　　　　　　　　　　　　　　　　　2,775,000

③登記實際收到的款額。

借:銀行存款　　　　　　　　　　　　　　　　　　　　　2,442,000
　　貸:應收帳款　　　　　　　　　　　　　　　　　　　　　　2,442,000

④確認2016年的收入、費用與毛利。

2016年完工進度=200÷(200+600)=25%

2016年確認收入=1,000×25%=250(萬元)

2016年確認毛利=(1,000-800)×25%=50(萬元)

2016年確認費用=250-50=200(萬元)

借:工程施工——工程毛利　　　　　　　　　　　　　　　　500,000
　　　　　　——銷項稅款　　　　　　　　　　　　　　　　275,000
　　主營業務成本　　　　　　　　　　　　　　　　　　　2,000,000
　　貸:主營業務收入　　　　　　　　　　　　　　　　　　　2,500,000
　　　應交稅費——應交增值稅(銷項稅額)　　　　　　　　　　275,000

2016年年末,如果「工程施工」科目餘額大於「工程結算」科目餘額,作為存貨列入資產負債表的「存貨」項目,反之列入「負債」項目。

(2)2017年的會計處理如下:

①實際發生成本。

借:工程施工——工程成本　　　　　　　　　　　　　　　3,000,000
　　應交稅費——應交增值稅(進項稅額)　　　　　　　　　　250,000

貸:應付職工薪酬、材料、銀行存款等　　　　　　　　　　　　3,250,000
②已結算的工程價款。
　　借:應收帳款　　　　　　　　　　　　　　　　　　　　　　　　3,885,000
　　　貸:工程結算　　　　　　　　　　　　　　　　　　　　　　　　3,885,000
③實際收到價款。
　　借:銀行存款　　　　　　　　　　　　　　　　　　　　　　　　3,441,000
　　　貸:應收帳款　　　　　　　　　　　　　　　　　　　　　　　　3,441,000
④確認2017年的收入、費用與毛利。

2017年工程累計完工程度 = $\frac{200+300}{200+300+300} \times 100\% = 62.5\%$

2017年確認收入 = 1,000×62.5%-250 = 375(萬元)

2017年確認毛利 = (1,000-800)×62.5%-50 = 75(萬元)

2017年確認費用 = 375-75 = 300(萬元)

　　借:工程施工——工程毛利　　　　　　　　　　　　　　　　　　750,000
　　　　　　——銷項稅款　　　　　　　　　　　　　　　　　　　　412,500
　　　　主營業務成本　　　　　　　　　　　　　　　　　　　　　3,000,000
　　　貸:主營業務收入　　　　　　　　　　　　　　　　　　　　　3,750,000
　　　　　應交稅費——應交增值稅(銷項稅額)　　　　　　　　　　　　412,500

2017年年末,如果「工程施工」科目餘額大於「工程結算」科目餘額,作為存貨列入資產負債表的「存貨」項目,反之列入「負債」項目。

(3)2018年的會計處理如下:
①實際發生成本。
　　借:工程施工——工程成本　　　　　　　　　　　　　　　　　2,800,000
　　　　應交稅費——應交增值稅(進項稅額)　　　　　　　　　　　　250,000
　　　貸:應付工資、原材料、銀行存款等　　　　　　　　　　　　　3,050,000
②已結算的工程價款。
　　借:應收帳款　　　　　　　　　　　　　　　　　　　　　　　　4,440,000
　　　貸:工程結算　　　　　　　　　　　　　　　　　　　　　　　　4,440,000
③實際收到工程款項。
　　借:銀行存款　　　　　　　　　　　　　　　　　　　　　　　　5,217,000
　　　貸:應收帳款　　　　　　　　　　　　　　　　　　　　　　　　5,217,000
④確認2018年的收入、費用與毛利。

2018年確認收入 = 1,000-250-375 = 375(萬元)

2018年確認毛利 = 1,000-780-50-75 = 95(萬元)

2018年確認費用 = 375-95 = 280(萬元)

　　借:工程施工——工程毛利　　　　　　　　　　　　　　　　　　950,000
　　　　　　——銷項稅款　　　　　　　　　　　　　　　　　　　　412,500

主營業務成本		2,800,000
貸：主營業務收入		3,750,000
應交稅費——應交增值稅（銷項稅額）		412,500

⑤工程完工，將「工程施工」科目的餘額與「工程結算」科目的餘額對沖。

借：工程結算		11,100,000
貸：工程施工		11,100,000

【例12-19】某建築簽訂一項總金額為200萬元的建造合同，合同規定兩年完成。第一年實際發生成本84萬元，年末預計完成全部工程尚需發生成本126萬元。該合同的結果能夠可靠地估計。增值稅銷項稅率為11%。

 第一年的合同完工進度＝84÷(84＋126)＝40%

 第一年確認合同收入＝200×40%＝80（萬元）

 第一年確認合同毛利＝(200－210)×40%＝－4（萬元）

 第一年確認合同費用＝80－(－4)＝84（萬元）

 第一年預計的合同損失＝(210－200)×(1－40%)＝6（萬元）

借：主營業務成本		840,000
工程施工——銷項稅額		88,000
貸：主營業務收入		800,000
應交稅費——應交增值稅（銷項稅額）		88,000
工程施工——工程毛利		40,000
借：合同預計損失		60,000
貸：預計損失準備		60,000

「合同預計損失」科目發生額於年末轉入「本年利潤」科目；「預計損失準備」的餘額於下年有毛利時作為確認下年費用的抵減數衝銷。

第六節 政府補助

  為了體現一個國家的經濟政策，鼓勵或扶持特定行業、地區或領域的發展，政府通常會對有關企業給予經濟支持，如無償撥款、貸款、擔保、注入資金提供貨物或者服務、購買貨物、放棄或者不收繳應收收入等。為了規範政府補助的確認、計量和信息披露，中國制定並發布了《企業會計準則第16號——政府補助》。

一、政府補助的概念和內容

  《企業會計準則——政府補助》規定，政府補助是指企業從政府無償取得的貨幣性資產或非貨幣性資產，但不包括政府作為企業所有者投入的資本。政府補助的特徵有無償性和直接取得資產。

  無償性是指政府並不因此享有企業所有權，企業將來也不需要償還。這是政府補助

的基本特徵。

直接取得資產是指政府補助是企業從政府直接取得的資產,包括貨幣性和非貨幣性資產,形成企業收益。例如,企業取得政府撥付的補助,先徵后退、即徵即退等辦法返還的稅款,行政劃撥的土地使用權等。不涉及資產直接轉移的經濟支持不屬於政府補助,如政府與企業間債務豁免,除稅收返還以外的稅收優惠,包括直接減徵、免徵、增加計稅抵扣額、抵免部分稅額等都不屬於政府補助。增值稅出口退稅也不屬於政府補助。

政府補助的主要形式有財政撥款、財政貼息、稅收返還和無償劃撥非貨幣性資產等。企業不論通過何種形式取得的政府補助,準則規定分為兩類:一類是與收益相關的政府補助;另一類是與資產相關的政府補助。

二、政府補助的會計處理

政府補助有兩種會計處理方法:一種是收益法,將政府補助計入當期收益或遞延收益;另一種是資本法,將政府補助計入所有者權益。收益法又分為總額法和淨額法。總額法是將全額確認為收益,而不是作為相關資產帳面餘額或者費用的扣減;淨額法是將政府補助確認為對相關資產帳面餘額或者所補償費用的扣減。會計準則規定採用收益法中的總額法,以便更真實、完整地反映政府補助的相關信息,並在《企業會計準則應用指南》中要求通過「其他應收款」「營業外收入」「遞延收益」科目核算。「遞延收益」科目是專門為核算不能一次而應分期計入當期損益的政府補助而設置的。

(一)與收益相關的政府補助

企業日常活動中按照固定的定額標準取得的政府補助,應當按照應收金額計量,確認為營業外收入。不確定的或者在非日常活動中取得的政府補助,應當按照實際收到的金額計量。企業收到政府補助是補助已經發生的費用或損失,后期收到時,直接確認為收到時的當期收益,一般不通過預提處理。企業收到或確認政府補助為補償未來將發生的費用或損失,確認或收到時作為遞延收益,然后分期攤銷確認各期的收益。

【例12-20】W公司於6月30日收到政府對前半年的政府補助500,000元存入銀行。

借:銀行存款 500,000
　　貸:營業外收入 500,000

【例12-21】W公司於6月30日收到政府對下半年的政府補助600,000元存入銀行,每月補助100,000元。

收到政府補助。

借:銀行存款 600,000
　　貸:遞延收益 600,000

每月攤銷。

借:遞延收益 100,000
　　貸:營業外收入 100,000

(二)與資產相關的政府補助

與資產相關的政府補助一般是指用於購置固定資產和無形資產。企業收到資產時,

按實際金額計量確認資產和遞延收益。自長期資產可供使用起,按照長期資產的預計使用年限,將遞延收益平均分攤計入各期的當期收益。如果該項資產提前處置,要將未攤銷完的遞延收益,一次轉入當期損益。

【例12-22】W公司收到政府補助480萬元購置一臺設備,企業自己支付了安裝費5萬元,后交付使用。該項資產預計可使用5年。

(1)取得政府的資產補助。

借:固定資產	4,850,000
貸:遞延收益	4,800,000
銀行存款	50,000

(2)分月攤銷遞延收益 = 4,800,000÷5÷12 = 80,000(元)

借:遞延收益	800,000
貸:營業外收入	800,000

三、收入的披露

為了對企業會計信息使用者提供有用的會計信息,企業應在財務會計報告中披露相關的信息。

根據《企業會計準則第14號——收入》的規定,企業應在財務報告中披露如下的信息內容:

(1)收入確認所採用的會計政策,包括確定勞務的完成程度所採用的方法。

(2)本期確認的銷售商品收入、提供勞務收入、利息收入、使用費用收入的金額。

根據《企業會計準則第15號——建造合同》的規定,企業需要披露的內容主要有:

(1)根據合同總金額以及確定合同完工進度的方法。

(2)各項合同累計已發生成本、累計已確認毛利。

(3)各項合同已辦理結算的價款金額。

(4)當期預計損失的原因和金額。

根據《企業會計準則第16號——政府補助》的規定,企業需要披露的內容有:

(1)政府補助的種類及金額。

(2)計入當期損益的政府補助金額。

(3)本期返還的政府補助金額及原因。

思考題

1. 收入的概念和特徵是什麼?
2. 收入的內容有哪些?
3. 確認收入的基本條件是什麼?
4. 商品銷售收入的確認標準是什麼?
5. 如何確認勞務的收入?
6. 讓渡資產使用權收入有哪些?如何確認其收入?

7. 建造合同收入由哪些內容構成？
8. 如何確認合同的初始收入？如何確認合同的其他收入？
9. 怎樣區分現金折扣、商業折扣？
10. 現金折扣、銷售折讓、銷售退回的會計處理有何不同？
11. 如何採用合同完工百分比法確認與計量勞務收入和合同收入？
12. 確定完工百分比的方法有哪幾種？如何運用？
13. 如何披露收入的信息？
14. 特殊銷售業務有哪些？其收入如何確認？
15. 代銷有哪兩種？其會計處理有何區別？

練習題

1. A 企業於 5 月 2 以托收承付方式向 B 企業銷售一批商品，成本為 90,000 元，增值稅發票上註明：售價 150,000 元，增值稅稅率為 17%。該批商品已經發出，並已向銀行辦妥托收手續。編制會計分錄。

2. A 企業以支付手續費用形式代銷，A 企業委託 B 商場銷售甲商品 1,000 件，代銷的協議價為 180 元/件，該商品成本 100 元/件，增值稅稅率 17%。手續費按收入的 8% 支付。分別編制委託方和受託方的會計分錄。手續費收入的銷項稅稅率為 6%。

3. A 企業採用分期收款方式向 W 公司銷售產品 50 件，每件售價 4,000 元。合同約定首次支付 50%，其餘 50% 分兩平均支付。該批產品的成本為 120,000 元，增值稅稅率為 17%。期間較短，不折現，分別編制三個時點的會計分錄。

4. A 企業 5 月 1 日銷售一批貨 300 件給 N 公司，單位價格 400 元，增值稅稅率為 17% 付款條件為「2/15,n/30」。假設 N 公司於 5 月 8 日付款或 5 月 20 日付款。分別編制三個時點的會計分錄。

5. A 企業 11 月 8 日收到當月的銷售退回一批，價款 20,000 元；收到以前月份銷售退回一批，貨款 70,000 元，成本按 45,000 元計算，增值稅稅率為 17%。編制兩批退貨的會計分錄。

6. A 企業於 11 月 2 日為 M 公司提供一項安裝勞務，安裝期 5 個月，合同總收入 500,000 元，至年底已預收款 200,000 元，實際發生成本 150,000 元，估計完成全部勞務還需發生成本 180,000 元。假設已發生增值稅進項稅額 10,000 元，增值稅銷項稅稅率為 11%。編制預收帳款、發生費用、年末確認收入、結轉成本的會計分錄。

7. A 企業向 B 公司轉讓其商標使用權，合同規定 B 企業每年年末按年收入的 8% 支付給 A 企業使用費用（不含稅），使用期為 5 年。假設 B 企業第一年收入總額 150 萬元，並按規定已支付了使用費。假設商標使用費的增值稅稅率為 6%。編制 A、B 雙方的會計分錄。

8. 假定某建築公司簽訂了一項總金額為 10,000,000 元（不含稅）的建造合同，承建一座橋樑，工程已於 2016 年 7 月開工，預計 2018 年 12 月完工。最初，預計工程總成本為 8,000,000 元，到 2017 年年底，預計工程總成本為 8,100,000 元。假設三年發生的增值稅進

項稅額分別為 20 萬元、30 萬元、30 萬元，建造該項工程的其他有關資料如表 12-2 所示。

表 12-2　　　　　　　　　　　　工程有關資料　　　　　　　　　　單位：元

項目＼年份	2016	2017	2018
到目前為止累計已發生的成本	2,000,000	5,000,000	8,100,000
完成合同尚需發生成本	6,000,000	3,100,000	
已結算工程價款	1,887,000	4,995,000	4,218,000
實際收到價款	1,776,000	4,662,000	4,662,000

要求：

（1）確定各年的合同完工進度；

（2）計量確認各年的收入、費用和毛利，工程施工的增值稅銷項稅稅率為 11%；

（3）編制有關會計分錄，並在會計報表中披露有關信息。

第十三章 費　用

　　費用是相對於收入而存在的,費用代表企業為獲取一定的收入而發生的耗費。正確地確認收入與費用的目的是為準確地確定收益或利潤,以便為會計信息使用者提供企業經營業績的資料,也有利於評估經營管理者的受託責任完成情況。本章將介紹費用的概念、特徵、內容、確認、計量及會計處理。

第一節　費用的概念和特徵

一、費用的定義

　　究竟什麼是費用(Expense),各國會計準則和會計學者對費用的定義仍有不同的認識。具有代表性的觀點有如下幾種:

　　(1)佩頓和利特爾頓在1940年合著的《公司會計準則介紹》中指出,收益是企業的努力和成績之間的差額,所謂努力也就是企業所耗的成本。成本可分為已耗成本(Expired Cost)和未耗成本(Unexpired Cost)。已耗成本限於與本期的經營成績(收入)有關,應在當期轉作費用與收入相配比;未耗成本可以和未來期間的成績相關,應作為資產成本遞延。因此,費用是為獲取收入而已消耗的資產或付出的代價。

　　(2)美國會計學家亨德里克森教授在其所著的《會計理論》中指出,費用是獲取收入過程中所使用或耗用的貨品或勞務。它們是與企業產品的生產和銷售直接或間接有關的各項要素勞務(Factor Service)的已耗數額。

　　(3)美國會計原則委員會(APB)在1970年發布的第4號報告中指出,費用是從一個企業改變其所有者權益的那些盈利活動中所產生的資產減少或負債增加的總額,並且,其確認與計量遵循公認會計原則(GAAP)。

　　(4)美國財務會計準則委員會(FASB)在第6號概念公告(1980年)中,將費用定義為一個主體在某一期間由於銷售或生產貨物,或從事構成該主體不斷進行的主要經營活動的其他業務而發生的現金流出或其他資產的耗用,或債務的承擔,或兩者兼而有之。

　　(5)國際會計準則委員會(IASC)在《編報財務報表的框架》(1989年)中對費用的表述是,費用是指會計期間經濟利益的減少,其表現形式為資產流出、資產折耗或負債的承擔引起業主權益的減少,但不包括與所有者分配有關的類似事項。

　　(6)中國《企業會計準則——基本準則》將費用定義為,費用是企業在日常活動中發生的、會導致所有者權益減少的、與向所有者分配利潤無關的經濟利益的總流出。

從上述幾個對費用的定義可以看出，費用的本質是為獲取一定的收入而發生的耗費，它表現為企業資產的減少，或企業負債的增加，或兩者兼而有之。費用的實質是已耗成本。佩頓和利特爾頓對費用的定義說得很清楚，已耗成本限於與本期的經營成績有關，應在當期轉作費用與收入相配比。美國註冊會計師協會（AICPA）會計名詞委員會於1957年發表的第4號會計名詞公告中指出，費用是指應從收入中扣除的已耗用成本。

二、費用的特徵

從上述關於費用定義的討論可將費用的基本特徵歸納如下：

（一）費用是為創造收入所付的代價

費用與損失是有區別的。一般來說，費用的發生是可能產生一定的收入的，凡是不產生收入的資產耗費，如自然災害損失，從其性質來看並不是費用，而是損失（Loss）。正確地區分費用與損失可以使會計報表使用者獲得更為有用的會計信息。美國財務會計準則委員會（FASB）在1985的第6號《財務會計概念公告》中指出，損失同樣導致企業資產的減少，但其原因是出於偶然事件，不是企業所能控製的；損失並不會產生收入，因而在性質上不同於費用。

（二）費用可能導致企業資產的減少或債務的增加或兩者兼而有之

費用最終導致企業資源的減少，這種減少具體表現為企業的現金支出或非現金資產的耗費。從這個意義上說，費用本質上是一種資源流出企業，它與資源流入企業所形成的收入相反。例如，支付工資、消耗材料、發生現金付費、固定資產和無形資產的折舊和攤銷等，最終都將會使企業資產耗費、資源減少。如果企業發生一筆費用而沒有引起企業資產的減少，則必然會形成一筆負債，如預提各種費用，計算各種費用性稅金。

（三）費用最終將會減少企業所有者權益

由於企業收入的實現會引起企業所有者權益的增加，而費用是為取得收入而付的代價，因此費用的發生會減少企業的所有者權益。同樣我們可以從動態會計要素的平衡公式中得到印證。動態要素的會計等式為「收入－費用＝利潤」，利潤的增加為企業所有者權益的增加。如果該等式中沒有費用時，收入的實現，即利潤等於收入為企業所有者權益的增加是不容置疑的。當發生費用時，這一抵減項目使得利潤小於收入，其差額就是費用導致企業所有者權益減少。

這裡需要注意兩個方面：一方面是企業償還債務會引起企業的經濟資源，即資產的減少，它會減少企業的債務，並不會導致企業所有者權益的減少，因而不屬於企業費用；另一方面是企業向所有者分配現金股利，同樣會引起企業經濟資源，即資產的減少，它雖然會減少企業的所有者權益，但屬於所有者權益的返還或分回，不是經營活動的耗費用，同樣不能作為企業費用。

第二節　費用的內容

一、支出、費用和成本

(一)支出

支出(Expenditure)指一定期間內企業的資源消耗或償付等原因而流出企業,從而導致企業經濟資源總量的減少。企業支出包括經營性支出、非經營性支出和償付性支出。

經營性支出是指企業為了日常經營活動的開展而發生的各種支出。經營性支出又可分為收益性支出和資本性支出。資本性支出是指其支出的效益及於多個會計年度(或多個營業週期),如購買固定資產、無形資產等的支出。由於資本性支出為多個會計期間受益,因而發生支出時並不能全部轉作費用,只能在整個受益期內分期轉入費用。收益性支出是指其支出的效益僅及於本年度(或一個營業週期),如支付的工資、耗用的各種材料和燃料等。收益性支出於支付時全部轉作費用。收入性支出並不完全等同於費用,因為有些費用並未發生支出,如發生費用后形成了負債,這也可以從費用定義與支出定義的差別中發現。

非經營性支出是指企業發生的與生產經營無關的事項所引起的各種支出,如支付的各種罰款、賠款等。

償付性支出是指企業為了償還債務而發生的支出,包括償還投資者的債務(支付股利)和其他債權人的債務。

從範圍來看,支出大於費用,但費用並不完全包含在支出之內,有些費用並不一定要發生支出。

(二)費用

費用(Expenses)是指企業在一定期間內為生產經營活動所發生的各種耗費,包括物化勞動的耗費和活勞動的耗費。費用強調的是企業一定期間內的資源的耗費,不強調是否真正有支出。費用一般指的是生產經營費用,不包括非生產經營費用,如為在建工程所發生的費用(支出包含此內容),也不包括偶然性損失。生產經營費用包括生產費用和經營管理費用。生產費用指企業為生產產品所發生的各種消耗或耗費;經營管理費用指企業為管理和組織生產經營活動而發生的管理費用,為銷售企業產品而發生的銷售費用,為籌措生產經營必需資金而發生的財務費用等。成本一般指產品的生產成本,它與生產費密切相關,與經營管理費用無關。

從範圍來看,費用大於成本,但本期的成本並不一定包含在本期的費用之中,本期的成本可能是上期的費用,本期的費用也不一定都構成本期的產品生產成本。

(三)成本

成本(Cost)是指企業產品的製造成本(Manufacturing Cost),是為生產一定種類和數量的產品所發生的各種生產耗費。成本是生產費用在其對象(Objects)之間分配(Distribute)的結果。成本計算就是將生產費用分配於各對象的過程。也就是說,成本強調的是

生產對象,而費用強調的是期間。產品的生產過程也就是產品成本的形成過程。產品的生產成本,即產品的製造成本,由直接製造成本和間接製造成本構成。直接製造成本或直接製造費用包括直接材料和直接人工。直接材料是指直接用於產品生產、構成產品實體的各種主要材料和有助於產品形成的輔助材料及燃料。直接人工指直接從事產品生產人員的工資及福利。間接製造成本指直接用於產品生產,但不便於直接計入產品成本以及間接用於產品生產的各種費用。

費用與成本既有聯繫,又有區別。生產費用的發生過程,同時又是產品成本的形成過程,這是費用與成本之間的聯繫。生產費用指某一期間為進行生產而發生的費用,它與一定的時期相聯繫,而與生產哪一種產品無關;產品成本指為生產某一種類產品而消耗的費用,它與一定種類和數量的產品相聯繫,而不論費用發生在哪一時期,這是費用與成本之間的區別。成本是對象化了的費用,本期的產品生產成本可能既包含有上期的生產費用,也包含本期的生產費用。隨著產品的銷售,該產品的製造成本將轉化為產品的銷售成本,按照配比原則從當期的銷售收入中扣除。不僅如此,某些期間費用,如管理費用、銷售費用、財務費用也要從當期的收入中扣除,確定其補償價值。其實財務主要關注的是按配比原則的要求正確確認與當期收入配比的銷售產品的銷售成本,和各種相關的期間費用,以便正確地確定當期利潤或收益。至於如何合理歸集與分配產品生產費用,正確計算產品的生產成本,則屬於管理會計的範疇。

二、費用的內容

從上述費用的定義和費用與成本、支出的關係中可以看出,費用的內容只包括那些在獲取收入的過程中所發生的不利變動。反過來說,凡是同銷售商品、提供勞務的過程無關的資產耗費或資源減少應歸類為損失,而不是費用。雖然損失和費用都是企業計算淨收益的相關因素,但依照收益或利潤的機制性論點計算「營業淨收益」,只有費用才能和當期的收入相配比。

企業在一定會計期間發生的所有費用分為產品的生產費用和期間費用。生產費用核算的目的是通過計算產品製造成本,以便確定產品銷售成本。因此,產品製造成本的核算至關重要。產品製造成本包括直接費用(Direct Expenses)和間接費用(Overhead Expenses)。直接費用是指與產品生產有直接關係,可以直接計入產品的製造成本的費用;間接費用是指不能直接計入產品製造成本,或與產品生產只有間接關係,需採用一定的方法和程序分配計入產品製造成本的費用。

(一)製造成本

產品的製造成本包括直接製造成本或費用和間接製造成本或費用。

1. 直接費用

直接費用是指企業直接為生產商品(產品)或提供勞務等發生的直接材料、直接人工和其他直接費用。

直接材料(Direct Material Cost)是企業生產商品或提供勞務所消耗的、構成產品實體的各種原材料、輔助材料、備品配件、外購半成品、燃料、動力、包裝物以及其他直接材料。

直接材料耗費按照成本計算對象進行歸集,直接計入產品的製造成本。

直接人工(Direct Labor)包括企業直接從事產品生產人員的工資、獎金、津貼和補貼以及福利,它也按成本計算對象進行歸集,直接計入產品的製造成本。其他直接費用是指企業發生的與產品生產有著直接關係的各種費用。

其他直接費用也應當按照實際發生的數額,分別按不同的成本計算對象進行歸集和核算。

2. 間接費用

間接費用是指企業為生產商品或提供勞務而發生的應當由產品或勞務負擔的,但又不能直接計入各產品或勞務的有關費用。在工業企業中,間接費用稱為製造費用。間接費用包括各個生產單位(分廠或車間)為組織管理生產所發生的生產單位管理人員工資、福利費、折舊費、修理費、物料消耗、低值易耗品攤銷、水電費、辦公費、差旅費、保險費、各種存貨的盤虧損失等費用。間接費用應當按照一定的方法和程序,分配計入各有關產品的製造成本。

(二)期間費用

期間費用(Period Expenses)是指與產品生產沒有直接關係,屬於某一時期耗費的,必須從當期營業收入中得到補償的費用。期間費用包括管理費用、財務費用和銷售費用等。

管理費用(Administrative Expenses)是指企業行政管理部門為管理和組織經營活動而發生的各項費用。管理費用包括企業董事會和企業行政部門發生的辦公費用、工會經費、行業保險費、職工教育經費、聘請註冊會計師和律師經費、支付的諮詢費、訴訟費、業務招待費、技術轉讓費、無形資產攤銷、研究開發費、排污費、綠化費、存貨盤虧、毀損和報廢損失以及其他管理費用。

財務費用(Financial Expenses)是指企業為籌集資金而發生的各項費用。財務費用包括企業生產經營期間發生的利息支出、外幣匯兌損失、金融機構手續費以及其他因理財活動而發生的費用等。

銷售費用(Operating Expenses)是指企業為了銷售產品和提供勞務發生的各項費用以及專設銷售機構的各項經費。銷售費用包括應由企業負擔的運輸費、裝卸費、包裝費、保險費、委託代銷手續費、廣告費、展覽費、租賃費、銷售服務費用、銷售人員的工資、福利費、差旅費、辦公費、折舊費、修理費、業務費、物料消耗、低值易耗品攤銷以及其他經費。

除此之外,期間費用還應包括與收入配比的稅金及附加。這是企業在經營活動中,按照有關法令(稅法)和規定計算繳納給稅務部門的稅款和其他款項,它與費用的性質完全相同。

第三節　費用的確認與計量

一、費用的確認原則

費用確認總的原則是權責發生制原則。按照權責發生制原則,凡應屬於本期的收入和費用,不論其款項是否已經收到或付出,均作為本期收入和費用處理;凡不屬於本期的收入和費用,即使其款項已在本期收到或付出,也不應作為本期的收入或費用。

在複雜的實踐中,還必須有更具體的規則來鑑別究竟哪些成本已經耗用,應計列為本期費用,相應地列入損益表;哪些成本尚未耗用,應作為資產而列入資產負債表。儘管費用的確認是企業會計的一個日常會計程序,但費用的確認是一項相當困難的工作。因為費用的牽涉面太大,處理不當就會影響利潤表和資產負債表的真實性,即會計信息的真實性。

由於費用是產生收入所付出的代價,所以費用的確認與收入的確認有著密切的聯繫。一般情況下,費用的確認包括因果關係確認費用、合理分配費用以及發生時立即確認費用三項確認規則。

(一)因果關係確認費用

費用確認的最理想方法是找到收入與費用的相互關係,即費用的發生是與產生某一會計期間的收入相關聯。與某一筆收入相關的費用是銷售該批商品的銷售成本及其他相關費用。如果不確認此筆收入,也就不要確認此批商品的銷售成本。建築企業在確認合同收入時,不論是採用完工合同法,還是採用完工百分比法,在確認合同收入之前,並不確認費用,只是將建造過程中發生的成本先暫記於資產帳戶,待確認收入時才按相應的方法計量,將資產帳戶的累計成本轉移為當期的費用,並與收入配比。

(二)合理分配費用

在會計實務中,有些費用並不能以因果關係來確認,這時需要採用其他方法來確認費用。將成本合理分配為不同會計期間的費用,是早已為會計人員所熟知的一項會計程序。這種費用確認規則的理論依據是一項資產在企業長期使用,各會計期均會收到它所提供的收益,因而各會計期也應承擔它的一部分成本。固定資產折舊費用和無形資產攤銷費是費用分配過程的一個典型例子。美國在 1970 年第 4 號《會計原則委員會公告——企業會計報表所依據的基礎概念和會計原則》中指出,在各會計期分配費用,應做到無偏見和合理及系統地分配。以分配作為費用確認原則,必然會導致許多不同的會計程序和方法的同時存在,從而會增大不同企業會計實務的差異。

(三)成本發生時立即確認費用

當企業不能採用前兩個規則確認費用時,才採用成本發生時立即確認規則。廣告費和研究開發費是採用立即確認的典型例子。廣告費可以為企業未來取得長期的收益,但很難確定哪個會計期獲得多少收益。某顧客從本企業購買商品,可能是若干年前受企業廣告的影響。所以廣告成本不得不在發生時立即確認為費用。美國財務會計準則委員

會(FASB)對於研究和開發成本所規定的會計處理程序,也是依據立即確認規則確認為費用的。因為每個研究和開發項目所能帶來的未來經濟利益,存在很大程度的不確定性。實踐證明,研究和開發成本與企業未來經濟利益之間不存在緊密的因果關係。

以上確認費用的三個規則是以第一個規則為主,在無法使用第一個規則的情況下,選用第二個規則,在無法採用第一、二個規則的情況下,選用第三個規則。這三個規則是有主次之分的。現在對第二個規則的批評意見越來越多。主要是這一規則的使用有很大的主觀性,如將存貨列為銷售成本的過程中,企業究竟採用先進先出法(FIFO)還是后進先出法(LIFO)更與收入配比,固定資產折舊是採用直線折舊法還是加速折舊法更與收入配比,則完全是憑會計人員的主觀判斷行事。

二、費用的計量

企業生產經營過程中所消耗的各種商品或勞務的計量還沒有一個簡易的解決辦法。這是因為,這種計量的目的尚未明確地予以限定,並且人們可以接受的計量,大部分要按所應用的收益概念來確定。依照費用為企業淨資產減少的觀點,合理的計量是指企業在生產經營過程中耗費的商品或勞務價值。這些耗費是企業為獲取收入而付出的代價或犧牲。儘管價值有不同的含義,就費用的計量而言,它通常表示企業所耗商品或勞務的交換價格。對於強調企業現金流量的觀點來說,費用應該從企業為其當事人一方的經濟業務的角度,按過去的、現在的或未來的現金支出額來計量。最通常的費用計量有三種屬性,即歷史成本、現行成本、現行售價。

(一)歷史成本

計量費用的傳統方法是按照企業資源的歷史成本屬性來計量。堅持歷史成本(History Cost)的主要理由是,歷史成本代表企業的現金支出,並被認為是可以驗證的(Verifiability)。歷史成本也代表企業獲得資源或勞務的交換價格。支付或同意支付的現金表示根據市價或根據買賣雙方同意所確定的交換價值,也就是買方所放棄的經濟資產權利要求的貨幣價值。對於資本性支出在后期分攤轉作費用的計量,用歷史成本可能存在缺陷。因為分期分攤資產的價值可能經常變動,經過一定期間之后,其歷史成本就同企業的決策和報表使用者對企業資產的評估價值脫節。如果再按歷史成本分攤確認和計量費用,其確認的補償價值是不足夠的。

(二)現行成本

由於收入通常是根據產品交換所取得的現行價格計量的,與收入相配比的費用也應該根據耗用或消耗的商品或勞務的現行購入價格或現行重置成本來計量。現行成本(Current Cost)計量費用的主要優點是現時的重置成本為現時的投入價值,能使現時的投入價值與現時的收入相配比,便於衡量現時的經營成果;資產的現行重置成本與其歷史成本的差額為資產持有利得,現行重置成本與現時收入的差額為企業經營成果,因此使用現行重置成本計量費用有利於區分資產持有利得和企業經營成果,可以較好地反映經營管理者的努力與經濟環境變化對企業的影響。現行重置成本計量費用的缺陷是其含義不明確,由於各種因素影響,事實上難以存在與原持有資產完全吻合的重置成本;另

外，現行重置成本的確定較為困難，在計算中心上缺乏足夠的可信證據，影響會計信息的可靠性。

(三) 現行售價

現行售價(Current Price)也稱為變現價值，被許多會計學者們認為是計量費用的比較恰當的方法，因為它表示企業在耗用特定資產時的機會成本，而且這種費用計量不需要就重置的未來可能性加以推測，只要資產具有可在較少損失情況下進行交易的市場，其變現價格屬性是較為恰當的。

第四節 費用的會計處理

對於製造企業來說，其費用的核算應從產品生產開始到生產產品完工且驗收入庫，然后通過銷售，發生各種銷售費用並結轉產品銷售成本，還包括計算各種稅金及附加和管理費用、財務費用等內容。對生產過程的核算如以下例題所示。

【例13-1】A企業本月生產甲產品領用材料250,000元，以銀行存款支付電費18,000元。

借:生產成本——基本生產成本	268,000
貸:原材料	250,000
銀行存款	18,000

【例13-2】A企業計算本月應付生產工人工資20,000元，車間管理人員工資8,000元。並按工資總額的14%提取福利費。

借:生產成本——基本生產成本	22,800
製造費用	9,120
貸:應付職工薪酬——工資	28,000
——福利	3,920

【例13-3】A企業本月應提折舊50,000元，其中生產車間應提折舊40,000元，管理部門應提折舊10,000元。

借:製造費用	40,000
管理費用	10,000
貸:累計折舊	50,000

【例13-4】A企業本月發生其他製造費用15,000元，其增值稅進項稅額為1,000元，以銀行存款支付。

借:製造費用	15,000
應交稅費——應交增值稅(進項稅額)	1,000
貸:銀行存款	16,000

【例13-5】A企業月末結轉製造費用64,120元。

借:生產成本——基本生產成本	64,120

貸:製造費用 64,120

【例13-6】A企業本月完工產品100臺,總成本300,000元,完工產品已驗收入庫。
　　借:產成品(或庫存商品) 300,000
　　　貸:生產成本——基本生產成本 300,000

【例13-7】A企業本月銷售甲產品95臺,月末採用加權平均法計算並結轉其銷售成本280,000元;結轉上月發出、已記入「發出商品」科目,本月實現銷售的發出商品成本50,000元;結轉本月實現的分期收款發出商品成本70,000元;收到代銷方的代銷清單後結轉視同買斷方式的委託代銷商品成本60,000元。
　　借:主營業務成本 460,000
　　　貸:庫存商品 280,000
　　　　　發出商品 50,000
　　　　　分期收款發出商品 70,000
　　　　　委託代銷商品 60,000

【例13-8】A企業月末計算應交城市維護建設稅35,000元,教育費附加15,000元。
　　借:稅金及附加 50,000
　　　貸:應交稅費——應交城市維護建設稅 35,000
　　　　　　　　　——應交教育費附加 15,000

【例13-9】A企業本月發生各種管理費用,其中管理人員的工資50,000元,應提福利費7,000元,以銀行存款支付其他辦公費、保險費、應酬費、差旅費等40,000元及增值稅進項稅額2,500元。
　　借:管理費用 97,000
　　　　應交稅費——應交增值稅(進項稅額) 2,500
　　　貸:應付職工薪酬——工資 50,000
　　　　　　　　　　　——福利 7,000
　　　　　銀行存款 42,500

【例13-10】A企業本月支付應付銀行的經營流動資金借款利息20,000元。
　　借:財務費用 20,000
　　　貸:銀行存款 20,000

思考題

1. 什麼是費用?費用的特徵有哪些?
2. 如何對費用進行分類?
3. 確認費用的原則是什麼?
4. 支出、費用與產品成本之間的聯繫和區別是什麼?
5. 期間費用包括哪些內容?如何進行會計處理?
6. 費用與損失有何不同?

7. 什麼是配比原則?
8. 計量費用的屬性有哪些? 如何運用?

練習題

1. 甲企業 2017 年 5 月發生如下經濟業務：
(1)以銀行存款支付管理費用 100,000 元及增值稅進項稅額 6,000 元。
(2)行政管理部門固定資產計提折舊 50,000 元。
(3)支付諮詢費 30,000 元,審計費 80,000 元及增值稅進項稅額 6,600 元。
(4)計提無形資產攤銷 70,000 元。
(5)以銀行存款支付總經理辦公室和董事長辦公室購買辦公用品各6,000 元及增值稅進項稅額 360 元。
(6)分配行政管理人員的工資 150,000 元,銷售人員工資100,000 元,計提應付福利費比例為 14%。
(7)從應收帳款中抵扣委託代銷業務的手續費 80,000 元及增值稅進項稅額 4,800 元。
(8)報銷銷售人員的差旅費 3,000 元及增值稅進項稅額 250 元,以現金支付。
(9)行政管理部門本月領用低值易耗品 3,000 元,採用五五攤銷法。
(10)以現金支付全年保險費 12,000 元及增值稅進項稅額 720 元。
(11)以銀行存款支付廣告費用 80,000 元及增值稅進項稅額 4,800 元。
(12)庫存產品 1,000 臺,單位成本 500 元,本月完工入庫產品 29,000 臺,入庫產品總成本 14,740,000 元。結轉本期銷售成本,其中結轉分期收款銷售產品 500 臺、委託代銷 1,000 臺、一般銷售 20,000 臺。採用加權平均法計算結轉銷售產品成本。
(13)以銀行存款支付銷售商品的運輸費用 12,000 元及增值稅進項稅額 1,320 元。
根據資料編制相關會計分錄。

2. 企業期初「產成品」餘額為 210,000 元,產品數量 3,000 件。本月生產入庫產品 17,000 件,單位產品成本為 65 元。本月銷售產品 17,500 件。分別採用先進先出法、後進先出法、加權平均法計算本月銷售產品成本,並編制相應的會計分錄。

3. 某企業本月應交增值稅 150,000 元,應交消費稅 100,000 元,城市維護建設稅稅率為 5%,教育費附加徵收率為 3%,計算應交城市維護建設稅和教育費附加,並編制會計分錄。

第十四章
利潤及利潤分配

　　利潤是企業在一定期間內生產經營活動的最終成果,也就是企業收入與成本費用相抵后的差額。如果收入大於其成本費用,則形成企業利潤或盈利,如果收入小於其成本費用,則表明企業虧損。本章將介紹企業利潤的概念、內容、所得稅以及利潤分配的會計處理。

第一節　利潤的意義及內容

一、利潤的概念和意義

　　《中華人民共和國公司法》對公司所下的定義是:公司是依照《中華人民共和國公司法》組建並登記的以營利為目的的企業法人。公司的特徵包括:公司必須是依照《中華人民共和國公司法》的規定設立的社會經濟組織;公司必須是以營利為目的的法人團體;公司必須是企業法人。以營利為目的是公司的重要特徵之一。因此,企業生產經營活動的主要目的就是不斷提高企業的盈利水平,增強企業獲利能力。企業只有最大限度地獲取利潤,才能為社會創造財富,為企業擴大再生產提供充足的資金,為企業投資者的投資增值。企業利潤水平的高低不僅反映企業的盈利水平高低,而且反映企業為社會做出貢獻的大小。

　　利潤(Profit)或收益(Income)是企業在一定期間內生產經營的最終財務成果(Financial Result),也就是企業實現的收入與其費用相抵后的差額。《企業會計準則——基本準則》將利潤定義為企業在一定會計期間的經營成果。

二、利潤的內容

　　對於利潤的內容,或者說,哪些應在利潤表中加以反映,會計理論上存在兩種截然不同的觀點,即本期營業觀(Current Operating Concept)和損益滿計觀(All Inclusive Concept)。本期營業觀認為,本期的收益或利潤僅包括本期由營業活動所產生的各項成果,即僅反映本期經營性的業務成果,前期的損益調整項目以及不屬於本期經營活動的收支項目不屬於企業本期的利潤或收益,不列入利潤表中。損益滿計觀認為,本期利潤應包括本期確認的經營性活動、非經營性活動及前期調整的利潤等全部利潤項目。中國會計實務大多採用折中的態度,將營業外項目和非常損益納入利潤範圍列入利潤表,將前期利潤調整不作為本期利潤,而列入利潤分配表。

因此，企業的利潤就其構成來看，既有通過生產經營活動而獲得的，也有通過投資活動而獲得的，還包括那些與生產經營活動無直接關係的事項所引起的盈虧。根據中國《企業會計準則——基本準則》的規定，企業的利潤總額一般包括收入減去費用後的淨利潤（包括營業淨利潤和投資收益）、直接計入當期利潤的利得和損失等。

(一)營業利潤

營業利潤(Operating Income or Profit)是企業利潤的主要來源。營業利潤是指企業日常經營活動產生的收入減去相關的成本費用後的利潤額。營業利潤這一指標能夠比較恰當地代表企業管理者的經營業績。

(二)投資淨收益

投資淨收益(Investment Income)是企業對外投資所獲得的淨收益。投資淨收益是投資收益減去投資損失後的差額。投資收益一般包括企業對外投資所分得的利潤、股利和債券利息、投資到期收回或者中途轉讓取得的款項高於帳面價值的差額、股權投資在被投資單位增加的淨資產中所擁有的數額等。投資損失是指投資到期收回或中途轉讓取得的價款低於帳面價值的差額、股權投資在被投資企業減少的淨資產中所分擔的數額等。

(三)直接計入當期利潤的利得和損失

直接計入當期利潤的利得和損失是指應當計入當期損益、會導致所有者權益發生增減變動的、與所有者投入資本或者向所有者分配利潤無關的利得和損失，如公允價值變動損益、非流動資產處置損益、債務重組損益以及與企業日常經營活動無關形成的損益。

(四)所得稅費用

所得稅(Income Tax)是企業按稅法規定根據企業應納稅所得額計算的所得稅。企業在計算應交所得稅時，一方面形成了一筆應交稅費負債，另一方面也形成了一筆與收入配比的費用——所得稅費用。

第二節　利潤的確定及會計處理

作為企業，必須以支付費用為代價，取得經營收入，並設法使取得的收入超過其支付的費用，從而獲得利潤或收益。利潤或收益確定涉及的面相當廣，既包括收入與利得的確認，也包括費用與損失的確認。也就是說，利潤的確定完全取決於構成利潤的各種收入、利得與費用、損失要素的確認。

一、營業利潤的確認與計量

會計理論界對於如何確定企業利潤或收益，存在兩種觀點：一種觀點，即「資本保全觀」(Capital Maintenance Approach)認為，比較某一會計期的期末與期初的淨資產（所有者新增投入資本除外），其差額為該會計期間的利潤或收益。另一種觀點，即「交易觀」(Transaction Approach)認為，根據企業某一會計期間的交易，確定各收入、費用、利得與損

失,進而計算出企業的利潤或收益。

根據資本保全觀,只有企業資本得到保全或成本得到補償以後,才能確定利潤或收益。原有的資本必須保全完整,超過原投入資本的部分才是利潤。因此,要確定某一期間的利潤,只要比較期末與期初的淨資產,其差額就是該企業的利潤。利潤計算公式如下:

利潤＝期末淨資產－期初淨資產

當然,在計算過程中,應排除本會計期間所有者新投資的部分和分配給所有者方面的因素。資本保全觀中又有兩種概念,即貨幣資本保全概念與實物資本保全概念。貨幣資本保全主張所應保全的是貨幣資本,它以歷史成本來計量企業的資產價值。實物資本保全主張所應保全的是實物資本,即企業的實際生產能力,它要求企業的費用必須用現行重置成本而不是歷史成本來計量,在企業已經消耗的實物資產未得到重置之前不確認利潤或收益。

經濟學家的收益概念是資本保全觀,因此以資本保全觀確定的利潤或收益稱為經濟收益(Economic Income)。

在交易觀下,企業必須在發生實際交易時才確認收入、費用,以確定營業利潤或收益。這依據的是收入實現原則和配比原則。本期利潤等於本期營業收入減去費用后的差額。各國會計界普遍採用交易觀,因此這種收益概念又稱為會計收益(Accounting Income),現代企業會計一般採用會計收益。利潤的計算公式又可以寫成如下公式:

利潤＝收入－費用

會計離不開計量,會計工作過程很大程度上是一個計量的過程。會計報告就是用一定的格式向會計信息使用者提供日常計量、定期概括的結果。會計計量的兩個中心內容是資產計價與收益確定。雖然資產計價的主要目的是確定企業資產和權益的變化,收益確定的主要目的是反映企業經營成果,但兩者有著密切的聯繫,且是相輔相成的。因為收益的確定是營業收入與成本費用相配比的過程,營業收入表現為資產的增加或負債的減少。在收益的確定過程中,需將成本費用劃分為已消失與未消失兩部分。其中成本費用的已消失部分與當期的收入相配比,而成本費用的未消失部分確認為資產的存量價值。從這個意義上講,收益確定、成本費用分配以及資產計價過程是殊途同歸的,如實地反映企業財務狀況和經營成果。

二、利得與損失的確認與計量

在企業的活動中,有時可能產生一些與企業主要經營活動無關的資產增減變動,它們雖然不是經營收益的組成部分,但會影響本期收益總額。在財務中,這些引起企業資產變動的要素被概括為利得(Gains)或損失(Loss)。

利得與損失的主要來源和內容有如下四類:

(1)偶發或非經營活動的收益或損失,如非流動資產處置損益等。

(2)企業與其他會計主體的非交換性資源轉移,如對外捐贈,接受捐贈和罰、沒、賠款等。

(3)長期資產價值減值損失,如固定資產、無形資產、在建工程減值損失以及長期投資減值損失等。

(4)企業發生非常損失,如自然灾害及非常事故給企業造成的損失。

一般來說,利得與收入相類似,損失與費用相類似。但是,收入和費用是由於企業主要經營活動形成的,利得與損失是企業非主要經營活動或偶發事件形成的。收入和費用反映總資產流入和流出,而利得與損失反映淨資產流入和流出。

一般認為,利得與損失應按實際增加或減少的資產或負債來計量。但是,不同的利得或損失項目可能採用不同的計價基礎。通常利得的計量類似於收入的計量,即按收到或增加的資產或減少的負債的現行價值計量。損失的計量類似於費用的計量,在歷史成本原則下,應按所耗用的或流出的商品或勞務的原始取得成本的現有帳面價值計量,因此損失又被視為與任何期間無關的成本轉銷。

由於損失不能與收入配比,對未來收入也沒有任何聯繫,因此損失通常是在實際發生期間確認,而不能遞延結轉到以后期間。也就是說,應在資產產生效益已明顯低於其入帳價值所表明可提供效益的時期確認損失。

企業利潤總額的形成及會計處理由下列公式計算:

利潤總額=營業利潤+利得-損失

利得和損失包括營業外收入,營業外支出等。

營業利潤=營業收入-營業成本-稅金及附加-銷售費用-管理費用-財務費用-資產減值損失±公允價值變動損益+投資收益

淨利潤=利潤總額-所得稅費用

所得稅費用=應納稅所得額×所得稅稅率

企業實現的利潤(或虧損)總額,一律通過「本年利潤」科目核算。期末將各損益類科目的餘額轉入「本年利潤」科目,其中將收入和利得科目的餘額從其借方轉入「利潤總額」科目的貸方,將成本、費用、損失科目的餘額轉入「本年利潤」科目的借方,結平各損益類科目。結轉后,「本年利潤」科目如為貸方餘額即為本期淨利潤,「本年利潤」科目如為借方餘額為本期虧損。

計算本月利潤總額和本年累計利潤,可以採用「帳結」的辦法,也可以採用「表結」的辦法。採用「帳結」辦法的,應於每月終了將損益類科目餘額轉入「本年利潤」科目,通過「本年利潤」科目結出本月份利潤或虧損總額以及本年累計損益。採用「表結」辦法的,每月結帳時,損益類各科目的餘額不需要結轉到「本年利潤」科目,只有到年度終了進行年度決算時,才用「帳結」辦法將損益類各科目的全年累計餘額轉入「本年利潤」科目。在「本年利潤」科目中集中反映本年的全年利潤及其構成情況。因此,每月結帳時,只要結出各損益類科目的本年累計餘額,就可以根據這些餘額,逐項填入損益表,通過損益表計算出從年初至本月月末的本年累計利潤,然后減去上月月末本表中的本年累計利潤,就是本月份的利潤或虧損。企業在「表結」利潤的情況下,每月編制資產負債表時,如果平時不進行利潤分配,表內「未分配利潤」項目應填列損益表中的「淨利潤」;如果平時進行部分利潤分配,應根據損益表中的「淨利潤」項目與「利潤分配」科目餘額的差額,填列

資產負債表中的「未分配利潤」項目。

採用「表結」辦法計算利潤,「本年利潤」科目平時不用,年終使用;採用「帳結」辦法,每月使用「本年利潤」科目。無論企業採用哪種辦法,年度終了時都必須將「本年利潤」科目結平,轉入「利潤分配——未分配利潤」科目,結轉后,「本年利潤」科目應無餘額。

【例 14-1】某企業對外長期股權投資採用成本法,從被投資方分回現金股利 20 萬元,股票股利 10 萬元(股票股利不入帳,只需要在備查帳簿中進行登記股份數量)。

借:銀行存款　　　　　　　　　　　　　　　　　　　　　200,000
　　貸:投資收益　　　　　　　　　　　　　　　　　　　　200,000

【例 14-2】某企業對外出售交易性金融資產(股票或債券),其帳面價值 40 萬元,現以 35 萬元出售。

借:銀行存款　　　　　　　　　　　　　　　　　　　　　350,000
　　投資收益　　　　　　　　　　　　　　　　　　　　　 50,000
　　貸:交易性金融資產　　　　　　　　　　　　　　　　　400,000

【例 14-3】某企業以銀行存款 100,000 元對外捐贈。

借:營業外支出　　　　　　　　　　　　　　　　　　　　100,000
　　貸:銀行存款　　　　　　　　　　　　　　　　　　　　100,000

【例 14-4】某企業出現意外事故報廢鍋爐一臺,原帳面價值 50 萬元,累計已提折舊 20 萬元,從保險公司獲得賠款 25 萬元。

借:固定資產清理　　　　　　　　　　　　　　　　　　　300,000
　　累計折舊　　　　　　　　　　　　　　　　　　　　　200,000
　　貸:固定資產　　　　　　　　　　　　　　　　　　　　500,000
借:其他應收款——保險公司　　　　　　　　　　　　　　250,000
　　營業外支出——非流動資產處置損益　　　　　　　　　 50,000
　　貸:固定資產清理　　　　　　　　　　　　　　　　　　300,000

【例 14-5】某公司的一樁官司已由法院宣判,獲得賠款 100,000 元。

借:銀行存款　　　　　　　　　　　　　　　　　　　　　100,000
　　貸:營業外收入　　　　　　　　　　　　　　　　　　　100,000

【例 14-6】某企業年末損益類科目的本期發生額如表 14-1 所示。

表 14-1　　　　某企業年末損益類科目的本期發生額表　　　　單位:元

會計科目	借方發生額	貸方發生額
主營業務收入		5,000,000
其他業務收入		300,000
投資收益		650,000
營業外收入		600,000
公允價值變動損益		250,000

表14-1(續)

會計科目	借方發生額	貸方發生額
主營業務成本	3,500,000	
其他業務成本	200,000	
稅金及附加	40,000	
銷售費用	250,000	
管理費用	500,000	
財務費用	360,000	
營業外支出	300,000	
資產減值損失	150,000	
合計	5,300,000	6,800,000

(1)將各收入科目本期發生額轉入「本年利潤」科目。

借:主營業務收入   5,000,000
  其他業務收入   300,000
  投資收益   650,000
  營業外收入   600,000
  公允價值變動損益   250,000
  貸:本年利潤   6,800,000

(2)將各成本費用科目餘額轉入「本年利潤」科目。

借:本年利潤   5,300,000
  貸:主營業務成本   3,500,000
    其他業務成本   200,000
    稅金及附加   40,000
    銷售費用   250,000
    管理費用   500,000
    財務費用   360,000
    營業外支出   300,000
    資產減值損失   150,000

(3)計算所得稅費用,假設沒有納稅調整項目。

應交所得稅=(6,800,000−5,300,000)×25%=375,000(元)

借:所得稅費用   375,000
  貸:應交稅費——應交所得稅   375,000

(4)將「所得稅費用」發生額轉入「本年利潤」。

借:本年利潤   375,000
  貸:所得稅費用   375,000

(5) 結轉全年利潤 1,125,000 元。

借:本年利潤   1,125,000

　　貸:利潤分配——未分配利潤   1,125,000

如果是虧損,則無需計算繳納所得稅,編制相反的會計分錄,結轉全年虧損。

第三節　所得稅費用

一、財務會計與稅法的關係

財務會計和稅法(Tax Law)體現著不同的經濟關係,分別遵循不同的原則,服務於不同的目的。財務會計核算必須遵循一般會計原則,符合會計的有關概念框架以及會計準則對實務的要求,其目的是向企業會計信息使用者提供決策有用的會計信息。從所得稅角度考慮,主要確定企業的應納稅所得額,以對企業的經營所得以及其他所得進行徵稅。

財務會計原則與稅收法規的本質差別在於確認收入實現和費用扣減的時間以及費用的可扣減性。財務會計是以會計法規和會計準則為依據確認企業收入、費用並確定利潤,即會計利潤。而計算所得稅是依據稅收法規確認企業收入、費用並確定應納稅所得額。因此,按照財務會計方法確定的會計利潤與按照稅法規定確定的應納稅所得額不一定相同。

從 20 世紀 50 年代企業所得稅會計處理就已經是爭議較大的課題,爭論主要圍繞所得稅的分攤問題。有關會計人士提出,為了更好地反映各項收益,所得稅能否像其他費用一樣在整個會計期間進行分攤? 分攤的理論基礎是什麼? 如何進行分攤?

在美國,1944 年美國會計師協會中的會計程序委員會發布的第 23 號公告是第一個建議對實際發生的應付所得稅進行期內和跨期分攤的權威性會計公告。多年來進行過數次修改,1991 年 6 月美國財務會計準則委員會又發布了《所得稅會計徵求意見稿》,規定以資產和負債法核算和報告所得稅,形成了 109 號公告。

國際會計準則委員會於 1979 年 7 月發布了第 12 號公告《所得稅會計》,要求採用納稅影響會計法進行所得稅會計處理。后經幾次修改,1996 年國際會計準則委員會正式發布了修訂后的《國際會計準則第 12 號——所得稅》,所採用的方法和原則與美國財務會計準則委員會發布的 109 號公告基本相同。

在中國,1994 年以前,會計準則和稅法在對收入、費用等會計要素的確認方面是一致的。1994 年稅制改革以后,會計準則與稅法中對有關收入、費用等的確認方法產生了差異。為真實反映企業的財務狀況和經營成果,財政部於 1994 年發布了《企業所得稅會計處理暫行規定》,該規定對所得稅會計處理進行了如下幾點調整:

(1)明確了企業可以選擇採用「應付稅款法」或「納稅影響會計法」進行所得稅會計處理。採用「納稅影響會計法」核算的企業,可以在「遞延法」和「債務法」兩種方法中選擇。

(2)確認所得稅為一項費用,在損益表淨利潤前扣除。

(3)採用納稅影響會計法核算時，確認暫時性差異對未來所得稅的影響，並將其金額反映在資產負債表的遞延借項(Deferred Debit)或遞延貸項(Deferred Credit)項目內。

財政部於2006年2月15日發布的《企業會計準則第18號——所得稅》又進行了進一步的規範。

企業在取得資產負債時，應當確定其計稅基礎。資產、負債的帳面價值與其計稅基礎存在差異的，應當按準則確認所產生的遞延所得稅資產和遞延所得稅負債。

資產的計稅基礎是指企業收回資產帳面價值的過程中，計算應納稅所得額時按稅法規定可以自應稅經濟利益中抵扣的金額。

負債的計稅基礎是指負債的帳面價值減去未來期間計算應納稅所得額按稅法規定可以抵扣的金額。

二、永久性差異和暫時性差異

會計準則和稅法兩者的目的不同，對收入、費用的確認時間和範圍不同，導致產生兩種差異，即永久性差異和暫時性差異。

(一)永久性差異

永久性差異(Permanent Difference)是指某一會計期間，由於會計準則和稅法在計算收入、費用或損失時的口徑不同，所產生的稅前會計利潤與應納稅所得額之間的差異。這種差異在本期發生，不會在以后各期轉回。永久性差異有以下幾種類型：

(1)按會計準則規定核算時作為收入計入會計報表，在計算應納稅所得額時不確認為收入。例如，《中華人民共和國企業所得稅法》規定，企業購買的國債利息收入不計入應納稅所得額，不計算繳納所得稅，但按照會計準則規定，企業購買國債所產生的利息收入計入損益。

(2)按會計準則規定核算時不作為收益計入會計報表，在計算應納稅所得額時作為收益，需要繳納所得稅。例如，企業以自己生產的產品用於在建工程項目，稅法上規定按該產品的售價與成本的差額計入應納稅所得額，但按會計準則規定則按成本轉帳，不產生利潤，不計入當期損益。

(3)按會計準則規定核算時確認為費用或損失計入會計報表，在計算應納稅所得額時則不允許扣減。例如，各種贊助費，按會計準則規定計入當期損益表，減少當期利潤，但在計算應納稅所得額時則不允許扣減。

(4)按會計準則規定核算時不確認為費用或損失，在計算應納稅所得額時則允許抵扣。目前這方面的實際例子很少出現。

(二)暫時性差異

暫時性差異(Temporary Difference)是指資產或負債的帳面價值與其計稅基礎之間的差額。未作為資產和負債確認的項目，按稅法規定可以確定其計稅基礎的，該計稅基礎與其帳面價值之間的差額也屬於暫時性差異。

按照暫時性差異對未來期間應稅金額的影響，分為應納稅暫時性差異和可抵扣暫時性差異。

應納稅暫時性差異是指在確定未來收回資產或清償負債期間的應納稅所得額時,將導致產生應稅金額的暫時性差異。

可抵扣暫時性差異是指在確定未來收回資產或清償負債期間的應納稅所得額時,將導致產生可抵扣金額的暫時性差異。

《企業會計準則第18號——所得稅》主要是對暫時性差異進行了規範,不涉及永久性差異。暫時性差異主要有以下幾種類型:

(1)企業取得的某項收益,在會計報表上確認為當期收益,但按照稅法規定需待以後期間確認應納稅所得額。如按照會計準則規定,對長期投資採用權益法核算的企業應在期末根據被投資企業實現的淨利潤以及其投資比例確認投資收益;但按照稅法規定,如果投資企業的所得稅稅率大於被投資企業的所得稅稅率,投資企業從被投資企業分得的利潤要補交所得稅,這部分投資收益補交的所得稅應於被投資企業實際分得利潤或於被投資企業宣告分派利潤時,才計入應納稅所得額,從而產生應納稅暫時性差異。

(2)企業發生的某項費用或損失,在會計報表上確認為當期費用或損失,但按照稅法規定待以後期間從應納稅所得額中扣減。例如,固定資產折舊,按照稅法規定應該採用直線折舊方法計提折舊費;會計選用加速折舊法計提折舊費。這樣,在固定資產使用初期,從應納稅所得額中扣減的折舊金額會小於計入當期損益表的折舊金額,從而產生可抵減暫時性差異。企業取得的某項收益,在會計報表上於以後期間確認收益,但按照稅法規定需計入當期應納稅所得額。

(3)企業取得的某項收益,在會計報表上於以後期間確認收益,但稅法規定需於當期扣減應納稅所得額,與(1)相反。

(4)企業發生的某項費用或損失,在會計報表上於以後期間確認為費用或損失,但按照稅法規定可以從當期應納稅所得額中扣減,與(2)相反。

暫時性差異的基本特徵是某項收益或費用和損失均可計入稅前會計利潤和應納稅所得額,但計入稅前會計利潤和應納稅所得額的時間不同。

上述差異是由於會計準則確認損益的時間與稅法規定確認損益的時間不同所造成的,所以稱其為暫時性差異。

三、會計處理方法

會計準則與稅法在收益、費用或損失的確認和計量原則方面的不同,導致按照會計準則計算的稅前會計利潤與按照稅法規定計算的應納稅所得額之間的差異,在會計核算中可以採用兩種不同的方法進行處理,即應付稅款法和納稅影響會計法。

(一)科目設置

在進行所得稅會計核算時,需要設置以下會計科目:

(1)「所得稅費用」科目核算企業從本期損益中扣除的所得稅費用。其借方發生額反映企業計入本期損益的所得稅費用;貸方發生額反映結轉「本年利潤」科目的所得稅費用;期末結轉本年利潤后,「所得稅費用」科目應無餘額。

(2)「遞延所得稅資產」科目核算企業確認的可抵扣暫時性差異產生的遞延所得稅資

產。其借方核算可抵暫時性差異按規定稅率計算的遞延所得稅資產；其貸方核算企業本期轉回或抵扣的遞延所得稅資產；期末借方餘額，反映已確認但尚未轉回或抵扣的遞延所得稅資產。

(3)「遞延所得稅負債」科目核算企業確認的應納稅暫時性差異產生的遞延所得稅負債。其貸方核算應納稅暫時性差異按規定稅率計算的遞延所得稅負債；其借方核算企業本期轉回或繳納的遞延所得稅負債；期末貸方餘額，反映已確認但尚未轉回或繳納的遞延所得稅負債。

在選擇採用應付稅款法進行所得稅會計處理時，由於不核算暫時性差異對未來所得稅的影響金額，只需要設置「所得稅費用」科目，不需要設置「遞延所得稅資產」和「遞延所得稅負債」科目。在選擇採用納稅影響會計法進行所得稅會計處理時，由於需要核算暫時性差異對未來所得稅的影響金額，因而需要設置「所得稅費用」「遞延所得稅資產」和「遞延所得稅負債」等科目。

(二)應付稅款法(當期計列法)

應付稅款法是將本期稅前會計利潤與應納稅所得額之間產生的差異均在當期確認所得稅費用。在這種方法下，本期所得稅費用等於本期應交所得稅，即本期所得稅費用等於本期應納稅所得額與現行稅率的乘積。暫時性差異產生的影響所得稅的金額，在會計報表中不反映為一項負債或一項資產，僅在會計報表附註中說明其影響的程度。例如，按照中國稅法規定，企業實際支付給職工的工資可以全部計入成本費用，但同時又給企業核定一個計稅工資總額。按計稅工資總額計算的應納稅所得額和按實際發放的工資總額計算的稅前會計利潤之間必然產生一個差額(實發工資與計稅工資之差額，即永久性差異)。又如，企業採用的會計折舊方法如與稅法規定不一致，可能產生稅前會計利潤與應納稅所得額不一致(兩種方法計算的折舊費差額，即暫時性差異)。在採用應付稅款法進行處理時，應按稅法規定，對本期稅前會計利潤進行調整，調整為應納稅所得額，按照應納稅所得額計算的本期應交所得稅，作為本期的所得稅費用。

【例14-7】企業當年獲得國庫券利息收入10萬元。稅法規定不允許抵扣的營業外支出(對外捐贈)30萬元。該企業折舊方法採用雙倍餘額遞減法，本年折舊額為250萬元，按照稅法規定採用直線法，本年折舊額為200萬元。該企業當年損益表上反映的稅前會計利潤為850萬元，所得稅稅率為25%。

應交所得稅＝(會計利潤±稅法規定調整項目)×所得稅稅率
　　　　　＝(850+30−10+50)×25%
　　　　　＝230(萬元)

會計分錄為：

借：所得稅費用　　　　　　　　　　　　　　　　　2,300,000
　　貸：應交稅費——應交所得稅　　　　　　　　　　　　2,300,000

以上的三種差異應在會計報表附註中加以說明。

由以上實例說明，在應付稅款法下，本期發生的暫時性差異不單獨核算，與本期發生的永久性差異同樣處理。也就是說，不管稅前會計利潤多少，在計算繳納所得稅時均應

按稅法規定對稅前會計利潤進行調整,調整為應納稅所得額,再按應納稅所得額計算出應交的所得稅,作為本期所得稅費用,即本期所得稅費用等於本期應交所得稅。

(三)納稅影響會計法

納稅影響會計法也叫跨期所得稅分攤(Deferred Tax Allocation),是將本期暫時性差異的所得稅影響金額,遞延和分配到以後各期,即將本期產生的暫時性差異對所得稅的影響採取跨期分攤的辦法。採用納稅影響會計法,所得稅被視為企業在獲得收益時發生的一種費用,並應隨同有關的收入和費用計入同一期內,以達到收入和費用的配比。暫時性差異影響的所得稅金額包括在損益表的所得稅費用項目內以及資產負債表中的遞延所得稅資產餘額裡。在具體運用納稅影響會計法時,如果稅率發生變動或開徵了新稅,通常可以採用以下兩種方法:

1. 遞延法

遞延法(Deferred Method)是將本期暫時性差異產生的影響所得稅的金額,遞延和分配到以後各期,並同時轉回原已確認的暫時性差異對本期所得稅的影響金額。遞延法的特點在於:

(1)在遞延法下,在資產負債表上反映的遞延所得稅資產餘額,並不代表收款的權利或付款的義務。

(2)採用遞延法進行會計處理時,遞延所得稅資產的帳面餘額是按照產生暫時性差異的當期所適用的所得稅率計算確認的。在稅率變動或開徵新稅時,對遞延所得稅資產的帳面餘額不作調整,即遞延所得稅資產帳面餘額不符合負債和資產的定義,不能完全反映為企業的一項負債或一項資產,只能視其為資產負債表上的借項或貸項。

(3)本期發生的暫時性差異影響所得稅的金額,用現行稅率計算,以前發生而在本期轉回的各項暫時性差異影響所得稅的金額,一般用當初的原有稅率計算(相當於存貨中的先進先出法)。採用遞延法不設「遞延所得稅資產」和「遞延所得稅負債」科目,而是以「遞延所得稅款」科目代替。

當會計利潤小於應納稅所得稅額形成的暫時性差異時,所得稅費用、遞延所得稅款、應交所得稅的計算及會計分錄為:

借:所得稅費用　　　　　　　　　　　　　會計利潤×所得稅稅率
　　遞延所得稅款　　　　　　　　　　　　可抵扣暫時性差異×所得稅稅率
　　貸:應交稅費——應交所得稅　　　　　應納稅所得額×所得稅稅率

如果稅率變動了,用變動后的新稅率計算。

后期暫時性差異轉回或抵扣時,應交所得稅用現行稅率計算,轉回的遞延所得稅款用先進先出法確定應轉回或抵扣的暫時性差異與該差異發生時的稅率(原稅率)計算,所得稅費用為應交所得稅與遞延所得稅資產之和。

借:所得稅費用　　　　　　　　　　　　　應交所得稅+遞延所得稅資產
　　貸:應交稅費——應交所得稅　　　　　應納稅所得額×現行所得稅稅率
　　　　遞延所得稅款　　　　　　　　　　原暫時性差異轉回額×原所得稅稅率

【例14-8】某企業使用一臺原值為100萬元的設備,預計可使用4年,預計淨殘值為0,

會計採用加速折舊計提折舊,4年的折舊額分別為40萬元、30萬元、15萬元、15萬元;稅法規定採用直線法計提折舊,各年的折舊額均為25萬元。假設這4年的稅前會計利潤均為500萬元。第一年的所得稅稅率為30%,第二年起所得稅稅率為25%。

以資產負債表法計算暫時性差異,見表14-2。

表14-2　　　　　　　某企業以資產負債表法計算暫時性差異表　　　　　單位:萬元

年份 項目	第一年年初	第一年	第二年	第三年	第四年
會計計稅基礎	100	60	30	15	0
稅法計稅基礎	100	75	50	25	0
差額	0	15	20	10	0

以每年的年末差異減去年初差異,得出各年產生的暫時性差異如下:

第一年的暫時性差異=15-0=15(萬元)

第二年的暫時性差異=20-15=5(萬元)

第三年的暫時性差異=10-20=-10(萬元)

第四年的暫時性差異=0-10=-10(萬元)

(1)第一年的會計處理。

第一年的所得稅費用=500×30%=165(萬元)

第一年的遞延所得稅款=15×30%=4.5(萬元)

第一年的應交所得稅=(500+15)×30%=154.5(萬元)

借:所得稅費用	1,500,000
遞延所得稅款	45,000
貸:應交稅費——應交所得稅	1,545,000

(2)第二年的會計處理。

第二年所得稅費用=500×25%=125(萬元)

第二年的遞延所得稅資產=5×25%=1.25(萬元)

第二年的應交所得稅=(500+5)×25%=126.25(萬元)

借:所得稅費用	1,250,000
遞延所得稅款	12,500
貸:應交稅費——應交所得稅	1,262,500

(3)第三年開始轉回的會計處理(先形成的遞延所得稅款按原稅率轉回)。

第三年的遞延所得稅款=10×30%=3(萬元)

第三年的應交所得稅=(500-10)×25%=122.5(萬元)

第三年的所得稅費用=122.5+3=125.5(萬元)

借:所得稅費用	1,255,000
貸:應交稅費——應交所得稅	1,225,000
遞延所得稅款	30,000

(4)第四年的會計處理。

第四年的遞延所得稅資產=5×30%+5×25%=2.75(萬元)

第四年的應交所得稅=(500-10)×25%=122.5(萬元)

第四年的所得稅費用=122.5+2.75=125.25(萬元)

借:所得稅費用　　　　　　　　　　　　　　　　1,252,500

　　貸:應交稅費——應交所得稅　　　　　　　　　　1,225,000

　　　　遞延所得稅款　　　　　　　　　　　　　　　　27,500

四年的所得稅費用合計=150+125+125.5+125.25=525.75(萬元)

四年的應交所得稅合計=154.5+126.25+122.5+122.5=525.75(萬元)

四年后「遞延所得稅款」科目帳面餘額為0,暫時性差異全部轉回。

2. 債務法

債務法(Liability Method)是將本期由於暫時性差異產生的影響所得稅的金額,遞延和分配到以後各期,並同時轉回已確認的暫時性差異的所得稅影響金額,在稅率變更或開徵新稅時,需要調整遞延所得稅資產的帳面餘額。債務法的特點在於:

(1)本期的暫時性差異預計對未來所得稅的影響金額在資產負債表上作為將來應付稅款的債務,或者作為代表預付未來稅款的資產。採用債務法進行會計處理時,需要分別設置「遞延所得稅資產」科目和「遞延所得稅負債」科目。「遞延所得稅資產」或「遞延所得稅負債」的帳面餘額按照現行所得稅稅率計算,而不是按照產生暫時性差異的當期所適用的所得稅稅率計算,因此,在稅率變更或開徵新稅時,「遞延所得稅資產」或「遞延所得稅負債」的帳面餘額要進行相應的調整,使得「遞延所得稅資產」或「遞延所得稅負債」的帳面餘額為累計暫時性差異與現行稅率之積。如果稅率變動不按變動后的稅率調整(遞延法)「遞延所得稅資產」或「遞延所得稅負債」帳面餘額,則「遞延所得稅資產」或「遞延所得稅負債」帳面餘額不能真正反映未來應付的所得稅或未來可抵減的所得稅。因此,從理論上講,債務法比遞延法更科學。也就是說,按照債務法計算的「遞延所得稅資產」或「遞延所得稅負債」帳面餘額,在資產負債表上反映為一項負債或一項資產。

(2)在採用債務法時,本期發生或轉回的暫時性差異的所得稅影響均應用現行稅率計算確定。

《企業會計準則第18號——所得稅》規定,資產負債表日,對於遞延所得稅資產和遞延所得稅負債,應當根據稅法規定,按照預期收回該資產或清償負債期間的適用稅率計量。適用稅率發生變化的,應當對已確認的遞延所得稅資產和遞延所得稅負債進行重新計量,除直接在所有者權益中確認的交易或者事項產生的遞延所得稅資產和遞延所得稅負債以外,應當將其影響數額計入變化當期的所得稅費用。也就是說,中國《企業會計準則第18號——所得稅》規定,採用資產負債表法的債務法進行所得稅會計處理。

當會計利潤小於應納稅所得稅額形成的暫時性差異時,所得稅費用、遞延所得稅資產、應交所得稅的計算及會計分錄為:

借:所得稅費用　　　　　　　　　　　會計利潤×所得稅稅率
　　遞延所得稅資產　　　　　　　　　暫時性差異×所得稅稅率

贷:应交税费——应交所得税　　　　　　　　　　　应纳税所得额×所得税税率

如果税率变动,应调整税率变动期之前递延所得税资产额,这时的所得税费用由应交所得税加或减调整递延所得税资产额确定。

递延所得税资产调整额=税率变动前期累计暂时性差异×调增或减税率

税率调整期的会计分录为:

借:所得税费用　　　　　　　　　　　　　应交所得税-递延所得税资产
　　递延所得税资产　　暂时性差异×现行所得税率±递延所得税资产调整额
　贷:应交税费——应交所得税　　　　　　　　　应纳税所得额×现行所得税率

【例 14-9】假设税率变动前的税率为 30%,原累计暂时性差异为 30 万元,则原递延所得税资产余额为借方 9 万元。本期税率调整为 25%,本期应纳税所得额为 500 万元,会计利润为 480 万元。

递延所得税资产调整额=30×(25%-30%)=-1.5(万元)

借:所得税费用(125-3.5)　　　　　　　　　　　　　1,215,000
　　递延所得税资产(20×25%-1.5)　　　　　　　　　　35,000
　贷:应交税费——应交所得税(500×25%)　　　　　　　1,250,000

会计处理的结果是「递延所得税资产」期末余额应为累计暂时性差异(30+20)×新税率(25%)=12.5(万元),即上期余额 9 万元与本期发生递延所得税资产 3.5 万元之和。

后期暂时性差异转回时,应交所得税、所得税费用、递延所得税资产均用现行税率计算。

借:所得税费用　　　　　　　　　　　　　　　会计利润×现行税率
　贷:应交税费——应交所得税　　　　　　　　　应纳税所得额×现行税率
　　　递延所得税资产　　　　　　　　　　　　转回的暂时性差异×现行税率

【例 14-10】利用例 14-8 的资料,采用债务法进行会计处理。

(1)第一年的会计处理。

借:所得税费用　　　　　　　　　　　　　　　　　　　1,500,000
　　递延所得税资产　　　　　　　　　　　　　　　　　　45,000
　贷:应交税费——应交所得税　　　　　　　　　　　　1,545,000

(2)第二年的会计处理。

递延所得税资产调整额=15×(-5%)=-0.75(万元)

第二年的递延所得税资产=5×25%-0.75=0.5(万元)

第二年的应交所得税=(500+5)×25%=126.25(万元)

第二年的所得税费用=126.25-0.5=125.75(万元)

借:所得税费用　　　　　　　　　　　　　　　　　　　1,257,500
　　递延所得税资产　　　　　　　　　　　　　　　　　　5,000
　贷:应交税费——应交所得税　　　　　　　　　　　　1,262,500

此时「递延所得税资产」帐面余额应为(15+5)×25%=5(万元),上期余额 4.5 万元与本期发生额 0.5 万元之和。

(3)第三年暫時性差異開始轉回的會計處理。

第三年的所得稅費用、遞延所得稅資產、應交所得稅均按現行稅率計算(按新稅率25%轉回)。

借:所得稅費用(500×25%)   1,250,000
  貸:應交稅費——應交所得稅[(500-10)×25%]   1,225,000
    遞延所得稅資產(10×25%)   25,000

(4)第四年的會計處理與第三年的相同。

四年的所得稅合計＝150+125.75+125+125＝525.75(萬元)

四年的應交所得稅合計＝154.5+126.25+122.5+122.5＝525.75(萬元)

四年後「遞延所得稅資產」帳面餘額為0,暫時性差異全部轉回。

如果用表格計算遞延所得稅資產,則不需要調整,直接計算出各年遞延所得稅資產的發生額,這個方法比較簡單。計算結果見表14-3。

表14-3   計算遞延所得稅資產表   單位:萬元

年份 項目	第一年年初	第一年年末	第二年年末	第三年年末	第四年年末
會計計稅基礎	100	60	30	15	0
稅法計稅基礎	100	75	50	25	0
暫時性差額	0	15	20	10	0
所得稅稅率(%)	30	30	25	25	25
遞延所得稅資產	0	4.5	5	2.5	0

第一年的遞延所得稅資產＝4.5-0＝4.5(萬元)

第二年的遞延所得稅資產＝5-4.5＝0.5(萬元)

第三年的遞延所得稅資產＝2.5-5＝-2.5(萬元)

第四年的遞延所得稅資產＝0-2.5＝-2.5(萬元)

【例14-11】某企業在2014—2017年間每年應稅收益分別為-200萬元、80萬元、40萬元、100萬元,適用稅率始終為25%,假設無其他暫時性差異。

(1)原來的會計處理。

①2014年、2015年和2016年無所得稅相關會計分錄。

②2017年的會計分錄如下:

借:所得稅費用   50,000
  貸:應交稅費——應交所得稅   50,000

(2)新準則要求採用當期確認法。

2014年的會計分錄如下:

借:遞延所得稅資產   500,000
  貸:所得稅費用——補虧減稅   500,000

2015 年的會計分錄如下：

借：所得稅費用	200,000	
貸：遞延所得稅資產		200,000

2016 年的會計分錄如下：

借：所得稅費用	100,000	
貸：遞延所得稅資產		100,000

2017 年的會計分錄如下：

借：所得稅費用	250,000	
貸：遞延所得稅資產		200,000
應交稅費——應交所得稅		50,000

【例 14-12】某企業一項交易性金融資產的帳面價值為 500 萬元，期末公允價值為 550 萬元，為此企業已按期末公允價值調整了其帳面金額並確認了公允價值變動損益。此時計稅基礎與其帳面價值的差額為 50 萬元。這 50 萬元為應納稅暫時性差異。所得稅稅率為 25%。

借：所得稅費用	125,000	
貸：遞延所得稅負債		125,000

【例 14-13】某企業有關資料如表 14-4 所示。

表 14-4　　　　　　　　　　某企業有關財務數據表　　　　　　　　　　單位：萬元

序號	項目	帳面價值	計稅基礎	暫時性差異 應納稅	暫時性差異 可抵減
1	交易性金融資產	1,500	1,000	500	
2	負債	100	0		100
	合計			500	100

假設除上述項目外，該企業其他資產、負債的帳面價值與其計稅基礎一樣，也不存在可抵扣虧損和稅款抵減；該企業當期會計利潤為 3,000 萬元；該企業預計在未來期間能夠產生足夠的應納稅所得額用以抵扣可抵扣暫時性差異。計算該企業的遞延所得稅負債、遞延所得稅資產、所得稅費用和應交所得稅。

遞延所得稅負債 = 500×25% = 125（萬元）

遞延所得稅資產 = 100×25% = 25（萬元）

遞延所得稅費用 = 125-25 = 100（萬元）

當期所得稅費用 = 3,000×25% = 750（萬元）

列入利潤表的所得稅費用 = 750+100 = 850（萬元）

（四）遞延所得稅的特殊情況

（1）直接計入所有者權益的交易或事項產生的遞延所得稅。根據準則規定，直接計入所有者權益的交易或事項，如可供出售金融資產公允價值的變動，相關資產負債的帳面價值與計稅基礎之間形成暫時性差異的，應當按照準則規定確認遞延所得稅資產或遞

延所得稅負債,計入資本公積(其他資本公積)。

(2)企業合併中產生的遞延所得稅。由於企業合併會計準則規定與稅法規定對企業合併處理不同,可能會造成企業合併中取得資產、負債的入帳價值與其計稅基礎的差異。例如,非同一控製下企業合併產生的應納稅暫時性差異或可抵扣暫時性差異,在確認遞延所得稅負債或遞延所得稅資產的同時,相關的遞延所得稅費用(或收益),通常應調整合併中確認的商譽。

(3)按稅法規定允許用以后年度所得彌補的可抵扣虧損以及可結轉以后年度的稅款抵減,比照可抵扣暫時性差異的原則處理。

第四節　利潤分配的會計處理

一、利潤分配的程序

利潤分配(Income Distributions)是指企業根據董事會的建議和股東大會的決議,對企業已實現的淨利潤按法定及相關規定部分留給企業,部分向投資者分配的過程。留歸企業的部分,為留存收益(Earnings Retained);分給投資者的部分為應付股利(Dividend Payable)。

根據 2005 年 10 月 27 日修改的《中華人民共和國公司法》等有關法規的規定,企業當年實現的淨利潤,一般應當按照如下順序進行分配:

(一)提取法定公積金

法定公積金按照稅后利潤的 10% 的比例提取。公司法規定公積金累計額為公司註冊資本的 50% 以上的,可以不再提取。公司的法定公積金不足以彌補以前年度公司虧損的,在提取法定公積金之前,應當先用當年利潤彌補虧損。

(二)提取任意公積金

公司在提取法定公積金后,經股東大會決議,可以提取任意公積金。

(三)向投資者分配利潤或股利

公司彌補虧損和提取公積金、法定公益金后的剩餘利潤,有限責任公司按照股東的出資比例向股東分配利潤;股份有限公司按照股東持有股份比例分配股利。公司持有的本公司股份不得分配股利。

二、利潤分配的核算

(一)利潤分配的處理

為對企業利潤進行分配,需設置「利潤分配」總帳科目,並設置「未分配利潤」「提取法定盈餘公積」「提取任意盈餘公積」「應付普通股股利」「應付優先股股利」「盈餘公積補虧」等明細科目。「利潤分配」的這些明細科目在年末除「未分配利潤」明細科目的餘額外,其他明細科目都會轉平,無餘額。

企業當期發生的各種經濟業務所發生的收入和費用,通過日常核算歸集整理為當期收入和成本與費用,在期末將本期實現收入和發生的成本與費用全額結轉到「本年利潤」科目,通過「本年利潤」科目計算當期的財務成果,即當期的財務成果全部體現在「本年利

潤」科目中。年度終了進行利潤分配時,首先將當年實現的利潤,自「本年利潤」科目轉入「利潤分配——未分配利潤」明細科目。如企業當年實現盈利,則借記「本年利潤」科目,貸記「利潤分配——未分配利潤」科目;如果企業虧損,則借記「利潤分配——未分配利潤」科目,貸記「本年利潤」科目。進行利潤分配時,借記「利潤分配」各明細科目,貸記相關會計科目。年終將「利潤分配」科目下的其他明細科目的餘額,轉入「未分配利潤」明細科目。結轉后,「未分配利潤」明細科目的貸方餘額,就是未分配利潤的數額。如出現借方餘額,則表示未彌補虧損的數額。「利潤分配」的其他明細科目無餘額。

【例 14-14】某企業本年實現淨利潤 3,000,000 元,即「本年利潤」年末貸方餘額 3,000,000 元,董事會決議提出的利潤分配方案為:提取法定盈餘公積 300,000 元,任意盈餘公積金 350,000 元,應付股利 1,800,000 元。

(1) 結轉全年利潤。

借:本年利潤　　　　　　　　　　　　　　　　　　　3,000,000
　　貸:利潤分配——未分配利潤率　　　　　　　　　　　　　3,000,000

(2) 進行利潤分配。

借:利潤分配——提取法定盈餘公積　　　　　　　　　　300,000
　　　　　　——提取任意盈餘公積　　　　　　　　　　350,000
　　　　　　——應付普通股股利　　　　　　　　　　1,800,000
　　貸:盈餘公積——法定盈餘公積　　　　　　　　　　　300,000
　　　　　　　——任意盈餘公積　　　　　　　　　　　350,000
　　　　應付股利　　　　　　　　　　　　　　　　1,800,000

(3) 年終將「利潤分配」的其他明細科目已分配的利潤額轉入「未分配利潤」明細科目。

借:利潤分配——未分配利潤　　　　　　　　　　　　2,450,000
　　貸:利潤分配——提取法定盈餘公積　　　　　　　　　300,000
　　　　　　　——提取任意盈餘公積　　　　　　　　　350,000
　　　　　　　——應付普通股股利　　　　　　　　　1,800,000

(二) 利潤分配的調整

根據《中華人民共和國公司法》的規定,利潤分配方案由公司董事會提出,最終由公司股東大會批准,按照股東大會批准的利潤分配方案進行利潤分配。為了使年度會計報表反映當年利潤分配情況,企業應當按董事會決議提請股東大會批准的報告年度利潤分配方案,作為當年利潤分配的會計處理,並將其列入當期的利潤分配表。

如果股東大會最終批准的利潤分配方案與董事會原先提請批准的利潤分配方案不一致,則應當按照股東大會最終批准的利潤分配方案對原入帳的利潤分配進行調整。按照有關規定,對於該差異採取調整當期利潤分配項目年初數的方法進行處理。

【例 14-15】利用例 14-14 的資料,假設股東大會批准通過的利潤分配方案與董事會提請批准的利潤分配方案不一致,批准的方案與原方案相比,應付股利增加 200,000 元,任意盈餘公積增提 150,000 元。

此時,該公司應在股東大會批准通過上年度利潤分配方案后,編制如下會計分錄:

借：利潤分配——未分配利潤　　　　　　　　　　　　　　　350,000
　　　　貸：盈餘公積——一般盈餘公積　　　　　　　　　　　　　　150,000
　　　　　　應付股利　　　　　　　　　　　　　　　　　　　　　　200,000
　（三）股票股利（Stock Dividends）的處理
　　在公司董事會決議提請股東大會批准的年度利潤分配方案中涉及分配股票股利時，對於其中的股票股利，在董事會確定利潤分配方案時不需要進行帳務處理，但應當在其對外報出的會計報表中予以披露。公司應在股東大會批准董事會提請批准的年度利潤分配方案並且辦理了增資手續后，按照實際發放的股票股利的金額，借記「利潤分配」科目，按照實際發放股票的票面金額，貸記「股本」科目，按照股票股利的金額與實際發放股票的票面金額之間的差額，貸記「資本公積」科目。
　　【例 14-16】利用例 14-14 的資料，假設董事會決議提出的利潤分配方案中除分配現金股利 1,800,000 元外，還分配股票股利 300,000 元。
　　因分配股票股利暫時無需進行會計處理，其利潤分配的會計分錄與例 14-14 完全相同。但該公司在對外披露會計報表時，還必須在其披露的會計報表的附註中，說明董事會提請股東大會批准的利潤分配方案中包括發放股票股利 300,000 元。
　　該公司上述利潤分配方案經股東大會批准通過后，在實際發放股票股利時（下一年），應當編製如下會計分錄：
　　借：利潤分配——應付普通股股票股利　　　　　　　　　　　300,000
　　　　貸：股本　　　　　　　　　　　　　　　　　　　　　　　　300,000
　　借：利潤分配——未分配利潤　　　　　　　　　　　　　　　300,000
　　　　貸：利潤分配——應付普通股股票股利　　　　　　　　　　　300,000
　　在此必須注意，對於利潤分配方案中現金股利和股票股利，其處理方法是不同的。
　　（1）對於現金股利（Cash Dividends），在董事會確定利潤分配方案后，必須進行帳務處理；而股票股利在董事會提出利潤分配方案時不需要進行帳務處理，只需要在當期會計報表中披露。
　　（2）對於現金股利，在股東大會批准的利潤分配方案與董事會提請批准的利潤分配方案之間發生差異時，必須調整會計報表相關項目的年初數或上年數；而股票股利在股東大會批准利潤分配方案並實際發放時，直接進行帳務處理，不存在有關項目調整的問題。
　　由此，現金股利是作為實現淨利潤當年的利潤分配處理，在實現淨利潤當年的利潤分配表中反映；而股票股利則是作為發放股票股利當年的利潤分配處理，在實際發放股票股利當年的利潤分配表中反映。雖然股票股利與現金股利在同一利潤分配方案中提出並批准。即使股東大會批准通過的利潤分配方案中現金股利與董事會提請批准的利潤分配方案中現金股利之間的差額，也是作為實現淨利潤當年的利潤分配處理，雖然沒有反映在實現淨利潤當年的利潤分配表中。
　　分配股票股利只引起企業所有者權益結構發生變動，並不對負債與權益比例產生影響。按照現行規定，企業增加資本時必須經工商行政管理部門批准變更註冊資本。一般情況下，應當是在股東大會正式批准股票股利分配方案后，才正式申請變更註冊資本的註冊登記。

思考題

1. 企業的利潤總額是怎樣構成的?
2. 如何區分經營利潤、利得和損失?
3. 如何進行利潤總額的核算?
4. 什麼是會計利潤?什麼是應納稅所得額?兩者為什麼不同?
5. 什麼是永久性差異?舉例說明有哪些永久性差異?
6. 什麼是暫時性差異?舉例說明有哪些暫時性差異?
7. 應付稅款法有何特點?如何進行會計處理?
8. 納稅影響會計法有何特點?如何進行會計處理?
9. 遞延法與債務法有何不同?如何進行會計處理?
10. 利潤分配的程序是怎樣的?

練習題

1. 某企業經批准,註銷無法支付給W公司的應付款30,000元作為營業外收入。
2. 某企業接到稅務部門的通知,處以50,000元稅款滯納金罰款,立即以銀行存款支付。
3. 某企業接到法院判決通知,本企業應支付給N公司違約賠款100,000元,該賠款上年已確認為「預計負債」80,000元,現已以銀行存款支付。
4. 某企業2017年年末損益類帳戶期末餘額如表14-5所示。

表14-5　　　　某企業2017年年末損益類帳戶本期發生額　　　　單位:元

科目	借方發生額	貸方發生額
主營業務收入		5,000,000
其他業務收入		200,000
投資收益		400,000
公允價值變動損益		150,000
營業外收入		250,000
主營業務成本	3,000,000	
其他業務成本	100,000	
稅金及附加	40,000	
銷售費用	560,000	
管理費用	700,000	
財務費用	100,000	
資產減值損失	250,000	
營業外支出	50,000	
合計	4,800,000	6,000,000

(1)根據資料編制結轉各收入、成本費用的會計分錄。

(2)假設所得稅率稅為25%,企業營業外支出中有罰款支出50,000元,投資收益中有國庫券利息收入100,000元。採用應付稅款法編制計算所得稅費用和結轉所得稅費用的會計分錄。

(3)結轉全年淨利潤。

5. 某上市公司2017年實現淨利潤5,000,000元。

公司董事會於2017年12月31日提出公司當年利潤分配方案,擬對當年實現的利潤進行分配。其分配方案如下:

提取法定盈餘公積	500,000元
提取任意盈餘公積	550,000元
分配股利	3,500,000元
其中:股票股利	2,000,000元
現金股利	1,500,000元
合計	4,550,000元

(1)年末對董事會提請批准的利潤分配方案進行帳務處理時。

(2)假如股東大會批准的方案與董事會的不一致,股東大會批准的方案與董事會的方案相比,現金股利調減200,000元,任意盈餘公積調增100,000元。編制調整會計分錄並說明需調整會計報表的哪些項目？如何調整？

(3)假設第二年股東大會同意了分配股票股利的方案,並發放2,000,000元面值的股票。編制發放股票股利的會計分錄。

6. 某企業使用一臺原值為50萬元的設備,預計使用5年,預計淨殘值為0,企業採用年限總和法計提折舊,稅法規定採用直線法計提折舊,這5年每年的會計利潤均為400萬元。企業所得稅稅率第一年為33%,第二年至第五年企業所得稅稅率均為25%。採用債務法核算所得稅,編制5年的會計分錄。

第十五章
資產負債表

在《初級財務會計》中就已經介紹了會計報告，包括會計報表、會計報表附註和其他應當在財務會計報告中披露的相關信息和資料。本章將詳細地論述資產負債表的概念、作用、編制原理、基本結構、報表格式和編制方法，同時介紹資產負債的有關附表的編制。

第一節 資產負債表的概念和作用

《企業會計準則——基本準則》第十章財務會計報告指出，財務會計報告是指企業對外提供的反映企業某一特定日期的財務狀況和某一會計期間的經營成果、現金流量等會計信息的文件。

財務會計報告包括會計報表及其附註和其他應當在財務會計報告中披露的相關信息和資料。會計報表至少應當包括資產負債表、利潤表、現金流量表等報表。小企業編制會計報表可以不包括現金流量表。附註是指對在會計報表中列示項目所作的進一步說明以及對未能在這些報表中列示項目的說明等。

一、資產負債表的概念和編制原理

資產負債表的起名主要來自它的編制慣例。由於資產負債表主要是利用會計帳戶在特定時日的餘額編制的，並要求在資產、負債和業主權益這三個靜態會計要素之間保持平衡關係，即表現為一種對應的平衡表（Balance Sheet）。資產負債表因而得名，並相繼沿用至今。

從理論上來說，將資產負債表稱為財務狀況表（Statement of Financial Positions）更確切。根據美國會計原則委員會（APB）在1970年第4號報告中的解釋：企業在特定時日的財務狀況包括它的資產、負債和業主權益以及它們之間的相互關係，再加上在當時與企業相關的或有事項、承諾和其他財務事項，並且必須遵循公認會計原則加以顯示。企業的財務狀況是以資產負債表和財務報表附表予以表述的。尤其是近些年來，以「財務狀況表」代替「資產負債表」的趨勢已有所增加。因此，美國財務會計準則委員會（FASB）在其概念框架研究中，不再使用「資產負債表」，而規定為「財務狀況表」，並認為該表描述企業的資源結構——資產的主要類別和數額以及企業的財務結構——負債和業主權益的主要類別和數額。當然在實務中，這兩個術語還是同時並用，而且仍以「資產負債表」為主。

因此,資產負債表,即財務狀況表是反映企業某一特定日期(月末、季末、半年末、年末)資產、負債、權益分佈情況及其相互關係的財務狀況表。

資產負債表是依據「資產＝負債＋所有者權益」這一平衡式為基礎,按照一定的分類標準和一定的排列次序,把企業某一時日的資產、負債和所有者權益分項目編制而成的。該表向會計信息使用者全面揭示了企業在某一特定日期所擁有的或控制的經濟資源,所應承擔的經濟義務以及所有者對企業淨資產的要求權。站在企業的角度,資產負債表從兩個相互對應的方面提供了反映企業在某一特定日期財務狀況的時點情況。一方面突出了企業獨立的法人地位,反映企業在某一特定日期持有的不同形態資產的價值總額,即企業所擁有或控制的、預期能為企業帶來經濟利益的資源;另一方面則反映了企業在某一特定日期所應承擔的對不同債權人的償債義務和償債后歸屬於所有者的淨資產總額。由於在任何時點上(月末、季末、年末)企業資產等於負債與所有者權益之和,並且僅反映該時點上的財務狀況,所以資產負債表又稱為靜態報表或靜態要素報表。

二、資產負債表的作用及缺陷

編制資產負債表的主要目的是將企業財務狀況信息提供給財務報告信息使用者,尤其是企業債權人,以供他們作為經營決策的依據和參考。

(一)資產負債表的作用

1. 資產負債表可以提供企業某一日期資產總額及其分佈狀況

企業要進行生產經營,必然要掌握相當數量的經濟資源——資產。企業在某一日期究竟擁有或控制了多少資產,這些資產的占用形態和分佈狀況如何,各類資產的結構是否合理等都可以通過資產負債表詳細地反映出來。因此,資產負債表能為會計信息使用者提供企業資產全貌的情況,便於會計信息使用者分析企業的生產經營能力,並做出有效的經營決策。

2. 資產負債表可以提供企業短期償債能力信息

償債能力指企業以其資產償付到期債務的能力。短期償債能力主要體現為企業資產和負債的流動性上。企業資產和負債的流動性指企業資產轉換成現金的速度或負債離到期清償日的時間。在資產項目中,除現金以外,資產轉換成現金的時間越短、速度越快,表明其資產的流動性越強或資產的變現能力越強。負債到期日越短,其流動性越強,表明越早要動用現金來償還其短期債務。

短期債權人關注的是企業有否足夠的現金或是否有足夠的資產可及時轉換成現金,以清償短期內即將到期的債務。長期債權人及企業所有者也要評價企業的短期償債能力。企業短期償債能力越弱,企業越有可能破產。資產負債表分門別類、詳細地列示了企業流動資產和流動負債,它雖未直接反映出企業短期償債能力,但通過將流動資產與流動負債進行比較,並借助於報表附註,即可瞭解企業的短期償債能力。

3. 資產負債表可以提供企業長期償債能力及資本結構的信息

企業長期償債能力主要指企業以全部資產清償全部債務的能力。一般認為企業資產越多、負債越少,其長期償債能力越強,反之越弱。若企業資不抵債,則缺乏長期償債

能力。資不抵債往往由企業長期虧損、蝕耗資產引起;也可能因為企業舉債過多,即資本結構不合理所致。資本結構一般指企業負債總額、所有者權益總額的比例關係。負債與所有者權益的數額表明企業所能支配的資產中有多少是債權人提供,有多少是所有者提供。這兩者的比例關係,既影響債權人和所有者的利益分配,又牽涉到債權人和所有者的相對風險以及企業長期償債能力。資產負債表按資產、負債、所有者權益三大要素分類列示了有關重要項目,可以為債權人作出信貸決策和經營管理者保持合理資本結構提供依據。

4. 資產負債表可以提供企業財務彈性的信息

財務彈性(Financial Flexibility)指企業應付各種環境變化,抓住各種經營機遇的能力。企業的財務彈性主要取決於:

(1)資產的流動性或變現能力。
(2)企業經營活動產生現金流入的能力。
(3)向債權人和投資者籌措資金的能力。
(4)在不影響正常經營的前提下變賣部分現有資產取得現金流入的能力。

財務彈性較強的企業,不僅能從有利可圖的經營活動中獲取現金流入,而且可以向債權人舉債或向投資者籌資,抓住新的、有利可圖的投資機遇。即使遇到經營不利時,也能隨機應變、及時籌集資金、分散經營風險、避免陷入財務困境。資產負債表雖未直接提供企業財務彈性的信息,但該表所列示的資產分佈和負債比例、資本結構等資料,可以幫助管理當局瞭解企業的財務彈性、增強應變能力。

(二)資產負債表的缺陷

資產負債表的作用是肯定的,但資產負債表也有其缺陷,主要表現在以下幾個方面:

1. 資產負債表是以歷史成本為基礎的,不能反映企業資產、負債及權益的現時價值

雖然歷史成本有客觀性、可核實性之優點,但在通貨膨脹率較高的情況下,帳面上的歷史成本與編報日的市場價值有一定的差距。因而資產負債表存在不能真實地反映企業資產、負債及權益的現時價值的缺陷。為了使企業會計信息對財務報告使用者的決策有用,在通貨膨脹情況下,需採用重置成本、可變現淨值或清算價值等計量屬性取代歷史成本,或通過調整的方法編制資產負債表。

2. 資產負債表不能提供關於非貨幣性的信息

這是因為會計是採用貨幣為主要計量單位這一特點決定的。隨著經濟的發展,投資者、債權人等企業會計信息使用者不僅僅要瞭解企業以貨幣反映的綜合會計信息,還要求企業披露一些非貨幣性的信息,如人力資源、管理人員素質、社會責任等類信息均對會計信息使用者的決策具有影響力。目前這類非貨幣信息量難以在資產負債表中直接反映,可在其附表或附註中加以詳細說明。

資產負債表除存在以上兩點突出的缺陷以外,還存在所反映的信息含有許多估計數,這難免受管理人員或會計人員主觀判斷之影響。

第二節　資產負債表的格式及編制

一、資產負債表的項目排列

在編制資產負債表時，應按照一定的標準對企業資產、負債和所有者權益項目進行合理的分類，以便充分披露企業必須披露的重要信息，便於會計信息使用者理解和比較和使用企業會計信息。資產負債表項目的分類方法是按流動性（Current）與非流動性（Noncurrent）分類。

《企業會計準則第30號——財務報表列報》規定，資產負債表應當分別按流動資產和非流動資產、流動負債和非流動負債列示。

按流動性與非流動性分類是將資產負債表的項目按照其流動性質劃分為流動性項目和非流動性項目兩大類。

通常按流動性大小來排列和分類資產，分為流動資產和非流動資產。資產負債表中的資產項目一般是按其流動性從強到弱的順序依次列報的。所謂流動性指的是週轉、變現的能力。流動資產項目的變現能力的強弱先后排列為：貨幣資金、交易性金融資產、應收票據、應收股利、應收利息、應收帳款、預付帳款、其他應收款、存貨、一年內到期的非流動資產及其他流動資產等項目。

非流動資產並非不流動，而是相對於流動資產來說，流動性沒有那麼強，即在一個營業週期或自資產負債表日起一年（兩者較長）以上的時間裡轉變成現金，或被出售、被耗用的資產。非流動資產分為可供出售金融資產、持有至到期投資、長期應收款、長期股權投資、投資性房地產、固定資產、工程物資、在建工程、無形資產及其他資產、遞延所得稅資產等項目。

負債按流動性大小、償還期的短（快）長（慢）分為流動負債和非流動負債兩大類。流動負債的償還期一般不超過一年或一個營業週期（兩者較短），再分為短期借款、應付票據、應付帳款、預收帳款、應付職工薪酬、應付股利、應交稅費、其他應付款、一年內到期的非流動負債及其他流動負債等項目。

非流動負債或長期負債，是指不需要在下一年或下一個營業週期內動用流動資產或承擔新的流動負債加以清償的債務，分為長期借款、應付債券、長期應付款、專項應付款、預計負債、遞延所得稅負債及其他非流動負債等項目。

所有者權益是企業所有者對企業的剩餘財產的要求權，是企業總資產減去負債總額的差額。所有者權益一般按永久程度排列，留在企業的時間越長，排列在先；留在企業的時間越短，排列在后。按這個原則，所有者權益類分為實收資本（股本）、資本公積、其他綜合收益、盈餘公積和未分配利潤等項目。

資產負債表項目按流動性與非流動性分類的最大優點是會計信息使用者能夠較直接地獲得企業償債能力的信息，尤其是短期償債能力的信息。長期以來，人們認為，資產負債表最主要是為債權人編制的，而債權人最關心的就是企業的償債能力信息。

需要注意的是,資產負債表的這些分類項目與帳戶名稱,即會計科目不完全相同,不要把資產負債表內的項目與帳戶名稱混淆了。例如,資產負債表內有「貨幣資金」「存貨」「一年內到期的長期債權投資」「一年內到期的長期債務」等項目,而帳戶中卻沒有這些會計科目。

二、資產負債表的結構與格式

(一) 資產負債表的結構

資產負債表的結構是指資產負債表的構成部分以及構成項目的排列規則。從結構上看,資產負債表包括表頭、基本內容和補充資料三大部分。其中表頭又包括報表的名稱、企業的名稱、報表所反映的日期(不是填列日期)、報表的計量單位。

因資產負債表是反映企業在某一特定日期(時點)的財務狀況,是靜態報表,因此應註明報表所反映企業財務狀況的年、月、日的具體時間,即資產負債表的編報日期。

資產負債表的表身是該表的主體部分,具體反映資產負債表要素各項目內容。為了反映企業償債能力,特別是償還短期債務能力以及企業財務彈性,一般來說,資產部分各項目按流動性(變現能力)的強弱先後排序——流動性強的資產排在前面,流動性弱的資產排在后面。負債與所有者權益按債權人和投資者對企業資產要求權的先後排列。債權人的要求權通常優於所有者,因此負債一般排在所有者權益之前。負債中各項目又按需清償債務時間的先後排序,流動負債排在前面,長期負債排在之後。

補充資料主要揭示一些重要的、但在資產負債表中又不便於或不能反映的資料,也稱為報表附註。這些補充資料有助於會計報告使用者全面、正確地理解企業會計信息。

(二) 資產負債表的格式

資產負債表各類項目在表中的排列結構,就形成了各種各樣的資產負債表格式。資產負債表一般有兩種格式:帳戶式(Account Form)和報告式(Report Form)。

1. 帳戶式資產負債表

帳戶式資產負債表又稱為橫式資產負債表,是依據「資產 = 負債 + 所有者權益」的會計平衡式,利用帳戶形式(左右對照式)來編制的。由於資產負債表是反映企業某一時點上的資產、負債及所有者權益分佈狀況的靜態情況的,而帳戶的期末餘額提供的就是各會計要素的靜態指標,所以帳戶式資產負債表的格式類似於帳戶的格式,並且是根據帳戶的期末餘額填列的。因為資產帳戶的期末餘額一般在帳戶的借方(左方),資產負債表的左方填列資產類的全部項目;負債和所有者權益帳戶的餘額一般在帳戶的貸方(右方),資產負債表右方填列負債和所有者權益的全部項目。資產負債表中資產、負債均按其流動性強弱先後排列,流動性強的排在前面,流動性弱的排在后面。負債償還期短的排在前面,償還期長的排在后面。所有者權益按形成來源分類后,按其留在企業的永久程度先後排列。帳戶式資產負債表的格式如表 15-1 所示。

表 15-1　　　　　　　　　　　　　　資產負債表

會企 01 表
編製單位：　　　　　　　　　　　＿＿＿＿年＿月＿日　　　　　　　　　　　單位:元

資　產	期末餘額	年初餘額	負債和所有者權益(或股東權益)	期末餘額	年初餘額
流動資產：			流動負債：		
貨幣資金			短期借款		
以公允價值計量且其變動計入當期損益的金融資產			以公允價值計量且其變動計入當期損益的金融負債		
應收票據			應付票據		
應收帳款			應付帳款		
預付款項			預收款項		
應收利息			應付職工薪酬		
應收股利			應交稅費		
其他應收款			應付利息		
存貨			應付股利		
一年內到期的非流動資產			其他應付款		
其他流動資產			一年內到期的非流動負債		
流動資產合計			其他流動負債		
非流動資產：			流動負債合計		
可供出售金融資產			非流動負債：		
持有至到期投資			長期借款		
長期應收款			應付債券		
長期股權投資			長期應付款		
投資性房地產			專項應付款		
固定資產			預計負債		
在建工程			遞延收益		
工程物資			遞延所得稅負債		
固定資產清理			其他非流動負債		
生產性生物資產			非流動負債合計		
油氣資產			負債合計		
無形資產			所有者權益(或股東權益)：		
開發支出			實收資本(或股本)		
商譽			資本公積		
長期待攤費用			減:庫存股		
遞延所得稅資產			其他綜合收益		
其他非流動資產			盈餘公積		
非流動資產合計			未分配利潤		
			所有者權益(或股東權益)合計		
資產總計			負債和所有者權益(或股東權益)總計		

2. 報告式資產負債表

報告式或直列式資產負債表也是根據「資產＝負債＋權益」這一平衡原理編制的。報告式資產負債表將資產、負債和所有者權益三大要素的項目上下排列，即先列資產，後列負債，最後列權益。報告式資產負債便於編制比較資產負債，可在一張表中平行列示若干期資產負債表數字。但是，報告式資產負債表的不足是資產、負債及權益之間的平衡關係不夠一目了然，並且因資產負債及權益的項目太多，使報表上下太長不便於編制，也不便於報表的使用。

帳戶式資產負債表能使資產、負債及權益的平衡關係一目了然，尤其易於比較流動資產和流動負債的數額和關係，但不便於編制幾年的比較資產負債表。

三、資產負債表的編制

（一）表內各項目的填列方法

資產負債表反映企業一定日期全部資產、負債和所有者權益的情況。該表「年初數」欄內各項數字，應根據上年年末資產負債表「期末數」欄內所列數字填列。如果本年度資產負債表規定的各個項目的名稱和內容同上年度不相一致，應對上年年末資產負債表各項目的名稱和數字按照本年度的規定進行調整，填入「年初數」欄內。資產負債表「期末數」各項目的內容和填列方法歸納如下：

(1)根據總帳科目的餘額填列。「以公允價值計量且其變動計入當期損益的金融資產」「工程物資」「固定資產清理」「遞延所得稅資產」「短期借款」「以公允價值計量且其變動計入當期損益的金融負債」「應付票據」「應交稅費」「應付利息」「應付股利」「其他應付款」「專項應付款」「預計負債」「遞延收益」「遞延所得稅負債」「實收資本(或股本)」「庫存股」「資本公積」「其他綜合收益」「專項儲備」「盈餘公積」等項目，應根據有關總帳科目的餘額填列。

有些項目則應根據幾個總帳科目的餘額計算填列，如「貨幣資金」項目，需根據「庫存現金」「銀行存款」「其他貨幣資金」三個總帳科目餘額的合計數填列；「其他流動資產」「其他流動負債」項目，應根據有關科目的期末餘額分析填列。

其中，有其他綜合收益相關業務的企業，應當設置「其他綜合收益」科目進行會計處理，該科目應當按照其他綜合收益項目的具體內容設置明細科目。企業在對其他綜合收益進行會計處理時，應當通過「其他綜合收益」科目處理，並與「資本公積」科目相區分。

(2)根據明細帳科目的餘額計算填列。「開發支出」項目，應根據「研發支出」科目中所屬的「資本化支出」明細科目期末餘額填列；「應付帳款」項目，應根據「應付帳款」和「預付帳款」科目所屬的相關明細科目的期末貸方餘額合計數填列；「一年內到期的非流動資產」「一年內到期的非流動負債」項目，應根據有關非流動資產或負債項目的明細科目餘額分析填列；「應付職工薪酬」項目，應根據「應付職工薪酬」科目的明細科目期末餘額分析填列；「長期借款」「應付債券」項目，應分別根據「長期借款」「應付債券」科目的明細科目餘額分析填列；「未分配利潤」項目，應根據「利潤分配」科目中所屬的「未分配利潤」明細科目期末餘額填列。

(3)根據總帳科目和明細帳科目的餘額分析計算填列。「長期借款」項目,應根據「長期借款」總帳科目餘額扣除「長期借款」科目所屬的明細科目中將在資產負債表日起一年內到期且企業不能自主地將清償義務展期的長期借款后的金額計算填列;「長期待攤費用」項目,應根據「長期待攤費用」科目的期末餘額減去將於一年內(含一年)攤銷的數額后的金額填列;「其他非流動資產」項目,應根據有關科目的期末餘額減去將於一年內(含一年)收回數后的金額填列;「其他非流動負債」項目,應根據有關科目的期末餘額減去將於一年內(含一年)到期償還數后的金額填列。

(4)根據有關科目餘額減去其備抵科目餘額后的淨額填列。「可供出售金融資產」「持有至到期投資」「長期股權投資」「在建工程」「商譽」項目,應根據相關科目的期末餘額填列,已計提減值準備的,還應扣減相應的減值準備;「固定資產」「無形資產」「投資性房地產」「生產性生物資產」「油氣資產」項目,應根據相關科目的期末餘額扣減相關的累計折舊(或攤銷、折耗)填列,已計提減值準備的,還應扣減相應的減值準備,採用公允價值計量的上述資產,應根據相關科目的期末餘額填列;「長期應收款」項目,應根據「長期應收款」科目的期末餘額,減去相應的「未實現融資費用」科目和「壞帳準備」科目所屬相關明細科目期末餘額后的金額填列;「長期應付款」項目,應根據「長期應付款」科目的期末餘額,減去相應的「未確認融資費用」科目期末餘額后的金額填列。

(5)綜合運用上述填列方法分析填列。其主要包括「應收票據」「應收利息」「應收股利」「其他應收款」項目,應根據相關科目的期末餘額,減去「壞帳準備」科目中有關壞帳準備期末餘額后的金額填列;「應收帳款」項目,應根據「應收帳款」和「預收帳款」科目所屬各明細科目的期末借方餘額合計數,減去「壞帳準備」科目中有關應收帳款計提的壞帳準備期末餘額后的金額填列;「預付款項」項目,應根據「預付帳款」和「應付帳款」科目所屬各明細科目的期末借方餘額合計數,減去「壞帳準備」科目中有關預付款項計提的壞帳準備期末餘額后的金額填列;「存貨」項目,應根據「材料採購」「原材料」「發出商品」「庫存商品」「週轉材料」「委託加工物資」「生產成本」「委託代銷商品」等科目的期末餘額合計,減去「存貨跌價準備」科目期末餘額后的金額填列,材料採用計劃成本核算以及庫存商品採用計劃成本核算或售價核算的企業,還應按加或減材料成本差異、商品進銷差價后的金額填列;「劃分為持有待售的資產」「劃分為持有待售的負債」項目,應根據相關科目的期末餘額分析填列等。

企業應當根據上年末資產負債表「期末餘額」欄有關項目填列本年度資產負債表「年初餘額」欄。如果企業發生了會計政策變更、前期差錯更正,應當對「年初餘額」欄中的有關項目進行相應調整;如果企業上年度資產負債表規定的項目名稱和內容與本年度不一致,應當對上年年末資產負債表相關項目的名稱和金額按照本年度的規定進行調整,填入「年初餘額」欄。

資產負債表各項目的具體填列方法如下:

(1)「貨幣資金」項目,反映企業庫存現金、銀行結算戶存款、外埠存款、銀行匯票存款、銀行本票存款、信用卡存款、信用證保證金存款等的合計數。「貨幣資金」項目應根據「庫存現金」「銀行存款」「其他貨幣資金」科目的期末餘額合計填列。

(2)「以公允價值計量且其變動計入當期損益的金融資產」項目，反映企業購入的各種以公允價值計量，且其變動計入當期損益的金融資產。該項目應根據「交易性金融資產」科目的期末餘額填列。

(3)「應收票據」項目，反映企業收到的未到期收款，也未向銀行貼現的應收票據(包括商業承兌匯票和銀行承兌匯票)。「應收票據」項目應根據「應收票據」科目的期末餘額填列。已向銀行貼現和已背書轉讓的應收票據不包括在「應收票據」項目內，其中已貼現的商業承兌匯票應在會計報表附註中單獨披露。

(4)「應收股利」項目，反映企業因股權投資而應收取的現金股利，企業應收其他單位的利潤，也包括在「應收股利」項目內。「應收股利」項目應根據「應收股利」科目的期末餘額填列。

(5)「應收利息」項目，反映企業因債權投資而應收取的利息。企業購入到期還本付息債券應收的利息，不包括在「應收利息」項目內。「應收利息」項目應根據「應收利息」科目的期末餘額填列。

(6)「應收帳款」項目，反映企業因銷售商品、產品和提供勞務等而應向購買單位收取的各種款項，減去已計提的壞帳準備后的淨額。「應收帳款」項目應根據「應收帳款」科目和「預收帳款」科目所屬各明細科目的期末借方餘額合計，減去「壞帳準備」科目中有關應收帳款計提的壞帳準備期末餘額后的金額填列。如「應收帳款」科目所屬明細科目期末有貸方餘額，應在資產負債表「預收帳款」項目內填列。

(7)「其他應收款」項目，反映企業對其他單位和個人的應收和暫付的款項，減去已計提的壞帳準備后的淨額。「其他應收款」項目應根據「其他應收款」科目的期末餘額，減去「壞帳準備」科目中有關其他應收款計提的壞帳準備期末餘額后的金額填列。

(8)「預付帳款」項目，反映企業預付給供應單位的款項。「預付帳款」項目應根據「預付帳款」科目所屬各明細科目的期末借方餘額合計填列。如「預付帳款」科目所屬有關明細科目期末有貸方餘額的，應在資產負債表「應付帳款」項目內填列。如「應付帳款」科目所屬明細科目有借方餘額的，也應包括在「預付帳款」項目內。

(9)「存貨」項目，反映企業期末在庫、在途和在加工中的各項存貨的可變現淨值，包括各種材料、商品、在產品、半成品、包裝物、低值易耗品、分期收款發出商品、委託代銷商品、受託代銷商品等。「存貨」項目應根據「材料採購」、「原材料」、「週轉材料——低值易耗品」、「自製半成品」、「庫存商品」、「週轉材料——包裝物」、「分期收款發出商品」、「委託加工物資」、「委託代銷商品」、「生產成本」等科目的期末餘額合計，減去「存貨跌價準備」科目期末餘額后的金額填列。材料採用計劃成本核算以及庫存商品採用計劃成本或售價核算的企業還應加或減材料成本差異、商品進銷差價后的金額填列。

(10)「一年內到期的非流動資產」項目，反映企業一年內即將到期的債券投資，如一年內到期的持有至到期投資。

(11)「其他流動資產」項目，反映企業除以上流動資產項目外的其他流動資產，「其他流動資產」項目應根據有關科目的期末餘額填列。如果其他流動資產價值較大的，應在會計報表附註中披露其內容和金額。

(12)「可供出售金融資產」項目反映企業購入的被指定為可供出售的金融資產。「可供出售金融資產」項目根據「可供出售金融資產」科目的期末餘額與「可供出售金融資產減值準備」科目期末餘額相減填列。

(13)「持有至到期投資」項目反映企業購入的準備持有至到期的債券投資減去一年內到期的債券投資淨額。「持有至到期投資」項目根據「持有至到期投資」中再扣除一年內就將到期的部分,扣除「持有至到期投資減值準備」科目期末餘額計算填列。

(14)「長期股權投資」項目,反映企業不準備在1年內(含1年)變現的各種股權性質的投資的可收回金額。「長期股權投資」項目應根據「長期股權投資」科目的期末餘額,減去「長期投資減值準備」科目中有關股權投資減值準備期末餘額后的金額填列。

(15)「投資性房地產」項目,反映企業持有的準備出租或增值后轉讓的各種房地產投資的帳面淨額。「投資性房地產」項目根據「投資性房地產」科目的期末餘額減去「投資性房地產減值準備」科目期末餘額和「投資性房地產累計折舊」期末餘額計算填列。

(16)「固定資產」項目,反映企業的各種固定資產帳面淨額。「固定資產」項目根據「固定資產」科目的期末餘額減去「固定資產減值準備」科目期末餘額和固定資產「累計折舊」期末餘額計算填列。

(17)「在建工程」項目,反映企業在建工程的帳面淨額,包括交付安裝的設備價值、未完建築安裝工程已經耗用的材料、工資和費用支出、預付出包工程的價款、已經建築安裝完畢但尚未交付使用的工程等的可收回金額。「在建工程」項目根據「在建工程」科目的期末餘額減去「在建工程減值準備」科目期末餘額計算填列。

(18)「工程物資」項目,反映企業各項工程尚未使用的工程物資的帳面淨額。「工程物資」項目應根據「工程物資」科目的期末餘額減去「在建工程減值準備」科目期末餘額計算填列。

(19)「固定資產清理」項目,反映企業因出售、毀損、報廢等原因轉入清理但尚未清理完畢的固定資產的帳面價值以及固定資產清理過程中所發生的清理費用和變價收入等各項金額的差額。「固定資產清理」項目應根據「固定資產清理」科目的期末借方餘額填列,如「固定資產清理」科目期末為貸方餘額,以「-」號填列。

(20)「無形資產」項目,反映企業各項無形資產的期末可收回金額。「無形資產」項目應根據「無形資產」科目的期末餘額,減去「累計攤銷」「無形資產減值準備」科目期末餘額后的金額填列。

(21)「長期待攤費用」項目,反映企業尚未攤銷的攤銷期限在1年以上(不含1年)的各種費用,如租入固定資產改良支出、大修理支出以及攤銷期限在1年以上(不含1年)的其他待攤費用。「長期待攤費用」項目應根據「長期待攤費用」科目的期末餘額減去1年內(含1年)攤銷的數額后的金額填列。

(22)「其他長期資產」項目,反映企業除以上資產以外的其他長期資產。「其他長期資產」項目應根據有關科目的期末餘額填列。如果其他長期資產價值較大的,應在會計報表附註中披露其內容和金額。

(23)「遞延所得稅資產」項目,反映企業期末尚未轉銷的遞延稅款的借方餘額。「遞

延所得稅資產」項目應根據「遞延所得稅資產」科目的期末借方餘額填列。

(24)「短期借款」項目,反映企業借入尚未歸還的1年期以下(含1年)的借款。「短期借款」項目應根據「短期借款」科目的期末餘額填列。

(25)「交易性金融負債」項目,反映企業各種交易性金融負債的帳面餘額。「交易性金融負債」項目應根據「交易性金融負債」科目的期末餘額填列。

(26)「應付票據」項目,反映企業為了抵付貨款等而開出、承兌的尚未到期付款的應付票據,包括銀行承兌匯票和商業承兌匯票。「應付票據」項目應根據「應付票據」科目的期末餘額填列。

(27)「應付帳款」項目,反映企業購買原材料、商品和接受勞務供應等而應付給供應單位的款項。「應付帳款」項目應根據「應付帳款」科目、「預付帳款」科目所屬各有關明細科目的期末貸方餘額合計填列;如果「應付帳款」科目所屬各明細科目期末有借方餘額,應在資產負債表「預付帳款」科目內填列。

(28)「預收帳款」項目,反映企業預收購買單位的帳款。「預收帳款」項目應根據「預收帳款」科目和「應收帳款」所屬各有關明細科目的期末貸方餘額合計填列。如果「預收帳款」科目所屬有關明細科目有借方餘額的,應在資產負債表「應收帳款」項目內填列;如果「應收帳款」科目所屬明細科目有貸方餘額的,也應包括在「預收帳款」項目內。

(29)「應付職工薪酬」項目,反映企業應付未付的職工薪酬。「應付職工薪酬」項目應根據「應付職工薪酬」科目期末貸方餘額填列。如「應付職工薪酬」科目期末為借方餘額,以「-」號填列。

(30)「應付股利」項目,反映企業尚未支付的現金股利。「應付股利」項目應根據「應付股利」科目的期末餘額填列。

(31)「應交稅費」項目,反映企業期末未交、多交或未抵扣的各種稅金。「應交稅費」項目應根據「應交稅費」科目的期末貸方餘額填列;如果「應交稅費」科目期末為借方餘額,以「-」號填列。

(32)「一年內到期的非流動負債」項目,反映企業長期負債中一年內就要到期的各種長期負債。「一年內到期的非流動負債」項目應根據長期負債中一年內到期的負債填列。

(33)「其他應付款」項目,反映企業所有應付和暫收其他單位和個人的款項。「其他應付款」項目應根據「其他應付款」科目的期末餘額填列。

(34)「其他流動負債」項目,反映企業除以上流動負債以外的其他流動負債。「其他流動負債」項目應根據有關科目的期末餘額填列,如「待轉資產價值」科目的期末餘額可在「其他流動負債」項目內反映。如果其他流動負債價值較大的,應在會計報表附註中披露其內容及金額。

(35)「預計負債」項目,反映企業預計負債的期末餘額。「預計負債」項目應根據「預計負債」科目的期末餘額填列。

(36)「長期借款」項目,反映企業借入尚未歸還的1年期以上(不含1年)的借款本息。「長期借款」項目應根據「長期借款」科目的期末餘額填列。

(37)「應付債券」項目,反映企業發行的尚未償還的各種長期債券的本息。「應付債

券」項目應根據「應付債券」科目的期末餘額填列。

(38)「長期應付款」項目，反映企業除長期借款和應付債券以外的其他各種長期應付款。「長期應付款」項目應根據「長期應付款」科目的期末餘額，減去「未確認融資費用」科目期末餘額后的金額填列。

(39)「專項應付款」項目，反映企業各種專項應付款的期末餘額。「專項應付款」項目應根據「專項應付款」科目的期末餘額填列。

(40)「其他長期負債」項目，反映企業除以上長期負債項目以外的其他長期負債。「其他長期負債」項目應根據有關科目的期末餘額填列。如果其他長期負債價值較大的，應在會計報表附註中披露其內容和金額。

(41)「遞延所得稅負債」項目，反映企業期末尚未轉銷的遞延所得稅餘額。「遞延所得稅負債」項目應根據「遞延所得稅負債」科目的期末貸方餘額填列。

(42)「實收資本」(或股本)項目，反映企業各投資者實際投入的資本(或股本)總額。「實收資本」項目應根據「實收資本」(或股本)科目的期末餘額填列。

(43)「其他綜合收益」項目，反映企業以後不能重新分類進行損益的其他綜合收益和以後將重新分類進行損益的其他綜合收入。「其他綜合收益」項目根據「其他綜合收益」科目期末餘額填列。

(44)「資本公積」項目，反映企業資本公積的期末餘額。「資本公積」項目應根據「資本公積」科目的期末餘額填列。

(45)「盈餘公積」項目，反映企業盈餘公積的期末餘額。「盈餘公積」項目應根據「盈餘公積」科目的期末餘額填列。

(46)「未分配利潤」項目，反映企業尚未分配的利潤。「未分配利潤」項目應根據「本年利潤」科目和「利潤分配」科目的餘額計算填列。未彌補的虧損，在「未分配利潤」項目內以「－」號填列。

(二)資產負債表編制釋例

1. W 公司期初資料

W 股份有限公司為一般納稅人，增值稅稅率為 17%，所得稅稅率為 25%，2017 年年初資產負債表資料如表 15-2 所示。

表 15-2　　　　　　　　　　　　資產負債表

編製單位：W 公司　　　　　　　2017 年 1 月 1 日　　　　　　　　　　　　單位：元

資產	金額	負債及所有者權益	金額
流動資產：		流動負債：	
貨幣資金	1,406,300	短期借款	300,000
交易性金融資產	15,000	應付票據	200,000
應收票據	246,000	應付帳款	953,800
應收帳款淨額	299,100	其他應付款	57,600
存貨	2,580,000	應付職工薪酬	110,000

表15-2(續)

資產	金額	負債及所有者權益	金額
預付帳款	100,000		
其他應收款	105,000	應交稅費	30,000
流動資產合計	4,751,400		
長期投資：		一年內到期的長期負債	1,000,000
長期股權投資	250,000	流動負債合計	2,651,400
固定資產：		長期負債：	
固定資產淨值	1,300,000	長期借款	600,000
在建工程	1,500,000	負債合計	3,251,400
固定資產合計	2,600,000	所有者權益：	
無形資產及其他資產：		實收資本	5,000,000
無形資產	600,000	資本公積	0
		盈餘公積	100,000
無形資產及其他資產合計	800,000	未分配利潤	50,000
		所有者權益合計	5,150,000
資產總計	8,401,400	負債及權益總計	8,401,400

表15-2中「貨幣資金」1,406,300元，其中「現金」為2,000元，「銀行存款」為1,280,000元，「其他貨幣資金」為124,300元；「應收帳款淨額」299,100元，其中「應收帳款」借方餘額為300,000元，「壞帳準備」貸方餘額為900元；表內「存貨」2,580,000元，其中「材料採購」借方餘額225,000元，「原材料」借方餘額550,000元，「週轉材料——低值易耗品」借方餘額88,050元，「產成品」借方餘額1,680,000元，「材料成本差異」借方餘額36,950元；未交稅金餘額均為未交所得稅，其他應交稅費無餘額；「一年內到期的非流動負債」1,000,000元為「長期借款」。

2. W公司2017年發生經濟業務

(1) 用銀行存款支付到期的商業承兌匯票100,000元。

(2) 購入原材料一批，貨款150,000元，支付的增值稅稅金為25,500元，款項以銀行存款支付，材料在途中。

(3) 收到原材料一批，實際成本100,000元，計劃成本為95,000元，材料已驗收入庫，貨款已於上月支付。

(4) 用銀行匯票117,000元支付採購材料款，貨款99,800元，支付的增值稅稅金為16,966元，公司收到多餘款234元，原材料已驗收入庫。該批原材料計劃價格100,000元。

(5) 銷售產品一批，銷售價款300,000元，增值稅稅金為51,000元。該批產品實際

成本180,000元,產品已發出,款項未收到。

(6)公司將短期股票投資15,000元售出,收到項款16,500元存入銀行。

(7)購入不需安裝的設備1臺,價款100,000元,增值稅進項稅額為17,000元,以銀行存款支付。該設備已交付使用。

(8)購入工程物資一批,價款200,000元,增值稅稅金為34,000元,已用銀行存款支付。

(9)在建工程計提應付工資200,000元,應付職工福利費28,000元。

(10)計算應負擔的長期借款資本化利息150,000元。該項借款本息未付。

(11)一項工程完工,已達到預定可使用狀態並交付生產使用,固定資產價值1,400,000元。

(12)基本生產車間1臺機床報廢,原價200,000元,已提折舊180,000元,支付清理費用500元,收到殘值收入800元,均通過銀行存款收支(假設不考慮增值稅)。

(13)從銀行借入3年期借款400,000元存入銀行,該項借款用於購建固定資產。

(14)銷售產品一批,銷售價款700,000元,應收的增值稅稅金為119,000元,銷售產品的實際成本420,000元,貨款銀行已收妥。

(15)公司將要到期的一張面值為200,000元的無息銀行承兌匯票,連同解訖通知和進帳單交銀行辦理轉帳。收到銀行蓋章退回的進帳單一聯。款項銀行已收妥。

(16)收到股息30,000元(該項投資為成本法核算,對方稅率和本企業一致,均為25%),已存入銀行。

(17)公司出售一臺不需用設備,收到價款300,000萬元,增值稅銷項稅額為51,000元,該設備原價400,000元,已提折舊150,000元。

(18)以銀行存款歸還短期借款本金250,000元。

(19)提取現金500,000元,準備發放工資。

(20)支付工資500,000元。其中包括支付給在建人員的工資200,000元。

(21)分配職工工資300,000元,其中生產人員工資275,000元,車間管理人員工資10,000元,行政管理部門人員工資15,000元。

(22)提取職工福利費42,000元,其中生產工人福利費38,500元,車間管理人員福利費1,400元,行政管理部門福利費2,100元。

(23)確認應計入本期損益的借款利息共21,500元,其中,短期借款利息11,500元以銀行存款支付,長期借款利息共10,000元增加長期借款。

(24)基本生產領用原材料計劃成本700,000元,領用低值易耗品計劃成本50,000元,採用一次攤銷法攤銷。

(25)結轉領用原材料應分攤的材料成本差異。材料成本差異率為5%。

(26)攤銷無形資產60,000元,以銀行存款支付其他管理費用10,000元和基本生產車間固定資產修理費90,000元以及增值稅進項稅額9,000元。

(27)計提固定資產折舊100,000元,其中計入製造費用80,000元,管理費用20,000元。

(28)收到應收帳款 51,000 元存入銀行,按應收帳款餘額的 3‰ 計提壞帳準備 900 元。
(29)用銀行存款支付產品展覽費 10,000 元及增值稅進項稅額 600 元。
(30)結轉「製造費用」233,900 元到「生產成本」並計算並結轉本期完工產品成本 1,282,400 元。
(31)用銀行存款支付廣告費 10,000 元及增值稅進項稅額 600 元。
(32)公司採用商業承兌匯票結算方式銷售產品一批價款 250,000 元,增值稅稅金為 42,500 元,收到 292,500 元的商業承兌匯票 1 張。
(33)公司將上述承兌匯票到銀行辦理貼現,貼現息為 20,000 元。
(34)提取現金 50,000 元準備支付退休費。
(35)以現金支付退休金 50,000 元。
(36)計算本期產品銷售應繳納的教育費附加為 2,000 元。
(37)用銀行存款繳納增值稅稅金 100,000 元,教育費附加 2,000 元。
(38)結轉本期產品銷售成本 750,000 元。
(39)結轉各收支科目餘額,其中「主營業務收入」1,250,000 元,「營業外收入」50,000 元,「投資收益」31,500 元,「主營業務成本」750,000 元,「銷售費用」20,000 元,「稅金及附加」2,000 元,「管理費用」157,100 元,「財務費用」41,500 元,「營業外支出」19,700 元,「資產減值損失」900 元。
(40)計算應交所得稅 77,575 元,並結轉「所得稅費用」科目。結轉本年淨利潤 262,725 元。
(41)提取法定盈餘公積金 26,272.50 元,提取任意盈餘公積 13,727.50 元,宣布發放現金股利 150,000 元。
(42)將利潤分配各明細科目的餘額轉入「未分配利潤」明細科目。
(43)償還長期借款 1,000,000 元。
(44)用銀行存款繳納所得稅 97,089 元。
(45)本期以銀行存款支付應付福利費用共計 40,000 元。
(46)以銀行存款償還應付購貨款 100,000 元。
(47)公司以平價發行公司債券 1,000,000 元,收到現金存入銀行。

3. 根據上述 W 公司本年發生的經濟業務編制會計分錄

(1)借:應付票據 100,000
　　貸:銀行存款 100,000
(2)借:材料採購 150,000
　　　應交稅費———應交增值稅(進項稅額) 25,500
　　貸:銀行存款 175,500
(3)借:原材料 95,000
　　　材料成本差異 5,000
　　貸:材料採購 100,000

(4) 借:材料採購 99,800
　　　應交稅費——應交增值稅(進項稅額) 16,966
　　　銀行存款 234
　　　　貸:其他貨幣資金 117,000
　　借:原材料 100,000
　　　貸:材料採購 99,800
　　　　　材料成本差異 200
(5) 借:應收帳款 351,000
　　　貸:主營業務收入 300,000
　　　　　應交稅費——應交增值稅(銷項稅額) 51,000
(6) 借:銀行存款 16,500
　　　貸:交易性金融資產 15,000
　　　　　投資收益 1,500
(7) 借:固定資產 100,000
　　　應交稅費——應交增值稅(進項稅額) 17,000
　　　貸:銀行存款 117,000
(8) 借:工程物資 200,000
　　　應交稅費——應交增值稅(進項稅額) 34,000
　　　貸:銀行存款 234,000
(9) 借:在建工程 228,000
　　　貸:應付職工薪酬——工資 200,000
　　　　　　　　　　——福利 28,000
(10) 借:在建工程 150,000
　　　貸:長期借款——應計利息 150,000
(11) 借:固定資產 1,400,000
　　　貸:在建工程 1,400,000
(12) 借:固定資產清理 20,000
　　　累計折舊 180,000
　　　貸:固定資產 200,000
　　借:銀行存款 300
　　　貸:固定資產清理 300
　　借:營業外支出——非流動資產處置損益 19,700
　　　貸:固定資產清理 19,700
(13) 借:銀行存款 400,000
　　　貸:長期借款 400,000
(14) 借:銀行存款 819,000
　　　貸:主營業務收入 700,000

	應交稅費——應交增值稅(銷項稅額)	119,000
(15)	借:銀行存款	200,000
	貸:應收票據	200,000
(16)	借:銀行存款	30,000
	貸:投資收益	30,000
(17)	借:固定資產清理	250,000
	累計折舊	150,000
	貸:固定資產	400,000
	借:銀行存款	351,000
	貸:固定資產清理	300,000
	應交稅費——應交增值稅(銷項稅額)	51,000
	借:固定資產清理	50,000
	貸:營業外收入——非流動資產處置損益	50,000
(18)	借:短期借款	250,000
	貸:銀行存款	250,000
(19)	借:庫存現金	500,000
	貸:銀行存款	500,000
(20)	借:應付職工薪酬——工資	500,000
	貸:庫存現金	500,000
(21)	借:生產成本	275,000
	製造費用	10,000
	管理費用	15,000
	貸:應付職工薪酬——工資	300,000
(22)	借:生產成本	38,500
	製造費用	1,400
	管理費用	2,100
	貸:應付職工薪酬——福利	42,000
(23)	借:財務費用	21,500
	貸:銀行存款	11,500
	長期借款——應計利息	10,000
(24)	借:生產成本	700,000
	貸:原材料	700,000
	借:製造費用	50,000
	貸:週轉材料——低值易耗品	50,000

(25) 當期領用材料(含低值易耗品)應負擔的材料成本差計算如下:
原材料應負擔＝700,000×5％＝35,000(元)

低值易耗品應負擔＝50,000×5%＝2,500(元)

借:生產成本	35,000
製造費用	2,500
貸:材料成本差異	37,500
(26)借:管理費用——無形資產攤銷	60,000
貸:累計攤銷	60,000
借:管理費用	10,000
製造費用——固定資產修理費	90,000
應交稅費——應交增值稅(進項稅額)	9,000
貸:銀行存款	109,000
(27)借:製造費用——折舊費	80,000
管理費用——折舊費	20,000
貸:累計折舊	100,000
(28)借:銀行存款	51,000
貸:應收帳款	51,000
借:資產減值損失——壞帳準備	900
貸:壞帳準備	900
(29)借:銷售費用——展覽費	10,000
應交稅費——應交增值稅(進項稅額)	600
貸:銀行存款	10,600
(30)借:生產成本	233,900
貸:製造費用	233,900
借:庫存商品	1,282,400
貸:生產成本	1,282,400
(31)借:銷售費用——廣告費	10,000
應交稅費——應交增值稅(進項稅額)	600
貸:銀行存款	10,600
(32)借:應收票據	292,500
貸:主營業務收入	250,000
應交稅費——應交增值稅(銷項稅額)	42,500
(33)借:財務費用	20,000
銀行存款	272,500
貸:應收票據	292,500
(34)借:庫存現金	50,000
貸:銀行存款	50,000

(35)借:管理費用　　　　　　　　　　　　　　　　　　50,000
　　　貸:庫存現金　　　　　　　　　　　　　　　　　　50,000
(36)借:稅金及附加　　　　　　　　　　　　　　　　　　2,000
　　　貸:應交稅費——應交教育費附加　　　　　　　　　2,000
(37)借:應交稅費——應交增值稅(已交稅金)　　　　　100,000
　　　　　　　　——應交教育費附加　　　　　　　　　2,000
　　　貸:銀行存款　　　　　　　　　　　　　　　　　102,000
(38)借:主營業務成本　　　　　　　　　　　　　　　750,000
　　　貸:庫存商品　　　　　　　　　　　　　　　　　750,000
(39)借:主營業務收入　　　　　　　　　　　　　　1,250,000
　　　投資收益　　　　　　　　　　　　　　　　　　31,500
　　　營業外收入——非流動資產處置損益　　　　　　　50,000
　　　貸:本年利潤　　　　　　　　　　　　　　　1,331,500
　　借:本年利潤　　　　　　　　　　　　　　　　　991,200
　　　貸:主營業務成本　　　　　　　　　　　　　　750,000
　　　　稅金及附加　　　　　　　　　　　　　　　　2,000
　　　　銷售費用　　　　　　　　　　　　　　　　　20,000
　　　　管理費用　　　　　　　　　　　　　　　　　157,100
　　　　財務費用　　　　　　　　　　　　　　　　　41,500
　　　　營業外支出　　　　　　　　　　　　　　　　19,700
　　　　資產減值損失　　　　　　　　　　　　　　　　　900
(40)投資收益中分回的股利30,000元,不計算納稅。
本年應交所得稅=(1,331,500-991,200-30,000)×25%=77,575(元)
　　　借:所得稅費用　　　　　　　　　　　　　　　　77,575
　　　　貸:應交稅費——應交所得稅　　　　　　　　　77,575
　　　借:本年利潤　　　　　　　　　　　　　　　　　77,575
　　　　貸:所得稅費用　　　　　　　　　　　　　　　77,575
　　　借:本年利潤　　　　　　　　　　　　　　　　262,725
　　　　貸:利潤分配——未分配利潤　　　　　　　　262,725
(41)本年應提法定盈餘公積=262,725×10%=26,272.5(元)
　　　借:利潤分配——提取法定盈餘公積　　　　　　26,272.50
　　　　　　　　——提取任意盈餘公積　　　　　　　13,727.50
　　　貸:盈餘公積——法定盈餘公積　　　　　　　　26,272.50
　　　　　　　　——任意盈餘公積　　　　　　　　　13,727.50
本年分配普通股現金股利150,000元。

|借:利潤分配——應付普通股股利|150,000||
|貸:應付股利||150,000|

(42) 借:利潤分配——未分配利潤　　　　　　　　　　　190,000
　　　貸:利潤分配——提取法定盈餘公積　　　　　　　26,272.50
　　　　　　　　——任意盈餘公積　　　　　　　　　13,727.50
　　　　　　　　——應付普通股股利　　　　　　　　 150,000
(43) 借:長期借款　　　　　　　　　　　　　　　　　1,000,000
　　　貸:銀行存款　　　　　　　　　　　　　　　　　1,000,000
(44) 借:應交稅費——應交所得稅　　　　　　　　　　　97,089
　　　貸:銀行存款　　　　　　　　　　　　　　　　　　97,089
(45) 借:應付職工薪酬——福利　　　　　　　　　　　　40,000
　　　貸:銀行存款　　　　　　　　　　　　　　　　　　40,000
(46) 借:應付帳款　　　　　　　　　　　　　　　　　　100,000
　　　貸:銀行存款　　　　　　　　　　　　　　　　　　100,000
(47) 借:銀行存款　　　　　　　　　　　　　　　　　1,000,000
　　　貸:應付債券——面值　　　　　　　　　　　　　1,000,000

4. 編制帳戶本期發生額和餘額試算平衡表

根據編制的會計分錄登記「丁」字帳(略)，根據「丁」字帳的期末餘額編制「帳戶本期發生額和餘額試算平衡表」如表15-3所示。

表15-3　　　　　　　　帳戶本期發生額和餘額試算平衡表　　　　　　單位:元

會計科目	期初餘額 借方	期初餘額 貸方	本期發生額 借方	本期發生額 貸方	期末餘額 借方	期末餘額 貸方
庫存現金	2,000		550,000	550,000	2,000	
銀行存款	1,280,000		3,140,534	2,907,289	1,513,245	
其他貨幣資金	124,300			117,000	7,300	
交易性金融資產	15,000			15,000	0	
應收票據	246,000		292,500	492,500	46,000	
應收帳款	300,000		351,000	51,000	600,000	
壞帳準備		900		900		1,800
預付帳款	100,000		0	0	100,000	
其他應收款	105,000		0	0	105,000	
材料採購	225,000		249,800	199,800	275,000	
原材料	550,000		195,000	700,000	45,000	
週轉材料	88,050		0	50,000	38,050	
生產成本			1,282,400	1,282,400		

表15-3(續)

會計科目	期初餘額 借方	期初餘額 貸方	本期發生額 借方	本期發生額 貸方	期末餘額 借方	期末餘額 貸方
製造費用			233,900	233,900		
庫存商品	1,680,000		1,282,400	750,000	2,212,400	
材料成本差異	36,950		5,000	37,700	4,250	
長期股權投資	250,000				250,000	
固定資產	1,700,000		1,500,000	600,000	2,600,000	
累計折舊		400,000	330,000	100,000		170,000
工程物資			200,000	200,000		
在建工程	1,500,000		378,000	1,400,000	478,000	
固定資產清理			320,000	320,000		
無形資產	600,000				600,000	
累計攤銷				60,000		60,000
短期借款		300,000	250,000			50,000
應付票據		200,000	100,000			100,000
應付帳款		953,800	100,000			853,800
其他應付款		57,600				57,600
應付職工薪酬		110,000	540,000	570,000		140,000
應交稅費		30,000	302,755	343,075		70,320
應付股利				150,000		150,000
長期借款		1,600,000	1,000,000	560,000		1,160,000
應付債券				1,000,000		1,000,000
實收資本		5,000,000				5,000,000
盈餘公積		100,000		40,000		140,000
未分配利潤		50,000	190,000	262,725		122,725
主營業務收入			1,250,000	1,250,000		
主營業務成本			750,000	750,000		
稅金及附加			2,000	2,000		
銷售費用			20,000	20,000		
管理費用			157,100	157,100		
財務費用			41,500	41,500		
投資收益			31,500	31,500		
營業外收入			50,000	50,000		
營業外支出			19,700	19,700		
資產減值損失			900	900		
所得稅費用			77,575	77,575		
本年利潤			1,331,500	1,331,500		
合計	8,802,300	8,802,300	16,525,064	16,525,064	9,076,245	9,076,245

5. 編制資產負債表

根據「帳戶餘額試算平衡表」編制「資產負債表」如表 15-4 所示。

表 15-4   資產負債表

會企 01 表

編製單位:W公司　　　　2017 年 12 月 31 日　　　　　　　　單位:元

資產	年初數	年末數	負債及權益	年初數	年末數
流動資產:			流動負債:		
貨幣資金	1,406,300	1,522,545	短期借款	300,000	50,000
交易性金融資產	15,000	0	應付票據	200,000	100,000
應收票據	246,000	46,000	應付帳款	953,800	853,800
應收帳款淨額	299,100	598,200	其他應付款	57,600	57,600
預付帳款	100,000	100,000	應付職工薪酬	110,000	140,000
其他應收款	105,000	105,000	應付股利		150,000
存貨	2,580,000	2,574,700	應交稅費	30,000	70,320
流動資產合計	4,751,400	4,946,445	一年內到期的非流動負債	1,000,000	0
長期投資:			流動負債合計	2,651,400	1,421,720
長期股權投資	250,000	250,000	長期負債:		
固定資產:			長期借款	600,000	1,160,000
固定資產淨值	1,300,000	2,430,000	應付債券		1,000,000
在建工程	1,500,000	678,000	負債合計	3,251,400	3,581,720
無形及其他資產:			所有者權益:		
無形資產	600,000	540,000	實收資本	5,000,000	5,000,000
			資本公積	0	0
			盈餘公積	100,000	140,000
			未分配利潤	50,000	122,725
			所有者權益合計	5,150,000	5,262,725
資產總計	8,401,400	8,844,445	負債及權益總計	8,401,400	8,844,445

第三節　所有者權益變動表

一、所有者權益變動表概述

(一) 所有者權益變動表的意義

所有者權益變動表是反映構成所有者權益的各組成部分當期的增減變動情況的報

表。所有者權益變動表應當全面反映一定時期所有者權益變動的情況,不僅包括所有者權益總量的增減變動,還包括所有者權益增減變動的重要結構性信息,特別是要反映直接計入所有者權益的利得和損失,讓報表使用者準確理解所有者權益增減變動的根源。

(二)所有者權益變動表在一定程度上體現了企業綜合收益

綜合收益是指企業在某一期間與所有者之外的其他方面進行交易或發生其他事項所引起的淨資產變動。綜合收益的構成包括兩部分:淨利潤和直接計入所有者權益的利得和損失。其中,前者是企業已實現並已確認的收益,后者是企業未實現但根據會計準則的規定已確認的收益。用公式表示如下:

綜合收益＝淨利潤＋直接計入所有者權益的利得和損失

其中,淨利潤＝收入－費用＋直接計入當期損益的利得和損失

在所有者權益變動表中,淨利潤和直接計入所有者權益的利得和損失均單列項目反映,體現了企業綜合收益的構成。

綜合收益和所有者的資本交易導致的所有者權益的變動,應當分別列示。與所有者的資本交易是指與所有者以其所有者身分進行的、導致企業所有者權益變動的交易。

二、一般企業所有者權益變動表的列報格式和列報方法

(一)一般企業所有者權益變動表的列報格式

1. 以矩陣的形式列報

為了清楚地表明構成所有者權益的各組成部分當期的增減變動情況,反映企業所有者權益各組成部分的期初和期末餘額及其調節情況。因此,所有者權益變動表應當以矩陣的形式列示。一方面,列示導致所有者權益變動的交易或事項,改變了以往僅僅按照所有者權益的各組成部分反映所有者權益變動情況,而是按所有者權益變動的來源對一定時期所有者權益變動情況進行全面反映;另一方面,按照所有者權益各組成部分(包括實收資本、資本公積、其他綜合收益、盈餘公積、未分配利潤和庫存股)及其總額列示交易或事項對所有者權益的影響。

2. 列示所有者權益變動表的比較信息

根據財務報表列報準則的規定,企業需要提供比較所有者權益變動表,因此,所有者權益變動表還就各項目再分為「本年金額」和「上年金額」兩欄分別填列。所有者權益變動表的具體格式參見《〈企業會計準則第30號——財務報表列報〉應用指南》。

(二)一般企業所有者權益變動表的列報方法

1. 所有者權益變動表各項目的列報說明(見表15-5)

(1)「上年年末餘額」項目,反映企業上年資產負債表中實收資本(或股本)、資本公積、盈餘公積、未分配利潤的年末餘額。

(2)「會計政策變更」和「前期差錯更正」項目,分別反映企業採用追溯調整法處理的會計政策變更的累積影響金額和採用追溯重述法處理的會計差錯更正的累積影響金額。

表 15-5

所有者權益變動表

編製單位：　　　　　　　　　　　　　　年度　　　　　　　　　　　　　　　　　　　　　　會企 04 表
單位：元

項　目	本年金額							上年金額						
	實收資本（或股本）	資本公積	減：庫存股	其他綜合收益	盈餘公積	未分配利潤	所有者權益合計	實收資本（或股本）	資本公積	減：庫存股	其他綜合收益	盈餘公積	未分配利潤	所有者權益合計
一、上年年末餘額														
加：會計政策變更														
前期差錯更正														
二、本年年初餘額														
三、本年增減變動金額（減少以「-」號填列）														
（一）綜合收益總額														
（二）所有者投入和減少資本														
1.所有者投入資本														
2.股份支付計入所有者權益的金額														
3.其他														
（三）利潤分配														
1.提取盈餘公積														
2.對所有者（或股東）的分配														
3.其他														
（四）所有者權益內部結轉														
1.資本公積轉增資本（或股本）														
2.盈餘公積轉增資本（或股本）														
3.盈餘公積彌補虧損														
4.其他														
四、本年年末餘額														

為了體現會計政策變更和前期差錯更正的影響，企業應當在上期期末所有者權益餘額的基礎上進行調整得出本期期初所有者權益，根據「盈餘公積」「利潤分配」「以前年度損益調整」等科目的發生額分析填列。

(3)「本年增減變動額」項目分別反映如下內容：

①「綜合收益總額」項目，反映企業當年實現的淨利潤和其他綜合收益。淨利潤為當年實現的淨利潤(或淨虧損)金額，並對應列在「未分配利潤」欄。「其他綜合收益」反映企業當年根據企業會計準則規定未在損益中確認的各項所得和損失扣除所得稅影響后的淨額，並對應列在「其他綜合收益」欄。

②「所有者投入和減少資本」項目，反映企業當年所有者投入的資本和減少的資本。

「所有者投入資本」項目，反映企業接受投資者投入形成的實收資本(或股本)和資本溢價或股本溢價，並對應列在「實收資本」和「資本公積」欄。

「股份支付計入所有者權益的金額」項目，反映企業處於等待期中的權益結算的股份支付當年計入資本公積的金額，並對應列在「資本公積」欄。

③「利潤分配」下各項目，反映當年對所有者(或股東)分配的利潤(或股利)金額和按照規定提取的盈餘公積金額，並對應列在「未分配利潤」和「盈餘公積」欄。

「提取盈餘公積」項目，反映企業按照規定提取的盈餘公積。

「對所有者(或股東)的分配」項目，反映對所有者(或股東)分配的利潤(或股利)金額。

④「所有者權益內部結轉」下各項目，反映不影響當年所有者權益總額的所有者權益各組成部分之間當年的增減變動，包括資本公積轉增資本(或股本)、盈餘公積轉增資本(或股本)、盈餘公積彌補虧損等項目金額。為了全面反映所有者權益各組成部分的增減變動情況，所有者權益內部結轉也是所有者權益變動表的重要組成部分，主要指不影響所有者權益總額、所有者權益的各組成部分當期的增減變動。其中：

「資本公積轉增資本(或股本)」項目，反映企業以資本公積轉增資本或股本的金額。

「盈餘公積轉增資本(或股本)」項目，反映企業以盈餘公積轉增資本或股本的金額。

「盈餘公積彌補虧損」項目，反映企業以盈餘公積彌補虧損的金額。

2. 上年金額欄的列報方法

所有者權益變動表「上年金額」欄內各項數字，應根據上年度所有者權益變動表「本年金額」欄內所列數字填列。如果上年度所有者權益變動表規定的各個項目的名稱和內容同本年度不相一致，應對上年度所有者權益變動表各項目的名稱和數字按本年度的規定進行調整，填入所有者權益變動表「上年金額」欄內。

3. 本年金額欄的列報方法

所有者權益變動表「本年金額」欄內各項數字一般應根據「實收資本(或股本)」「資本公積」「盈餘公積」「利潤分配」「庫存股」「以前年度損益調整」等科目的發生額分析填列。

企業的淨利潤及其分配情況作為所有者權益變動的組成部分,不需要單獨設置利潤分配表列示。

<h3 style="text-align:center">思考題</h3>

1. 資產負債表的概念是什麼?
2. 資產負債表的作用是什麼?
3. 資產負債表的結構是怎樣的?
5. 資產負債表的項目排列順序是怎樣的?
6. 資產負債表是以什麼為依據編制的?
7. 一年內到期的長期負債和一年內到期的長期債券投資是依據什麼原則列示的?

<h3 style="text-align:center">練習題</h3>

1. 某企業期末有關科目餘額如下:

有借方餘額的:現金 20,000 元、銀行存款 250,000 元、其他貨幣資金 100,000 元、應收帳款 450,000 元、原材料 600,000 元、燃料 200,000 元、低值易耗品 40,000 元、包裝物 120,000 元、生產成本 400,000 元、產成品 800,000 元、分期收款發出商品 300,000 元、委託代銷商品 150,000 元、長期股權投資 580,000 元、持有至到期投資 360,000 元(其中 80,000 元已於一年內到期)、固定資產 1,000,000 元、在建工程 220,000 元、無形資產 440,000 元。

有貸方餘額的:短期借款 500,000 元、應付帳款 420,000 元、應付票據 100,000 元、應交稅費 250,000 元、應付職工薪酬 200,000 元、壞帳準備 9,000 元、累計折舊 350,000 元、長期借款 400,000 元(其中 100,000 元已於一年內到期)。

計算所有者權益為多少? 假設所有者權益中,股本、資本公積、盈餘公積和未分配利潤分別為所有者權益的 50%、30%、12%、8%,計算各權益項目的數額,根據資料和計算結果編制資產負債表。

2. 甲公司 2016 年 12 月 31 日的資產負債表(年初餘額略)及 2017 年 12 月 31 日的科目餘額表分別如表 15-6 和表 15-7 所示。假定公司適用的所得稅稅率為 25%,不考慮其他因素。

表 15-6

資產負債表

會企 01 表

編製單位:甲公司　　　　　　　　　2016 年 12 月 31 日　　　　　　　　　單位:元

資　產	期末餘額	年初餘額	負債和所有者權益(或股東權益)	期末餘額	年初餘額
流動資產:			流動負債:		
貨幣資金	1,161,300		短期借款	302,500	

表15-6(續)

資　　產	期末餘額	年初餘額	負債和所有者權益(或股東權益)	期末餘額	年初餘額
以公允價值計量且其變動計入當期損益的金融資產	15,000		以公允價值計量且其變動計入當期損益的金融負債	0	
應收票據	246,000		應付票據	200,000	
應收帳款	299,100		應付帳款	935,800	
預付款項	100,000		預收款項	0	
應收利息	0		應付職工薪酬	110,000	
應收股利	0		應交稅費	36,600	
其他應收款	5,000		應付利息	1,000	
存貨	2,580,000		應付股利	0	
一年內到期的非流動資產	0		其他應付款	50,000	
其他流動資產	100,000		一年內到期的非流動負債	1,000,000	
流動資產合計	4,506,400		其他流動負債	0	
非流動資產：			流動負債合計	2,653,900	
可供出售金融資產	55,000		非流動負債：		
持有至到期投資	200,000		長期借款	600,000	
長期應收款	0		應付債券	0	
長期股權投資	424,000		長期應付款	0	
投資性房地產	0		專項應付款	0	
固定資產	1,100,000		預計負債	0	
在建工程	1,500,000		遞延收益	0	
工程物資	0		遞延所得稅負債	2,500	
固定資產清理	0		其他非流動負債	0	
生產性生物資產	0		非流動負債合計	602,500	
油氣資產	0		負債合計	3,256,400	
無形資產	600,000		所有者權益(或股東權益)：		
開發支出	0		實收資本(或股本)	5,000,000	
商譽	0		資本公積	0	
長期待攤費用	0		減:庫存股	0	
遞延所得稅資產	0		其他綜合收益	31,500	
其他非流動資產	202,500		盈餘公積	100,000	
非流動資產合計	40,815,000		未分配利潤	200,000	
			所有者權益(或股東權益)合計	5,331,500	
資產總計	8,587,900		負債和所有者權益(或股東權益)總計	8,587,900	

表 15-7　　　　　　　　　　　　科目餘額表　　　　　　　　　　單位:元

科目名稱	借方餘額	科目名稱	貸方餘額
庫存現金	2,000	短期借款	105,150
銀行存款	529,831	應付票據	100,000
其他貨幣資金	7,300	應付帳款	953,800
交易性金融資產	0	其他應付款	50,000
應收票據	66,000	應付職工薪酬	180,000
應收帳款	600,000	應交稅費	226,731
壞帳準備	−1,800	應付利息	0
預付帳款	100,000	應付股利	20,026.25
其他應收款	5,000	遞延所得稅負債	0
材料採購	275,000	長期借款	1,160,000
原材料	45,000	股本	5,000,000
週轉材料	38,050	資本公積	0
庫存商品	2,122,400	其他綜合收益	64,500
材料成本差異	4,250	盈餘公積	136,960
其他流動資產	100,000	利潤分配(未分配利潤)	512,613.75
可供出售金融資產	286,000		
持有至到期投資	0		
長期股權投資	652,000		
固定資產	2,401,000		
累計折舊	−170,000		
固定資產減值準備	−30,000		
工程物資	300,000		
在建工程	428,000		
無形資產	600,000		
累計攤銷	−60,000		
遞延所得稅資產	9,750		
其他長期資產	200,000		
合計	8,509,781	合計	8,509,781

根據上述資料,編制甲公司 2017 年 12 月 31 日的資產負債表。

第十六章

利潤表

利潤表是反映企業一定期間收入的實現、費用的發生、利潤的形成及分配情況的報表。利潤表是一個動態報表，是反映企業盈利能力水平的報表。利潤表所提供的是投資者非常關注的信息。本章將論述利潤表的概念、作用、編制原理和編制方法。

第一節 利潤表的概念和作用

一、利潤表的概念

利潤表（Profits Statement）也稱為損益表（Statement of Profits and Losses）或收益表（Income Statement），產生於企業獨立計算其經營盈虧的需要。在復式簿記形成過程中，長期注重資產負債表。這主要是反映當時的銀行家和短期債權人的觀點，這些人最關心貸款的安全性。他們在決定貸款時，需要通過貸款對象資產負債表，瞭解貸款對象擁有的資產情況及已承擔的債務情況，以便他們做出正確的貸款決策。雖然在早期的復式簿記形成階段，只有資產負債表，沒有損益表，但很早就出現了損益計算帳戶。由於損益表側重於企業經營數據，直到 20 世紀 30 年代才正式成為對外的報表。

《企業會計準則——基本準則》第十章對利潤表定義為：利潤表是反映企業一定期間經營成果的會計報表。利潤表根據權責發生制和配比原則，把企業一定期間的收入與同一期間相關的費用配比，計算出企業一定期間的利潤。利潤表是一個動態報表。

二、利潤表的作用

利潤表之所以變得越來越被人們所重視，甚至超過資產負債表，主要是因為利潤表所發揮的作用越來越重要，利潤表所提供的信息越來越為廣大投資者所關心。利潤表的作用具體表現在以下幾個方面：

（一）利潤表提供了評價企業經營成果與獲利能力信息

經營成果通常以企業各種收入扣除相關的成本費用及稅金等差額表示的一個絕對數指標，它是反映企業資本增值的數額。盈利能力是一個相對數指標，它反映企業運用一定的經濟資源所取得經營成果的能力。通過利潤表提供的經營成果信息，便於企業投資者、債權人以及經營管理者瞭解、評價、預測企業的獲利能力，並據此做出各自的投資、信貸和經營管理決策。

(二)利潤表提供了評價企業經營管理者工作業績的信息

比較企業前後期利潤表上各收入、費用、成本及淨收益的增減變動情況,並考查其增減變動原因,可以較為客觀地評價企業及企業內部各職能部門,各生產經營單位以及這些部門和人員的績效與整個企業經營成果的關係,以便評判各部門管理人員的功過得失,及時做出有關方面的調整,使各項活動趨於合理性;同時根據各部門或個人職責和業績的完成情況,進行合理的評價及相應的物質利益的獎罰。

(三)利潤表提供瞭解釋、評價和預測企業償債能力的信息

償債能力指企業以其資產清償其債務的能力。利潤表本身並不提供償債能力的信息,然而企業償債能力不僅僅取決於資產的流動性和資本結構,也取決於企業的獲利能力。企業在個別月份獲利能力不足,不一定影響其償債能力,但若一家企業長期沒有盈利,則資產的流動性必然不會太好,資本結構也會較差,可能陷入資不抵債的困難境地,顯然,其償債能力肯定較弱。

企業債權人和企業管理部門,通過閱讀利潤表,可以間接地解釋、評價和預測企業的償債能力,並揭示償債能力的變化趨勢,進而作出各種信貸決策;企業管理部門可據此找出償債能力不強之原因,努力提高企業的償債能力,改善企業的形象。

第二節 利潤表的格式及編製

一、利潤的構成

利潤,即收益是按照應計制(權責發生制)為基礎和會計準則要求而計量的淨收益。這意味著企業每一筆交易發生時,均必須在帳上加以記錄。由於每項收入、費用、成本以及其他收入及損失發生時,均予以確認入帳,這種確定收益的方法也稱為交易法或交易觀法。按照此種方法確定的收益稱會計收益(Accounting Income)。會計收益具有三個基本特徵:

(1)會計收益基於企業實際發生的交易確定收入,即堅持收入實現原則,主要是通過銷售產品或提供勞務所實現的收入扣減實現這些收入所需的成本以確定利潤。

(2)會計收益必須按照企業的歷史成本來計量費用。

(3)會計收益要求期間收入和費用正確的配比,即堅持配比原則,講求合理的因果關係。

另一種收益通常稱之為經濟收益(Economic Income),即用「真實的財富」的增量表示企業的收益。真實的財富指一個會計個體在期末保持了期初同等財富的前提下的增加額。這一定義採用的是實物資本保全觀(Physical Capital Maintenance)。真實的財富是用購買力衡量的,因而經濟收益概念的應用需要用經幣值變動影響調整的市場價值作計量屬性。

現代會計計算的是會計收益,編製列示收入、費用、成本、其他收支等項目的利潤表體現了交易觀的要求。因為經濟收益所用的計量屬性難以客觀地取得,而會計需要向會

計信息使用者提供可靠的信息,會計計量要求客觀性、可核實性。在這方面,交易觀能夠為收益提供恰當的會計方法。

營業利潤＝營業收入－營業成本－稅金及附加－銷售費用－管理費用－財務費用－資產減值損失±公允價值變動損益＋投資收益

利潤總額＝營業利潤＋利得(營業外收入)－損失(營業外支出)

淨利潤＝利潤總額－所得稅費用

二、利潤表的格式

利潤表是根據企業某一會計期間所實現的收入、發生的費用等帳戶的期末結帳前餘額,即本期發生額編制的。利潤表由表頭和表體兩部分構成。表頭部分列明利潤表的名稱、編製單位、編制期間(×月份或×年度,無需表明具體日期)和貨幣計量單位等。表體部分列示利潤表的具體項目和內容。

利潤表的項目列示是依據「收入－費用＝利潤」這一會計平衡式的內容來排列的。

《企業會計準則第30號——財務報表列報》規定,利潤表至少應當單獨反映下列信息:營業收入、營業成本、稅金及附加、管理費用、銷售費用、財務費用、投資收益、公允價值變動損益、資產減值損失、非流動資產處置損益、所得稅費用、淨利潤等項目。費用應當按照功能分類,分為從事經營業務發生的成本、管理費用、銷售費用和財務費用。

利潤表是通過一定表格來反映企業經營成果的,其編制方法有單步式和多步式兩種。

(一)多步式利潤表

多步式(Multiples-Step Form)利潤表是指將利潤表的內容作多項分類,並產生一些中間性收益信息的損益表。由於從營業收入到淨收益,要進行多步的計算,可以得出幾種收益信息,故稱多步式。多步式利潤表可以更全面反映企業關於收益及其構成項目的形成情況,提供更多的信息,有助於對管理業績的評估或提高對未來收益預測的準確性。但是多步式利潤表的計算形式相對複雜一些。

中國《企業會計制度》規定,採用多步式編制利潤表。多步式利潤表包括三部分內容:一是營業利潤,主要指企業日常經營活動所獲得的收入減去成本及相關稅費的差額;二是利潤總額,指營業利潤、投資收益、利得和損失;三是淨利潤,即所得稅費用后的淨利潤。多步式利潤表具體格式如表16-2所示。

(二)單步式利潤表

單步式(Single-Step Form)利潤表是指利潤數據只需根據全部收入和全部費用的關係簡單計算,不提供諸如主營業務利潤、營業利潤、利潤總額等中間性收益指標及其構成項目,用所有收入減去所有成本費用及損失項目之和得出淨利潤指標。採用單步式的理由是,這些中間性的利潤信息對信息使用者沒有多大的實用價值,反而可能會引起誤解。採用單步式能直接計算和報告本期內實現的淨收益,以表明經營者在一定時期內的經營業績和資產增值情況。根據這一特點,單步式利潤表的格式相對簡單。單步式利潤表的優點是所提供信息如何剖析、解釋,可任用戶視其需要靈活掌握;其不足之處是一些有實

際意義的中間性信息不能直接反映出來，難免會降低該表的有用性。目前，除個別業務簡單的小型企業外，一般都不用單步式利潤表。

三、利潤表的編制方法

利潤表的資料來源與資產負債表不完全相同。利潤表是動態報表，是反映企業財務動態信息的報表。由於帳戶的本期發生額是提供動態指標的，所以利潤表的資料來源主要是各損益類帳戶的本期發生額。一般來說，各收入類項目應根據相應的收入類會計科目的貸方發生額填列，各費用類項目則應根據相應原費用類會計科目的借方發生額填列。有些項目尚需計算、分析填列。

多步式利潤表反映企業在一定期間內利潤（虧損）的實際情況。該表「本月數」欄反映各項目的本月實際發生數；在編報中期財務會計報告時，填列上年同期累計實際發生數；在編報年度財務會計報告時，填列上年全年累計實際發生數。如果上年度利潤表與本年度利潤表的項目名稱和內容不相一致，應對上年度利潤表項目的名稱和數字按本年度的規定進行調整，填入本年度利潤表「上年數」欄。在編報中期和年度財務會計報告時，應將「本月數」欄改成「上年數」欄。本年度利潤表「本年累計數」欄反映各項目自年初起至報告期末止的累計實際發生數。

利潤表各項目的內容及其填列方法如下：

(1)「營業收入」項目，反映企業日常經營業務所取得的收入總額。該項目應根據「營業收入」科目的發生額分析填列。

(2)「營業成本」項目，反映企業日常經營業務發生的實際成本。該項目應根據「營業成本」科目的發生額分析填列。

(3)「稅金及附加」項目，反映企業日常經營業務應負擔的消費稅、城市維護建設稅、資源稅、土地增值稅和教育費附加等。該項目應根據「稅金及附加」科目的發生額分析填列。

(4)「銷售費用」或「經營費用」項目，反映企業在銷售商品和商品流通企業在購入、銷售商品過程中發生的費用。該項目應根據「銷售費用」科目的發生額分析填列。

(5)「管理費用」項目，反映企業管理企業生產經營活動所發生的各種費用。該項目應根據「管理費用」項目的發生額分析填列。

(6)「財務費用」項目，反映企業為生產經營活動借入資金而發生的利息、手續費用等財務費用。該項目應根據「財務費用」科目的發生額分析填列。

(7)「投資收益」項目，反映企業以各種方式對外投資所取得的收益。該項目應根據「投資收益」科目的發生額分析填列。如為投資損失，用「－」號填列。

(8)「公允價值變動損益」項目，反映企業進行債務重組、非貨幣性資產交換、對外投資等形成的企業資產的公允價值變動損益。該項目應根據「公允價值變動損益」科目的發生額分析填列。如為損失，用「－」號填列。

(9)「資產減值損失」項目，反映企業本期計提的長期資產減值損失。該項目應根據

「資產減值損失」科目發生額分析填列。該項目應用「-」號填列。

（10）「非流動資產處置損益」項目，反映企業處置固定資產、無形資產等非流動資產形成的損益。該項目應根據「營業外收入——非流動資產處置損益」和「營業外支出——非流動資產處置損益」科目的發生額分析填列。如為損失，用「-」號填列。

（11）「營業外收入」項目，反映企業發生的與其生產經營無直接關係的各項收入和支出。該項目應根據「營業外收入」科目本期發生額減去非流動資產處置損益后的金額分析填列。

（12）「營業外支出」項目，反映企業發生的與其生產經營無直接關係的各項支出。該項目應根據「營業外支出」科目的本期發生額減去非流動資產處置損益分析填列。

（13）「利潤總額」項目，反映企業實現的利潤總額。如為虧損總額，以「-」號填列。

（15）「所得稅費用」項目，反映企業按規定從本期損益中減去的所得稅費用。該項目應根據「所得稅費用」項目的發生額分析填列。

（16）「淨利潤」項目，反映企業實現的淨利潤。如為淨虧損，以「-」號填列。

四、利潤表編制舉例

利用第十五章資產負債表編制的資料，將 W 企業損益類科目的本期發生額歸納為表 16-1。

表 16-1　　　　　　　　　W 企業損益類科目發生額表

（結轉利潤之前）　　　　　　　　　　　　　　單位：元

會計科目	借方發生額	貸方發生額
主營業務收入		1,250,000
投資收益		31,500
營業外收入		50,000
主營業務成本	750,000	
稅金及附加	2,000	
銷售費用	20,000	
管理費用	157,100	
財務費用	41,500	
營業外支出	19,700	
資產減值損失	900	
所得稅費用	77,575	

根據上述資料編制利潤表如表 16-2 所示。

表 16-2　　　　　　　　　　　利潤表

會企 02 表

編製單位:W 企業　　　　　　2017 年度　　　　　　　　　　單位:元

項目	本月數	本年累計
一、營業收入		1,250,000
減：營業成本		750,000
稅金及附加		2,000
銷售費用		20,000
管理費用		157,100
財務費用		41,500
資產減值損失		900
加：投資收益（損失以「-」號填列）		31,500
公允價值變動損益（損失以「-」號填列）		
二、營業利潤（虧損以「-」號填列）		310,000
加：營業外收入		50,000
其中：非流動資產處置收益		50,000
減：營業外支出		19,700
其中：非流動資產處置損失		19,700
三、利潤總額（虧損以「-」號填列）		340,300
減：所得稅費用		77,575
四、淨利潤		262,725

五、每股收益

普通股或潛在普通股已公開交易的企業以及處於公開發行普通股或潛在普通股過程中的企業,應當在利潤表中分別列示基本每股收益和稀釋每股收益,並在附註中披露下列相關信息:

一是基本每股收益和稀釋每股收益分子、分母的計算過程;

二是列報期間不具有稀釋性但以後期間很可能具有稀釋性的潛在普通股;

三是在資產負債表日至財務報告批准報出日之間,企業發行在外普通股或潛在普通股數發生重大變化的情況。

(一)基本每股收益

基本每股收益僅考慮當期實際發行在外的普通股股份,按照歸屬於普通股股東的當期淨利潤以當期實際發行在外普通股的加權平均數計算確定。

基本每股收益=(當期淨利潤-優先股股利)÷發行在外普通股加權平均數

發行在外普通股加權平均數＝期初發行在外普通股股數＋當期新發行普通股股數×已發行時間÷報告期時間－當期回購普通股股數×已回購時間÷報告期時間

已發行時間、報告期時間、已回購時間一般按天數計算，在不影響計算結果合理性的前提下，也可採用簡化的計算方法，如按月、按季或按年計算。

以合併財務報表為基礎計算的每股收益，分子應當是歸屬於母公司普通股股東的合併利潤，即扣除少數股東收益后的餘額。如果企業發生虧損，每股收益應以負數列示。

【例 16-1】W 公司 2017 年年初發行在外的普通股為 10,000 萬股；4 月 1 日新發行普通股 5,000 萬股，10 月 1 日回購 2,000 萬股，以備將來獎勵職工之用。W 公司當年實現淨利潤 2,650 萬元，無優先股。

基本每股收益＝2,650÷(10,000+5,000×9÷12－2,000×3÷12)＝0.2(元)

(二)稀釋每股收益

企業存在稀釋性潛在普通股的，應當根據其影響分別調整歸屬於普通股股東的當期淨利潤以及發行在外普通股的加權平均數，並據以計算稀釋每股收益。計算稀釋每股收益時，假設潛在普通股在當期期初已經全部轉換為普通股；如果潛在普通股為當期發行的，則假設在發行日就全部轉換為普通股，據此計算稀釋每股收益。潛在普通股主要有可轉換公司債券、認股權證、股份期權等。

【例 16-2】W 公司 2018 年歸屬於普通股股東的淨利潤為 2,000 萬元，期初發行在外普通股股數 5,000 萬股，年內普通股股數未發生變化。2017 年 4 月 1 日，W 公司按面值發行了 1,000 萬元的可轉換公司債券，票面利率為 5%，每 100 元債券可轉換 80 股面值 1 元的普通股股票(所得稅稅率為 25%)。

2018 年基本每股收益＝2,000÷5,000＝0.4(元)

增加的淨利潤＝1,000×5%×(1－25%)＝37.5(萬元)

增加的普通股股數＝1,000×80÷100＝800(萬股)

2018 年稀釋每股收益＝(2,000+37.5)÷(5,000+800)＝0.35(元)

【例 16-3】W 公司 2017 年歸屬於普通股股東的淨利潤為 2,000 萬元，期初發行在外普通股股數 5,000 萬元，年內普通股股數未發生變化。2017 年 4 月 1 日，W 公司按面值發行了 1,000 萬元的可轉換公司債券，票面利率為 5%，每 100 元債券可轉換 80 股面值 1 元的普通股股票(所得稅稅率為 25%)。

2017 年基本每股收益＝2,000÷5,000＝0.4(元)

增加的淨利潤＝1,000×5%×9÷12×(1－25%)＝28.125(萬元)

增加的普通股股數＝1,000×80÷100×9÷12＝600(萬股)

2017 年稀釋每股收益＝(2,000+28.125)÷(5,000+600)＝0.36(元)

對於稀釋的認股權證、股份期權，計算稀釋每股收益時，一般無需調整作為分子的淨利潤金額，只需要按下列步驟對分母的普通股加權平均數進行調整：

(1)假設這些認股權證、股份期權在當期期初(或晚於期初的發行日)已經行權，計算按約定行權價格發行普通股將取得的股款金額。

(2)假設按照當期普通股平均市場價格發行普通股，計算需要發行多少普通股才能

夠帶來彌補上述相同的股款金額。

(3)比較行使股份期權、認股權證將發行的普通股股數與按照平均市場價格發行的普通股股數,差額部分相當於無對價發行的普通股,作為發行在外的普通股股數的淨增加。

增加的普通股股數=擬行權時轉換和普通股股數-行權價格×擬行權時轉換和普通股股數÷當期普通股平均市場價格

【例16-4】W公司2017年4月對外發行100萬份認股權證,行權日為2018年4月,該種已發行的股票的市場價格為4元,每份認股權證可以在行權日以3.5元的價格認購本公司1股新發行的股份。

2017年增加的普通股股數=(100-100×3.5÷4)×9÷12=9.375(萬股)

2018年增加的普通股股數=(100-100×3.5÷4)×1=12.5(萬股)

第三節　分部報表

一、分部報表的概述

《企業會計準則第35號——分部報告》第二條規定,企業存在多種經營或跨地區經營的,應當根據準則規定披露分部信息。企業應當以對外提供的財務報表為基礎披露分部信息。對外提供合併財務報表的企業,應當以合併財務報表為基礎披露分部信息。

分部報表是反映企業各行業、各地區經營業務的收入、成本、費用、營業利潤、資產總額及負債總額等情況的報表。

提供分部信息的主要目的,在於評估不同因素對企業的影響,以便更好地理解企業以往的經營業績,並對其未來的發展趨勢作出合理的預測和判斷。分部報表的作用主要表現在以下方面:

(一)通過分部報表,可以更好地理解企業以往的業績

企業生產經營的業績是企業各項經營活動的綜合結果,是由企業生產的各種(或各類)產品,或提供的各種(或各類)勞務的盈虧綜合而成的。企業各種(或各類)產品在其整體的經營活動中所占的比重各不相同,其營業收入、成本以及其所產生的利潤也不盡相同,要把握企業的經營業績,不僅要分析企業的整體情況,而且也有必要分析每一種(或每一類)產品的生產經營情況,從而才能更全面地理解企業取得的經營業績。從企業生產經營的地區來說,企業整體的生產經營業績是由各生產經營地的經營業績所組成的,要瞭解和把握企業取得的經營業績,則需要分析各生產經營地的經營業績,分析各生產經營地的資產占用情況、銷售情況等,從而才能準確把握企業的經營業績。

(二)通過分部報表,可以更好地評估企業的風險和回報

在市場經濟條件下,準確地評估企業的經營風險和回報,對於企業經營管理者、投資者、債權人以及社會有關方面進行決策具有重要的意義。企業的整體風險由企業生產經營部分、各生產經營地區的風險和回報所構成。企業生產的各種產品所具有風險和回報

的程度和性質是不相同的,在不同地區的生產經營也有著不同性質的、不同程度的風險和回報。要具體瞭解企業的經營風險和具體的回報情況,則必須借助分部報表按不同業務部門或不同的地區提供的收入、費用、經營成果以及資產占用等較為詳細的分部信息。通過分部報表提供信息的分析,可瞭解各種產品或業務所處的發展階段、風險的大小、回報率的高低等。

綜上所述,通過分部報表所提供的會計信息,可以更好地把握企業的經營業績,可以更好地對企業的風險和回報進行評估,因此通過分部報表可以為企業的經營管理者、投資者、債權人提供更為有用的、更為具體的會計信息,以便於其從整體上對企業作出更有根據的、更為準確的判斷,為其進行決策提供依據。

二、分部的確定

在披露分部報表時,首先必須確定報表主體的分部。所謂分部,是指企業內部可區分的,專門用於向外部提供信息的一部分。分部包括業務分部和地區分部兩類。

(一) 業務分部的確定

業務分部是指企業內部提供單項產品或勞務,或者提供一組相關產品或勞務,並且承擔不同於其他業務部門所承擔的風險和回報的部門。

企業的組織結構和內部報告系統應作為確定分部的基礎。在確定業務分部時,應當考慮以下主要因素:

(1)產品或勞務的性質。對於生產的產品和提供的勞務的性質相同者,通常其風險、回報率及其成長率可能較為接近,一般情況下可以將其劃分到同一業務分部之內。而對於其性質完全不同的產品或勞務,則不能將其劃分到同一業務分部之內。

(2)生產過程的性質。對於其生產過程相似者,可以將其劃分為一個業務分部,如按資本密集型和勞動力密集型劃分業務部門。

(3)購買產品或接受勞務的客戶的類型或類別。購買產品或接受勞務的客戶的類型或類別可以按不同的標準進行劃分,對於不同的企業也有著不同的分類。

(4)銷售產品或提供勞務所使用的方法。銷售產品的方式不同,其承受的風險和回報不相同。

(5)生產產品或提供勞務所處的法律環境。企業生產產品或提供勞務總是處於一定的經濟法律環境之下,其所處的環境必然對其產生影響,特別是其所處的法律環境對企業經營狀況影響極大。對相同或相似法律環境下的產品生產或勞務進行歸類,提供其經營活動所生成的信息,有利於明晰地反映該類產品生產和勞務提供的會計信息。

(二)地區分部的確定

地區分部是指企業內部在特定的經濟環境下提供產品或勞務,並且承擔不同於在其他經濟環境下經營的組成部門所承擔的風險和回報的組成部門。地區分部可以按資產所在地為基礎確定,也可以按客戶所在地為基礎確定。在確定地區分部時應當考慮以下主要因素:

(1)經濟和政治情況的相似性。生產經營所在地經濟和政治情況的差異,則意味其

生產經營活動所面臨經濟和政治風險不同。對不同者不能將其歸並為一地區分部,對相同者可將其歸並為一個地區分部。

(2)在不同地區的經營之間的關係。在不同地區的經營之間存在著緊密的聯繫,則意味著這些不同的地區的經營具有相同的風險和回報,應當將不同地區的子公司合併作為一個地區分部處理。反之,當兩個地區的經營之間沒有直接的聯繫,則不應將其作為一地區分部處理。

(3)生產經營的相似性。生產經營具有相似性的地區,表明其在生產經營方面面臨著基本相同的風險和回報,在確定地區分部應當將在生產經營上具有相似性的地區,作為一個地區分部處理。

(4)與某一特定地區經營相關的特定風險。如果某一地區在生產經營上存在著特定的風險,則不能將其與其他地區分部合併作為一個地區分部處理。

(5)外匯管制的規定。外匯管制的規定直接影響著企業內部資金的調度和轉移,從而影響著企業經營風險。不能將外匯管制國家和地區與外匯自由流動的國家和地區作為一個地區分部處理;對於外匯管制的地區,也不能一概而論將其作為一個地區分部處理。

(三)報表分部的確定

報表分部是指按確定的業務分部或地區分部,對其相關信息予以披露的業務分部或地區分部。劃定分部后,還必須按照一定的標準對業務分部或地區分部進行測試,在符合規定的測試標準后,才能作為報表分部,在其財務會計報表中披露會計信息。符合下列標準的業務分部或地區分部,方可納入分部報表的編制範圍披露其相關的會計信息。

滿足下列三個條件之一的,應當納入分部報表編制的範圍:

(1)分部營業收入占所有分部營業收入合計的10%或以上(這裡的營業收入包括主營業務收入和其他業務收入,下同);

(2)分部營業利潤占所有盈利分部的營業利潤合計的10%或以上,或者分部營業虧損占所有虧損部分的營業虧損合計的10%或以上;

(3)分部資產總額占所有分部資產總額合計的10%或以上。

如果按上述條件納入分部報表範圍的各個分部對外營業收入總額低於企業全部營業收入總額75%的,應將更多的分部納入分部報表編制範圍(即使未滿足上述條件),以至少達到編制的分部報表各個分部對外營業收入總額占企業全部營業收入總額的75%及以上。

納入分部報表的各個分部最多為10個,如果超過,應將相關的分部予以合併反映;如果某一分部的對外營業收入總額占企業全部營業收入總額90%及以上的,則不需編制分部報表。

如果前期某一分部未滿足上述三個條件之一而未納入分部報表編制範圍,本期因經營狀況改變等原因達到上述條件而應納入分部報表編制範圍的,為可比起見,應對上年度的數字進行調整后填入當年分部報表的「上年數」欄。

三、分部報表的格式和編制

業務分部報表和地區分部報表的基本格式如表16-3和表16-4所示。

表 16-3

分部報表（業務分部）

_____年度

編製單位： 會企 02 表附表 2
單位：元

項目	××業務 本年	××業務 上年	××業務 本年	××業務 上年	××業務 本年	××業務 上年	……	其他業務 本年	其他業務 上年	抵銷 本年	抵銷 上年	未分配項目 本年	未分配項目 上年	合計 本年	合計 上年
一、營業收入合計															
其中：對外營業收入															
分部間營業收入															
二、銷售成本合計															
其中：對外銷售成本															
分部間銷售成本															
三、期間費用合計															
四、營業利潤合計															
五、資產總額															
六、負債總額															

表 16-4

分部報表（地區分部）

_____年度

编製單位：　　　　　　　　　　　　　　　　　　　　　　　　　　　會企02表附表3
　　　　　　　　　　　　　　　　　　　　　　　　　　　　　　　　單位：元

項目	××地區		××地區		××地區		……	其他地區		抵銷		未分配項目		合計	
	本年	上年	本年	上年	本年	上年		本年	上年	本年	上年	本年	上年	本年	上年
一、營業收入合計															
其中：對外營業收入															
分部間營業收入															
二、銷售成本合計															
其中：對外銷售成本															
分部間銷售成本															
三、期間費用合計															
四、營業利潤合計															
五、資產總額															
六、負債總額															

該表各項目的的內容及填列方法說明如下:

(一)「分部營業收入」項目

分部營業收入指在企業利潤表中報告的、可以直接歸屬於某一分部的收入以及企業收入中能按合理的基礎分配給某一分部的相關部分收入。分部營業收入分為對外部客戶的營業收入,即「對外營業收入」和與其他分部交易的收入,即「分部間營業收入」。分部收入不包括非常項目取得的收入、利息收入和股利收益,投資的出售形成的利得等。

在披露分部會計信息時,應當將分部「對外營業收入」「分部間營業收入」分別列示,分部收入應按企業集團內部交易抵銷前的數額確定。

(二)「分部銷售成本」項目

分部銷售成本指某一分部營業收入相對的銷售成本,是企業利潤表中直接歸屬於某一分部的銷售成本以及能按合理的方法分配給該分部的費用。

在披露分部會計信息時,同樣應將分部「對外銷售成本」「分部間銷售成本」分別列示。分部銷售成本數額的確定與分部營業收入的確定相同,應按集團內部交易抵銷之前的數額確定。

(三)「分部期間費用」項目

分部期間費用是指某一分部在經營活動中發生的、並可以直接歸屬於該分部的期間費用以及能按合理的方法分配給該分部的期間費用。分部期間費用包括歸屬於某一分部的銷售費用、管理費用和財務費用。分部期間費用不包括所得稅費用以及其他與整個企業相關的費用等。分部期間費用,應按集團內部交易抵銷之前的數額確定。對於不歸屬於某一分部的期間費用,應當作為未分配項目在分部報表中列示。

(四)分部營業利潤

分部營業利潤,指某一分部的經營成果,是指某一分部營業收入,減去該分部銷售成本及分部期間費用后的餘額。對於企業營業利潤中不歸屬於任何一個分部的營業利潤,應當作為未分配項目在分部報表中列示。

(五)「分部資產」項目

分部資產指分部在其經營活動中使用的、並可直接歸屬於該分部的經營資產。分部資產包括用於分部經營活動的流動資產、固定資產(包括融資租入的固定資產)以及無形資產等。分部資產不包括用於企業總部一般用途的資產。分部資產不包括遞延稅款資產。分部資產按集團內部交易抵銷前的數額確定。對於企業資產總額中不歸屬於任何一個分部的資產,應當作為未分配項目在分部報表中列示。

(六)「分部負債」項目

分部負債指分部的經營活動形成的以及可直接歸屬於該分部的經營負債。分部負債包括應付帳款、其他應付款、應計負債、預收貨款、產品擔保準備等。分部負債不包括借款、與融資租入資產相關的負債以及其他為非經營目的而承擔的負債,也不包括遞延稅款負債。分部負債按集團內部交易抵銷前的數額確定。對於企業負債總額中不歸屬於任何一個分部的負債,應當作為未分配項目在分部報表中列示

如果母公司的會計報表和合併會計報表一併提供時,分部報表只需在合併會計報表

酬」未轉移給對方,不影響收入的確認。在實務中,判斷風險和報酬是主要還是次要時,需要視具體交易而定。

商品所有權上的主要風險和報酬轉移給購貨方指風險和報酬均轉移給了對方。當一項商品發生的任何損失由買方承擔,帶來的經濟利益也歸買方所有,則意味著該商品所有權上的全部風險和報酬已轉移給了買方。在判斷商品所有權上的主要風險和報酬是否已轉移,需要關注每項交易的實質而不是形式。通常,所有權憑證的轉移或實物的交付是需要考慮的重要因素。

(1)大多數情況下,所有權上的風險和報酬的轉移伴隨著所有權憑證的轉移或實物的交付而轉移,如大多數零售交易。

(2)在有些情況下,企業已將所有權憑證或實物交付給買方,但商品所有權上的主要風險和報酬並未轉移。企業可能在以下幾種情況下保留了商品所有權上的主要風險和報酬:

①企業銷售的商品在質量、品種、規格等方面不符合合同的要求,又未根據正常的保證條款予以彌補,因而銷售方仍負有責任,如銷售折讓未達成協議。

②企業銷售商品的收入是否能夠取得取決於買方銷售其商品的收入是否能夠取得,如代銷商品。

③企業尚未完成售出商品的安裝和檢驗工作,且此項工作是銷售合同的重要內容,如電梯的銷售,在未安裝完畢並檢驗合格時不能確認收入。

④銷售合同中規定了由於特殊原因買方有權退貨的條款,而企業又不能確定退貨的可能性。例如,企業推銷新產品,承諾客戶試用期如不滿意,可以退貨,此銷售只有等到退貨期滿后才能確認收入。

(二)企業既沒有保留通常與所有權相關係的繼續管理權,也沒有對已售出的商品實施控制

對售出商品實施繼續管理,既可能源於仍擁有商品的所有權,也可能與商品的所有權沒有關係。如果商品售出后,企業仍保留有與該商品的所有權相聯繫的繼續管理權,則說明此項銷售商品交易沒有完成,銷售不成立,不能確認收入。同樣,如果商品售出后,企業仍對售出的商品可以實施控制,則此項銷售沒有完成,不能確認收入。例如,A製造商將一批商品售給某中間商,合同規定A企業有權要求中間商將售出的商品轉移或退回。但是,如果商品的所有權已經轉移,而售出企業繼續代管,則不影響其收入的確認。又如,B房地產開發商將一片住宅小區全部銷售給某客戶,並受該客戶委託代售小區商品房和管理小區物業。

(三)收入的金額能夠可靠計量

美國財務會計準則委員會(FASB)第5號概念公告指出,任何會計要素的確認,都必須要滿足可定義性、可計量性、相關性和可靠性。收入不能可靠計量,便不可能對其確認。要注意的是,收入能夠可靠計量並不意味著收入必須等收到后才算能夠可靠計量。

(四)與交易相關的經濟利益很可能流入企業

與銷售商品交易有關的經濟利益主要包括因銷售商品而直接或間接獲取的現金或

第十七章
現金流量表

　　財務狀況變動表或現金流量表是企業三大主要報表之一。資產負債是反映企業一定日期財務狀況的報表;利潤表是反映企業一定時期經營成果的報表;財務狀況變動表或現金流量表是反映企業一定時期現金流入、流出及結餘情況的報表。本章將著重介紹現金流量表的基本概念、作用、基本格式和編製方法。

第一節　現金流量表的產生和作用

一、現金流量表的產生

　　在現實經濟生活中,經常會出現這類情形:一家企業營業興旺,訂單猛增,獲利頗豐,但卻陷入財務困境,甚至不得不中止營業。有些企業在某一年度出現了巨額虧損,卻有能力購建大量的固定資產,進行擴大規模之投資。前者獲利頗豐,但卻陷入財務困境,原因何在?後者出現巨額虧損,卻有大量資金進行投資,其資金從何而來?像這些莫名其妙的問題,投資者、債權人在企業資產負債表和利潤表提供的信息中難以找到答案,而財務狀況變動表或現金流量表卻能提供解決此類問題的答案。因此,財務狀況變動表或現金流量表作為第三張主要報表就應運而生了。

　　最早的財務狀況變動表(Statement of Changes in Financial Position)叫資金流量表,它於1862年出現在英國,1863年在美國開始出現。可見,財務狀況變動表的歷史遠遠晚於資產負債表和損益表。早期的資金流量表主要用於記錄銀行存款、現金及郵票的變動情況。到21世紀初,資金流量表已發展成四種不同的基礎,分別用來揭示流動資產、營運資金、現金及某一期間全部財務活動的資金流量。

　　1963年,美國會計原則委員會(APB)發表了第3號意見書,建議企業在編製資產負債表和利潤表的同時,編製資金流量表並說明資金來源和運用的有關內容。

　　1971年,美國會計原則委員會又發表了第19號意見書,明確要求企業編製能概括反映利潤表編報期間財務狀況變動的報表,並將資金流量表正式命名為財務狀況變動表。

　　1987年,美國財務會計準則委員會(FASB)公布了95號財務會計準則公告,發表了現金流量表準則,正式取代了會計原則委員會第19號意見書。現金流量表(Statement of Cash Flows)已於1988年起開始生效。之後許多國家紛紛採取措施,要求企業編製現金流量表。

　　1992年,中國財政部頒布了《企業會計準則》,規定企業必須編製以營運資金為基礎

的財務狀況變動表。1998年,財政部制定並頒布了《企業會計準則第31號——現金流量表》,從1998年1月1日起正式生效執行。2006年2月15日財政部修訂發布的《企業會計準則第31號——現金流量表》,於2007年1月1日起在上市公司執行。2006年2月15日財政部修訂發布的《企業會計準則——基本會計準則》規定,小企業編制會計報表時,可以不編制現金流量表。

現金流量表是以現金為基礎編制的,反映企業一定期間內現金流入、流出情況的會計報表。編制現金流量表的目的是為會計報表使用者提供企業一定會計期間內現金流量信息,以便報表使用者瞭解和評估企業獲取現金的能力、支付現金的能力,並據以預測企業未來的現金流量。

二、現金流量表的作用

在市場經濟條件下,企業的現金流轉情況在很大程度上影響著企業的生存和發展。企業現金充裕,就可以在必要時購入必需的材料物資和固定資產、及時支付工資、支付股利和償還債務;反之,企業現金短缺,輕則影響企業的正常生產經營活動,重則危及企業的生存。現金流量表是提供企業現金流入、流出及淨增情況的報表,其主要作用表現在以下幾個方面:

(一)可以提供企業的現金流量信息

在市場經濟條件下,競爭異常激烈,企業要求生存和發展,在市場上佔有一席之地,不但要想方設法把自身的產品銷售出去,更重要的是要及時地收回其銷貨款,以便維持其簡單再生產和擴大再生產。除了經營以外,企業還可能要從事投資和籌資活動,這些活動同樣會影響到企業的現金流量,從而影響企業財務狀況。如果企業在投資大量現金后沒有得到相應的現金回報,就會引起企業財務困境。通過企業現金流量信息,可為投資者、債權人提供企業經營週轉能力及現金流量狀況的信息,便於他們作出有效的投資和經營決策。

(二)可以提供企業現金流量變動及變動原因的信息

現金流量表把現金流量劃分為經營活動、投資活動和籌資活動所產生的現金流量,按照流入現金和流出現金項目分別反映。現金流量表能反映企業現金流入和流出的原因,即現金從何而來,用在何處。這些信息是資產負債表和利潤表不能提供的,只有現金流量表才能提供此種信息。現金流量表以現金制為基礎,彌補了由於會計核算採用的應計制只提供企業盈利能力信息,而不能提供企業現金支付能力信息的不足。會計信息使用者通過閱讀企業現金流量表,能夠瞭解企業現金流入的構成,分析企業償債和支付能力,增強投資者、債權人對企業的信心。

(三)能夠分析企業未來獲取現金的能力

現金流量表中經營活動產生的現金流量,代表企業運用其資產創造現金流量的能力,便於分析企業一定期間內形成的淨利潤與經營活動產生現金流量的差異,判斷企業收回貨款的能力強弱。投資活動產生的現金流量,代表企業在投資方面資金的調度情況。籌資活動產生的現金流量,代表企業籌資獲取現金流量的能力。通過現金流量表以

及其他財務信息,可以分析企業未來獲取或支付現金的能力。

(四)便於與國際會計慣例相協調

目前世界上許多國家都要求企業編制現金流量表,如英國、美國、澳大利亞、加拿大等。中國企業編制現金流量表,便於國外投資者、債權人等與企業利益有關的會計信息使用者瞭解企業的財務會計信息,對開展跨國經營、境外籌資、加強國際經濟合作起到積極的作用。

第二節 現金流量表的基本概念

一、現金流量表的編制基礎

《企業會計準則第31號——現金流量表》對現金流量表的定義是,現金流量表是反映企業在一定會計期間現金和現金等價物流入、流出情況的會計報表。

現金流量表中所稱的現金,與日常財務會計工作中所講的現金(Cash)有所不同。現金流量表所稱的現金是指:庫存現金以及可以隨時用於支付的存款。

(1)庫存現金(Cash on Hand)。存放在企業金庫,以備隨時用於各種支付的現金。支付給企業內部各部門的備用金,只要已撥付領用部門,即使尚未支用,或未支用完,都不算是企業的庫存現金(在會計上通過「其他應收款」或單設「備用金」科目核算)。因為這些錢在財務部門撥出后便不可能收回用於其他各種支付,不具備企業持有現金的性質。

(2)銀行存款(Cash in Bank)。企業存放在銀行符合上述現金概念的,可隨時用於各種支付的現金存款(即存在銀行的現金)。不符合上述現金概念的,有限制提款條件的存款,應另立帳戶存儲,以便與隨時可用於各種支付的現金區別開來。

會計制度中為什麼要將外埠存款、銀行本票存款、銀行匯票存款、信用證存款、在途現金等單獨設立「其他貨幣資金」科目核算呢?這也是由於這些現金存款已被局限在某一方面(如購買材料等)使用,或在途現金尚未收到還不能隨時用於各種支付,不符合上述現金的概念。按理說,編制現金流量表時是不應將「其他貨幣資金」並入現金和存款中的,特別是當企業「其他貨幣資金」數目較大,則需要將其扣除作為非現金流動資產反映,以防表中反映的現金失實。不能隨時支取的定期存款或專用存款也不能作為現金,而應列入投資。提前通知金融企業便可支取的定期存款,則應包括在現金範圍之內。

(3)現金等價物。現金等價物(Cash Equivalents)是指企業持有的期限短、流動性強、易於轉換為已知金額現金、價值變動風險很小的投資。現金等價物雖然不是現金,但其支付能力與現金的差別不大,可視為現金。如企業為保證支付能力,手持必要的現金,為了不使現金閒置,可以購買短期債券,在需要現金時,隨時可以變現。

一項投資被確認為現金等價物必須同時具備四個條件:期限短、流動性強、易於轉換為已知金額現金、價值變動風險很小。其中,期限短,一般是指從購買日起,三個月內到期。因此現金等價物一般指購買日至到期日短於三個月的短期債券投資。需要注意的

是，短期股票投資不屬於現金等價物，因為短期股票投資既無固定的到期日，也沒有轉換為現金的已知金額；購買日至到期日長於三個月的短期債券投資也不屬於現金等價物，如某年 9 月 1 日購於 A 公司 12 月 31 日到期的債券投資；短於三個月將到期的長期債券投資不屬於現金等價物，如編報日前三年購入 A 公司債券在未來 2 個月就要到期了，編報日不能將此債券投資作為現金等價物，因為購買日至到期日為三年。由於現金流量表為年度報表，因此應包括在期末現金及現金等價物內的現金等價物只可能是最早於當年 10 月 1 日以后購入，最晚於次年 3 月 31 日之前到期短期債券投資。除非同時提及現金及現金等價物，一般情況下所講的現金均是指現金及現金等價物。

二、現金流量的分類

（一）現金流量

現金流量是企業某一時期內現金流入(Inflow)和流出(Outflow)的數量，如企業銷售商品、提供勞務、出售固定資產、向銀行借款等取得現金，形成企業的現金流入；購買原材料和商品、接受勞務、購建固定資產、對外投資、償還債務等支付的現金，形成企業的現金流出。現金淨流量是指企業現金流入與流出的差額。現金淨流量可能是正數，也可能是負數。如果是正數，則為淨流入；如果是負數，則為淨流出。現金淨流量反映了企業各類活動形成的現金流量的最終結果，即企業一定時期內，現金流入大於現金流出，還是現金流出大於現金流入。一般來說，流入大於流出反映了企業現金流量的積極現象和趨勢。現金淨流量也是現金流量表所要反映的一個重要指標。

應該注意的是，企業現金及現金等價物的內部轉換不會產生現金的流入和流出，因而不屬於現金流量。如企業從銀行提取現金，將現金存入銀行，以現金或銀行存款購入三個月內即將到期的債券投資，到期收回這種投資的現金等都不屬於現金流量，與編制現金流量表無關。

非現金各項目之間的增減變動，也不影響現金流量，如用固定資產清償債務，以非現金資產對外投資等均不涉及現金的收支，不會影響現金流量的增減變動。

現金各項目與非現金各項目之間的增減變動，才是影響現金流量淨額的內容，也是現金流量表需要反映的內容。非現金各項目之間的增減變動雖然不影響現金流量淨額，但屬於企業重要的投資和籌資活動，需在現金流量表的補充資料中單獨反映。

（二）現金流量的分類

企業現金有不同的收入來源，不同的支出用途。對企業現金流量進行合理的分類，有助於會計信息使用者深入地分析企業財務狀況變動，預測企業現金流量未來前景。

美國、澳大利亞和國際會計準則委員會等都將現金流量分為經營活動產生的現金流量、投資活動產生的現金流量和籌資活動產生的現金流量三大類。英國的情況比較特殊，將現金流量劃分為經營活動、投資收益和融資成本、納稅、資本性支出和金融投資、購買和處置、支付的權益性股利、流動資源管理、籌資活動形成的現金流量八大類。中國香港特別行政區則是綜合了國際會計準則和英國的做法，將現金流量分為五大類：經營活動、投資報酬和融資成本、稅項、投資活動、籌資活動產生的現金流量。中國內地根據實

際情況,借鑑國際上多數國家和國際會計準則的處理方法,中國《企業會計準則第31號——現金流量表》規定現金流量劃分為經營活動產生的現金流量、投資活動產生的現金流量、籌資活動產生的現金流量三大類。

1. 經營活動的現金流量

經營活動(Operating Activities)是指企業投資活動和籌資活動以外的所有交易和事項。就工商企業來說,經營活動產生的現金流入量主要包括:銷售商品、提供勞務、經營租賃等活動產生的現金流入;經營活動產生的現金流出主要有:購買商品、接受勞務、支付工資、廣告宣傳、推銷產品、繳納稅款等活動產生的現金流出。各類企業由於行業特點不同,對經營活動的認定存在一定差異,在編製現金流量表時,應根據企業的實際情況,對現金流量進行合理的歸類。

由於金融保險業比較特殊,《企業會計準則第31號——現金流量表》對其作了詳細說明。金融保險企業經營活動的性質和內容都與工商企業不同,從而直接影響現金流量的分類。例如,利息支出在工商企業應作為籌資活動,而在金融企業,利息支出是其經營活動的主要支出,應列為經營活動現金流量。再如,銀行等金融企業吸收的存款是其主要經營業務,應作為經營活動的現金流量反映。因此,為了滿足金融保險企業的特殊要求,對金融保險企業特有項目現金流量以及歸類單獨做了規定。《企業會計準則第31號——現金流量表》列舉了金融企業中屬於經營活動現金流量的項目包括:對外發放的貸款和收回的貸款本金;吸收的存款和支付的存款本金;同業存款和存放同業款項;向其他金融企業拆借的資金;利息收入和利息支出;收回的已於前期核銷的貸款;經營證券業務的企業,買賣證券所收到或支出的現金;融資租賃所收到的現金。

保險企業的與保險金、保險索賠、年金退款和其他保險利益條款有關的現金收入和現金支出項目,應作為經營活動的現金流量。通過現金流量表反映企業經營活動中產生的現金流入和流出,說明企業經營活動對現金流入和流出淨額的影響程度。

2. 投資活動的現金流量

投資活動(Investing Activities)是指企業長期資產的購建和不包括在現金等價物範圍內的投資及其處置活動。其中的長期資產是指固定資產、在建工程、無形資產、其他資產等持有期限在一年或一個營業週期以上的資產。短期投資中除已將包括在現金等價物範圍內的投資視同現金應扣除之外,也屬於投資活動。投資活動主要包括:取得和收回投資,分回投資股利和利息,購建和處置固定資產、無形資產和其他長期資產等形成的現金流入和流出。通過現金流量表中反映的投資活動產生的現金流量,可以分析企業通過投資獲取現金流量的能力以及投資產生的現金流量對企業現金流量淨額的影響程度。

3. 籌資活動的現金流量

籌資活動(Financing Activities)是指導致企業資本及債務規模和構成發生變化的活動。其中的資本包括實收資本(股本)和資本溢價(股本溢價)。企業發生與資本有關的現金流入和流出項目,一般包括吸收投資、發行股票、分配並支付股利。其中,債務是指企業對外舉債所借入的款項,如發行債券、向金融企業借入款項、償還債務及支付債務利息等。

第三節　現金流量表的格式和編制

一、現金流量表的格式

現金流量表的基本結構分為三個部分：一是表頭，即報表名稱、編製單位、年度及計量單位。二是主表內容，以直接法反映企業經營活動、投資活動、籌資活動及匯率變動等對現金流量淨額的影響。三是附表或補充資料，反映不涉及現金收支的投資和籌資活動，將淨利潤調節為經營活動產生的現金淨流量等。現金流量表的具體格式如表 17-1 所示。

二、現金流量表的編制方法

編制現金流量表時，列報經營活動產生現金流量的方法有兩種：一種是直接法，另一種是間接法。這兩種方法通常也稱為編制現金流量表的方法。

中國《企業會計準則第 31 號——現金流量表》規定的現金流量表的主表中，經營活動產生的現金流量淨額是採用直接法列報的，補充資料中經營活動產生的現金流量是採用間接法列報的。

（一）直接法

直接法（Direct Approach）是指通過現金收入和支出的主要類別反映來自企業經營活動的現金流量。直接法下列報經營活動產生現金流入的類別主要包括：銷售商品、提供勞務收到的現金（包括收到的增值稅銷項稅額）；收到的稅費返還；收到的其他與經營活動有關的現金等。

經營活動產生現金流出類別主要包括：購買商品、接受勞務支付的現金（包括能夠抵扣增值稅銷項稅額的進項稅額）；支付給職工以及為職工支付的現金；支付的各項稅費；支付的其他與經營活動有關的現金。

在實務中，企業採用直接法報告經營活動的現金流量時，有關現金流量的信息可從會計記錄中直接獲得，也可以在利潤表中的營業收入、營業成本等數據的基礎上，通過調整存貨和經營性應收應付項目的變動以及固定資產折舊、無形資產攤銷等項目後獲得。

直接法的主要優點是顯示了經營活動現金流量的各項流入流出的具體內容。相對間接法而言，直接法更能體現現金流量的目的。在現金流量表中列示各項現金流入的來源和現金流出的用途，有助於預測企業未來的經營活動現金流量，更能揭示企業從經營活動中產生足夠的現金來償付其債務的能力、進行再投資的能力和支付股利的能力。

（二）間接法

間接法（Indirect Approach）是指以本期淨利潤為起算點，調整不屬於經營活動的收益和費用，調整屬於經營活動但不涉及現金的收入、費用、營業外收支以及應收應付等項目的增減變動，據此計算並列示經營活動的現金流量。

利潤表中反映的淨利潤是按權責發生制確定的，其中有些收入、費用不屬於經營活動的收入和費用（投資收益、財務費用等），屬於經營活動的有些項目並沒有實際發生現

金流入和流出，通過對這些項目的調整，即可將淨利潤調節為經營活動現金流量。間接法的原理就在於此——將權責發生制的淨利潤調整為現金制的經營活動的淨現金流量。

採用間接法將淨利潤調節為經營活動的現金流量時，需要調整的項目有：資產減值準備、固定資產折舊、無形資產和長期待攤費用攤銷、處置固定資產、無形資產和其他資產損溢、固定資產報廢損失、固定資產盤虧損失、盤盈收益、公允價值變動損益、財務費用、投資收益、遞延所得稅資產和遞延所得稅負債、存貨、經營性應收項目、經營性應付項目等。

上述這些項目可分為如下四大類：

(1)不屬於經營活動的損益，如財務費用、投資損益、處置固定資產、無形資產和其他資產損溢、固定資產報廢損失、固定資產盤虧損失、盤盈收益、長期資產減值損失等。

(2)實際沒有支付現金的費用，如流動資產的減值準備(包括存貨和壞帳)、固定資產折舊、無形資產和長期待費用攤銷等。

(3)經營性資產的增減變動，如應收帳款、應收票據、預付帳款、存貨的增減變動等。

(4)經營性負債的增減變動，如應付帳款、應付票據、預收帳款等。

間接法是在淨利潤的基礎上，調整不涉及現金收支的收入、費用、營業外收支和應收應付等項目，據以確定並列示經營活動現金流量的，從而有利於會計信息使用者對企業淨利潤和現金淨流量進行對比，分析兩者產生差異的原因以及從現金流量角度分析企業淨利潤的質量。

由於直接法和間接法各有其優點，中國《企業會計準則第31號——現金流量表》規定企業既要按直接法編制現金流量表的主表，又要在附表(補充資料)中提供按間接法將淨利潤調節為經營活動現金流量的信息，從而兼顧了兩種方法的優點。

三、現金流量表各項目的具體填列方法

(一)經營活動產生的現金流量

(1)「銷售商品、提供勞務收到的現金」項目，反映企業銷售商品、提供勞務實際收到的現金(含銷售收入和應向購買者收取的增值稅銷項稅額)，包括：本期銷售商品、提供勞務收到的現金；前期銷售商品、提供勞務本期收到的現金；本期預收的帳款。本期退回本期銷售的商品和前期銷售本期退回的商品支付的現金應從該項目中減去。企業銷售材料和代購代銷業務收到的現金，也在該項目反映。該項目可以根據「庫存現金」「銀行存款」「應收帳款」「應收票據」「預收帳款」「營業收入」等科目的記錄分析填列。

因增加或減少固定資產、無形資產所引起的增值稅進項稅額和銷項稅額應放在經營活動中，不能放在投資活動中，原因是繳納增值稅是屬於經營活動。

可以用下列計算公式求得應填的數額：

從客戶收到的現金＝營業收入＋銷項稅額＋應收帳款期初數－應收帳款期末數＋應收票據期初數－應收票據期末數＋預收帳款期末數－預收帳款期初數＋收回前期已註銷的壞帳－本期註銷的壞帳－非現金結算應收帳項－已貼現的應收票據貼現息

公式中的營業收入可從年度利潤表中獲取。應收帳款、應收票據等，這些數據指其

帳戶的餘額,不是資產負債表項目的金額。

需要注意的是,如果用年末資產負債表中「應收帳款」項目的數字,則上述公式應有變動,因為「資產負債表」中的「應收帳款」項目是「應收帳款的淨額」,是已減去了「壞帳準備」后的淨額。這樣的話,應將上述公式中不應考慮「收回前期已註銷的壞帳」「本期註銷的壞帳」這兩個項目,並應減「本期計提的壞帳準備」。其計算公式為:

從客戶收到的現金=營業收入+銷項稅額+應收帳款淨額期初數-應收帳款淨額期末數+應收票據期初數-應收票據期末數+預收帳款期末數-預收帳款期初數-本期計提的壞帳準備-非現金結算應收帳項-已貼現的應收票據貼現息

為了說明這一道理,現舉例加以說明:

【例17-1】假設某企業本期註銷壞帳5萬元,收回前期已註銷的壞帳4萬元,應收帳款實際收現金25萬元,從「現金」帳戶可發現,由於應收帳款使本期增加現金29萬元。

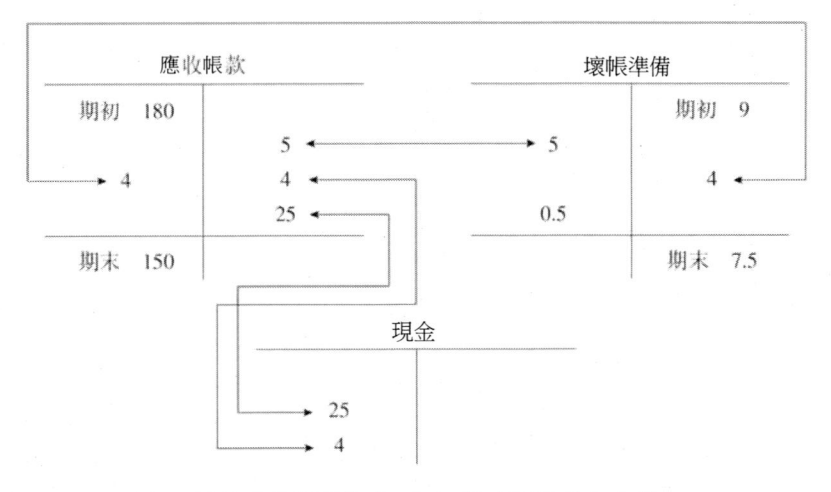

```
          應收帳款                            壞帳準備
  期初  180                           │              期初   9
                                      │
              5   ←─────────→   5     │
        4                             │                    4
              4                       │
             25                       │        0.5
                                      │
  期末  150                           │              期末  7.5

                      現金
              │
              │  25
              │   4
```

採用上述兩種方法計算應收帳款期末、期初變動影響現金流量:
按應收帳款帳戶餘額計算=180-150+4-5=29(萬元)
按應收帳款淨額計算=(180-9)-(150-7.5)-(-0.5)=29(萬元)

【例17-2】企業本期營業收入淨額500萬元,本期銷項稅額85萬元,應收帳款期初餘額為180萬元,期末餘額為150萬元,應付票據期初餘額為35萬元,期末餘額為20萬元,預收帳款期初餘額為100萬元,期末餘額為80萬元,年度內核銷的壞帳損失為5萬元,收回前期已註銷的壞帳4萬元,收到A單位以存貨抵應收帳款20萬元,本期計提壞帳準備-0.5萬元(衝銷多計提壞帳準備),「壞帳準備」的期初為9萬元,期末為7.5萬元。

銷售商品、提供勞務收到現金=500+85+180-150+35-20+80-100+4-5-20
　　　　　　　　　　　　　=589(萬元)

或:

銷售商品、提供勞務收到現金=500+85+(180-9)-(150-7.5)+35-20+80-100
　　　　　　　　　　　　　-(-0.5)-20=589(萬元)

(2)「收到的稅費返還」項目,反映企業收到返還的各種稅費,如收到的增值稅、消費

税、所得税、教育費附加返還等。該項目可以根據「庫存現金」「銀行存款」「稅金及附加」「補貼收入」「應收補貼款」等科目的記錄分析填列。

(3)「收到的其他與經營活動有關的現金」項目,反映企業除了上述各項外,收到的其他與經營活動有關的現金流入,如罰款收入、流動資產損失中由個人賠償的現金收入等。其他現金流入如價值較大的,應單列項目反映。該項目可以根據「庫存現金」「銀行存款」「營業外收入」等科目的記錄分析填列。

(4)「購買商品、接受勞務支付的現金」項目。反映企業購買材料、商品、接受勞務實際支付的現金,包括:本期購入材料、商品、接受勞務支付的現金(包括增值稅進項稅額);本期支付前期購入商品接受勞務的未付款項;本期預付款項。本期發生的購貨退回收到的現金應從本項目內減去。該項目可以根據「庫存現金」「銀行存款」「應付帳款」「應付票據」「主營業務成本」等科目的記錄分析填列。

可以用下列計算公式求得應填的數額:

向供貨方支付的現金＝營業成本＋進項稅額＋存貨期末數－存貨期初數＋應付帳項期初數－應付帳項期末數＋預付帳款期末數－預付帳款期初數－非付現收到的存貨

此公式適用於商品流通企業,公式中的營業成本包括主營業務成本和其他業務成本;應付帳項包括應付帳款、應付票據;非付現收到的存貨指抵應收帳款收到的存貨、接受投資收到的存貨等。

如果是加工製造企業,其公式應做適當調整,因為製造企業的營業成本的口徑與購入材料成本的口徑是不一致的。調整內容有兩個:一個是構成產品成本的生產工人和生產管理人員的工資及福利。此工資及福利不管是否支付了現金,均應從該項目中扣除,因為支付職工工資需單獨列示。另一個是構成產品成本的非付現費用,如計入製造費用的折舊費用和前期的攤銷費用等。

向供貨方支付的現金＝營業成本＋進項稅額＋存貨期末數－存貨期初數＋應付帳項期初數－應付帳項期末數＋預付帳款期末數－預付帳款期初數－非付現收到的存貨－計入成本的生產工人工資及福利－計入成本的非付現折舊－計入成本的非付現待攤費用減少數(＋增加數)

【例17-3】某製造企業本月銷售成本180萬元,應付帳款期初餘額為60萬元,期末餘額為50萬元,應付票據期初餘額為40萬元,期末餘額為30萬元,存貨期初餘額為300萬元,期末餘額為250萬元,預付帳款期初餘額為15萬元,期末餘額為18萬元,本月進項稅額為17萬元,本期接受投資收到存貨5萬元,本月生產工人的工資和車間管理人員的工資分別為20萬元和4萬元,分別提取生產工人和車間管理人員的福利費2.8萬元和0.56萬元。

購買商品支付現金＝180＋17＋250－300＋60－50＋40－30＋18－15－5(1＋17％)－20－4－2.8－0.56＝136.79(萬元)

(5)「支付給職工以及為職工支付的現金」項目,反映企業實際支付給職工以及為職工支付的現金,包括本期實際支付給職工的工資、獎金、各種津貼和補貼以及為職工支付的其他費用(包括福利費),不包括支付的離退休人員的各項費用(不屬於工資)和支

付給在建工程人員的工資(屬於投資活動)等。企業支付給離退休人員的各項費用,包括支付的統籌退休金以及未參加統籌的退休人員的費用在「支付的其他與經營活動有關的現金」項目反映;支付的在建工程人員的工資,在「購建固定資產、無形資產和其他長期資產所支付的現金」項目反映。「支付給職工以及為職工支付的現金」項目可以根據「應付職工薪酬」「庫存現金」「銀行存款」等科目的記錄分析填列。

企業為職工支付的養老、失業等社會保險基金、補充養老保險、住房公積金、支付給職工的住房困難補助以及企業支付給職工或為職工支付的其他福利費用等,應按職工的工作性質和服務對象,分別在本項目和在「購建固定資產、無形資產和其他長期資產所支付的現金」項目反映。

(6)「支付的各項稅費」項目,反映企業按規定支付的各種稅費,包括本期發生並支付的稅費以及本期支付以前各期發生的稅費和預交的稅金,如支付的教育費附加、礦產資源補償費、印花稅、房產稅、土地增值稅、車船使用稅等,不包括計入固定資產價值,實際支付的耕地占用稅等,也不包括本期退回的增值稅、所得稅,本期退回的增值稅、所得稅在「收到的稅費返還」項目反映。「支付的各項稅費」項目可以根據「應交稅費」「庫存現金」「銀行存款」等科目的記錄分析填列。

(7)「支付的其他與經營活動有關的現金」項目,反映企業除上述各項目外,支付的其他與經營活動有關的現金流出,如罰款支出、支付的差旅費、業務招待費現金支出、支付的保險費等。其他現金流出,如果價值較大的,應單列項目反映。「支付的其他與經營活動有關的現金」項目可以根據「管理費用」「銷售費用」「營業外支出」等有關科目的記錄分析填列。

(二)投資活動產生的現金流量

(1)「收回投資所收到的現金」項目,反映企業出售、轉讓或到期收回除現金等價物以外的短期投資、長期股權投資而收到的現金以及收回長期債權投資本金而收到的現金,不包括長期債權投資收回的利息以及收回的非現金資產。該項目可以根據「交易性金融資產」「可供出售投資」「持有至到期投資」「長期股權投資」「庫存現金」「銀行存款」等科目的記錄分析填列。

(2)「取得投資收益所收到的現金」項目,反映企業因股權性投資和債權性投資而取得的現金股利、利息以及從子公司、聯營企業和合營企業分回利潤收到的現金,不包括股票股利。該項目可以根據「庫存現金」「銀行存款」「投資收益」等科目的記錄分析填列。

(3)「處置固定資產、無形資產和其他長期資產所收回的現金淨額」項目,反映企業處置固定資產、無形資產和其他長期資產所取得的現金,減去為處置這些資產而支付的有關費用後的淨額。由於自然災害所造成的固定資產等長期資產損失而收到的保險賠償收入,也在該項目反映。該項目可以根據「固定資產清理」「庫存現金」「銀行存款」等科目的記錄分析填列。

(4)「收到的其他與投資活動有關的現金」項目,反映企業除了上述各項以外,收到的其他與投資活動有關的現金流入。其他現金流入如價值較大的,應單列項目反映。該項目可以根據有關科目的記錄分析填列。

(5)「購建固定資產、無形資產和其他長期資產所支付的現金」項目,反映企業購買、建造固定資產,取得無形資產和其他長期資產所支付的現金,不包括為購建固定資產而發生的借款利息資本化的部分以及融資租入固定資產支付的租賃費,借款利息和融資租入固定資產支付的租賃費,在籌資活動產生的現金流量中反映。該項目可以根據「固定資產」「在建工程」「無形資產」「庫存現金」「銀行存款」等科目的記錄分析填列。

(6)「投資所支付的現金」項目,反映企業進行權益性投資和債權性投資支付的現金,包括企業取得的除現金等價物以外的短期股票投資、短期債券投資(購買日至到期日短於3個月的為現金等價物除外)、長期股權投資、長期債權投資支付的現金以及支付的佣金、手續費等附加費用。該項目可以根據「長期股權投資」「持有至到期投資」「交易性金融資產」「庫存現金」「銀行存款」等科目的記錄分析填列。

企業購買股票和債券時,實際支付的價款中包含的已宣告但尚未領取的現金股利或已到付息期但尚未領取的債券的利息,應在投資活動的「支付的其他與投資活動有關的現金」項目反映;收回購買股票和債券時支付的已宣告但尚未領取的現金股利或已到付息期但尚未領取的債券的利息,在投資活動的「收到的其他與投資活動有關的現金」項目反映。

(7)「支付的其他與投資活動有關的現金」項目,反映企業除了上述各項以外,支付的其他與投資活動有關的現金流出。其他現金流出如價值較大的,應單列項目反映。該項目可以根據有關科目的記錄分析填列。

(三)籌資活動產生的現金流量

(1)「吸收投資所收到的現金」項目,反映企業收到的投資者投入的現金,包括以發行股票、債券等方式籌集的資金實際收到款項淨額(發行收入減去支付的佣金等發行費用後的淨額)。以發行股票、債券等方式籌集資金而由企業直接支付的審計、諮詢等費用,在「支付的其他與籌資活動有關的現金」項目反映,不從該項目內減去。該項目可以根據「實收資本(或股本)」「庫存現金」「銀行存款」等科目的記錄分析填列。

(2)「借款所收到的現金」項目,反映企業舉借各種短期、長期借款所收到的現金。該項目可以根據「短期借款」「長期借款」「庫存現金」「銀行存款」等科目的記錄分析填列。

(3)「收到的其他與籌資活動有關的現金」項目。反映企業除上述各項目外,收到的其他與籌資活動有關的現金流入。如接受現金捐贈其他現金流入如價值較大的,應單列項目反映。該項目可以根據有關科目的記錄分析填列。

(4)「償還債務所支付的現金」項目,反映企業以現金償還債務的本金,包括償還金融企業的借款本金、償還債券本金等。企業償還的借款利息、債券利息,在「分配股利、利潤或償付利息所支付的現金」項目反映,不包括在該項目內。該項目可以根據「短期借款」「長期借款」「庫存現金」「銀行存款」等科目的記錄分析填列。

(5)「分配股利、利潤或償付利息所支付的現金」項目,反映企業實際支付的現金股利,支付給其他投資單位的利潤以及支付的借款利息、債券利息等。該項目可以根據「應付股利」「財務費用」「長期借款」「庫存現金」「銀行存款」等科目的記錄分析填列。

(6)「支付的其他與籌資活動有關的現金」項目,反映企業除了上述各項外,支付的其

他與籌資活動有關的現金流出,如捐贈現金支出、融資租入固定資產支付的租賃費等。其他現金流出如價值較大的,應單列項目反映。該項目可以根據有關科目的記錄分析填列。

(四) 匯率變動對現金的影響

「匯率變動對現金的影響」項目,反映企業外幣現金流量及境外子公司的現金流量折算為人民幣時,所採用的現金流量發生日的匯率或平均匯率折算的人民幣金額與「現金及現金等價物淨增加額」中外幣現金淨增加額按期末匯率折算的人民幣金額之間的差額。

【例17-4】某企業當期出口商品一批,售價120萬美元,收匯當日美元對人民幣匯率為1:6.25,當期進口貨物一批,價值80萬美元,結匯當日美元對人民幣匯率為1:6.30,資產負債表日美元對人民幣匯率為1:6.31。假如當期沒有發生其他業務,美元銀行存款期初餘額為0。

```
              銀行存款——美元
期初餘額:0
120×6.25      750       80×6.30      504
期末餘額:
40            246
              6.4
40×6.31       252.4
```

期末應編制外匯銀行存款的調整分錄:
借:銀行存款   64,000
  貸:匯兌損益   64,000

匯率變動對現金的影響 = 120×(6.31-6.25)-80×(6.31-6.30) = 6.4(萬元)

報表中:

經營活動流入的現金	120×6.25	750 萬元
經營活動流出的現金	80×6.30	-504 萬元
經營活動產生現金流量淨額		246 萬元
匯率變動對現金的影響		+6.4 萬元
現金及現金等價物淨增加額	252.4-0	=252.4 萬元

(五) 補充資料項目的內容及填列

「將淨利潤調節為經營活動的現金流量」各項目的填列方法如下:

(1)「計提的資產減值準備」項目,反映企業計提的各項資產的減值準備。該項目可以根據「資產減值損失」科目的記錄分析填列。這項內容部分屬於非付現的經營費用,部分屬於非付現的非經營費用,應作為加項反映。

(2)「固定資產折舊」項目,反映企業本期累計提取的折舊。該項目可以根據「累計折舊」科目的貸方發生額分析填列。這項內容屬於非付現的經營費用,應作為加項反映。

(3)「無形資產攤銷」和「長期待攤費用攤銷」兩個項目,分別反映企業本期累計攤入

成本費用的無形資產的價值及長期待攤費用。這兩個項目可以根據「無形資產」「長期待攤費用」科目的貸方發生額分析填列。這項內容屬於非付現的經營費用,應作為加項反映。

(4)「處置固定資產、無形資產和其他長期資產的損失(減:收益)」項目,反映企業本期由於處置固定資產、無形資產和其他長期資產而發生的淨損失。該項目可以根據「非流動資產處置損益」科目的記錄分析填列,如為淨收益,以「-」號填列。該項目屬於非付現的非經營性收益與損失,應加填損失,減填收益。

(5)「公允價值變動損益」項目,反映企業本期因債務重組、非貨幣性資產交換所形成的資產公允價值變動損益,如為損失用「+」號填列,如為收益用「-」號填列。該項目可以根據「公允價值變動損益」科目填列。該項目屬於非付現的非經營性收益與損失,應加填損失,減填收益。

(6)「財務費用」項目,反映企業本期發生的應屬於籌資活動的財務費用。該項目可以根據「財務費用」科目的本期借方發生額分析填列,如為收益,以「-」號填列。該項目也可依據年度利潤表的「財務費用」項目(扣除本期的貼現息)填列。

(7)「投資損失(減:收益)」項目,反映企業本期投資所發生的損失減去收益后的淨損失,屬於投資活動的內容。該項目可以根據利潤表「投資收益」項目的數字填列,如為投資收益,以「-」號填列。

(8)「遞延所得稅資產的減少(減:增加)」項目,反映企業本期遞延所得稅資產的淨增加或淨減少。該項目可以根據資產負債表「遞延稅所得稅資產」項目的期初、期末餘額的差額填列。

(9)「遞延所得稅負債的增加(加:減少)」項目,反映企業本期遞延所得稅負債的淨增加或淨減少。該項目可以根據資產負債表「遞延稅所得稅負債」項目的期初、期末餘額的差額填列。

(10)「存貨的減少(減:增加)」項目,反映企業本期存貨的減少(減:增加)。該項目可以根據資產負債表「存貨」項目的期初、期末餘額的差額填列,期末數大於期初數的差額,以「-」號填列。該項目是用來調整計算淨利潤的「主營業務成本」的。

(11)「經營性應收項目的減少(減:增加)」項目,反映企業本期經營性應收項目(包括應收帳款、應收票據和其他應收款中與經營活動有關的部分及應收的增值稅銷項稅額等)的減少(減:增加)。該項目可以根據「應收帳款」「應收票據」「其他應收款」等科目(不是資產負債表項目)的期初、期末餘額的差額填列,期末數大於期初數的差額,以「-」號填列。該項目是用來調整計算淨利潤的「主營業務收入」和調整未計入淨利潤的、企業收取前期已實現收入款和企業預收帳款數。此處的「應收帳款」是根據「應收帳款」的帳戶餘額計算填列。

(12)「經營性應付項目的增加(減:減少)」項目,反映企業本期經營性應付項目(包括應付帳款、應付票據、應付職工薪酬、應交稅費、其他應付款中與經營活動有關的部分以及應付的增值稅進項稅額等)的增加(減:減少)。該項目可以根據資產負債表「應付帳款」「應付票據」「其他應付款」「應付職工薪酬」「應交稅費」等項目的期初、期末餘額的

差額填列,期末數大於期初數的差額,以「-」號填列。該項目是用來調整「存貨」和未計入淨利潤的、企業支付的前期所欠購貨款、預付帳款、企業發生的應付職工薪酬支付及企業繳納的應交稅款。需要注意的是,企業因投資和籌資活動應交的稅款通過「應交稅費」核算而未交部分,如銷售固定資產等應交未交部分應該扣除。

補充資料中的「現金及現金等價物淨增加額」與現金流量表中的「五、現金及現金等價物淨增加額」的金額相等。

「不涉及現金收支的投資和籌資活動」反映企業一定期間內影響資產或負債但不形成該期現金收支的所有投資和籌資活動的信息。不涉及現金收支的投資和籌資活動各項目的填列方法如下:

「債務轉為資本」項目,反映企業本期轉為資本的債務金額。

「一年內到期的可轉換公司債券」項目,反映企業一年內到期的可轉公司債券的本息。

「融資租入固定資產」項目,反映企業本期融資租入固定資產計入「長期應付款」科目的金額。

四、現金流量表編制釋例

(一) 資料

第十五章的經濟業務及編制的資產負債表和第十六章編制的利潤表等資料。

(二) 根據資料編制現金流量表(見表17-1)

表17-1　　　　　　　　　　現金流量表

會企03表

編製單位:W公司　　　　　2017年度　　　　　　　　單位:元

項目	行次	金額
一、經營活動產生的現金流量:		
銷售商品、提供勞務收到的現金	1	1,393,500
收到的稅費返還	3	
收到的其他與經營活動有關的現金	8	
現金流入小計	9	1,393,500
購買商品、接受勞務支付的現金	10	643,460
支付職工工資以及為職工支付的現金	12	340,000
支付的各項稅費	13	199,089
支付的其他與經營活動有關的現金	18	80,000
現金流出小計	20	1,262,555
經營活動產生的現金流量淨額	21	130,945
二、投資活動產生的現金流量:		
收回投資所收到的現金	22	16,500
股利或利息分配所收到的現金	23	30,000
處置固定資產、無形資產和其他長期資產收回的現金淨額	25	300,300

表17-1(續)

項目	行次	金額
收到的其他與投資活動有關的現金	28	
現金流入小計	29	346,800
購置固定資產、無形資產和其他長期資產所支付的現金	30	500,000
投資所支付的現金	31	
支付的其他與投資活動有關的現金	35	
現金流出小計	36	500,000
投資活動產生的現金流量淨額	37	-153,200
三、籌資活動產生的現金流量：		
吸收投資所收到的現金	38	1,000,000
借款所收到的現金	40	400,000
收到的其他與籌資活動有關的現金	43	
現金流入小計	44	1,400,000
償還債務所支付的現金	45	1,250,000
分配股利、利潤或償付利息所支付的現金	46	11,500
支付的其他與籌資活動有關的現金	52	
現金流出小計	53	1,261,500
籌資活動產生的現金流量淨額	54	138,500
四、匯率變動對現金的影響	55	
五、現金及現金等價物淨增加額	56	116,245

補充資料	行次	金額
1. 將淨利潤調節為經營活動現金流量：		
淨利潤	57	262,725
加：計提的資產減值準備	58	900
固定資產折舊	59	100,000
無形資產攤銷	60	60,000
長期待攤費用攤銷	61	
處置固定資產、無形資產等損失（減收益）	66	-50,000
固定資產報廢損失	67	19,700
財務費用（減：貼現息）	68	21,500
投資損失（減：收益）	69	-31,500
遞延稅款貸項（減：借項）	70	
存貨的減少（減：增加）	71	5,300
經營性應收項目的減少（減：增加）	72	-100,000
經營性應付項目的增加（減：減少）	73	-157,680
其他	74	

表17-1(續)

補充資料	行次	金額
經營活動產生的現金流量淨額	75	130,945
2. 不涉及現金收支的投資和籌資活動：		
債務轉為資本	76	
一年內到期的可轉換公司債券	77	
融資租入固定資產	78	
3. 現金及現金等價物淨增加情況：		
現金的期末餘額	79	1,522,545
減：現金的期初餘額	80	1,406,300
加：現金等價物的期末餘額	81	
減：現金等價物的期初餘額	82	
現金及現金等價物淨增加額	83	116,245

1. 主表有關項目的數字計算說明

(1)銷售商品、提供勞務收到的現金＝主營業務收入(1+17%)+投資活動產生的增值稅銷項稅額+應收票據期初與期末差額+應收帳款期初與期末差額-應收票據貼現息＝1,250,000×(1+17%)+51,000+246,000-46,000+300,000-600,000-20,000=1,393,500(元)

或,銷售商品、提供勞務收到的現金＝主營業務收入(1+17%)+投資活動產生的增值稅銷項稅額+應收票據期初與期末差額+應收帳款淨額期初與期末差額-應收票據貼現息-本期計提的壞帳準備＝1,250,000×(1+17%)+51,000+246,000-46,000+299,100-598,200-20,000-900=1,393,500(元)

(2)購買商品接受勞務支付的現金＝主營業務成本+本期進項稅額(含投資活動產生和其他費用的增值稅進項稅額)+存貨期末與期初差額+應付票據期初與期末差額+應付帳款期初與期末差額-需單獨列示計入的工資-計入成本的非付現折舊＝750,000+(52,660+51,000)+2,574,700-2,580,000+200,000-100,000+953,800-853,800-(275,000+10,000+38,500+1,400)-80,000=643,460(元)

(3)支付給職工的工資＝支付給除在建工程人員以外人員的工資+支付的應付福利費=500,000-200,000+40,000=340,000(元)

(4)支付的各種稅金＝支付的增值稅+支付的所得稅+支付的其他稅＝100,000+97,089+2,000=199,089(元)

(5)支付的其他與經營活動有關的現金＝計入管理費用、銷售費用、營業外支出等各種非投資、籌資性支出的現金＝60,000+10,000+10,000=80,000(元)

投資和籌資活動產生現金流量的項目填列比較簡單,此處不再贅述。

2. 補充資料有關項目的數字計算說明

(1)計提的資產減值準備＝本期計提的壞帳準備＝900(元)

(2)固定資產折舊＝計入管理費用和製造費用的折舊＝20,000+80,000=100,000

(元)

（3）無形資產攤銷=60,000(元)

（4）處置固定資產等的收益=50,000(元)

（5）報廢固定資產損失=19,700(元)

（6）財務費用=財務費用-應減少經營活動現金流量的票據貼現息=41,500-20,000=21,500(元)

（7）投資收益=31,500(元)

（8）存貨=2,574,700-2,580,000=-5,300(元)(減少)

（9）經營性應收項目=46,000-246,000+600,000-300,000=100,000(元)(增加)

（10）經營性應付項目=100,000-200,000+853,800-953,800+(140,000-28,000)-110,000+70,320-30,000=-157,680(元)(增加)

上式中 28,000 元為在建人員的福利,應扣除。應付股利不屬於經營性應付項目,不予考慮。

思考題

1. 現金流量表與財務狀況變動表的關係如何？
2. 現金流量表的作用是什麼？
3. 現金流量表中的現金與一般的現金有何不同？
4. 什麼是現金等價物？現金等價物有什麼特點？
5. 什麼是現金流量？現金流量分為哪幾類？
6. 什麼是編制現金流量表的直接法和間接法？兩者有何不同？
7. 現金流量表中投資活動的「投資」與《企業會計準則——投資》中的「投資」有何不同？
8. 現金流量表與資產負債表和利潤表有何關係？

練習題

(一)資料

1. 某商品流通企業 2017 年 12 月 31 日簡化的比較資產負債表如表 17-8 所示。

表 17-8　　　某商品流通企業 2017 年 12 月 31 日簡化的比較資產負債表　　　單位:元

項目	年初數	年末數
資產：		
現金	4,000	4,500
銀行存款	33,000	49,500
應收帳款	26,000	68,000
存貨	100,000	154,000
固定資產	338,000	438,000
減:累計折舊	21,000	39,000

表17-8(續)

項目	年初數	年末數
無形資產	50,000	40,000
長期待攤費用	12,000	10,000
資產合計	542,000	725,000
負債及權益:		
短期借款	150,000	150,000
應付帳款	46,000	39,000
應付債券	150,000	110,000
股本	60,000	220,000
留存收益	136,000	206,000
負債與權益合計	542,000	725,000

2. 簡化的利潤表如表17-9所示。

表17-9　　　　　　　　　　簡化的利潤表　　　　　　　　　　單位：元

項目	金額
一、營業收入	890,000
減：營業成本	465,000
稅金及附加	10,000
銷售費用	211,000
財務費用	12,000
二、營業利潤	192,000
減：營業外支出	2,000
三、利潤總額	190,000
減：所得稅費用	65,000
四、淨利潤	125,000

3. 其他資料如下：

(1)本年度支付了55,000元的現金股利。

(2)本期銷售費用中有折舊費23,000元、無形資產攤銷10,000元、長期待攤費用攤銷2,000元、以現金支付職工工資160,000元、以現金支付其他管理費用16,000元。

(3)以現金購買固定資產166,000元。

(4)出售固定資產一項，其帳面價值66,000元，已提折舊5,000元，獲得現金59,000元。

(5)按帳面價值購回應付公司債券40,000元，以現金支付。

(6)以平價發行股票160,000元，收取現金。

(7)以現金支付利息費用12,000元。

(二)要求

1. 根據資料採用直接法編製現金流量表主表。
2. 採用間接法填列現金流量表的補充資料。

第十八章

會計報表附註

　　會計報表中所規定的內容具有一定的固定性和規定性。會計報表只能提供定量的財務會計信息;同時,列入會計報表的各項目信息都必須符合會計要素的定義和確認標準。因此,會計報表本身所反映的財務會計信息受到了一定的限制,會計報表附註是對會計報表中不能披露的內容,或者披露不詳盡的內容做進一步的解釋和補充說明。本章將詳細介紹會計報表附註的具體內容和編制方法。

第一節　會計報表附註概述

一、會計報表附註的概念及作用

　　《企業會計準則第30號——財務報表列報》對附註的定義是,附註是對在資產負債表、利潤表、現金流量表和所有者權益變動表等列示的項目的文字描述或明細說明以及對未能在這些報表中列示項目的說明。

　　附註應當披露財務報表的編制基礎,相關信息應當與資產負債表、利潤表、現金流量表和所有者權益變動表等報表中列示的項目相互參照。

　　由於會計報表本身的局限性,使會計報表所提供的信息受到一定的限制。對於會計信息使用者來說,希望能夠瞭解企業更多的信息,既要有定量的信息,又要有定性(非定量)的信息,以便他們進行投資、經營決策。定量的會計信息大都可通過會計報表及其附表提供,但還有許多非定量的會計信息會計報表是無法提供的,於是會計報表附註由此而產生了。會計報表附註是為了便於會計報表使用者更好地理解會計報表的內容,而對會計報表的編制基礎、編制依據、編制原則和編制方法及其主要項目等所作的進一步解釋和說明。編制和提供會計報表附註的主要作用是有利於會計報表使用者全面、正確地理解會計報表。

二、會計報表附註的內容

　　《企業會計報表第30號——財務報表列報》規定,附註一般應當按照下列順序披露:
　　(1)財務報表的編制基礎。
　　(2)遵循企業會計準則的聲明。
　　(3)重要會計政策說明,包括財務報表項目的計量基礎和會計政策的確定依據。
　　(4)重要會計估計的說明,包括下一會計期內很可能導致資產、負債帳面價值重大調

整的會計估計的確定依據等。

(5)會計政策和會計估計變更以及差錯更正的說明。

(6)對已在資產負債表、利潤表、現金流量表和所有者權益變動表中列示的重要項目的進一步說明,包括終止經營稅后利潤的金額及其構成情況等。

(7)或有承諾事項、資產負債表日后非調整事項、關聯方關係及其交易等需要說明的事項。

企業應當在附註中披露在資產負債表日后、財務報告批准報出日前提議或宣布發放的股利總額和每股股利金額(或向投資者分配的利潤總額)。

下列各項未在財務報表一起公布的其他信息中披露的,企業應當在附註中披露:

(1)企業註冊地、組織形式和總部地址。

(2)企業的業務性質和主要經營活動。

(3)母公司以及集團最終母公司的名稱。

第二節　會計政策、會計估計變更和差錯更正

當企業發生會計政策變更、會計估計變更和會計差錯更正時,為了最大限度地保證會計信息的可比性和有用性,便於財務報表使用者更好地理解企業財務狀況、經營成果和現金流量等會計信息,中國財政部於2006年2月15日修訂發布了《企業會計準則第28號——會計政策、會計估計變更和差錯更正》,並定於2007年1月1日起暫在上市公司執行。

一、會計政策變更

(一)會計政策

會計政策(Accounting Policy)指企業會計確認、計量和報告中所採用的原則、基礎和會計處理方法。具體原則指企業按照《企業會計準則——基本準則》和統一會計制度規定所採用的會計原則(Accounting Principle)。具體會計處理方法指企業在會計核算中對於諸多可選擇的會計處理方法中所選擇的、適合本企業的會計處理方法,如企業如何運用謹慎性原則處理短期投資或存貨。具體原則和具體會計處理方法也是指導企業進行會計核算的基礎。

企業在會計核算中所採用的會計政策,通常應在會計報表附註中加以披露,其需要披露的項目主要有如下幾項:

(1)合併政策,即編制合併會計報表所採納的原則,如母子公司會計年度、會計政策是否一致、合併範圍如何規定等。

(2)外幣折算,即外幣折算所採用的方法以及匯兌損益的處理。

(3)收入的確認,如建造合同是按完成合同法確認收入,還是按完工百分比法或其他方法確認收入。

(4)所得稅的核算,即企業所得稅的會計處理方法,如遞延法、債務法等。
(5)存貨計價,即企業存貨計價方法,如先進先出法、后進先出法、加權平均法、個別計價法或其他計價方法。
(6)長期投資的核算,即長期投資的具體會計處理方法,如成本法、權益法等。
(7)壞帳損失核算,即壞帳損失的具體會計處理方法,如備抵法、直接衝銷法等。
(8)借款費用的處理,即借款利息是資本化,還是費用化。
(9)其他如無形資產計價和攤銷方法、財產損益的處理、研究與開發費的處理等。

(二)會計政策變更

會計政策變更(Change in Accounting Policy)是指企業對相同的交易或事項由原來採用的會計政策改用另一種會計政策的行為。為了保證會計信息的可比性,便於會計報表使用者在比較企業一個以上期間的會計報表時,能夠正確判斷企業的財務狀況、經營成果和現金流量的趨勢,一般情況下企業應在每期採用相同的會計政策,不應也不能隨意變更會計政策,否則勢必削弱會計信息的可比性,使會計報表使用者在比較企業的經營業績時發生困難。但是,這並不是說會計政策就不能變更了。中國《企業會計準則第28號——會計政策、會計估計變更和會計差錯更正》規定:符合下列條件之一者,應改變原採用的會計政策:

(1)法律或會計準則等行政法規、規章的要求。
(2)這種變更能夠提供有關企業財務狀況、經營成果和現金流量等更可靠、更相關的會計信息。

下列情況不屬於會計政策變更:
(1)本期發生的交易或事項與以前相比具有本質差別而採用新的會計政策。
(2)對初次發生的或不重要的交易或事項採用新的會計政策。

(三)會計政策變更的會計處理方法

會計政策變更的會計處理方法有兩種:追溯調整法和未來適用法。

1. 追溯調整法

追溯調整法(Retroactive Approach)是指對某項交易或事項變更會計政策時,如同該交易或事項初次發生時就開始採用新的會計政策,並以此對相關項目進行調整的方法。在追溯調整法下,應計算會計政策變更的累積影響(Cumulative Effect)數,並調整期初留存收益,會計報表其他相關項目也應一併調整,但不需要重編以前年度的會計報表。追溯調整法的運用通常由以下幾步構成:

(1)第一步,計算會計政策變更的累積影響數。
(2)第二步,相關的帳務處理。
(3)第三步,調整會計報表相關項目。
(4)第四步,附註說明。

2. 未來適用法

未來適用法(Prospective Approach)是指對某項交易或事項變更會計政策時,新的會計政策適用於變更當期及未來期間發生的交易或事項的方法。在此法下,不需計算會計

政策變更產生的累積影響數,也無須進行調整帳務處理,無須重編以前年度的會計報表。企業會計帳簿記錄及會計報表上反映的金額,變更之日仍保留原有的金額,不因會計政策變更而改變以前年度的既定結果,並在現有金額的基礎上再按新的會計政策進行核算。

(四)會計政策變更在會計報表附註中的披露

企業應按《企業會計準則第28號——會計政策、會計估計變更和差錯更正》的規定,在會計報表附註中披露如下會計政策變更的有關事項:

(1)會計政策變更的性質、內容和理由,包括對會計政策變更的簡要闡述、變更日期、變更前採用的會計政策和變更後所採用的新會計政策及會計政策變更的原因。

(2)當期和前期財務報表中受影響的項目名稱和調整金額。會計政策變更的影響金額包括:採用追溯調整法時,計算出的會計政策變更的累積影響金額;會計政策變更對本期以及比較會計報表所列其他各期淨損益的影響金額;比較會計報表最早期間期初留存收益的調整金額。

(3)無法進行追溯調整的,說明該事實和原因以及開始應用變更後有會計政策的時點、具體應用情況。

(五)會計政策變更舉例

【例18-1】A公司按照會計制度規定,對建造合同的收入確認由完成合同法改為從201D年起按完工百分比法確認收入。企業所得稅稅率為25%,企業所得稅按應付稅款法處理。該公司按規定提取10%的法定盈餘公積。兩種方法計算的稅前會計利潤如表18-1所示。

表18-1　　　　　　兩種方法計算的稅前會計利潤表　　　　　　單位:萬元

年份	完工百分比法	完成合同法	稅前差異
201A	200	160	40
201B	180	210	−30
201C	250	230	20
合計	630	600	30
201D	190	205	−15

(1)計算會計政策變更的累積影響如下:

累積影響稅前利潤=40−30+20=30(萬元)

累積影響所得稅額=30×25%=7.5(萬元)

累積影響稅后利潤=30×75%=22.5(萬元)

(2)帳務處理如下:

①調整會計政策變更的累積影響。

借:工程施工——毛利　　　　　　　　　　　　　　　300,000
　　貸:利潤分配——未分配利潤　　　　　　　　　　　　　　225,000

應交稅費——應交所得稅　　　　　　　　　　　　　　　　　　75,000
②調整利潤分配。
　借:利潤分配——未分配利潤　　　　　　　　　　　　　　　　22,500
　　貸:盈餘公積——法定盈餘公積　　　　　　　　　　　　　　22,500
(3)報表調整如下:
　　A公司在編制201D年的會計報表時,應調整資產負債表的年初數。就本例來說,「存貨」項目的年初數應調增30萬元,「應交稅費」項目應調增7.5萬元,「盈餘公積」項目應調增2.25萬元,「未分配利潤」項目應調增20.25萬元。
　　A公司還應調整201D年利潤表的上年數,即201C年的利潤表有關項目。就本例來說,假設201C年「主營業務收入」項目調增50萬元,「主營業務成本」調增30萬元,使201C年稅前利潤調增20萬元,201C年「所得稅費用」項目調增=20×25%=5(萬元),201C年所有者權益表中會計政策變更中的「盈餘公積」2.25萬元,「未分配利潤」20.25萬元。本年期初餘額「盈餘公積」202.25萬元,「未分配利潤」120.25萬元。
　　(4)附註說明如下:
　　201D年A公司按照新會計準則規定,對建造合同的收入確認由完成合同法改為完工百分比法。此項會計政策的變更採用追溯調整法,計算出會計政策變更累積影響數為22.5萬元,其中,調增盈餘公積2.25萬元,調增未分配利潤20.25萬元。會計政策變更對201D年損益的影響為減少淨利潤=15×(1-25%)=11.25(萬元)。

二、會計估計變更

(一)會計估計

　　會計估計(Accounting Estimate)是指企業對其結果不確定的交易或事項以最近可利用的信息為基礎所作的判斷。企業為了定期、及時提供有用的會計信息,將企業延續不斷的營業活動人為地劃分為各個階段,如年度、季度、月度,並在權責發生制的基礎上對企業的財務狀況和經營成果進行定期確認和計量。在確認和計量過程中,當記入的交易或事項涉及未來事項不確定性時,必須予以估計入帳。屬於常見的需要進行估計的項目有:壞帳;存貨遭受毀損、全部或部分陳舊過時;固定資產的耐用年限與淨殘值;無形資產的受益期;長期待攤費用的分攤期間;或有損失;收入確認中的估計;等等。

(二)會計估計變更

　　會計估計變更(Change in Accounting Estimate)是指由於資產和負債的當前狀況及預期經濟利益和義務發生了變化,從而對資產或負債的帳面價值或者資產的定期消耗金額進行調整。企業經營活動中內在的不確定因素,許多會計報表項目不能準確地計量,只能加以估計,估計過程涉及以最近可以得到的信息為基礎所作的判斷。在進行會計處理時,估計是不可或缺的。運用合理的估計是會計核算中必不可少的部分,並不會削弱會計核算的可靠性。但是估計畢竟是就現有資料對未來所作的判斷。隨著時間的推移,如果賴以進行估計的基礎發生了變化,或者由於取得了新的信息,累積了更多的經驗或后來的發展可能不得不對估計進行修訂。對會計估計進行修訂並不表明原來的估計方法

有問題或不是最適當的,只表明會計估計已經不能適應目前的實際情況,在目前已經失去了繼續沿用的依據。

(三)會計估計變更的會計處理方法

會計估計變更應採用未來適用法,即在企業發生會計估計變更時,不需要計算變更產生的累積影響,也不需要調整當期會計報表的期初數或上年數,但應當對變更當期和未來期間發生的交易或事項採用新的會計估計進行處理。其處理方法為:

(1)如果會計估計的變更僅影響變更當期,有關估計變更的影響應於當期確認。如某筆應收帳款的壞帳提取比率由原2%提高到5%,其他應收帳款壞帳提取率不變,應於變更當期確認。

(2)如果會計估計的變更既影響當期又影響未來期間,有關估計變更的影響在當期及以后各期確認。如無形資產的攤銷期限的估計發生變更,既影響當期的攤銷費又影響未來期間的攤銷費。這類會計估計變更應於變更當期及以后各期確認。

注意,如果會計政策變更和會計估計變更很難區分時,應當按照會計估計變更的處理方法進行處理。

(四)會計估計變更在會計報表附註中的披露

《企業會計準則第28號——會計政策、會計估計變更和差錯更正》規定,在會計報表附註中披露如下會計估計變更事項:

(1)會計估計變更的內容和原因,包括變更的內容、變更日期以及為什麼要對會計估計進行變更。

(2)會計估計變更對當期和未來期間的影響數,包括會計估計變更對當期損益的影響金額以及對其他各項目的影響金額。

(3)會計估計變更的影響數不易確定的,披露這一事實的原因。

(五)會計估計變更舉例

【例18-2】A企業投入生產使用的設備一臺,價值200,000元,估計使用年限為10年,預計淨殘值為8,000元,已使用了3年,由於新技術的出現等原因,需要對原估計使用年限和淨殘值作出修改,修改后的預計使用年限為8年,預計淨殘值為5,000元。

A公司對上述估計變更的處理如下:

(1)採用未來適用法不調整以前3年的折舊,也不計算累積影響數。

(2)變更以后發生的業務(折舊)按會計估計變更使用年限計提折舊。

前3年已提折舊=(200,000-8,000)÷10×3=57,600(元)

改變估計后年折舊額=(200,000-57,600-5,000)÷(8-3)=27,480(元)

(3)附註說明:該企業一臺生產用設備,原值為200,000元,原估計使用年限為10年,預計殘值為8,000元,按直線法計提折舊。由於新技術的發展,該企業於第4年年初變更該設備的使用年限為8年,預計淨殘值為5,000元。此估計變更影響本年度和以后4年各年的淨利潤減少(27,480-19,200)×(1-25%)=6,210(元)。

三、會計差錯更正

(一) 會計差錯

會計差錯(Accounting Error)也稱為前期差錯,是指由於沒有運用或錯誤運用下列兩種信息,而對前期財務報表造成省略或錯報;一種信息是編制前期財務報表時預期能夠取得並加以考慮的可靠信息;另一種信息是前期財務報告批准報出時能夠取得的可靠信息。

前期差錯通常包括計算錯誤、應用會計政策錯誤、疏忽或曲解事實、舞弊產生的影響以及存貨、固定資產盤盈等。

會計差錯的產生有諸多原因:採用法律或會計準則等行政法規、規章所不允許的會計政策;帳戶分類以及計算錯誤;會計估計錯誤;在期末應計項目與遞延項目未予調帳;漏記已完成的交易,如該確認的收入未確認;對事實的忽視和誤用;提前確認尚未實現的收入或不確認已實現的收入;資本性支出與收益性支出劃分差錯。

(二) 會計差錯更正的會計處理方法

為了保證企業經營活動的正常進行,企業應當建立健全內部稽核制度,保證會計資料的真實、合法和完整。但是,在日常會計核算中也可能由於各種主觀和客觀原因造成會計差錯。企業發現會計差錯時,應當根據差錯的性質及時糾正(Correct)。《企業會計準則第28號——會計政策、會計估計變更和差錯更正》中有關會計差錯更正的會計處理方法,不包括年度資產負債表日至財務報告批准報出日之間發現的報告年度的會計差錯及報告年度前的非重大會計差錯,此類會計差錯的處理應按《企業會計準則第29號——資產負債表日后事項》的規定進行處理。

企業會計差錯的更正應按以下規定處理:

(1) 本期發現的,與本期相關的會計差錯,應當調整本期相關項目。

(2) 本期發現的,與前期相關的非重大會計差錯,如影響損益,應當直接計入本期淨損益,其他相關項目也應當作為本期數一併調整;如不影響損益,應當調整本期相關項目。

(3) 本期發現的,與前期相關的重大會計差錯,應該採用追溯重述法。

追溯重述法是指在發現前期差錯時,視同該項前期差錯從未發生過,從而對財務報表相關項目進行更正的方法。

確定前期差錯影響數不切實可行的(難以確定的),可以從可追溯重述的最早期間開始調整留存收益的期初餘額,財務報表其他相關項目的期初餘額也應當一併調整,也可以採用未來適用法。

非重大會計差錯是指不足以影響會計報表使用者對企業財務狀況、經營成果和現金流量作出正確判斷的會計差錯。

重大會計差錯指企業發現的使公布的會計報表不再具有可靠性的會計差錯。重大會計差錯一般指金額比較大,通常指占該類交易或事項的金額10%及以上。

(4) 年度資產負債表日至財務報告批准報出日之間(2017年2月)發現的報告年度

(2013)年的會計差錯以及前年度的非重大會計差錯,應當按照資產負債表日後事項中的調整事項進行處理。年度資產負債表日至財務會計報告批准報出日之間發現的以前年度的重大會計差錯,應當調整以前年度的相關項目,即調整上年利潤分配表的「期初未分配利潤」項目。

在編制比較會計報表時,對於比較會計報表期間的重大會計差錯,應當調整該期間的各淨損益和其他相關項目;對於比較會計報表期間以前的重大會計差錯,應當調整比較會計報表最早期間的期初留存收益,會計報表其他相關項目的數字一併調整。

(三)重大會計差錯的披露

《企業會計準則第28號——會計政策、會計估計變更和差錯更正》規定,企業應當在附註中披露與前期差錯更正有關的下列信息:

(1)前期差錯的性質。

(2)各個列報前期財務報表中受影響的項目名稱和更正金額。

(3)無法進行追重述的,說明該事實和原因以及對前期差錯開始進行更正的時點、具體更正情況。

(四)會計差錯更正舉例

【例18-3】W企業2017年發現2016年有一項管理部門的在用固定資產未計提折舊,應提折舊額80,000元,該企業所得稅稅率為25%,提取法定盈餘公積的比例為10%。

(1)編制調整會計分錄如下:

借:以前年度損益調整	80,000
貸:累計折舊	80,000
借:應交稅費——應交所得稅	20,000
利潤分配——未分配利潤	60,000
貸:以前年度損益調整	80,000
借:盈餘公積——法定盈餘公積	6,000
貸:利潤分配——未分配利潤	6,000

(2)報表調整如下:

W公司2017年資產負債表的年初數的調整:調整「累計折舊」項目增加80,000元,「應交稅費」項目減少20,000元,「盈餘公積」項目減少6,000元,「未分配利潤」項目減少54,000元。

W公司2017年利潤及利潤分配表的上年初數的調整:調整「管理費用」項目增加80,000元,「所得稅費用」項目減少20,000元,「提取法定盈餘公積」項目減少6,000元。

(3)附註說明如下:

本年度發現2016年漏記固定資產折舊80,000元。在編制2017年會計報表時,已對該項差錯進行了更正,並調整了本年資產負債表相關項目的「年初數」和利潤及利潤分配表相關項目的「上年數」。由於該項差錯的影響,使2016年的淨利潤虛增60,000元,引起2016年年末未分配利潤虛增54,000元。

四、濫用會計政策、會計估計及變更

濫用會計政策、會計估計及變更是指企業在具體運用會計準則中所允許選項用的會計政策以及企業在具體運用會計估計時，未按照規定正確運用或隨意變更，從而不能恰當地反映企業的財務狀況和經營成果的情形。

濫用會計政策、會計估計及變更的主要表現形式有：

(1) 對按企業會計準則規定應計提的各種資產減值準備，未按合理方法估計各項資產的可收回金額(或可變現淨額)，從而多計資產減值準備。這實質上是企業利用會計政策、會計估計及變更設置秘密準備，以達到操縱利潤的目的。

(2) 企業隨意變更其所選擇的會計政策。企業對其所選擇的固定資產折舊方法、存貨發出成本的確定方法等，未按照會計政策變更的條件隨意變更會計政策。

(3) 企業隨意調整費用等的攤銷期限。如果當期利潤完成得好，多攤費用；如果當期利潤完成得不太好，則少攤費用。

(4) 屬於濫用會計政策、會計估計的其他情形。

企業濫用會計政策、會計估計及變更，應當作為重大會計差錯處理。也就是說，當期發現的與前期相關的重大會計差錯，如影響損益，應將其對損益影響數調整為發現當期的期初留存收益，會計報表其他相關項目的期初數也應一併調整；如不影響損益，應調整會計報表相關項目期初數。當期發現的與當期相關的重大差錯，應調整當期相關項目。這主要是因為，企業濫用會計政策、會計估計及變更的結果，會導致企業的財務狀況和經營成果不實，從而使會計信息可靠性下降。

第三節　資產負債表日后事項

一、資產負債表日后事項的概念

在實際工作中，有些交易或事項是在資產負債表日以後，財務報告批准報出之前發生的，且這些交易或事項對企業報告期的財務狀況、經營成果可能會產生較大影響。為了使財務報告的使用者能夠全面、客觀地瞭解企業的財務信息，就必須確定這些交易或事項是否應調整將要報出的財務報告，或僅僅在附註中進行說明，以便使用者能夠獲取與公布日最為相關的可以利用的信息。

中國《企業會計準則第29號——資產負債表日后事項》將資產負債表日后事項定義為：自年度資產負債表日與財務報告批准報出之間發生的有利或不利(需要調整或說明的)事項。在理解這一定義時需明確如下幾點：

(1) 年度資產負債表日為12月31日。

(2) 資產負債表日后事項包括自年度資產負債表日至財務報告批准報出日之間發生的所有有利事項和不利事項。

(3) 財務報告批准報出日指經董事會批准財務報告報出的日期。上市公司的財務報

告是報送給股東大會審議批准的,在股東大會召開之前,財務報告已經報出,因而財務報告批准報出日不是股東大會審議批准的日期,更不是註冊會計師出具審計報告的日期,也不是公司財務報告的實際對外公布日,而是公司財務報告經董事會批准報出日(可以對外公布日)。

二、資產負債表日后事項的内容

資產負債表日后事項包括兩類:一類是對資產負債表日存在的情況提供進一步證據的事項,即調整事項;另一類是資產負債表日后才發生的事項,即非調整事項。

(一)調整事項

調整事項(Adjusting Events)是對資產負債表日已經存在的情況提供了新的或進一步證據的事項。這類事項所提供的新的或進一步的證據,有助於對資產負債表日后存在狀況的有關金額作出重新估計,並據此對資產負債表日所反映的收入、費用、資產、負債以及所有者權益進行調整。因此,此類事項稱為調整事項。企業發生的資產負債表日后調整事項,應當調整資產負債表日的財務報表。

調整事項主要包括:

(1)已證實資產發生了減損。這一事項指在年度資產負債表日以前,或在資產負債表日,根據當時資料判斷某項資產(應收帳款各種投資等)可能發生了損失或永久性減值,但沒有最后確定是否會發生,因而按照當時最合理的估計金額反映在會計報表。在年度資產負債表日至財務報告批准報出日之間,取得了新的或進一步的證據能證明該事實成立,即某項資產已經真正發生了損失或永久性減值,則應對資產負債表日所作的估計予以修正,通過編制調整分錄對資產負債表進行調整。

(2)資產負債表日進一步確定了資產負債表日前購入資產的成本或售出資產的收入。如銷售退回在資產負債表日后至財務報告報出日之間所取得的證據證明上年已確認為銷售的物資確實已退回,應作為調整事項,進行相關的帳務處理,並調整資產負債表日編制的會計報表有關收入、費用、資產負債、所有者權益等項目數字。

(3)已確定獲得或支付的賠償。這一事項指在資產負債表日的訴訟案件結案,法院判決證實了企業在資產負債表日已經存在現時義務,需要調整原先確認的與訴訟案件相關的預計負債,或確認一項新的負債。資產負債表日已經存在的賠償事項,資產負債表日至財務報告批准報出日之間提供了新的證據,表明企業需要支付賠償款。這一新的證據如果對資產負債表日所作的估計需要調整的,應對會計報表進行調整。

(4)資產負債表日發現了財務報表舞弊或差錯。

(二)非調整事項

非調整事項是指資產負債表日以后才發生或存在的事項。這類事項不影響資產負債表日存在的狀況,但如果不加以說明,將會影響財務報告使用者作出正確估計和決策,因而需要在會計報表附註中予以披露。非調整事項的特點是,資產負債表日並未發生或存在,完全是期后發生的事項,對理解和分析財務報告有重大影響的事項。

非調整事項一般有:

(1)資產負債表日後發生重大訴訟、仲裁、承諾。
(2)資產負債表日後資產價格、稅收政策、外匯匯率發生重大變化。
(3)企業在資產負債表日後因自然災害導致資產發生重大損失。
(4)企業在資產負債表日後發行股票和債券以及其他巨額舉債。
(5)企業在資產負債表日後資本公積轉增資本。
(6)企業在資產負債表日後發生巨額虧損。
(7)資產負債表日後發生企業合併或處置子公司。

資產負債表日后,企業利潤分配方案中擬分配的以及經審議批准宣告發放的股利或利潤,不確認為資產負債表日(12月31日)的負債(為宣告日的負債),但應當在附註中單獨披露。

三、調整事項舉例

【例18-4】東風公司欠紅旗公司一筆貨款200,000元,按合同規定,東風公司應於2016年12月償還此筆債務。由於東風公司出現了暫時的財務困難,沒能付清此筆欠款。紅旗公司於2016年12月31日編制的年度會計報表時,已為該筆應收帳款提取了15%的壞帳準備30,000元。紅旗公司於2017年3月10日獲悉東風公司已進入破產清算,預計可收回應收帳款40%。紅旗公司適用的企業所得稅稅率為25%,法定盈餘公積的提取比例為10%。

(1)紅旗公司2017年3月10日編制調整會計分錄。
計算應補提壞帳準備額=200,000×60%-30,000=90,000(元)

借:以前年度損益調整　　　　　　　　　　　　　　　　90,000
　　貸:壞帳準備　　　　　　　　　　　　　　　　　　　90,000
借:遞延所得稅資產　　　　　　　　　　　　　　　　　22,500
　　利潤分配——未分配利潤　　　　　　　　　　　　　67,500
　　貸:以前年度損益調整　　　　　　　　　　　　　　　90,000
借:盈餘公積——法定盈餘公積　　　　　　　　　　　　6,750
　　貸:利潤分配——未分配利潤　　　　　　　　　　　　6,750

(2)調整報表。

調整2016年的年度會計報表。資產負債表的「壞帳準備」項目調增90,000元,「遞延所得稅資產」項目調增22,500元,「盈餘公積」項目調減6,750元,「未分配利潤」項目調減60,750元。利潤及所有者權益變動表的「資產減值損失」項目調增90,000元,「所得稅費用」項目調減22,500元,「提取法定盈餘公積」項目調減6,750元。2017年1月、2月份的資產負債表的「年初數」和利潤及所有者權益變動表的「上年數」是按「調整前」的數字填列的,無須作調整,但2017年3月份的會計報表的「年初數」或「上年數」應按調整后的數字填列。

四、資產負債表日后事項的披露

《企業會計準則第29號——資產負債表日後事項》規定,企業應當在附註中披露與

資產負債表日后事項有關的下列信息：

(1)財務報告的批准報出者和財務報告批准報出日。按照有關法律、行政法規等規定，企業所有者或其他方面有權對報出的財務報表進行修改的，應當披露這種情況。

(2)每項重要的資產負債表日后非調整事項的性質、內容及其對財務狀況和經營成果的影響。無法做出估計的，應當說明原因。

企業在資產負債表日后取得了影響資產負債表日存在情況的新的或進一步的證據應當調整與之相關的披露信息。

第四節　關聯方披露

《企業會計準則第36號——關聯方披露》規定，企業財務報表中應當披露所有關聯方關係及其交易的相關信息。對外提供合併財務報表的，對於已經包括在合併範圍內各企業之間的交易不予以披露，但應當披露在合併範圍外各關聯方的關係及其交易。

一、關聯方關係

關聯方關係是指關聯方之間的相互關係。企業在日常的業務中，必然涉及企業內部、外部多方面，在不存在關聯方關係的情況下，企業之間發生交易，是在對交易各方互相瞭解的、自由的、不受各方之間任何關係影響的基礎上商定條款而形成的交易，視為公平交易。企業對外提供的財務會計報告是建立在公平交易基礎上的，但存在關聯方關係時，關聯方之間的交易可能不是建立在公平交易的基礎之上。即使關聯方交易是在公平交易的基礎之上進行的，重要關聯方交易的披露也是有用的。

中國《企業會計準則第36號——關聯方關係及其交易披露》給出了判斷關聯方關係的標準：一方控制、共同控制另一方或對另一方施加重大影響以及兩方或兩方以上同受一方控制、共同控制或重大影響的，構成關聯方。

根據這一原則，主要的關聯方關係存在於：

(1)該企業的母公司。

(2)該企業的子公司。

(3)與該企業受同一母公司控制的其他企業(子公司)。

(4)對該企業實施共同控制的投資方。

(5)對該企業施加重大影響的投資方。

(6)該企業的合營企業。

(7)該企業的聯營企業。

(8)該企業的主要投資者個人及與其關係密切的家庭成員。

(9)該企業或其母公司的關鍵管理人員及與其關係密切的家庭成員。

(10)該企業主要投資者個人、關鍵管理人員或與其關係密切的家庭成員控制、共同控制或施加重大影響的其他企業。

(一)控制與母子公司

控制是指有權決定一個企業的財務和經營政策,並能據以從該企業的經營活動中獲取利益。決定一個企業的財務和經營決策是控制的主要標誌,獲取經濟利益是控制的目的。

控制可以採取不同的途徑,主要有:

(1)以所有權方式達到控制的目的是指一方擁有另一方半數以上表決權資本,包括直接控制、間接控制、直接和間接控制。

(2)以所有權和其他方式達到控制的目的是指一方擁有另一方表決權資本的比例雖然不超過半數,但通過其擁有的表決權資本和其他方式達到控制。以所有權和其他方式達到控制的目的主要包括通過與其他投資者的協議,擁有另一方半數以上表決權資本的控制權;根據章程或協議,有權控制另一方的財務和經營決策;有權任免董事會等類似權力機構的多數成員;在董事會或類似權力機構會議上有半數以上投票權。

(3)以法律或協議形式達到控制的目的是指一方雖然不擁有另一方表決權資本的控制權,但通過法律或協議形式實質上能夠控制另一方的財務和經營政策。例如,企業承包一家無投資關係,也無其他關聯方關係的企業,則承包企業通過協議(承包合同)達到實際上能夠控制被承包企業的目的。

如果一方直接、間接擁有另一方半數以上表決權資本,或雖然一方擁有另一方表決權資本的比例不超過半數,但通過其他方式達到控制另一方時,投資企業即為被投資單位的母公司,被投資單位為投資企業的子公司。因此,控制與被控制關係的存在是確定是否存在母子公司關係的關鍵,而母子公司關係的存在又是以投資與被投資關係作為先決條件。當一方與另一方具有投資與被投資關係,並且具有控制與被控制關係時,才構成母子公司。

(二)共同控制和合營企業

共同控制是指按合同約定對某項經濟活動所共有的控制。共同控制的基本特徵如下:

(1)兩方或多方共同決定某項經濟活動的財務和經營決策,合營中的任何一方都不能單方面作出決定。

(2)共同控制的基本方式是合營各方所持表決權資本的比例相同,並按合同約定共同控制;合營各方雖然所持表決權資本的比例不同,但按合同約定共同控制。

(3)共同控制是以合營合同來約束的。

合營企業是指按合同規定經營活動由投資雙方或若干方共同控制的企業。可見,合營企業與共同控制相聯繫,其特點在於,投資各方均不能對被投資企業的財務和經營決策單獨作出決策,必須由投資各方共同做出決策,並且由合同約束投資各方的行為。可見,合營企業是以共同控制為前提的,投資企業通過與其他投資企業一起達到共同控制合營企業的目的。

(三)重大影響和聯營企業

重大影響是指對一個企業的財務和經營決策有參與決策的權力,但並不決定這些決

策。參與決策的途徑主要包括:在董事會或類似的權力機構中派有代表;參與決策的制定過程;互相交換管理人員,或使其他企業依賴於本企業的技術資料等。當一方擁有另一方20%或以上至50%表決權資本,或者一方雖然只擁有另一方20%以下表決權資本,但實際上具有參與財務和經營決策的能力,一般認為對另一方具有重大影響。

聯營企業是指投資者對其具有重大影響,但不是投資者的子公司或合營企業的企業。可見,通常情況下,聯營企業與重大影響相聯繫。

關聯方關係往往存在於控制或被控制、共同控制或被共同控制、施加重大影響的各方,即建立控制、共同控制和施加重大影響是關聯方關係存在的主要特徵。但是,在具體運用關聯方關係判斷標準時,應當遵循實質重於形式的原則。例如,兩個企業有一位共同的董事,該董事能同時對兩個企業施加重大影響,雖然他們之間不存在其他關聯方關係,但是也應當將這兩個企業視為關聯方。

(四)主要投資者個人、關鍵管理人員或與其關係密切的家庭成員

(1)主要投資者個人是指直接或間接地控制一個企業10%或以上表決權資本的個人投資者,主要投資者個人包括自然人和法定代表人。

(2)關鍵管理人員是指有權力並負責進行計劃、指揮和控制企業的人員,主要指董事、總經理、總會計師、財務總監、主管各項事務的副總經理以及行使類似決策職能的人員,不包括董事會秘書、非執行董事、監事等。

(3)關係密切的家庭成員是指在處理與企業交易時有可能影響某人或受其影響的家庭成員,包括父母、配偶、兄弟、姐妹和子女。

由於投資者個人、關鍵管理人員或與其關係密切的家庭成員在處理與企業的交易時,能影響企業或受其影響,所以會計準則中將其視為關聯方。

受主要投資者個人、關鍵管理人員或與其關係密切的家庭成員直接控制的其他企業也是關聯方。

(五)在判斷是否存在關聯方關係時,應當注意的問題

(1)與該企業發生日常往來的資金提供者、公用事業部門、政府部門和機構不構成企業的關聯方。

(2)與企業發生大量交易而存在經濟依存關係的單個客戶、供應商、特許商、經銷商或代理商不構成企業的關聯方。

(3)與該企業共同控制合營企業的合營者不構成企業的關聯方。

二、關聯方交易

關聯方交易是指在關聯方之間轉移資源、勞務或義務的行為,而不論是否收取價款。關聯方交易一般有:購買或銷售商品;購買或銷售商品以外的其他資產;提供或接受勞務;代理;租賃;提供資金(包括以現金或實物形式的貸款或權益性資金);擔保和抵押;管理方面的合同;研究與開發項目的轉移;許可協議;關鍵管理人員報酬。

三、關聯方關係及其交易披露的內容

(一)按重要性原則分別視情況處理

(1)零星的關聯方交易,如果對企業財務狀況和經營成果影響較小的或幾乎沒有影響的,可以不予以披露。

(2)如果屬於重大交易事項(占10%及以上),對企業財務狀況和經營成果有重大影響的,應當按關聯方和關聯方交易分別披露。

(二)關聯方關係及其交易披露內容

當關聯方之間存在控製和被控製關係時,無論關聯方之間有無交易,均應在會計報表附註中披露與母公司和子公司有關的下列信息:

(1)母公司和子公司的名稱。母公司不是該企業最終控製方的,還應當披露最終控製方名稱。母公司和最終控製方均不對外提供財務報表的,還應當披露母公司之上與其最相近的對外提供財務報表的母公司名稱。

(2)母公司和子公司的經營性質、註冊地、註冊資本及其變化。

(3)母公司對該企業或者該企業對子公司的持股比例和表決權比例。

在企業與關聯方發生交易的,應當在會計報表附註中披露關聯方關係的性質,交易類型及其交易要素。這些要素一般包括:

(1)交易的金額和相應的比例;

(2)未結算項目的金額和相應比例;

(3)定價政策

關聯方交易應當分別按關聯方以及交易類型予以披露。類型相似的關聯方交易,在不影響財務報表閱讀者正確理解關聯方交易對財務報表影響的情況下,可以合併披露。

企業只有在提供確鑿證據的情況下,才能披露關聯方交易是公平交易。

思考題

1. 什麼是會計政策?會計政策變更的原因是什麼?
2. 會計政策變更的會計處理方法有哪些?
3. 什麼是追溯調整法?什麼是未來適用法?兩者有何不同?
4. 會計政策變更的附註說明包括哪些內容?
5. 什麼是會計估計?會計估計變更的原因是什麼?
6. 會計估計變更的會計處理方法是什麼?
7. 會計估計變更的附註說明包括哪些內容?
8. 什麼是會計差錯?發生會計差錯後如何更正?
9. 會計差錯更正的附註說明包括哪些內容?
10. 區別會計政策變更、會計估計變更、會計差錯更正的異同?
11. 什麼是資產負債表日后事項?其內容有哪些?
12. 區別調整事項與非調整事項?兩者的會計處理有何不同?

13. 什麼是關聯方？什麼是關聯方關係？

14. 區別控制、共同控制、重大影響的關係？區別母子公司、合營企業、聯營企業的關係？

15. 關聯方交易有哪些內容？如何披露關聯方關係及關聯方交易？

練習題

按提供資料分別編制會計分錄：

1. W 公司於本年發現上年漏記了一項固定資產折舊費用 200,000 元，在企業費用中佔有較大影響。上年企業所得稅稅率為 25%，該公司按淨利潤的 10% 提取法定盈餘公積。

2. 某企業 2017 年度財務報告對外公布日為 2018 年 4 月 30 日前。該企業自 2018 年 1 月 1 日至 4 月 20 日前發生如下資產負債表日後事項。該企業適用的企業所得稅稅率為 25%。

該企業 1 月 20 日接到通知，某一債務企業於上年 12 月已宣告破產，其所欠的應收帳款 800,000 元全部不能償還。企業按應收帳款的 10% 計提了壞帳準備。

3 月 5 日受臺風襲擊，企業輔助生產車間毀壞，造成淨損失 1,000,000 元。

3 月 20 日企業持有的某一作為短期投資的股票市價下跌，該股票帳面價值為 300,000 元，現行市價為 250,000 元。

要求判斷上述哪些屬於調整事項？哪些屬於非調整事項？如為調整事項，計算對留存收益的增加或減少金額並編制調整分錄。該公司按淨利潤的 10%、5% 分別提取法定盈餘公積和法定公益金。

3. A 公司 2016 年和 2017 年對壞帳採用直接轉銷法核算，從 2018 年 1 月 1 日改用備抵法核算，按應收帳款餘額的 5% 計提壞帳準備。2016 年未發生壞帳，2016 年 12 月 31 日應收帳款餘額為 400 萬元；2017 年發生壞帳 20 萬元，2017 年 12 月 31 日應收帳款餘額為 100 萬元。企業所得稅稅率為 25%，提取法定盈餘公積 10%。

國家圖書館出版品預行編目(CIP)資料

中級財務會計 / 羅紹德 主編. -- 第四版.
-- 臺北市：崧燁文化，2018.08

　面　；　公分

ISBN 978-957-681-529-4(平裝)

1.財務會計

495.4　　　　107013828

書　　名：中級財務會計
作　　者：羅紹德 主編
發行人：黃振庭
出版者：崧博出版事業有限公司
發行者：崧燁文化事業有限公司
E-mail：sonbookservice@gmail.com
粉絲頁　　　　　網　址：
地　　址：台北市中正區重慶南路一段六十一號八樓815室
8F.-815, No.61, Sec. 1, Chongqing S. Rd., Zhongzheng Dist., Taipei City 100, Taiwan (R.O.C.)
電　　話：(02)2370-3310　傳　真：(02) 2370-3210
總經銷：紅螞蟻圖書有限公司
地　　址：台北市內湖區舊宗路二段121巷19號
電　　話：02-2795-3656　傳真：02-2795-4100　網址：
印　　刷：京峯彩色印刷有限公司（京峰數位）
　　本書版權為西南財經大學出版社所有授權崧博出版事業有限公司獨家發行
　　電子書繁體字版。若有其他相關權利及授權需求請與本公司聯繫。

定價：700 元
發行日期：2018 年 8 月第四版

◎ 本書以POD印製發行